高等院校新能源专业系列教材
普通高等教育新能源类“十四五”精品系列教材

Rural New Energy Project

农村新能源工程

汪小昆 等 主编

·北京·

内 容 提 要

本书共8章，全面介绍了有关新能源利用的原理、相关技术以及在农业领域的应用，包括光伏发电技术及应用、光热发电技术和风力发电技术及应用、生物质能利用技术和水力发电技术及应用、地热能应用技术以及分布式发电与微电网技术等。本书内容简明扼要，难度适宜，实用性强，文字通俗易懂，图文并茂。

本书既可作为高等院校电气工程专业、新能源专业及能源动力类等专业的本科教学用书，也可作为相关工程技术人员和管理人员的自学和培训教材。

图书在版编目（CIP）数据

农村新能源工程 / 汪小昆等主编. -- 北京 : 中国水利水电出版社, 2022.9
高等院校新能源专业系列教材 普通高等教育新能源类“十四五”精品系列教材
ISBN 978-7-5226-0978-2

Ⅰ. ①农… Ⅱ. ①汪… Ⅲ. ①农村能源－新能源－高等学校－教材 Ⅳ. ①S210.7

中国版本图书馆CIP数据核字(2022)第164031号

书　　名	高等院校新能源专业系列教材 普通高等教育新能源类“十四五”精品系列教材 **农村新能源工程** NONGCUN XINNENGYUAN GONGCHENG
作　　者	汪小昆　等 主编
出版发行	中国水利水电出版社 （北京市海淀区玉渊潭南路1号D座　100038） 网址：www.waterpub.com.cn E-mail：sales@mwr.gov.cn 电话：（010）68545888（营销中心）
经　　售	北京科水图书销售有限公司 电话：（010）68545874、63202643 全国各地新华书店和相关出版物销售网点
排　　版	中国水利水电出版社微机排版中心
印　　刷	天津嘉恒印务有限公司
规　　格	184mm×260mm　16开本　19.75印张　481千字
版　　次	2022年9月第1版　2022年9月第1次印刷
印　　数	0001—3000册
定　　价	**60.00**元

本 书 编 委 会

主　　编　汪小昆

副 主 编　孙玉文　许琇瑛　王立地

参编人员　余　强　王玉超　徐禄江　郭　丹　栾积毅

前　言

能源是国民经济的命脉，与人民生活和人类的生存环境休戚相关，在社会可持续发展中发挥着重要的作用。近年来，我国能源结构转型升级加速，低碳清洁能源需求量上升；智能电网广泛互联开放互动、能源行业创新技术提速对现代农业工程技术人才的需求不断加大，为了适应这一发展的形势和满足当前教学的需要，组织编写本书。本书介绍了各种新能源转换利用的技术，及在资源丰富的农业农村大力发展应用的情况。

本书全面介绍了有关新能源相关知识，包括太阳能光伏发电技术和光热发电技术、风力发电技术、生物质能利用技术、水力发电技术、地热能利用技术和分布式发电与微电网技术等。本书力求资料新颖、内容广泛、叙述简洁易懂、可读性强，以达到为读者提供更多有关新能源的学习参考。在教学过程中，各学校可根据实际需要组织教学。

全书共8章，其中第1章由南京农业大学汪小昆编写；第2章由南京农业大学孙玉文编写；第3章由中国农业大学佘强编写；第4章由沈阳农业大学王立地、郭丹编写；第5章由南京农业大学徐禄江编写；第6章由四川农业大学王玉超编写；第7章由南京农业大学孙玉文、佳木斯大学栾积毅编写；第8章由黑龙江八一农垦大学许琇瑛编写。

全书在编写过程中，参阅了大量的书籍与文献，在此对参考书籍及文献的原作者表示衷心的感谢。

由于目前新能源技术发展迅速，编者水平有限，加之时间仓促，书中难免存在不妥、疏忽或错误之处，恳请专家和读者批评指正。

编者

2022年5月

目　录

第 1 章　能源概述

1.1　能源含义、分类及演变历史

1.1.1　能量及能量的形式

1. 能量

宇宙间一切运动着的物体都有能量的存在和转化。人类一切活动都与能量及其使用紧密相关。所谓能量，广义地说，就是“产生某种效果（变化）的能力”。反过来说，产生某种效果（或变化）的过程必然伴随着能量的消耗或转化。例如，要使物体沿某一方向移动一定的距离 S，就需要消耗一定的功，若推动物体的力为 F，则所消耗的功为 $W=F\cdot S$，也就是说需要消耗 $W=F\cdot S$ 的能量才能产生上述效果。

科学史观还认为，物质是某种既定的东西，既不能被创造也不能被消灭，因此，作为物质属性的能量也一样不能创造和消灭。能量和物质质量之间的关系是爱因斯坦于 1922 年揭示的，即

$$E=mc^2 \tag{1.1}$$

式中　E——物质释放的能量，J；

m——转变为能量的物质的质量，kg；

c——光速，3×10^8 m/s。

式（1.1）为一个可逆过程，其前提是质量和能量的总和在任何能量的转换过程中都必须保持不变。

2. 能量的形式

能量反映了一个由诸多物质构成的系统与外界交换功和热能力的大小。利用能量实质上就是利用自然界的某一自发变化的过程来推动另一个人为的过程。例如，水力发电就是利用水从高处流往低处的过程，使水的势能转化为动能，再推动水轮机转动，带动同轴的发电机发电，将机械能转换为电能供人类利用。对能量的分类方法没有统一的标准，人类认识的能量通常有 6 种形式。

（1）机械能。机械能是与物体宏观机械运动或空间状态相关的能量，与物体宏观机械运动相关的能量称为动能，与空间状态相关的能量称为势能。它们都是人类最早认识的能量形式。具体而言，动能是指系统（或物体）由于做机械运动而具有的做功能力。势能与物体的状态有关，除了受重力作用的物体因其位置高度不同而具有重力势能外，还有弹性势能，即物体由于弹性变形而具有的做功本领；以及所谓表面能，即不同类物质或同类物

质不同相的分界面上，由于表面张力的存在而具有的做功能力。

（2）热能。热能是能量的一种基本形式，所有其他形式的能量都可以完全转换为热能，而且绝大多数的一次能源都是首先经过热能形式被利用的，因此热能在能量利用中有重要意义。构成物质的微观分子运动的动能和势能总和称为热能。这种能量的宏观表现是温度的高低，它反映了分子运动的激烈程度。

（3）电能。电能是和电子流动与积累有关的一种能量，通常是由电池中的化学能转换而来，或是通过发电机由机械能转换得到；反之，电能也可以通过电动机转换为机械能，从而显示出电做功的能力。

（4）辐射能。辐射能是物体以电磁波形式发射的能量。物体会因各种原因发出辐射能，其中从能量利用的角度分析，因热的原因而发出的辐射能（又称热辐射能）最有意义，例如，地球表面所接受的太阳能就是最重要的热辐射能。

（5）化学能。化学能是物质结构能的一种，即原子核外进行化学变化时放出的能量。按化学热力学定义：物质或物系在化学反应过程中以热能形式释放的内能称为化学能。人类利用最普遍的化学能是燃烧碳和氢，而这两种元素正是煤、石油、天然气、薪柴等燃料中最主要的可燃元素，燃料燃烧时的化学能通常用燃料的发热值表示。

（6）核能。核能是蕴藏在原子核内部的物质结构能。轻质量的原子核（氘、氚等）和重质量的原子核（铀等）其核子之间的结合力比中等质量原子核的结合力小，这两类原子核在一定的条件下可以通过核聚变和核裂变转变为在自然界更稳定的中等质量原子核，同时释放出巨大的结合能，这种结合能就是核能。由于原子核内部的运动非常复杂，目前还不能给出核力的完全描述。但在核裂变和核聚变反应中都有“质量亏损”，这种质量和能量之间的转换完全可以用式（1.1）来描述。

1.1.2　能源的含义及分类

1. 能源的含义

能源可简单地理解为含有能量的资源。对于能源常常有不同的表述。例如，《大英百科全书》对能源一词的解释为“能源是一个包括所有燃料、流水、阳光和风的术语，人类采用适当的转换手段，给人类自己提供所需的能量”。在《现代汉语词典》中，对能源的解释是“能产生能量的物质，如燃料、水力、风力等”。总之，不论何种表述，其内涵基本相同，即能源就是能量的来源，是提供能量的资源，这些来源或资源，要么是来自物质，要么是来自物质的运动。前者如煤炭、石油、天然气等矿物燃料（又称化石燃料），后者如水流、风流、海浪、潮汐等。

从广义上讲，在自然界里有一些自然资源本身就拥有某种形式的能量，它们在一定条件下能够转换成人类所需要的能量形式，这种自然资源显然就是能源，如煤、石油、天然气、太阳能、风能、水能、地热能、核能等。但生产和生活过程中由于需要或为便于运输和使用，常将上述能源经过一定的加工、转换，使之成为更符合使用要求的能量来源，如煤气、电力、焦炭、蒸汽、沼气、氢能等，它们也被称为能源，因为它们同样能为人类提供所需的能量。

2. 能源的分类

由于能源形式多样，因此通常有多种不同的分类方法，人们通常按照能源的来源、形

成、使用程度、环保等不同角度进行分类。

(1) 按地球上的能量来源分类，包括以下类型：

1) 地球本身蕴藏的能源，如核能、地热能等。

2) 来自地球外天体的能源，如宇宙射线及太阳能，以及由太阳能引起的水能、风能、波浪能、海洋温差能、生物质能、光合作用、化石燃料（如煤、石油、天然气等，它们是一亿年前由积存下来的有机物质转化而来的）等。

3) 地球与其他天体相互作用的能源，如潮汐能。

(2) 按被开发利用的程度分类，包括以下类型：

1) 常规能源，其开发利用时间长、技术成熟、能大量生产并广泛使用，如煤炭、石油、天然气、水能、核（裂变）能等，常规能源有时又称为传统能源。

2) 新能源，是指由于技术、经济或能源品质等因素而未能大规模使用的能源，如太阳能、风能、海洋能、地热能、生物质能、氢能、核聚变能等。这类能源，目前还没有被大规模使用，有的还处于研发和试用阶段。

常规能源和新能源的分类是相对的，在不同的历史时期可能会有变化，取决于它们的应用历史和使用规模。现在的常规能源过去也曾是新能源，今天的新能源将来也会成为常规能源。例如，在20世纪50年代，核（裂变）能曾属于新能源，但随着其开发和利用的日益广泛，世界上不少国家已把它划归为常规能源。

(3) 按获得的方法分类，包括以下类型：

1) 一次能源，即自然界现实存在，可供直接利用的能源。简单地说，一次能源就是自然界中现成存在的天然能源。如煤、石油、天然气、风能、水能、地热能、潮汐能、生物质能等。

2) 二次能源，即由一次能源直接或间接加工、转换而来的能源，如电能、蒸汽、焦炭、煤气、氢能等，它们使用方便，易于利用，是高品质的能源。

(4) 按能否再生分类，包括以下类型：

1) 可再生能源，它可以循环使用，不会随其本身的转化或人类的利用而日益减少，如水能、风能、潮汐能、太阳能等。

2) 非再生能源，也称为不可再生能源，其随人类的利用而越来越少，不可重新生成（至少短期内无法恢复）的能源，如石油、煤、天然气、核燃料等。

(5) 按能源本身的性质分类，包括以下类型：

1) 含能体能源，其本身就是可提供能量的物质，如石油、煤、天然气、氢等，它们可以直接储存，因此，便于运输和传输，含能体能源又称为载体能源。

2) 过程性能源，它们是指随着物质运动而产生、并且仅以运动过程的形式存在的能源。如天上刮的风、河里流的水、涨落的海潮、起伏的波浪、地球内部的地热等，其特点是无法直接储存和运输。

(6) 按对环境的污染情况分类，包括以下类型：

1) 清洁能源，即对环境无污染或污染很小的能源，有时也称为绿色能源。清洁能源可以是本身不产生污染物的能源，如太阳能、水能、海洋能等。也可以是利用能源与环境保护相结合的开发方式“变废为宝”，如垃圾发电、沼气等生物质能的利用。

2）非清洁能源，即对环境污染较大的能源，如煤、石油等化石能源。

此外，还有一些有关能源的术语或名词，如商品能源、非商品能源、农村能源、终端能源等。它们也都是从某一方面来反映能源的特征。例如，商品能源是指流通环节大量消费的能源，如煤炭、石油、天然气、电力等。而非商品能源则指不经流通环节而自产自用的能源，如农户自产自用的薪柴、秸秆，牧民自用的牲畜粪便等。详细的能源分类见表 1.1。

表 1.1　　**能 源 的 分 类**

<table>
<tr><th>使用状况分类</th><th>性质分类</th><th colspan="2">一、二次能源分类</th></tr>
<tr><td rowspan="14">常规能源</td><td rowspan="11">燃料能源</td><td>一次能源</td><td>二次能源</td></tr>
<tr><td>泥煤</td><td>煤气</td></tr>
<tr><td>褐煤</td><td>焦炭</td></tr>
<tr><td>烟煤</td><td>汽油</td></tr>
<tr><td>无烟煤</td><td>煤油</td></tr>
<tr><td>石煤</td><td>柴油</td></tr>
<tr><td>油页岩</td><td>重油</td></tr>
<tr><td>油砂</td><td>液化石油气</td></tr>
<tr><td>原油</td><td>丙烷</td></tr>
<tr><td>天然气</td><td>甲醇</td></tr>
<tr><td>生物燃料</td><td>酒精</td></tr>
<tr><td rowspan="3">非燃料能源</td><td rowspan="3">水能</td><td>电能</td></tr>
<tr><td>蒸汽</td></tr>
<tr><td>热水</td></tr>
<tr><td rowspan="8">新能源</td><td rowspan="2">燃料能源</td><td rowspan="2">核燃料</td><td>沼气</td></tr>
<tr><td>氢</td></tr>
<tr><td rowspan="6">非燃料能源</td><td>太阳能</td><td rowspan="6">激光</td></tr>
<tr><td>风能</td></tr>
<tr><td>地热能</td></tr>
<tr><td>潮汐能</td></tr>
<tr><td>海水热能</td></tr>
<tr><td>海流、波浪能</td></tr>
</table>

1.1.3　能源的演变历史

回顾人类的历史，可以明显地看出能源和人类社会发展间的密切关系。人类社会已经经历了 3 个能源时期，即薪柴时期、煤炭时期和石油时期。

（1）薪柴时期。在古代，从人类学会利用火开始，就以柴薪为燃料来烧饭和取暖，并以人力、畜力及简单的风力、水力机械作为辅助动力，从事生产活动。生产和生活水平低下，社会发展迟缓。在这个时期生活、生产所用的能源几乎全部来自生物质的木材等，对水能的利用（如水磨、水车）及其他能源的利用是罕见的，故能源学家无歧义地称之为薪

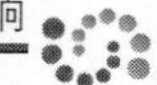

柴时代。

(2) 煤炭时期。唐代诗人白居易的《卖炭翁》就是描写了一个烧木炭的老人，从木柴烧制的木炭让人们注意到煤炭，其单位体积/重量发出的热量明显高于薪柴。蒸汽机的发明之后，煤炭的使用量明显上升，第一次工业革命爆发。20世纪初，煤炭超越薪柴，在能源构成中占绝对优势，能源时代进入煤炭时代。如果说长期农业文明的积累带来了大片森林的毁灭和相应地区的荒漠化，那么以煤炭作燃烧和动力的大规模的城市群、大规模的工业和交通则带来对大气的严重污染，环境问题凸显了。

18世纪的工业革命，以煤炭取代柴薪作为主要能源。蒸汽机成为生产的主要动力，工业得到迅速发展，至19世纪末，电力成为工矿企业的主要动力和照明的主要来源。不但社会生产力大幅增长，而且人类生活和文化水平也极大提高。但这时的电力工业主要是以煤炭作为燃料。

(3) 石油时期。石油资源的发展，开始了能源利用的新时期。特别是20世纪50年代，在美国以及中东、北非等地相继发现了巨大的油田和气田，于是，西方发达国家很快地从以煤为主要能源转换到以石油和天然气为主要能源。汽车、飞机、内燃机车和远洋客货轮的迅猛发展，不但极大地缩短了地区和国家之间的距离，也大大地促进了世界经济的繁荣。近几十年来，世界上许多国家依靠石油和天然气，创造了人类历史上空前的物质文明。石油以其超越煤炭的热载量，配合内燃机走向世界。从世界能源整体上看也开始进入石油时代。

随着石油、天然气等化石能源的消耗，新的能源如氢能、太阳能、风能等可再生、绿色能源进入了人们的视线，“新能源与可持续发展”第四个能源时期正在发展演变中。

1.2 能源的重要性及对环境的影响

1.2.1 能源的重要性

能源是国民经济发展不可或缺的重要基础，在国民经济中具有特别重要的战略地位。现代工业和现代农业都离不开能源动力。

(1) 能源是经济发展的重要物质基础。任何社会生产都需要投入一定的能源生产要素，没有能源就不可能形成现实的生产力。在现代化生产中，各个行业的发展都是与能源密不可分的。工业中各种产品的制造都需要以能源为基础，农业生产的机械化、水利化和电气化也是和能源消费联系在一起的，交通运输、商业和服务业的发展更是与能源分不开的。此外，人们的衣食住行等日常活动都离不开能源。

(2) 能源是推动技术进步主要因素。翻开各国的经济发展史，任何一次重大的技术进步都是与能源的推动作用息息相关的。早期的人类社会主要靠人力生产，即使加上一些畜力、水力等辅助生产力，整个社会生产力的发展速度也是相当缓慢的。产业革命以后，煤炭的使用和蒸汽动力的发明开拓了人类工业化的里程碑，同样，农业、交通和国防技术的进步都是依赖于能源的。煤炭、石油、天然气以及新能源、可再生能源使用范围的逐渐扩大，不但促进了能源行业的技术进步，而且极力推动了整个社会的经济发展和技术革新。

第二次工业革命使人们清楚地认识到，机械化程度的提高归功于电力的使用，从而降低了劳动成本，促进了劳动生产率的提高。因此，能源促进劳动生产率的提高是能源促进技术进步的必然结果。

(3) 能源是促进新产业发展的原动力。能源不仅是经济发展不可缺少的燃料和动力，而且能源本身的生产也促进了新产业的诞生和发展。例如，化肥、纤维、橡胶、塑料的制造以及煤炭工业和石油化工等行业的发展不只是促进了能源工业的崛起、创造了一批新兴产业，同时也为其他产业的改造提供了有利的条件。

(4) 能源是提高人民生活水平的主要物质基础之一。生产离不开能源，生活同样离不开能源，而且生活水平越高，对能源的依赖性就越大。人们生活水平的提高与能源紧密联系在一起，能源既能促进生产发展为生活提高创造了日益增多的物质产品，而且依赖于民用能源的数量增加和质量提高。民用能源既包括炊事、取暖、卫生等家庭用能，也包括交通、商业、饮食服务业等公共事业用能。所以，民用能源的数量和质量是制约生活水平的主要物质基础之一。

世界各国经济发展的实践证明，在经济正常发展的情况下，能源消耗总量和能源消耗增长速度与国民经济生产总值和国民经济生产总值增长率成正比例关系。这个比例关系通常用能源消费弹性系数来表示。能源消费弹性系数是能源消费的年增长率与国民经济年增长率之比。这个数值越大，说明国民经济产值每增加 1%，能源消费的增长率越高；这个数值越小，则能源消费增长率越低。能源弹性系数的大小与国民经济结构、能源利用效率、生产产品的质量、原材料消耗、运输以及人民生活需要等因素有关。能源消费弹性系数反映经济增长对能源消耗的依赖程度，是衡量经济发展质量和发展方式转变的一项综合性、结果性指标。

世界经济和能源发展的历史显示，处于工业化初期的国家，经济的增长主要依靠能源密集工业的发展，能源效率也较低，因此能源弹性系数通常大于 1。例如，发达国家工业化初期，能源增长率比工业产值增长率高一倍以上。到工业化后期，一方面，经济结构转向服务业；另一方面，技术进步促使能源效率提高，能源消费结构日益合理，因此，能源弹性系数通常小于 1。尽管各国的实际条件不同，但只要处于类似的经济发展阶段，它们就具有大致相近的能源弹性系数。发展中国家的能源弹性系数一般大于 1，工业化国家能源弹性系数大多小于 1，人均收入越高，弹性系数越低。我国近年来的能源消费的弹性系数如图 1.1 所示。

从图 1.1 可以看到，我国能源消费弹性系数经历了从高到低的过程，为经济社会可持续发展做出了重要贡献。2000—2007 年，经济增长对能源投入的依赖程度较高的关系，平均能源消费弹性系数维持在 1.05 的高位水平；2008—2013 年，经济增长对能源投入的依赖程度有一定幅度下降，平均能源消费弹性系数基本保持在 0.55，两者呈现“弱脱钩”关系；2014—2018 年，经济增长对能源投入的依赖程度有较大幅度下降，平均能源消费弹性系数保持在 0.31 的较低水平，两者呈现“相对脱钩”关系，能源强度继续下降，宏观能源利用效率持续提升。

1.2.2　能源对环境的影响

能源作为人类赖以生存的基础，在其开采、输送、加工、转换、利用和消费过程中，

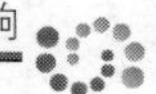

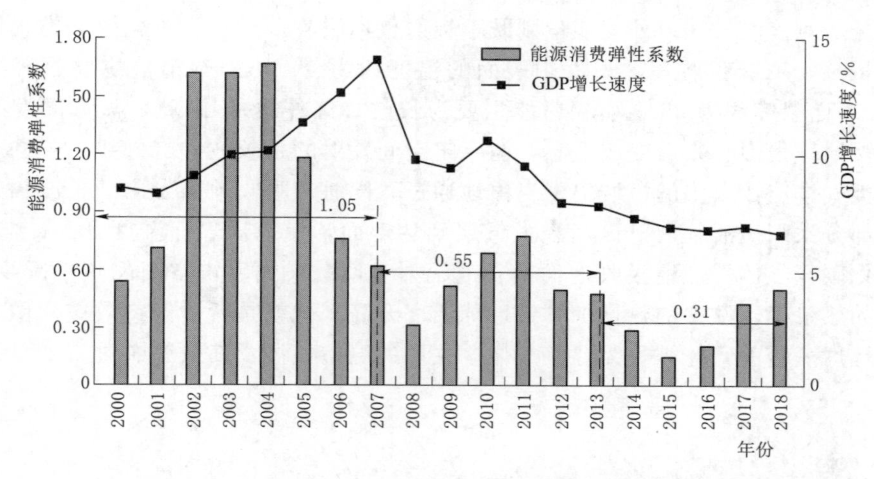

图 1.1 2000—2018 年我国能源消费弹性系数变化趋势图

都直接或间接地改变着地球上的物质平衡和能量平衡，必然对生态系统产生各种影响，成为环境污染的主要根源。随着世界人口的增加，经济的飞速发展，能源消费量持续增长，能源给环境带来的污染也日益严重。能源对环境的污染主要表现在温室效应、酸雨、臭氧层破坏、热污染、放射性污染等方面。

1. 温室效应

全球气候正在变暖已是不争的事实。1860 年有气象仪器观测记录以来，全球平均温度升高了（0.6±0.2)℃。最暖的 13 个年份均出现在 1983 年以后。20 世纪北半球温度的增幅可能是过去 1000 年中最高的。降水分布也发生了变化。大陆地区尤其是中高纬地区降水增加，非洲等一些地区降水减少。有些地区极端天气气候事件（如厄尔尼诺、干旱、洪涝、雷暴、冰雹、风暴、高温天气和沙尘暴等）出现的频率与强度均有所增加。近百年来，我国气候也同样在变暖，气温上升了 0.4～0.5℃，尤以冬季和西北、华北、东北地区最为明显。1985 年以来，我国已连续出现了 16 个全国范围的暖冬。降水自 20 世纪 50 年代以后则逐渐减少，华北地区呈现出暖干化趋势。

地球为什么会变暖？是由于人类大量使用能源，其放出的热量使地球变暖的吗？目前，人类一年使用的全部能源约为 33×10^{16} kJ，大约相当于 80 亿 t 石油。如果把这些热量全部用来加热海洋中的海水，则仅仅可以使海水温度上升 6×10^{-5}℃，即加热 1 万年，海水的温度也只能上升 1℃。从另一方面看，人类使用能源一天所放出的热量约为 0.1×10^{16} kJ，而地球一天从太阳获得的热量却为 1500×10^{16} kJ。因此，地球变暖一定另有原因。

太阳射向地球的辐射能中约有 1/3 被云层、冰粒和空气反射回去；约 25%穿过大气层时暂时被大气吸收，起到增温作用，但以后又返回到太空；其余的大约 37%则被地球表面吸收。这些被吸收的太阳辐射能大部分在夜间又重新发射到天空。如果这部分热量遇到了阻碍，不能全部被反射出去，地球表面的温度就会增加。单原子气体和空气中的氮、氧、氢等双原子气体的辐射和吸收能力微不足道，均可看成是透明体。然而二氧化碳、水蒸气、二氧化硫、甲烷、氟利昂（制冷剂）等三原子气体都有相当大的辐射能力和吸收能力。与固体不同，上述这些气体的辐射和吸收有选择性，即它们只能辐射和吸收某些波长区间的能量，对该波长区以外的能量则既不辐射也不吸收。对于二氧化碳这类气体，它们只能吸收长波，不能吸收短波。太阳表面的温度约为 6000K，辐射能主要是短波（可见光）；地球表面温度约为 288K，辐射能主要为长波（红外线）。因此，从太阳发射出来的短波辐射被地球表面吸收后变成低温，向宇宙空间发射的是长波的红外线。这样一来，二氧化碳这类气体能让太阳的短波辐射自由地通过，同时却吸收地面发出的长波辐射。其结果是，大部分太阳短波辐射可以通过大气层到达地面，使地球表面温度升高；与此同时，由于二氧化碳等气体强烈地吸收地面的长波辐射，使散失到宇宙空间的热量减少，于是，地面吸收的热量多，散失的热量少导致地球温度升高，这就是所谓温室效应。像二氧化碳这类会使地球变暖的气体被称为温室气体。主要的温室气体及其来源如图 1.2 所示。

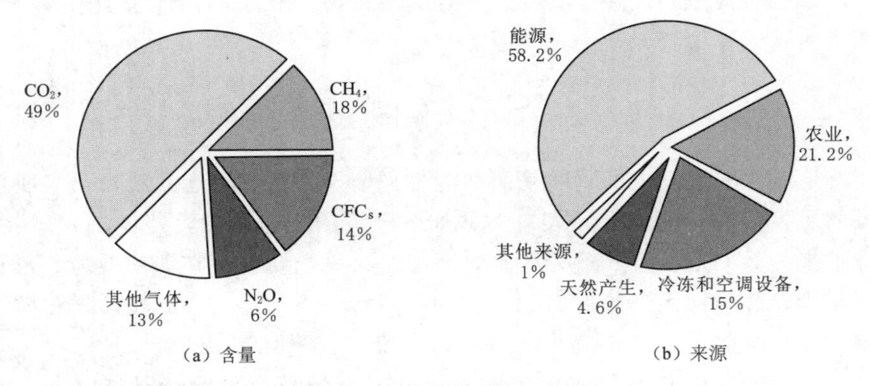

图 1.2　主要温室气体及其来源

工业化时代开始以来，仅仅 200 年的时间，人类的活动已使地球上层的大气发生了很大的变化。在过去的一个世纪里，由于燃烧化石燃料和砍伐森林，二氧化碳的含量已经增加了 20%，大气中的 N_2O 也增加了 1/3，它主要来自化石燃料的燃烧以及肥料脱氮和森林破坏所释放的污染物质。此外，甲烷在上层大气中的含量也增加了 1 倍，这主要是由于油气井的喷发，森林和原野转变成牧场和耕地，以及海洋捕捞活动中产生的有机废弃物腐烂所引起的。

如果这种趋势继续下去，全球平均地表气温到 2100 年将比 1990 年上升 1.4～5.8℃。这一增温值将是 20 世纪内增温值（0.6℃左右）的 2～10 倍。21 世纪全球平均降水将会增加，北半球雪盖和海冰范围将进一步缩小。2100 年全球平均海平面将比 1990 年上升 0.09～0.88m。一些极端事件（如高温天气、强降水、热带气旋强风等）发生的频率将会增加。

2. 酸雨

天然降水的本底的 pH 为 6.55，一般将 pH 小于 5.6 的降雨称为酸雨。可能引起雨水酸化的主要物质是 SO_2 和 NO_x，它们形成的酸雨占总酸雨量的 90%以上。而上述两类物质的 90%以上都是燃烧化石燃料造成的。特别煤炭燃烧所产生的 SO_2 和 NO_x 是产生酸雨的主要原因。我国的酸雨以硫酸为主，硝酸的含量不到硫酸的 1/10，这与我国以煤为主的能源结构有关。

酸雨会以不同的方式危害水生生态系统、陆生生态系统、腐蚀材料和影响人体健康。

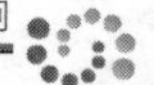

首先酸雨会使湖泊变成酸性，引起水生生物死亡；其次酸雨是造成大面积森林死亡的原因；最后酸雨还加速了建筑结构、桥梁、水坝、工业设备、供水管网和名胜古迹的腐蚀，影响人身体健康。例如，酸雨使地面水成酸性，地下水中的金属含量增加，饮用这种水或食用酸性河水中的鱼会对人体健康产生危害。20 世纪 70 年代，酸雨在世界仍是局部性问题，进入 20 世纪 80 年代后，酸雨危害更加严重，并且扩展到世界范围。

根据 2014 年《中国环境状况公报》，2014 年全国酸雨污染主要分布在长江以南—青藏高原以东地区。主要包括浙江、江西、福建、湖南、重庆的大部分地区，以及长三角、珠三角地区。2014 年监测的 470 个市（县）中，出现酸雨的市（县）比例为 44.3%；酸雨频率在 25%以上的城市比例为 26.6%；酸雨频率在 75%以上的城市比例为 9.1%。

对上述情况，世界各国都在采取切实有效的措施控制 SO_2 的排放，其中最重要的是推进洁净煤技术。

3. 臭氧层破坏

1984 年英国科学家首次发现南极上空出现了臭氧（O_3）空洞，随后的气象卫星证实，由于人类的活动，这个臭氧洞已在迅速扩大（图 1.3）。目前不仅在南极，而且在北极也出现了臭氧层减少的现象，2000 年 1—3 月间，北极上空 18km 处的臭氧同温层里，臭氧含量累计减少了 60%以上。造成臭氧层破坏的主要原因是人类过多地使用氟氯烃类物质和燃料燃烧产生的 N_2O 所致。

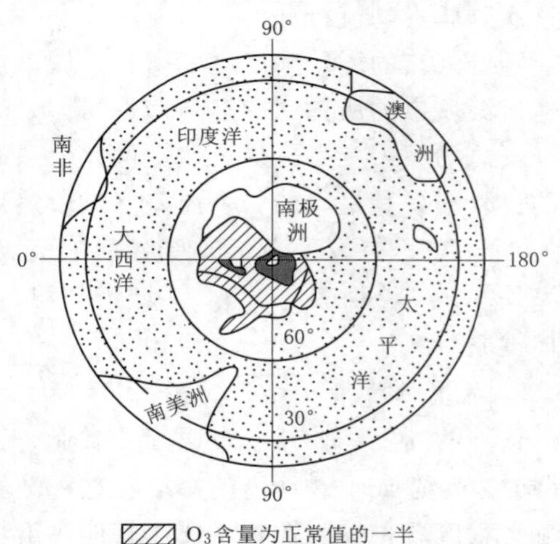

图 1.3　南极上空的臭氧空洞

臭氧是氧的同位素，它存在于地面 10km 以上的大气平流层中，吸收掉太阳辐射中对人类、动物、植物有害的紫外光中的大部分，为地球提供了一个防止太阳辐射的屏障。研究表明，臭氧浓度降低 1.0%，地面的紫外辐射强度将提高 2.0%，皮肤癌患者的数量也将增加百分之几。

大气中的 N_2O 的浓度每年正以 0.2%～0.3%的速度增长，而 N_2O 浓度的增加将引起臭氧层中 NO 浓度增加，NO 和臭氧作用将生成 NO_2 和氧，最终导致臭氧层变薄。大气中的 N_2O 主要来源于自然土壤的排放和化石燃料及生物质燃料的燃烧。因此，发展低 NO_x 燃烧技术及烟气和尾气的脱硝是减少 N_2O 排放的关键。

4. 热污染

所谓热污染，是指现代化的工农业生产和人类生活中排放的各种废热所造成的环境污染。热污染可以污染水体和大气。例如，用江河、湖泊水作冷源的火力发电厂、核电厂和冶金、石油、化工、造纸等工业部门所使用的工业锅炉、工业窑炉等用热设备，冷却水吸收热量后，温度将升高 6～9℃，然后再返回自然水源。于是，大量的排热进入到自然水域，引起自然水温升高，从而形成热污染。

火电厂和核电厂是水体热污染的主要来源，例如，位于法国吉隆河入海口的布来埃核电厂装有4台900MW的机组，每秒钟产生的温水高达225m^3，致使吉隆河口几公里范围内的水温升高了5℃。法国巴黎塞纳河水也由于大量废热的涌入，使水温比天然温度高出5℃。另外，采用冷却塔的电厂，由于冷却水蒸发也会使周围空气温度增高，这种温度较高的湿空气对电厂周围的建筑物有强烈的腐蚀作用。例如，德国莱茵河畔的费森海姆核电厂，冷却水塔高达180m，直径为100m，每小时耗水3600t，冷却水的蒸发使周围空气升高了15℃。

热污染首当其冲的受害者是水生物。由于水温升高使水中鱼类和其他浮游生物的生长将受到影响。同时，水温升高还会使水中藻类大量繁殖，堵塞航道，破坏自然水域的生态平衡。此外，水体水温上升给一些致病微生物创造一个人工温床，使它们得以滋生、泛滥，引起疾病流行，危害人类健康。例如，1965年澳大利亚曾流行过一种脑膜炎，后经科学家证实，其祸根是一种变形原虫，由于发电厂排出的热水使河水温度增高，这种变形原虫在温水中大量滋生，当人们取河水食饮、烹菜、洗涤时，变形原虫便进入人体，引起了这次脑膜炎的流行。

随着人口的增加和能耗的增长，城市排入大气的热量日益增多。这种对大气的热污染会造成大城市的所谓“热岛效应”，即城市气温比农村气温高出好几摄氏度，使一些原本十分炎热的城市变得更加炎热。世界上热岛效应最强的是中、高纬度的大中城市，如加拿大的温哥华，其最大的城乡温差（城市热岛强度）为11℃（1972年7月4日），德国的柏林为13.3℃，美国阿拉斯加首府费尔班克斯市曾达14℃。我国观测到的城市热岛强度，上海是6.8℃，北京是9.0℃。城市气温过高会诱发冠心病、高血压、中风等，直接损害人体健康。

5. 放射性污染

核能的开发和核技术在医疗、农业、工业和科学研究中的应用，在带给人类巨大利益的同时，也造成了对环境的污染。这种环境污染主要是放射性污染。从污染物对人和生物的危害程度看，放射性物质要比其他污染物严重得多。正因为如此，从核能开发以来，人们就对放射性污染的防治极其重视，采取了一系列严格的措施，并将这些措施以法律的形式明确下来。例如对核电厂，国际原子能机构和我国国家核安全局都制定了核电厂厂址选择、设计、运行和质量保证等四个安全法规。我国还制定了《中华人民共和国放射性污染防治法》，该法律已于2003年10月1日起正式实施。正是这些法规的实施，使核电厂的安全有了可靠的保证。

1.3　能源现状及发展对策

1.3.1　世界能源消费现状

随着世界经济规模的不断扩大和人口的不断增长，世界能源消费量持续增长。根据统计，1973年世界一次能源消费量仅为57.3亿t油当量，而2007年已达到111.0亿t油当量。2019年，世界一次能源消耗为581.5百亿亿J。折算为油当量，约为139亿t油当量。

能源消费逐年上升，2020 年，受新冠疫情影响，有所下降，全球一次性能源消费量为 556.63 百亿亿 J（约 133 亿 t 油当量）。其中，2020 年中国一次性能源消费量为 145.46 百亿亿 J，是全球一次性能源消费最高的国家，美国地区一次性能源消费量 87.79 百亿亿 J。图 1.4 为 2015—2020 年全球一次能源消费量及增速情况。

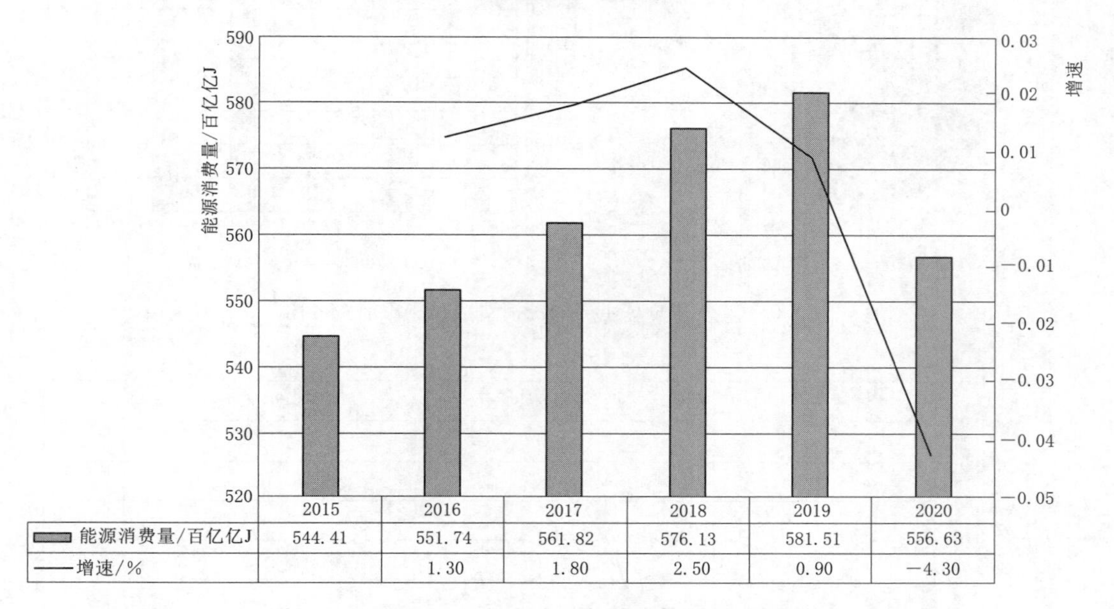

	2015	2016	2017	2018	2019	2020
能源消费量/百亿亿J	544.41	551.74	561.82	576.13	581.51	556.63
增速/%		1.30	1.80	2.50	0.90	−4.30

图 1.4　2015—2020 年全球一次能源消费量及增速情况

世界能源消费呈现不同的增长模式，发达国家增长速率明显低于发展中国家。过去 40 多年来，北美洲、中南美洲、欧洲、中东、非洲及亚太等六大地区的能源消费总量均有增加，但是与经济、科技与社会比较发达的北美洲和欧洲两大地区相比，增长速度缓慢。其消费量占世界总消费量的比例也逐年下降，北美洲由 1973 年的 35.1%下降到 2007 年的 25.6%，欧洲地区由 1973 年的 42.8%下降到 2003 年的 26.9%。主要原因：一是发达国家的经济发展已进入到后工业化阶段，经济向低能耗、高产出的产业结构发展，高能耗的制造业逐步转向发展中国家；二是发达国家高度重视节能与提高能源的使用效率。

由于中东地区油气资源最为丰富、开采成本极低，故中东能源消费的 97%左右为石油和天然气。该比例明显高于世界平均水平，居世界之首。在亚太地区，中国、印度等国家的煤炭资源丰富。煤炭在能源消费结构中所占比例相对较高，其中，中国能源结构中煤炭所占比例高达 68%左右，所以在亚太地区的能源结构中，石油和天然气的比例偏低（约为 47%）明显低于世界平均水平。除亚太地区以外，其他地区石油、天然气所占比例均高于 60%。图 1.5 为 2020 年全球主要能源消费量和能源消费占比。图 1.6 为 2020 年不同地区各类能源消费情况。

1.3.2　世界能源发展趋势

随着世界经济、社会的发展，未来世界能源需求量将继续增加。伴随着世界能源储量分布日益集中。对能源资源的争夺将日趋激烈，争夺的方式也更加复杂，由能源争夺而引

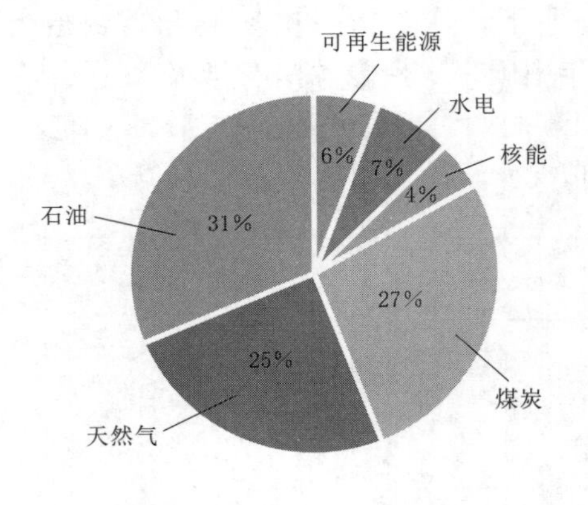

(a) 2020年全球各能源消费占比

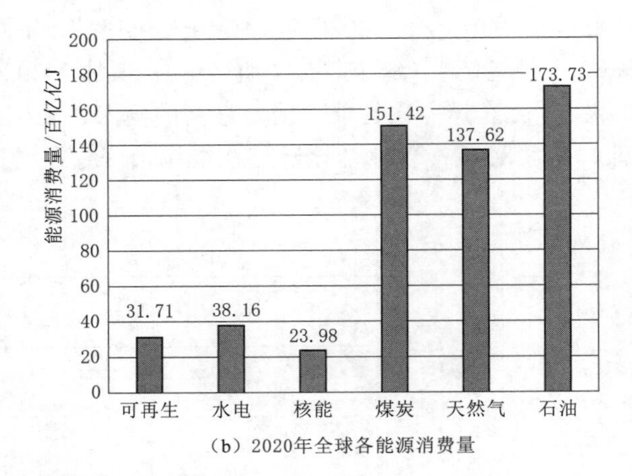

(b) 2020年全球各能源消费量

图 1.5　2020 年全球主要能源消费量和能源消费占比

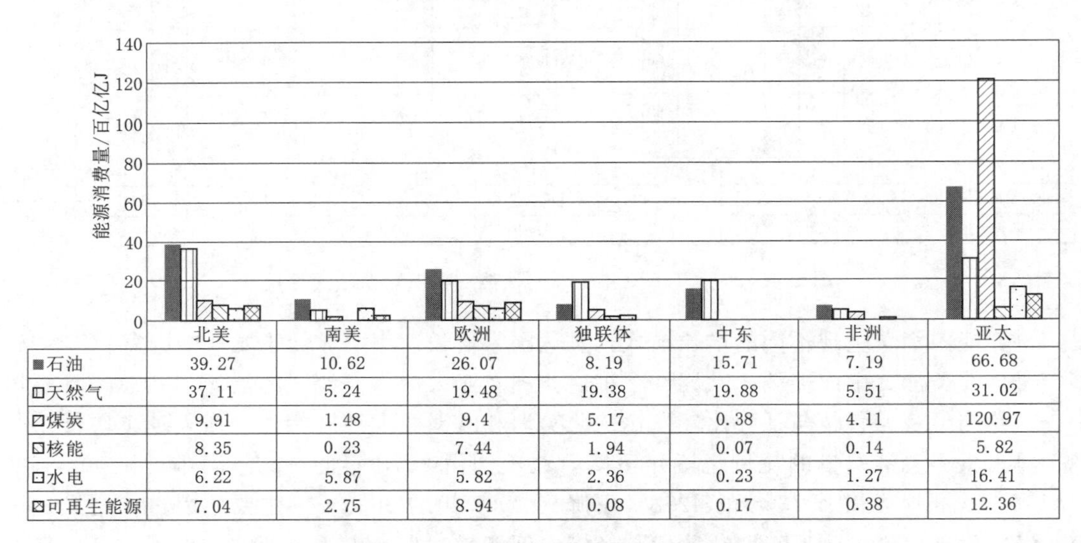

	北美	南美	欧洲	独联体	中东	非洲	亚太
■石油	39.27	10.62	26.07	8.19	15.71	7.19	66.68
◫天然气	37.11	5.24	19.48	19.38	19.88	5.51	31.02
▨煤炭	9.91	1.48	9.4	5.17	0.38	4.11	120.97
◨核能	8.35	0.23	7.44	1.94	0.07	0.14	5.82
⊡水电	6.22	5.87	5.82	2.36	0.23	1.27	16.41
⊠可再生能源	7.04	2.75	8.94	0.08	0.17	0.38	12.36

图 1.6　2020 年全球不同地区能源消费情况

发的冲突和战争的可能性依然存在。

世界能源消费量的逐年增大，二氧化碳、氮氧化物、灰尘颗粒物等环境污染物的排放量也随之增大。化石能源对环境的污染和全球气候的影响将日趋严重。面对以上挑战，未来世界能源供应和消费将向多元化、清洁化、高效化、全球化和市场化方向发展。

(1) 多元化。世界能源结构先后经历了以薪柴为主、以煤为主和以石油为主的时代，现在正在向以天然气为主转变，同时水能、核能、风能、太阳能也正得到更广泛的利用。可持续发展、环境保护、能源供应成本和可供应能源的结构变化决定了全球能源多样化发展的格局。未来，在发展常规能源的同时，新能源和可再生能源将受到重视。

(2) 清洁化。随着世界能源新技术的进步及环保标准的日益严格，未来世界能源将进一步向清洁化的方向发展，不仅能源的生产过程要实现清洁化，而且能源工业要不断生产出更多、更好的清洁能源，清洁能源在能源总消费中的比例也将逐步增大。同时，过去被

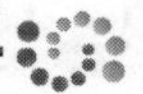

认为是“脏”能源的煤炭和传统能源薪柴、秸秆、粪便的利用将向清洁化方面发展，洁净煤技术、沼气技术、生物柴油技术等将取得突破并得到广泛应用。一些国家，如法国、奥地利、比利时、荷兰等国，已经关闭其国内所有煤矿而发展核电，它们认为核电是高效、清洁的能源，能够解决温室气体的排放问题。

(3) 高效化。世界能源加工和消费的效率差别较大，能源利用效率提高的潜力巨大。随着世界能源新技术的进步，未来世界能源利用效率将日趋提高，能源强度将逐步降低。发展中国家与发达国家的能源强度差距较大，节能潜力巨大。

(4) 全球化。由于世界能源资源分布及需求分布的不均衡性，许多国家和地区越来越需要依靠其他国家或地区的资源供应，主要能源生产国和能源消费国将积极加入到能源供需市场全球化的进程中，世界贸易量将越来越大。

(5) 市场化。世界能源利用的市场化程度越来越高，世界各国政府直接干涉能源利用的行为将越来越少，政府为能源市场服务的作用在相应增大，在完善各国、各地区的能源法律法规并提供良好的能源市场环境方面，将更好地发挥作用。

1.3.3　我国能源现状及发展对策

1. 我国能源消费现状

我国作为全球能源生产和消费市场日趋重要的组成部分，目前的能源消费已占世界能源消费总量的22.9%。2015年能源消费总量增长了1.5%，达到43.8亿t标准煤，一次能源生产总量35.8亿t标准煤，能源消费和生产都居世界第一位。在能源消费结构中，煤炭燃料占63.7%，油品燃料占18.6%，天然气占5.9%，水电、核电及可再生能源占11.8%。我国主要能源煤炭、石油和天然气的储采比分别约为31、11.7和近27.8，分别占世界平均水平的27%、23%和53%左右，均大于全球化石能源枯竭速度。目前，我国煤炭产量基本能够满足国内消费量，原油和天然气的生产则不能满足需求，特别是原油的缺口最大。近年来，我国清洁能源消费比重进一步提升，能源结构持续优化，煤炭消费占比不断下降，到2020年已经降到56.8%。图1.7为2016—2020年我国清洁能源（天然气和非化石能源）的消费占比情况，图1.8为2020年我国各类能源消费占比情况。

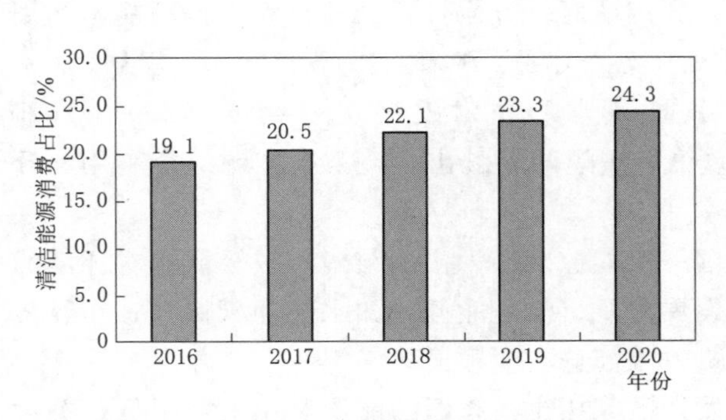

图1.7　2016—2020年我国清洁能源消费占比

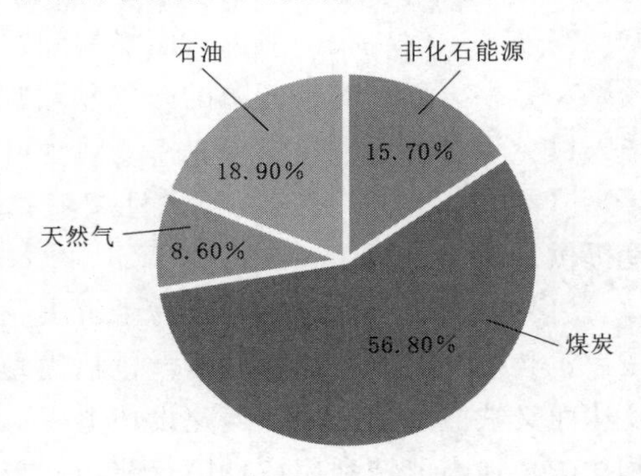

图1.8　2020年我国各类能源消费占比

2. 存在问题

我国的能源问题主要反映在以下方面：

(1) 人均能源资源相对不足，资源质量较差，探明程度低。我国常规能源资源的总储量就其绝对量而言，是较为丰富的，然而，由于我国人口众多，就可采储量而言，人均能源资源占有量仅相当于世界平均水平的 1/2。

(2) 能源生产消费结构仍以煤为主，对环境的影响较大。改革开放以来，原煤在一次能源生产和消费结构中的比例均超过 70%，目前有所下降不足 60%。但仍然给环境保护带来极大的压力。

(3) 能耗水平高，能源利用率低。据有关部门的调查测算，工业产品单耗比工业发达国家高出 30%～90%。如火电标准煤耗，我国是国外先进水平的 1.25 倍，吨水泥煤耗是国外的 1.64 倍。目前，我国第一产业能耗水平为 0.90t 标准煤，第二产业为 6.58t 标准煤，第三产业为 0.91t 标准煤。产业结构的不合理、能源品质低下、管理落后等是造成能耗水平较高的重要原因。

(4) 能源资源分布不均，交通运力不足，制约了能源工业发展。我国能源资源西富东贫，大多远离人口集中、经济发达的东南沿海地区。这种格局使开发难度和能源输运的压力和费用大大增加了，形成了西电东送、北煤南运的输送格局。多年来，由于运力不足造成了大量的煤炭积压，严重制约了煤炭工业的发展，也造成了电力供应紧张。

(5) 能源供需形势依然紧张，我国的能源生产经过 50 年的努力，取得了十分显著的成绩，能源紧张的矛盾明显缓解。然而与经济的长远发展需要相比，仍存在着较大的差距，特别是洁净高效能源，缺口依然很大。

(6) 农村能源问题日趋突出，影响越来越大，其主要表现在以下三方面：其一，农村生活用能严重短缺，过度地燃烧薪柴造成大面积植被破坏，引起了水土流失和土壤有机质减少；其二，随着农业生产机械化和化学化的发展，农业生产的能耗量急剧增长；其三，乡镇工业能耗直线上升，能源利用率严重低下。

(7) 能源安全面临严重挑战。能源安全是指保障能源可靠和合理的供应，特别是石油和天然气的供应。在国际风云变幻的世界上，保障石油的可靠供应对国家安全至关重要。这是我国能源领域面临的一项重大挑战。

3. 我国能源发展的对策

当前为了解决我国能源所面临的问题，我国政府一方面号召全社会大力提高能源利用效率；另一方面，对新能源的开发利用加大了支持力度。随着我国“十三五”规划、《中华人民共和国可再生能源法》《国家中长期科学和技术发展规划纲要（2006—2020年）》（国发〔2006〕6 号）纲领性文献、政策、法规的相继出台，为新能源综合利用和开发提供了法律依据。

(1) 努力改善能源结构。为了解决我国一次能源以煤为主的结构，减轻能源对环境的压力，必须努力改善能源结构，包括优先发展优质、洁净能源，如水能和天然气；在经济发达而又缺能的地区，适当建设核电厂；进口一部分石油和天然气等。

(2) 提高能源利用率，厉行节约。与发达国家相比，我国的能源利用效率很低，关键在于产业结构低度化，高耗能产业如钢铁、电解铝、水泥等比重过高，而低耗能、高附加值产业如电子信息、精密制造和第三产业比重过低。高能耗产品产量的高速扩张，并不是建立在充分提高技术和效率的基础之上。

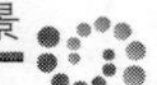

在形成世界最大产业的过程中，我国的高耗能行业并没有形成国际领先的生产技术，单位产品能耗和工艺能耗比国际先进水平仍有很大差距。为此，必须通过转变增长方式和结构调整，改变以高投入、高消耗来实现经济快速增长的局面，坚持走科技含量高、经济效益好、资源消耗低、环境污染少的新型工业化之路。

(3) 加速实施洁净煤技术。所谓洁净煤技术是旨在减少污染和提高效率的煤炭加工、燃烧、转换和污染控制新技术的总称，是世界煤炭利用技术的发展方向。由于煤炭在相当长一段时间内仍是我国最主要的一次能源，因此，除了发展煤坑口发电，以输送电力来代替煤的运输外，加速实施洁净煤技术是解决我国能源问题的重要举措。

(4) 合理利用石油和天然气，改造石油加工和调整油品结构。石油和天然气不仅是重要的化石燃料，而且是宝贵的化工原料，因此，应合理利用石油和天然气，禁止直接燃烧原油并逐步压缩商品燃料油的生产。石油炼制和加工应大型化，要根据油品轻质化的趋势调整油品结构，进行油品的深加工，提高经济效益。

(5) 积极开发利用新能源和可再生能源。我国应积极开发利用太阳能、地热能、风能、生物质能、潮汐能、海洋能等新能源，以补充常规能源的不足。在农村和牧区，应逐步因地制宜地建立新能源示范区。

(6) 建立合理的农村能源结构，扭转农村严重缺能局面。因地制宜地发展小水电、太阳灶、太阳能热水器、风力发电、风力提水、沼气池、地热采暖、地热养殖、种植快速生长的树木等是解决我国农村能源的主要措施。此外，提高农村生活用能的质量也是非常重要的，如推广节柴灶和烧民用型煤，前者可使热效率提高15%～30%，后者除热效率可比烧散煤节约20%～30%以外，还可使烟尘和SO_2减少40%～60%，CO减少80%。

改革开放以来，我国经济迅猛发展，综合国力大大增强，基础设施日趋完善，科技水平不断提高，这些都为我国能源可持续发展创造了良好的条件。

1.4 我国新能源的现状及发展前景

1.4.1 我国新能源的应用现状及前景

1. 发展现状

新能源与可再生能源是我国能源优先发展的领域。新能源与可再生能源的开发利用，对增加能源供应、改善能源结构、促进环境保护具有重要作用，是解决能源供需矛盾和实现可持续发展的战略选择。我国的新能源和可再生能源经过70多年来的发展，在技术水平、应用领域和产业建设上都取得了重大进展，奠定了良好的基础，在国民经济建设中发挥了重要作用。在21世纪前20年有很大的发展，到21世纪中叶将有可能逐步发展成为重要的替代能源。

(1) 我国拥有丰富的新能源与可再生能源资源可供开发利用。经粗略估算，在现有科技水平下，我国太阳能、风能、生物质能和水能等每年可以获得的资源量大约相当于46亿t标准煤。为2000年全国一次能源总消费量12.8亿t标准煤的3.59倍。2020年，我国可再生能源开发利用规模达到6.8亿t标准煤，相当于替代煤炭近10亿t，减少二氧化碳、二氧化硫、氮氧化物排放量分别约达 17.9 亿 t、86.4 万 t 与 79.8 万 t，为防治污染提供了坚强保障。

（2）我国新能源与可再生能源的发展适逢良好的市场机遇，需求量巨大，市场广阔。近年来，随着经济改革的深入和能源工业的发展，常规能源供应紧缺的状况有所变化，但总体消费水平还很低，特别是农村地区，商品能源特别是优质能源如煤气、天然气和电力的供应仍处于短缺或较低的水平，无电人口不少，且短期内难以改变。这就为新能源与可再生能源的应用提供了良好的市场机遇。另外，随着能源价格体制的调整和价格的放开，常规能源的价格呈不断上涨的趋势。常规能源价格在不断上涨，而新能源与可再生能源却技术性能不断提高、经济性也不断改善，因而市场竞争力不断增强。自 2012 年以来，贫困地区累计开工建设大型水电站 31 座、6478 万 kW，为促进地方经济发展和移民脱贫致富做出贡献。创新实施光伏扶贫工程，累计建成 2636 万 kW 光伏扶贫电站，惠及近 6 万个贫困村、415 万户贫困户、每年产生发电收益 180 亿元，相应安置公益岗位 125 万个，光伏扶贫已成为我国产业扶贫的精品工程。同时积极推进有机废弃物等生物质能清洁利用，积极探索沙漠治理、光伏发电、种养殖相结合的光伏治沙模式，推动光伏开发与生态修复相结合，实现可再生能源开发利用与生态文明建设协调发展、相得益彰。

（3）我国新能源和可再生能源的技术装备水平大幅提升。我国已形成较为完备的可再生能源技术产业体系。水电领域具备全球最大的百万千瓦水轮机组自主设计制造能力，特高坝和大型地下洞室设计施工能力均居世界领先水平。低风速风电技术位居世界前列，国内风电装机 90%以上采用国产风机，10MW 海上风机开始试验运行。光伏产业占据全球主导地位，光伏组件全球排名前十的企业中我国占据 7 家。全产业链集成制造有力推动风电、光伏发电成本持续下降，近十年来陆上风电和光伏发电项目单位千瓦平均造价分别下降 30%和 75%左右，产业竞争力持续提升。

近年来，特别是中国共产党第十八次全国代表大会以来，我国可再生能源实现跨越式发展，取得了举世瞩目的成就。截至 2020 年，我国可再生能源发电装机容量达到 9.34 亿 kW，占总装机容量的比重达到 42.4%，较 2012 年增长 14.6 个百分点。其中我国水电装机容量 3.7 亿 kW（含抽水蓄能 3149 万 kW）、风电装机容量 2.81 亿 kW、光伏发电装机容量 2.53 亿 kW、生物质发电装机容量 2952 万 kW。截至 2020 年，全国可再生能源发电量达 22148 亿 kW·h，占全部发电量比重接近 30%，较 2012 年增长 9.5 个百分点。其中，水电 13552 亿 kW·h；风电 4665 亿 kW·h；光伏发电 2605 亿 kW·h；生物质发电 1326 亿 kW·h。

当前，我国是全球最大的可再生能源市场，水电、风电、太阳能发电、生物质发电可再生能源装机容量稳居世界第一。

2. 我国新能源的发展前景

第六届中国能源发展与创新论坛提出，“十四五”及今后一段时期，我国可再生能源将以更大规模、更高比例发展，步入高质量跃升发展新阶段，进入大规模、高比例、低成本、市场化发展新阶段。推进能源革命，建设清洁低碳、安全高效的能源体系，提高能源供给保障能力。加快发展非化石能源，坚持集中式和分布式并举，大力提升风电、光伏发电规模，加快发展东中部分布式能源，有序发展海上风电，加快西南水电基地建设，安全

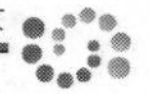

稳妥推动沿海核电建设，建设一批多能互补的清洁能源基地，非化石能源占能源消费总量比重提高到20%左右。因地制宜开发利用地热能。加快电网基础设施智能化改造和智能微电网建设，提高电力系统互补互济和智能调节能力，加强源网荷储衔接，提升清洁能源消纳和存储能力，提升向边远地区输配电能力，推进煤电灵活性改造，加快抽水蓄能电站建设和新型储能技术规模化应用。

“十四五”期间，为实现碳达峰、碳中和，以及能源绿色低碳转型的战略目标，可再生能源是我国能源发展的主导方向。预计到2025年，可再生能源发电装机占我国发电总装机的50%以上。可再生能源将由能源电力消费增量补充成为增量主体，在能源转型中发挥主导作用。到2025年，“三北”地区多个省份风电、光伏发电装机占比超过50%，新能源发展面临既要大规模开发，又要高水平消纳，更要保障电力系统安全可靠供应的形势，需要加快构建以新能源为主体的新型电力系统。

1.4.2　我国农村新能源的发展现状及前景

1. 我国农村可再生能源发展情况

我国是一个农业大国，2011年乡村人口总数大约达6.6亿人，约占全国总人口的比重为48.10%，农村能源关系到全国1/2左右人口的生活用能供应和生活质量改善的问题。

发展农村可再生资源，促进农村社会经济可持续发展。搞好农业农村节能减排，不仅有利于合理有效地利用农业资源，优化农村地区能源消费结构，缓解化石能源供应的紧张局面，保障国家能源安全，有利于建立可持续发展的能源供应体系，促进经济社会可持续发展，是我国能源战略的重要组成部分。

社会主义新农村建设的启动，激活了农村可再生资源的发展市场。在社会主义新农村建设的“生产发展、生活富裕、乡风文明、村容整洁、管理民主”五项内容中，有三项跟农村可再生资源有紧密联系。缓解农村能源紧张，解决农村环境污染问题，成为了农村精神文明建设、全面协调发展的必然要求。

2016年，我国农村能源消耗量为6.68×10^8t标准煤，占全国能源消耗总量的20.6%，而可再生能源利用量为1.45×10^8t标准煤，仅占农村能源消耗量的21.7%，可见，我国农村能源消耗大部分仍使用传统能源，可再生能源潜力巨大。我国农村地区可再生资源十分丰富，每年可作为能源利用的生物质资源约7×10^8t标准煤，共有水能资源理论蕴藏量10MW，河流11477条，陆地表面每年接收到的太阳能辐射能理论储量约为50×10^{18}kJ，相当于1.7×10^{12}t标准煤。可再生能源不同于常规化石能源，开发和利用可再生能源是我国建设资源节约型、环境友好型美丽乡村的重要举措。

（1）沼气项目建设。农村沼气项目建设是发展生物质能应用的关键。近几年来，国家加大了对农村沼气建设的资金和技术支持。据沼气规模数据分析，特大型、中型、户用型的沼气池日产沼气量分别为500m^{3}以上、150～500m^3、0.2～0.25m^3。数据显示，从2002年到2011年这近十年期间内，我国农村沼气池从仅有的1100万户发展到3996万户。截至2015年年底，我国农村沼气用户4193.3万户，建成沼气工程110975处，年产沼气22.25亿m^3，但是农村沼气池废弃率较高。通过新增农村沼气项目建设，以沼气为纽带拉动养殖业、种植业和其他各产业的发展，带动了当地农业循环经济发展，加快了农业结构调整的步伐。

(2) 风能资源开发。农村地区土地类型多，风速不受高大建筑物阻挡，常年较为稳定。在农村沿海地区建设的风力发电厂和平坦地区建设的风力发电厂，充分利用了海陆热力性质差异造成的海风和陆风，以及充分利用了夏季风和冬季风的强大的风能。中国市场最热的可再生能源，比如风能、太阳能等产业。风能资源则更具有可再生、永不枯竭、无污染等特点，综合社会效益高。而且，风电技术开发最成熟、成本最低廉。截至2015年年底，全国农村小型风力发电（1～50kW）累计装机11.1万台，装机容量达到34704.3kW，小风电装机主要分布在风能资源较丰富的区域，其中装机容量较大的省级行政区包括内蒙古、新疆、黑龙江和山东等，其装机容量分别达到24573.2、2573.4、2005.7、1599.1kW。内蒙古最为集中，占全国农村小风电装机容量的70.8%。

(3) 太阳能利用状况。我国太阳能热水器利用居世界首位，热水器保有量一直以来都占据世界总保有量的一半以上。而农村地区高楼少，日照时间长，拥有独立的楼顶适宜摆放热水器，成为了我国城乡中利用热水器的先锋。截至2015年年底，全国农村累计推广太阳能热水器4571.24万台，集热面积达到8232.98万m^2；累计推广太阳灶232.71万台；太阳房29.04万处，集热面积达到2549.37万m^2。

在农村，积极推广光伏与农业、畜禽养殖业、渔业、林光互补发展等光伏农业模式，对开发利用清洁能源、改善农村用能条件具有明显的产业和经济带动作用，是一项利国利民的阳光工程。截至2020年年底，中国光伏扶贫电站共投入建设资金1911.0亿元，其中政府出资958.7亿元，企业出资313.2亿元，银行贷款580.0亿元，捐赠资金21.5亿元，自筹及其他资金21.9亿元。其中，全部由财政资金建设5.4万座，贷款或企业垫资建设1.8万座，企业出资建设4710座。

2. 我国农村能源发展对策建议

2021年，国家能源局、农业农村部和国家乡村振兴局联合印发《加快农村能源转型发展助力乡村振兴的实施意见》（国能发规划〔2021〕66号）（简称《实施意见》），文件明确到2025年，建成一批农村能源绿色低碳试点项目，风能、太阳能、生物质能和地热能等占农村能源的比重持续提升，农村电网保障能力进一步增强，分布式可再生能源发展壮大，绿色低碳新模式新业态得到广泛应用，新能源产业成为农村经济的重要补充和农民增收的重要渠道，加快形成绿色、多元的农村地区能源产业体系。

(1) 积极培育“新能源+产业”，大力推动农村可再生能源开发利用。实施“千乡万村驭风行动”“千家万户沐光行动”，打造农村清洁能源支柱产业。推进农（牧）光互补、渔光互补等“光伏+”综合利用项目，推动农户“低碳零碳”用电，实现用电自给自足。

(2) 推动农村生物质资源利用。引导企业有序布局生物质发电项目，鼓励企业从单纯发电转为热电联产。在农林生物质资源丰富的县域，探索农田托管服务和合作社秸秆收集模式，或以村为单元建设农林废弃物收集站，由专业化企业建设规模化生物质热电联产、生物质天然气项目、生物质热解气化项目和生物质液体燃料项目，就近满足乡镇生产生活用电、用热、用气和用油需要。

(3) 鼓励绿色低碳新模式新业态。在县域工业园区、农业产业园区、大型公共建筑等探索建设多能互补、源荷互动的综合能源系统，提高园区能源综合利用率。采用合同能源管理运营模式，引导企业、社会资本、村集体等多方参与，建设新能源高效利用的微能网，为用户提供电热冷气等综合能源服务。

（4）大力发展乡村能源站。依托基层电信、农机服务网点、制造企业维修网点等，建设分布式可再生能源诊断检修、生物成型燃料加工、电动汽车充换电服务等乡村能源站，培养专业化服务队伍，提高农村能源公共服务能力。

（5）加大宣传力度，提高全社会节能减排意识，采用多种形式，广泛开展宣传活动，提高社会各界对开发农村可再生资源的认识。

习　题

1. 简述能源的分类方法。
2. 简述能源的演变历史。
3. 简述能源对环境的影响。
4. 简述中国能源发展对策。
5. 简述中国农村新能源的发展现状和发展前景。

参 考 文 献

[1] 黄素逸，龙妍，林一歆. 新能源发电技术 [M]. 北京：中国电力出版社，2017.
[2] 王长贵，崔容强，周篁. 新能源发电技术 [M]. 北京：中国电力出版社，2003.
[3] 朱永强. 新能源与分布式发电技术 [M]. 北京：北京大学出版社，2016.
[4] 朱永强，尹忠东. 可再生能源发电技术 [M]. 北京：中国水利水电出版社，2010.
[5] 吴治坚. 新能源和可再生能源的利用 [M]. 北京：机械工业出版社，2006.
[6] 于少娟，刘立群，贾燕冰. 新能源开发与应用 [M]. 北京：电子工业出版社，2014.
[7] 李家坤. 新能源发电技术 [M]. 北京：中国水利水电出版社，2019.
[8] 于国强，孙为民，崔积华. 新能源发电技术 [M]. 北京：中国电力出版社，2009.
[9] 孟燕辉. 浅析能源利用与经济发展的关系 [J]. 商场现代化，2009 (9)：269.
[10] 袁家春. 我国能源现状与能源政策分析 [J]. 中国市场，2018 (7)：31-35.
[11] 梁红娟. 浅谈我国的能源现状及能源对策 [J]. 甘肃科技，2019，35 (15)：6-8.
[12] 苗红. 全球可再生能源现状及展望 [J]. 世界环境，2017 (2)：65-67.
[13] 尹凡，王晶. 可再生能源的发展与利用简析 [J]. 世界环境，2020 (6)：48-51.
[14] 熊华文. 从能源消费弹性系数看经济高质量发展 [J]. 中国能源，2019，41 (5)：9-12，8.
[15] 申阳. 农村分布式可再生能源技术推广的激励机制研究 [D]. 北京：北京工业大学，2013.
[16] 赵娜. 可再生能源适宜技术在山东地区新农村建筑中的应用研究 [D]. 济南：山东建筑大学，2013.
[17] 周丽丽，万兰芳，陶梅江. 中国农村地区可再生能源利用现状与发展对策探究 [J]. 三峡大学学报（人文社会科学版），2013，35 (增刊)：49-51.
[18] 林楚. 2025年新能源产业将成为农民增收的重要渠道 [N]. 机电商报，2022-01-17 (A06).
[19] 丛宏斌，赵立欣，王久臣，姚宗路. 中国农村能源生产消费现状与发展需求分析 [J]. 农业工程学报，2017，33 (17)：224-231.
[20] 韩啸. 聚焦“双碳”优化农村能源结构 [N]. 农民日报，2022-03-11 (006).
[21] 刘永强. 鄱阳湖生态经济区农户新能源使用影响因素研究 [D]. 南昌：江西农业大学，2017.
[22] 童光毅，杜松怀. 智慧能源体系 [M]. 北京：科学出版社，2020.

第2章　光伏发电技术及应用

太阳是万物之源，太阳能是最原始同时也是最永恒的能量，它不但清洁，而且取不尽用不竭，同时太阳能还是其他各种形式可再生能源的基础。世界各国正在大力发展太阳能的应用工程与技术，包括太阳能热利用、太阳能光伏发电等相关技术。

2.1　太阳及太阳能利用

2.1.1　太阳的辐射

1. 太阳的概况

太阳是一个炽热的气态球体，直径约为 1.39×10^6km，质量约为 2.2×10^{27}t，为地球质量的 3.32×10^5 倍。它的质量是整个太阳系的99.865%，体积则比地球大 1.3×10^6 倍，平均密度为地球的1/4，离地球的平均距离为 1.495×10^8km。太阳也是太阳系里唯一自己发光的天体。如果没有太阳的照射，地球的地面温度将很快降低到接近热力学温度0K，人类及大部分生物将无法生存。

太阳的主要组成气体为氢（约80%）和氦（约19%）。太阳内部持续进行着氢聚合成氦的核聚变反应，不断地释放出巨大的能量，这股能量以电磁波的形式向四面八方传播，到达地球表面约为 85×10^6kW的能量，只占太阳总能量的 $1/23\times10^{-9}$，这个能量相当于全世界发电量的几十万倍，并以辐射和对流的方式由核心向表面传递热量，温度也从中心向表面逐渐降低，所以说太阳能是无穷尽的。

2. 太阳的结构

太阳的结构如图2.1所示，从中心到边缘可分为核反应区、辐射区、对流区和太阳大气。

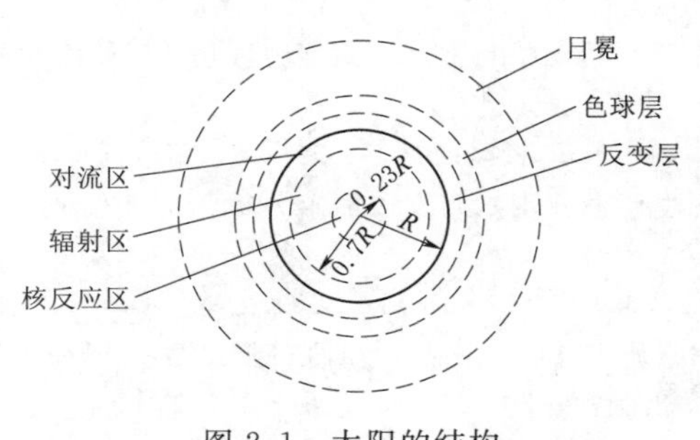

图2.1　太阳的结构

（1）核反应区。在太阳平均半径23%（0.23R）的区域内是太阳的内核，其温度约为 $8\times10^6\sim40\times10^6$K，密度为水的80～100倍，占太阳全部质量的40%、总体积的15%。这部分产生的能量占太阳辐射总能量的90%。

（2）辐射区。太阳平均半径（0.23～0.7)R

之间的区域称为“辐射区”，温度下降到 1.3×10^5K，密度下降为 0.079g/cm^3。太阳内核产生的能量通过这个区域辐射出去。

(3) 对流区。太阳平均半径 (0.7～1.0)R 之间的区域称为“对流区”，温度下降到 5×10^3K，密度下降到 10^{-8}g/cm^3。在对流区，太阳的能量通过对流方式传播。

(4) 太阳大气。太阳的外部是一个光球层，它就是人们肉眼所看到的太阳表面，其温度为5762K，厚约 1.5×10^4km，密度为 10^{-8}g/cm^3，它是由强烈电离的气体组成，太阳能绝大部分辐射都是由此向太空发射的。光球外面分布着不仅能发光，而且几乎是透明的太阳大气，称之为“反变层”，它是由极稀薄的气体组成，厚数百千米，能吸收某些可见光的光谱辐射。“反变层”的外面是太阳大气上层，称之为“色球层”，厚 $(1\sim1.5)\times10^4$km，大部分由氢和氦组成。“色球层”外是伸入太空的“日冕”，温度高达 10^6K，高度有时达几十个太阳半径。

从太阳的构造可见，太阳并不是一个温度恒定的黑体，而是一个多层的有不同波长发射和吸收的辐射体。不过在太阳能利用中通常将它视为一个温度为 6000K，发射波长为 0.3～3μm 的黑体。

2.1.2 太阳能的转换与利用

太阳能是一种理想的可再生能源，人类对太阳能的利用有着悠久的历史。我国古代人们就学会了用太阳来晒海盐，制作镜面微微凹陷的铜面镜名“阳燧”来取火。《周礼》曰：“有人掌以天燧，取火于日”，表明至少西周时期，中国人就已经发明了阳燧，如图 2.2 所示。还利用太阳能来干燥农副产品。

图 2.2 阳燧正反面

发展到现代，太阳能的利用已日益广泛，它包括太阳能的光热利用、光电利用和太阳能的光化学利用等。目前，太阳能的利用主要有光热和光电两种方式。

近年来，我国对可再生能源的开发利用给予了高度重视。2006 年，《中华人民共和国可再生能源法》正式颁布实施，对开发利用太阳能等可再生能源提供了基本的法律保障。为促进可再生能源产业的发展，2005 年国家发展和改革委编制了《可再生能源产业发展指导目录》(发改能源〔2005〕2517 号)，用以指导相关部门制定支持政策和措施，引导相关研究机构和企业的技术研发、项目示范和投资建设方向。建设部等部门也出台了有关扶持太阳能开发利用的政策，根据《关于新建居住建筑严格执行节能设计标准的通知》，国家已推出“可再生能源在建筑规模化应用城市级示范”，对于在建筑中广泛使用太阳能等可再生能源的，给予一定补贴。在国家政策的大力推进下，太阳能的开发利用在许多城市均得到较快发展。

到 2020 年为止，我国可再生能源发电量达到 2.2 万亿 kW·h，占全社会用电量的比重达到 29.5%。从 2021 年起，我国太阳能产业成为全球最大的新增光伏应用市场，2020

年、2021年连续两年位居世界首位。2021年全国光伏并网装机容量在2021年4300万kW的基础上，增加到7818万kW，发电量600多亿kW·h，太阳能热利用面积超过4亿m^2。预计到2050年，太阳能发电装机容量达到6亿kW。

1. 太阳能的转换形式

（1）太阳能——热能转换。太阳能光热转换在太阳能工程中占有重要地位。基本原理是通过特制的采集装置，最大限度地采集和吸收投射到该表面的太阳辐射能，并将其转换为热能用以加热水、空气和其他介质，以提供人们生产和生活所需的热能。

太阳能热利用是最为广泛的形式，根据集热器所能达到的温度和用途，通常可把太阳能热利用分为低温利用（小于200℃）、中温利用（200～800℃）和高温利用（大于800℃）。

目前，低温利用主要有太阳能热水器、太阳能干燥器、太阳能蒸馏器、太阳房、太阳能温室、太阳能空调制冷系统等；中温利用主要有太阳灶、太阳能热发电聚光集热装置等；高温利用主要有高温太阳炉等。实际上，对于各种太阳能直接热利用方式，基本原理都是类似的，只是在不同的场合用不同的名称。

太阳辐射的能流密度低，在利用太阳能时为了获得足够的能量，或者为了提高温度，必须采用一定的技术和装置（集热器），对太阳能进行采集。集热器按是否聚光，可以划分为非聚光集热器和聚光集热器两大类。非聚光集热器（平板集热器、真空管集热器）能够利用太阳辐射中的直射辐射和散射辐射，集热温度较低；聚光集热器能将阳光汇聚在面积较小的吸热面上，可获得较高温度，但只能利用直射辐射，且需要跟踪太阳。

1）平板集热器。在太阳能低温利用领域，平板集热器的技术经济性能远比聚光集热器好。平板集热器包括集热体、透明盖板、隔热层和壳体4个部分。其中，集热体也称为吸热体或吸收体，它多采用金属制作，如铜、铝、不锈钢等，个别也用特种塑料制作；目前，国内外使用比较普遍的是全铜集热器和铜铝复合集热器。集热体表面一般喷涂黑色涂料或制作光谱选择性吸收涂层，用来吸收太阳辐射能并转换为热能，传向集热工质，工质一般为水、空气和防冻液等。集热体上方覆盖一层或多层透明盖板，一方面可降低集热体对环境的散热损失，起到隔热保温的作用；另一方面可保护集热板面，免受风霜雨雪等的侵袭。隔热层也称为保温层。图2.3是平板集热器。

平板集热器的优点是外形美观，可与建筑表面实现一体化，缺点是热损失大，工作温度一般低于60℃。

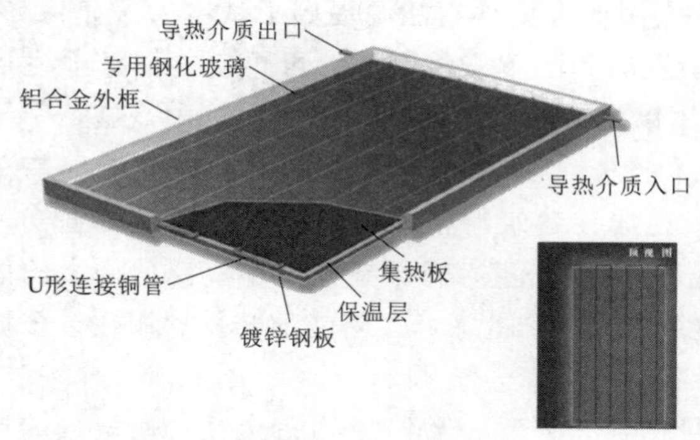

图2.3　平板集热器结构图

2）真空管集热器。为了减少平板集热器的热损、提高集热温度，20世纪70年代研制成功真空集热管，其吸热体被封闭在高度真空的玻璃真空管内，大大提高了热性能。真空集热管大体可分为全玻璃真空集热管、玻璃U形真空集热玻璃管、金属热管真空集热管、直通式真空集热管和储热式真空集热管等。图2.4为全玻璃真空集热管结构图及实物。

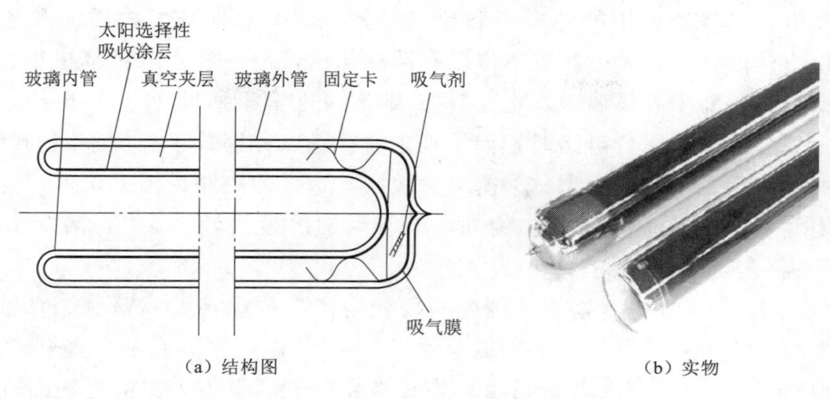

(a) 结构图　　(b) 实物

图 2.4　全玻璃真空集热管结构图及实物

全玻璃真空集热管的工作原理和平板集热器大致相同，真空集热管的玻璃外管相当于平板集热器的透明盖板，玻璃内管相当于平板集热器的集热板，当然内外层玻璃管之间是近似真空的。全玻璃真空集热管由玻璃内管、太阳选择性吸收涂层、玻璃外管、固定卡、吸气膜、吸气剂 6 部分组成。它采用单端开口，将内、外管口予以环形熔封；另一端是密闭半球开有圆头，由弹簧卡支撑，可以自由伸缩，以缓冲内外管热胀冷缩引起的应力。弹簧卡上装有消气剂，当它蒸散后能吸收真空运行时产生的气体，保持管内真空度。内管的外壁镀一层选择性吸收膜构成吸热体。当太阳能透过外玻璃照射到内管外表面吸热体上，会加热内玻璃管内的传热工质，由于内外层之间被抽真空，有效降低了向周围环境散失的热损失，使集热效率得以提高。缺点是只能安装在建筑物的顶部，容易破坏建筑物的防水层，安装面积较小。

3）聚光集热器。为了扩展更高温度的太阳能利用领域，提升太阳能的集热效率，利用聚光集热器，可以提高集热温度。聚光集热器主要由聚光器、吸收器和跟踪系统 3 大部分组成。按照聚光原理区分，聚光集热器基本可分为反射聚光和折射聚光两大类。在反射式聚光集热器中应用较多的是旋转抛物面镜聚光集热器（点聚焦）和槽形抛物面镜聚光集热器（线聚焦）。还有应用较广的由许多平面反射镜或曲面反射镜组成的定日镜，应用塔式太阳能热发电站中。利用光的折射原理可以制成折射式聚光器。历史上曾有人在法国巴黎用两块透镜聚集阳光进行熔化金属的表演。

（2）太阳能——电能转换。电能是一种高品位能量，利用、传输和分配都比较方便。100 多年前，人们就开始了太阳能发电的研究，将太阳能转换为电能是大规模利用太阳能的主要发展方向。其转换途径很多，有光电直接转换，光热电间接转换，光感应发电等。

1）太阳能热发电。太阳能热发电通常是先将太阳辐射能转换为热能，然后将热能转换为电能，实际上是“光—热—电”的转换过程。

太阳能热发电有两种类型一种是蒸汽热动力发电，另一种是热电直接转换。

蒸汽热动力发电是先利用太阳能提供的热量产生蒸汽，再利用高温高压蒸汽的热动力，驱动发电机发电。目前，实际应用中的太阳能热发电技术，主要是这种形式，技术上已经比较成熟，规模也较大。

热电直接转换，即利用太阳能提供的热量直接发电。可能的实现形式有半导体或金属材料的温差发电，真空器件中的热电子和热离子发电，碱金属热发电转换和磁流体发电等。这类发电方式的优点是发电装置本体没有活动部件，但一般发电量都很小。相对成熟一些的，主要是太阳能半导体温差发电。1821年德国化学家塞贝克（Seebeck）发现，把两种不同的金属导体接成闭合电路时，如果把它的接触点分别置于温度不同的环境中，则电路中就会有电流产生。这一现象称为塞贝克效应，这样的电路为温差电偶，这种情况下产生电流的电动势称为温差电动势。例如，铁与铜的冷接头处为1℃，热接头为100℃，则有5.2mV的温差电动势产生。

2）光伏发电。光伏发电其基本原理是利用光生伏打效应将太阳辐射能直接转换为电能，即光伏发电。它的基本装置是太阳能电池。

3）光感应发电。光感应发电是利用某些有机高分子团吸收太阳的光能后变成“光极化偶极子”的现象，把积聚在受感应的光极化偶极子两端的正负电荷分别引出，即得到光电流。因为要寻找合适的光感应高分子材料，使它们的分子团有序排列，并要在高分子团上安装极为精细的电极等步骤都具有较高的难度，这项技术目前还处于原理性实验阶段。

4）光化学发电。光化学发电是指浸泡在溶液中的电极受到光照后，电极上有电流输出的现象。光化学发电具有液相组分，容易制成直接储能的太阳能光学电池。目前，以多孔氧化钛类半导体作电极的“液结光化电池”，其光电转换效率已高达10%以上，具有成本低廉、工艺简单等优点，但有工作稳定性等问题需要解决。

5）光生物发电。光生物发电通常是指“叶绿素电池”发电。叶绿素在光照作用下能产生电流，这是最普遍的生物现象之一。但由于叶绿素细胞不断进行新陈代谢，要做成稳定的“叶绿素电池”目前还比较困难。

（3）太阳能——氢能转换。氢能是一种高品位能源。太阳能可以通过分解水或其他途径转换成氢能，即太阳能制氢，其主要方法如下：

1）太阳能电解水制氢。电解水制氢是目前应用较广且比较成熟的方法，效率较高，达到75%～85%，但耗电大，使用常规电解水制氢，从能量利用而言得不偿失。所以，只有当太阳能发电的成本大幅度下降后，才能实现大规模电解水制氢。

2）太阳能热分解水制氢。将水或水蒸气加热到3000K以上，水中的氢和氧便能分解。这种方法制氢效率高，但需要高倍聚光器才能获得如此高的温度，一般不采用这种方法制氢。

3）太阳能热化学循环制氢。为了降低太阳能直接热分解水制氢要求的高温，发展了一种热化学循环制氢方法，即在水中加入一种或几种中间物，然后加热到较低温度，经历不同的反应阶段，最终将水分解成氢和氧，而中间物不消耗，可循环使用。热化学循环分解的温度大致为900～1200K，这是普通旋转抛物面镜聚光器比较容易达到的温度，其分解水的效率在17.5%～75.5%。存在的主要问题是中间物的还原，即使按99.9%～99.99%还原，也还要做0.1%～0.01%的补充，这将影响氢的价格，并造成环境污染。

4）太阳能光化学分解水制氢。这一制氢过程与上述热化学循环制氢有相似之处，在水中添加某种光敏物质作催化剂，增加对阳光中长波光能的吸收，利用光化学反应制氢。日本有人利用碘对光的敏感性，设计了一套包括光化学、热电反应的综合制氢流程，每小时可产氢97L，效率达10%左右。

5）太阳能光电化学电池分解水制氢。利用N型二氧化钛半导体电极作阳极，而以铂黑作阴极，制成太阳能光电化学电池，在太阳光照射下，阴极产生氢气，阳极产生氧气，两电极用导线连接便有电流通过，即光电化学电池在太阳光的照射下同时实现了分解水制氢、制氧和获得电能。但是，光电化学电池制氢效率很低，仅0.4%，只能吸收太阳光中的紫外光和近紫外光，且电极易受腐蚀，性能不稳定，所以很难达到实用要求。

6）太阳光络合催化分解水制氢。科学家1972年发现三联吡啶钌络合物的激发态具有电子转移能力，并从络合催化电荷转移反应，提出利用这一过程进行光解水制氢。这种络合锈是一种催化剂，它的作用是吸收光能，产生电荷分离，电荷转移和集结，并通过一系列偶联过程，最终使水分解为氢和氧。

7）生物光合作用制氢。绿藻在无氧条件下，经太阳光照射可以放出氢气；蓝绿藻等许多藻类在无氧环境中适应一段时间，在一定条件下都有光合放氢作用。由于对光合作用和藻类放氢机理了解还不够，藻类放氢的效率很低，要实现工程化产氢还有相当大的距离。据估计，如藻类光合作用产氢效率提高到10%，则每天每平方米藻类可产9g氢分子。

（4）太阳能——生物质能转换。

通过植物的光合作用，太阳能把二氧化碳和水合成有机物（生物质能）并释放出氧气。光合作用是地球上最大规模转换太阳能的过程。

2. 太阳能应用史

近百年间，太阳能综合利用技术得到前所未有的快速发展，大约经历了以下阶段：

第一阶段（1900—1920年），在这一阶段，世界上太阳能研究的重点仍是太阳能动力装置，但采用的聚光方式多样化，且开始采用平板集热器和低沸点工质，装置逐渐扩大，最大输出功率达73.64kW，实用目的比较明确，但造价仍然很高。

第二阶段（1920—1945年），在这20多年中太阳能研究工作处于低潮，参加研究工作的人数和研究项目大为减少，其原因与矿物燃料的大量开发利用和发生第二次世界大战（1935—1945年）有关，而太阳能又不能解决当时对大量能源的急需，因此使太阳能研究工作逐渐受到冷落。

第三阶段（1945—1965年），在第二次世界大战结束后的20年中，一些有远见的人士已经注意到石油和天然气资源正在迅速减少，呼吁人们重视这一问题，从而逐渐推动了太阳能研究工作的恢复和开展，并且成立太阳能学术组织，举办学术交流和展览会，再次兴起太阳能研究热潮。

第四阶段（1965—1973年），这一阶段，太阳能的研究工作停滞不前，主要原因是太阳能利用技术处于成长阶段，尚不成熟，并且投资大，效果不理想，难以与常规能源竞争，因而得不到公众、企业和政府的重视和支持。

第五阶段（1973—1980年），自从石油在世界能源结构中担当主角之后，石油就成了左右一个国家经济和决定生死存亡、发展和衰退的关键因素，1973年10月爆发中东战争，石油输出国组织采取石油减产、提价等办法，支持中东人民的斗争，维护本国的利益。其结果是使那些依靠从中东地区大量进口廉价石油的国家，在经济上遭到沉重打击，这便是西方所谓的世界“能源危机”（也称“石油危机”）。这次“能源危机”在客观上使人们认识到：现有的能源结构必须彻底改变，应加速向未来能源结构过渡，从而使许多国家，尤其是工业发达国家，重新加强了对太阳能及其他可再生能源技术发展的支持，在世界范围内再次兴起了开发利用太阳能热潮。这一时期，太阳能开发利用工作处于前所未有的大发展时期，具有以下特点：①各国加强了太阳能研究工作的计划性，不少国家制定了近期和远期阳光计划。开发利用太阳能成为政府行为，支持力度大大加强，国际间的合作十分活跃，一些第三世界国家开始积极参与太阳能开发利用工作；②研究领域不断扩大，研究工作日益深入，取得一批较大成果，如CPC、真空集热管、非晶硅太阳电池、光解水制氢、太阳能热发电等；③各国制定的太阳能发展计划，普遍存在要求过高、过急问题，对实施过程中的困难估计不足，希望在较短的时间内取代矿物能源，大规模利用太阳能。④太阳能热水器、光伏电池等产品开始实现商业化，太阳能产业初步建立，但规模较小，经济效益尚不理想。

第六阶段（1980—1992年），20世纪70年代兴起的开发利用太阳能热潮，在进入20世纪80年代后不久开始落潮，逐渐进入低谷。世界上许多国家相继大幅度削减太阳能研究经费，其中美国最为突出。导致这种现象的主要原因是：世界石油价格大幅度回落，而太阳能产品价格居高不下，缺乏竞争力；太阳能技术没有重大突破，提高效率和降低成本的目标没有实现，以致动摇了一些人开发利用太阳能的信心；核电发展较快，对太阳能的发展起到了一定的抑制作用。

第七阶段（1992年至今），由于大量燃烧矿物能源，造成了全球性的环境污染和生态破坏，对人类的生存和发展构成威胁。在这样的背景下，1992年联合国在巴西召开“世界环境与发展大会”，会议通过了《里约热内卢环境与发展宣言》《21世纪议程》《联合国气候变化框架公约》等一系列重要文件，把环境与发展纳入统一的框架，确立了可持续发展的模式。这次会议之后，世界各国加强了清洁能源技术的开发，将利用太阳能与环境保护结合在一起，使太阳能利用工作走出低谷，逐渐得到加强。1996年，联合国在津巴布韦召开“世界太阳能高峰会议”，会后发表了《哈拉雷太阳能与持续发展宣言》，会上讨论了《世界太阳能10年行动计划》（1996—2005年）、《国际太阳能公约》《世界太阳能战略规划》等重要文件。这次会议进一步表明了联合国和世界各国对开发太阳能的坚定决心，要求全球共同行动，广泛利用太阳能。

1992年以后，世界太阳能利用又进入一个发展期，其特点是：太阳能利用与世界可持续发展和环境保护紧密结合，全球共同行动，为实现世界太阳能发展战略而努力；太阳能发展目标明确，重点突出，措施得力，保证太阳能事业的长期发展；在加大太阳能研究开发力度的同时，注意科技成果转化为生产力，发展太阳能产业，加速商业化进程，扩大太阳能利用领域和规模，经济效益逐渐提高；国际太阳能领域的合作空前活跃，规模扩大，效果明显。目前，在世界范围内已建成多个兆瓦级的联网光伏电站，总功率为5MW的太阳能发电站2004年9月在德国莱比锡附近落成，总功率为80.7MW的世界最大的太阳能发电站。2009年8月在德国利伯罗瑟太阳能发电站落成。欧洲是全球光伏终端市场的重心所在，德国长期占据主导地位，而在西班牙市场大幅萎缩之后，意大利、捷克、法国的新兴市场的迅速崛起，及时填补了这一空白。2010年中国光伏电池产量达到8000MW，约占全球总产量的50%，产能稳居世界首位。

通过上述回顾可知，在20世纪100年间太阳能发展道路并不平坦，一般每次高潮期

后都会出现低潮期，处于低潮的时间大约有45年。太阳能利用的发展历程与煤、石油、核能完全不同，人们对其认识差别大，反复多，发展时间长。这一方面说明太阳能开发难度大，短时间内很难实现大规模利用；另一方面也说明太阳能利用还受矿物能源供应、政治和战争等因素的影响，发展道路比较曲折。尽管如此，从总体来看，20世纪取得的太阳能科技进步仍比以往任何一个世纪都大。

2.2 光伏发电原理与光伏电池

光伏发电是利用半导体界面的光生伏特效应而将光能直接转变为电能的一种技术。光伏发电的主要核心元件是太阳能电池，其他元件有蓄电池组、控制器等元件，太阳能电池将太阳光储备起来，然后再经过一系列的技术操作，将其太阳光能转变为电，这种技术的好处就是在有光的时候，太阳能电池都能搜集储备。光伏发电系统主要由电子元器件构成，不涉及机械部件。所以，光伏发电设备极为精炼，可靠、稳定、寿命长、安装维护简便。理论上讲，光伏发电技术可以用于任何需要电源的场合，上至航天器，下至家用电器，大到兆瓦级电站，小到玩具，光伏电源可以无处不在。

2.2.1 光伏发电原理基础

光伏发电的原理是基于半导体的光伏效应，将太阳辐射直接转换为电能。所谓光电效应，就是指物体在吸收光能后，其内部能传导电流的载流子分布状态和浓度发生变化，由此产生出电流和电动势的效应。光伏效应产生的历史追溯到1839年，法国物理学家贝克勒尔（Edmond Bequrel）意外地发现：将两片金属浸入电解质溶液所构成的伏打电池，在受到阳光照射时电压会突然升高。他在当年发表的论文中把这种现象称为“光生伏打效应”（Photovoltaic Effect）。1876年，亚当斯等人又在金属和硒片上发现固态光伏效应。1941年，奥尔在硅材料上发现了光伏效应，奠定了半导体硅在太阳能光伏发电中广泛应用的基础。光伏效应在气体、液体和固体中均可产生这种效应，而半导体光伏效应的效率最高。

当太阳光照射到半导体的p-n结上，就会在其两端产生光生电压，若在外部将p-n结短路，就会产生光电流。光伏电池正是利用半导体材料的这些特征，把光能直接转化成为电能。而且在这种发电过程中，光伏电池本身不发生任何化学变化，也没有机械磨损，因而在使用中无噪声、无气味，对环境无污染。

1. n型半导体

如果在纯净的硅中掺入少量的五价元素磷，这些磷原子在晶格中取代硅原子，并用它的4个价电子与相邻的硅原子进行共价结合。磷有5个价电子，用去4个，还剩1个，这个多余的价电子虽然没有被束缚在价键里面，但仍受到磷原子核的正电荷的吸引。不过，这种吸引力很弱，只要很少的能量就可以使它脱离磷原子到晶体内成为自由电子，从而产生电子导电运动。同时，磷原子缺少1个电子而变成带正电的磷离子。由于磷原子在晶体中起着施放电子的作用，所以把磷等五价元素叫做施主型杂质（或叫n型杂质）。在掺有五价元素（即施主型杂质）的半导体中，电子的数目远远大于空穴的数目，半导体的导电主要是由电子来决定，导电方向与电场方向相反，这样的半导体叫做电子型半导体或 n 型半导体，如图 2.5（a）所示。

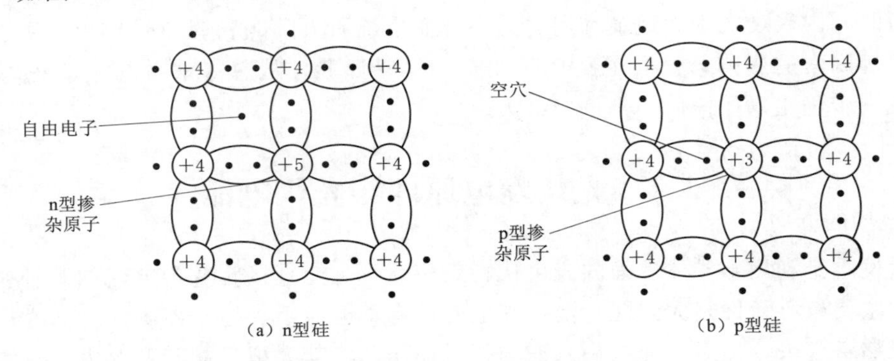

图 2.5　n 型硅和 p 型硅结构示意图

2. p 型半导体

如果在纯净的硅中掺入少量的三价元素硼，它的原子只有 3 个价电子，当硼和相邻的 4 个硅原子作共价结合时，还缺少 1 个电子，所以要从其中 1 个硅原子的价键中获取 1 个电子填补，这样就在硅中产生了一个空穴，硼原子接受了一个电子而成为带负电的硼离子。硼原子在晶体中起着接受电子而产生空穴的作用，所以叫做受主型杂质（p 型杂质）。在含有三元素（受主型杂质）的半导体中，空穴的数目远远超过电子的数目，半导体的导电主要是空穴决定的，导电方向与电场方向相同，这样的半导体叫做空穴型半导体或 p 型半导体，如图 2.5（b）所示。

3. p－n 结

p 型半导体中含有较多的空穴，而 n 型半导体中含有较多的电子，当把 p 型和 n 型半导体结合在一起，形成了所谓的 p－n 结，如图 2.6（a）所示。n 区和 p 区半导体接触后，由于交界面处存在电子和空穴的浓度差，n 区中的多数载流子电向 p 区扩散，p 区中的多数载流子空穴要向 n 区扩散。扩散后，在交界面的 n 区则留下带正电荷的离子施主，形成一个正电荷区域；同理，在交界面的 p 区一侧留下带负尚的离子受主，形成一个负电荷区域。这样，就在 n 区和 p 区交界面的两侧，形成一侧带正电荷而另一侧带负电荷的一层很薄的区域，称为“空间电荷区”，即通常所说的 p－n 结，如图 2.6（b）所示。

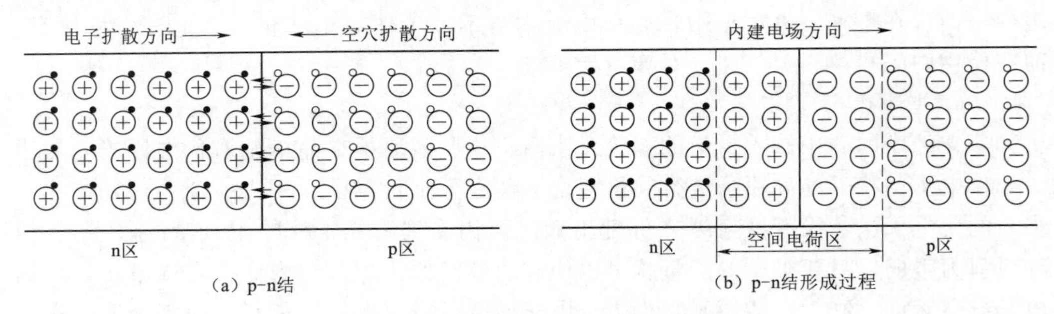

图 2.6　p－n 结及形成过程示意图

在 p－n 结内，有一个由 p－n 结内部电荷产生的从 n 区指向 p 区的电场，称为“内建

场”或“自建电场”。由于存在内建电场，在空间电荷区内将产生载流子的漂移运动，使电子由 p 区拉回 n 区，空穴由 n 区拉回 p 区，其运动方向正好和扩散运动的方向相反。

开始时，扩散运动占优势，空间电荷区内两侧的正负电荷逐渐增加，空间电荷区增宽，内建电场增强；随着内建电场的增强，漂移运动也随之增强，阻止扩散运动的进行，使其逐步减弱；最后，扩散的载流子数目和漂移的载流子数目相等而运动方向相反，达到动态平衡。

当 p－n 结加上正向偏压（即 p 区接电源的正极，n 区接负极），此时外加电压的方向与内建电场的方向相反，使空间电荷区中的电场减弱。这样就打破了扩散运动和漂移运动的相对平衡，有电子源源不断地从 n 区扩散到 p 区，空穴从 p 区扩散到 n 区，使载流子的扩散运动超过漂移运动。由于 n 区电子和 p 区空穴均是多子，通过 p－n 结的电流（正向电流）很大。

当 p－n 结加上反向偏压（即 n 区接电源的正极，p 区接负极）；此时外加电压的方向与建电场的方向相同，增强了空间电荷区中的电场，载流子的漂移运动超过扩散运动。这时 n 区中的空穴一旦到达空间电荷区边界，就要被电场拉向 p 区；p 区的电子一旦到达空间电荷区边界，也要被电场拉向 n 区。它们构成 p－n 结的反向电流，方向是由 n 区流向 p 区。由于 n 区中的空穴和 p 区的电子均为少子，故通过 p－n 结的反向电流很快饱和，而且很小。电流容易从 p 区流向 n 区，不易从相反的方向通过 p－n 结，这就是 p－n 结的单向导电性。

4. 光伏电池的工作原理

当光伏电池受到光照时，光在 n 区、空间电荷区和 p 区被吸收，分别产生电子—空穴对。由于光伏电池表面到内部入射光强度成指数衰减，在各处产生的光生载流子的数量有差别，沿光强衰减方向将形成光生载流子的浓度梯度，从而产生载流子的扩散运动。n 区中产生的光生载流子到达 p－n 结区 n 侧边界时，由于内建电场的方向是从 n 区指向 p 区，静电力立即将光生空穴拉到 p 区，光生电子阻留在 n 区。同理，从 p 区产生的光生电子到达 p－n 结 p 区边界时，立即被内建电场拉向 n 区，空穴被阻留在 p 区。同样，空间电荷区中产生的光生电子—空穴对则自然被内建电场分别拉向 n 区和 p 区。p－n 结及两边产生的光生载流子就被内建电场分离，在 p 区聚集光生空穴，在 n 区聚集光生电子，使 p 区带正电，n 区带负电，在 p－n 结两边产生光生电动势差。这个电势差就形成太阳电池的电压。光伏电池的工作原理如图 2.7 所示。上述过程通常称作光生伏打效应或光伏效应。分别在 p 型层 n 型层焊接上金属引线，接通负载，在持续光照下，外电路就有电流通过，如此就形成了光伏电池元件，实现光电转换。半导体材料在不同的温度和光辐射下，产生的电子—空穴对的数量是不同的。利用光伏效应原理而制成的光伏电池，p－n 结是其工作原理的核心。

5. 光伏电池的结构

根据光伏电池的材料和结构不同，将其分为许多种形式：p 型和 n 型材料均为相同材料的同质结太阳能电池（如晶体硅太阳能电池）、p 型和 n 型材料为不同材料的异质结太阳能电池（硫化镉/碲化镉、硫化镉/铜铟硒薄膜太阳能电池）、金属—绝缘体—半导体太阳能电池、绒面硅光伏电池、钝化发射结光伏电池、叠层光伏电池等。

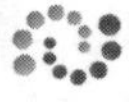

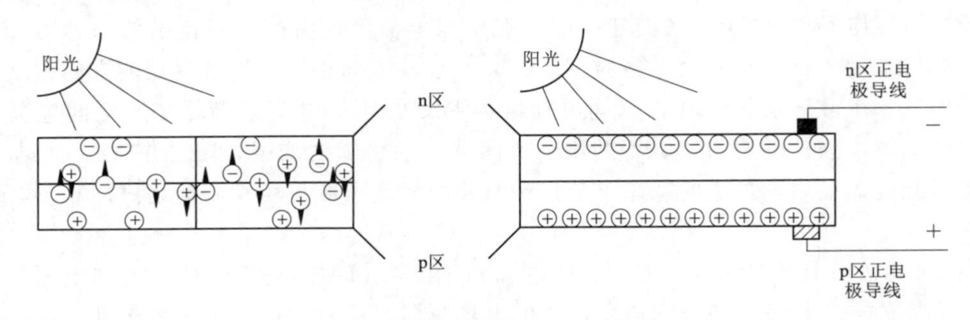

图 2.7　光伏电池的工作原理

这里以常见的晶体管硅光伏电池为例简述太阳能电池的结构。图 2.8 是一个 n^+/p 型结构光伏电池的示意图。n^+/p 型结构光伏电池是 p 区作为基体，厚度约为 0.2～0.5mm。基体材料称为基区层，简称基区。p 区上面是 n 区，它又称为顶区层，简称顶层。又称为扩散层。由于它通常是重掺杂的，故常标记为 n^+。N^+ 区的厚度为 0.2～0.5μm。扩散层处于电池的正面，所谓正面，就是光照的表面，所以也称为光照面。p 区和 n 区的交界面处是 p－n 结。扩散层上有与它形成欧姆接触的上电极。它由母线和若干条栅线组成，栅线的宽度一般为 0.2mm 左右。栅线通过母线连接起来，母线宽度为 0.5mm 左右，视电池面积大小而定。基体下面有与它形成欧姆接触的下电极。上下电极均由金属材料制作，其功能是将由电池产生的电能引出。在电池的光照面有一层减反射膜，其功能是减少光的反射，使电池接收更多的光。

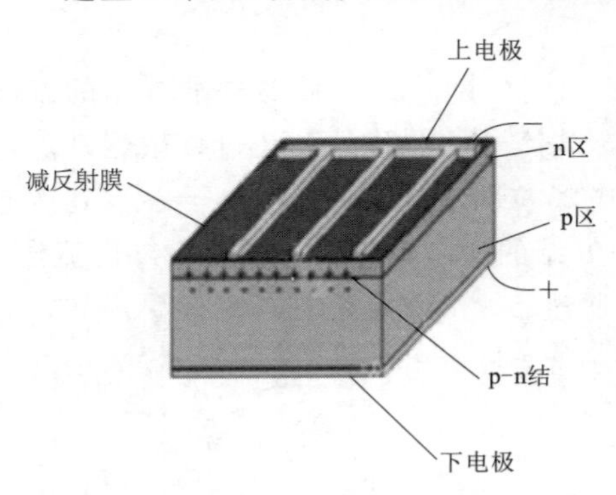

图 2.8　n^+/p 型光伏电池基本结构示意图

晶体硅光伏电池可制成 p^+/n 型结构或 n^+/p 型结构。如果用 n 型硅材料作基体，即可制成 p^+/n 型硅光伏电池。其结构与 n^+/p 型硅太阳能电池相同，只不过基体的硅材料是 n 型、而扩散层材料是 p 型。第一个符号，p^+ 和 n^+，表示太阳能电池正面光照层半导体材料的导电类型；第二个符号，即 n 和 p，表示光伏电池背面衬底半导体材料的导电类型。

光伏电池的电性能与制造电池所用的半导体材料的特性有关。在太阳光照射时，光伏电池输出电压的极性以 p 型侧电极为正，n 型侧电极为负。

照射到光伏电池表面的太阳辐射光含有各种不同的波长，各波长光的能量和其在光伏电池中的穿透深度也随之不同。也就是说，光伏电池对光能的吸收，随光波波长的不同而不同。它对短波的吸收系数较大，对长波的吸收系数则较小。而对于射入电池材料内部的太阳光来说，只有那些光子能量 $\varepsilon \geqslant E_g$ 的光线，才能激发出电子—空穴对，而那些光子能量 $\varepsilon < E_g$ 的光线，则不能放出电子—空穴对，只能使光伏电池自身加热。此外，已产生的电子—空穴对，也有一部分被过早地复合还原，对光生电流没有起作用，造成光能的一部分损失。所以说太阳光能不可能全部转变成电能。

 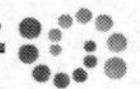

当一束太阳光辐射到物体表面，除了一部分光穿透物体表面进入物体内部外，还有部分被物体表面反射回去。反射光强度与入射光强度之比称为反射系数 ρ，穿透光强度与入射光强度之比称为透射系数 τ，根据能量守恒定律，入射光应等于透射光与反射光之和，即 $\rho+\tau=1$。从制造高效率的光伏电池的角度来说，反射系数越小越好。因而在制造光伏电池时，常使用减反射膜技术或其他技术（如绒面技术）来尽可能地减少反射光的比例。

2.2.2 光伏电池的发展与分类

光伏电池是由光伏电池晶片组成的光伏发电基本元件，主要有单晶硅、多晶硅、非晶硅和薄膜电池等几种类型。单晶硅和多晶硅光伏电池用量最大，非晶硅光伏电池用于一些小系统和计算器辅助电源等。

1. 光伏电池产业的发展史

光伏电池从发明开始至今，已经有 160 多年的历史了，其基本结构和机理没有改变：

1839 年，法国物理学家 E. Becquerel 发现液体的光生伏特效应，简称为光伏效应。

1877 年，W. G. Adams 和 R. E. Day 研究了硒的光伏效应，并制作了第一片硒太阳电池。

1883 年，美国发明家 CharlesFritts 描述了第一块硒太阳能电池的原理。

1904 年，Hall Wachs 发现铜与氧化亚铜结合在一起具有光敏特性，爱因斯坦（Albert Einstein）发表关于光电效应的论文。

1921 年，爱因斯坦因解释了关于光电效应的理论而获得了诺贝尔（Nobel）物理奖。

1930 年，B. Lang 研究氧化亚铜/铜太阳能电池，发表“新型光伏电池”论文。

1932 年，Aud Obert 和 Stora 发现硫化镉（CdS）的光伏现象。

1941 年，1941 年奥尔在硅上发现光伏效应。

1951 年，贝尔实验室通过在熔融锗晶体生长过程中加入微小颗粒杂质，制作 p－n 结，实现制备单晶锗电池。

1954 年，贝尔实验室发现效率为 4.5%～6%的单晶硅光伏电池。

1959 年，Hoffman 电子实现可商业化单晶硅光伏电池效率达到 10%，并通过用网栅电极来显著减少光伏电池串联电阻；卫星探险家 6 号发射，共用 9600 片光伏电池列阵，每片 $2cm^2$，共 20W。

1960 年，Hoffman 电子实现单晶硅太阳电池效率达到 14%。

1966 年，带有 1000W 光伏阵列的大轨道天文观察站发射。

1973 年，美国特拉华大学建成世界第一个光伏住宅。

1974 年，日本开始推出“阳光计划”，对光伏发电系统实施政府补贴。

1977 年，世界光伏电池超过 500kW；D. E. Carlson 和 C. R. Wronski 制成第一个非晶硅光伏电池。

1981 年，名为 Solar Challenger 的光伏动力飞机飞行成功。

1982 年，世界光伏电池年产量超过 9.3MW。

1983 年，世界光伏电池年产量超过 21.3MW，名为 Solar Trek 的 1kW 光伏动力汽车穿越澳大利亚，20 天行程达到 4000km。

1985 年，澳大利亚新南威尔士大学 Marn Green 研制的单晶硅光伏电池效率达到 20%。

1995 年，世界光伏电池年产量超过 77.7MW；光伏电池安装总量达到 500MW。

1998 年，世界光伏电池年产量超过 151.7MW；多晶硅光伏电池产量首次超过单晶硅。

2000 年，世界光伏电池年产量超过 287.7MW；安装超过 1000MW，标志着太阳能时代的到来。

2003 年，世界光伏电池年产量超过 1200MW；多晶硅光伏电池效率达到 20.3%。

2009 年，全球光伏电池产量 10300MW。

2020 年，全球电池产量达到 163.4GW；大部分头部电池企业产能利用率全年并未受新冠疫情影响，仍保持 90%以上开工率。

光伏发电在不远的将来将成为世界能源供应的主体。预计到 2030 年，可再生能源在总能源结构中将占到 30%以上，而光伏发电在世界总电力供应中的占比也将达到 10%以上；到 2040 年，可再生能源将占总能耗的 50%以上，光伏发电将占总电力的 20%以上。这些数字足以显示出光伏产业的发展前景及其在能源领域重要的战略地位。

2. 我国光伏电池产业的发展历程

1958 年，中国电子科技集团公司第十八研究所（简称天津十八所），中国科学院半导体研究所，分别设立了光伏电池研究课题。

1960 年，天津十八所试制出了多晶硅光伏电池，这是第一块国产的光伏电池，转化效率为 1%。

1971 年，我国发射的第二颗人造卫星“实践 1 号”上配备了天津十八所研制生产的装有多块单晶硅光伏电池的组合板（转化效率 10%），在 8 年服役期限内，光伏电池功率衰降 15%。

1975 年，宁波、开封先后成立光伏电池厂，电池制造工艺模仿早期生产空间电池的工艺，光伏电池的应用开始从空间降落到地面。

1990 年初，在西藏高原建成了国内第一个 10kW 光伏电站，当时光伏组件的价格是 45 元/W_p，系统造价是 80～100 元/W_p，全国的年产量只有 350kW_p。

1998 年，中国政府开始关注太阳能发电，第一套 3MW 多晶硅光伏电池及应用系统示范项目实施。中国光伏产业的序幕也开始拉开。

2001 年，无锡尚德太阳能电力有限公司建立 10MW_p 光伏电池生产线获得成功，2002 年 9 月，尚德第一条 10MW 光伏电池生产线正式投产，产能相当于此前四年全国光伏电池产量的总和，一举将我国与国际光伏产业的差距缩短了 15 年。

2004 年，洛阳单晶集团有限公司与中国有色工程设计研究总院共同组建的洛阳中硅高科技有限公司自主研发出了 12 对棒节能型多晶硅还原炉，以此为基础，2005 年，国内第一个 300t 多晶硅生产项目建成投产，从而拉开了中国多晶硅大发展的序幕。

2007，中国成为生产光伏电池最多的国家，产量从 2006 年的 400MW 一跃达到 1088MW。

2009 年，国内首座大型光伏高压并网电站（位于西宁市经济技术开发区）建成，安装光伏电池组件 300kW，年发电量可达 45 万 kW·h。

2010 年，我国光伏电池年产量达 8000MW。

2020 年，我国光伏电池产量为 134.8GW，太阳能发电新增装机容量为 48.2GW，继续保持全球第一。

2005 年，《中华人民共和国可再生能源法》的颁布，使我国光伏产业进入了高速发展阶段，连续 5 年的年增长率超过 100%，自 2007 年开始，我国光伏电池的产量已连续多年稳居世界首位。2010 年，我国光伏电池产量超过了全球总产量的 50%。2019 年，全球电池片头部企业产能前十名企业中我国企业有 9 家。专业化电池片厂商在全球电池片企业中排名快速提升，通威集团有限公司以 13.4GW 的产量首次位居全球第一。掌握了包括光伏电池制造、多晶硅生产等关键工艺技术，设备及主要原材料逐步实现国产化，产业规模快速扩张，产业链不断完善，制造成本持续下降，具备较强的国际竞争能力。

3. 光伏电池的分类与材料

光伏电池根据其使用的材料可分为硅系光伏电池、多元化合物系光伏电池和有机半导体系光伏电池等。其中，硅系光伏电池主要包括单晶硅、多晶硅和非晶硅薄膜光伏电池；多元化合物薄膜光伏电池主要包括硫化镉（CdS）和碲化镉（CdTe）光伏电池、砷化镓（GaAs）光伏电池、铜铟硒（$CuInSe_2$）光伏电池等；有机半导体系光伏电池主要包括色素增感型光伏电池和有机薄膜光伏电池等。从对太阳光吸收效率、能量转换效率、制造技术的成熟度与否以及制造成本等多个因素来看，每种光伏材料各有其优缺点。但实际应用的主要还是硅材料光伏电池，特别是晶体硅光伏电池。

（1）单晶硅光伏电池。硅系列光伏电池中，单晶硅光伏电池转换效率最高，技术也最为成熟。高性能单晶硅电池是建立在高质量单晶硅材料和相关的成热的加工处理工艺基础上的。现在单晶硅的光伏电池工艺接近成熟，在电池制作中，一般都采用表面织构化、发射区钝化、分区掺杂等技术，开发的电池主要有平面单晶硅光伏电池和刻槽埋栅电极单晶硅电池。单晶硅太阳电池正在朝着超薄和高效方向发展，目前大规模工业化生产的单晶硅电池光电转换效率在 19%～20%，实验室成果超过 20%以上。德国弗劳恩霍夫太阳能系统研究所 2009 宣布研制的单晶硅光伏电池，其能量转换效率达到了 23.4%。光伏电池单元面积为 $2cm^2$。2019 年，哈梅林太阳能研究所（ISFH）和汉诺威莱布尼茨大学在一块经过特殊处理的叉指 p 型单晶硅片背面使用了多晶硅脱氧—多晶硅氧化物触点工艺，实验室电池转换效率达到 26.1%，创下纪录。

国内，北京太阳能研究所也积极进行高效晶体硅太阳能电池的研发，研制的平面高效单晶硅电池（2cm×2cm）转换效率达到 19.79%。隆基绿能科技股份有限公司创造了单晶硅 PERC 电池 24.03%的中国最高效率。单晶硅太阳电池的基本结构多为 n^+/p 型，以 p 型单晶硅片为基片，其厚度一般为 200～300μm，其电阻率一般为 1～3Ω·cm。单晶硅太阳电池光学、电学和力学性均匀一致，颜色多为黑色或深色，适合切割和制作。

单晶硅光伏电池，如图 2.9 所示。主要应用于光伏电站，特别是通信电站，以及航空器电源，或用于聚焦光伏发电系统等。

单晶硅光伏电池的特点如下：

1）作为原料的硅材料在地壳中含量丰富，对环境基本上没有影响。

产品参数	
最大功率	100W
工作电压	18V
工作电流	5.56A
峰值电压	21.6V
峰值电流	6.05A
厚度	3mm
外形尺寸	1180mm×536mm

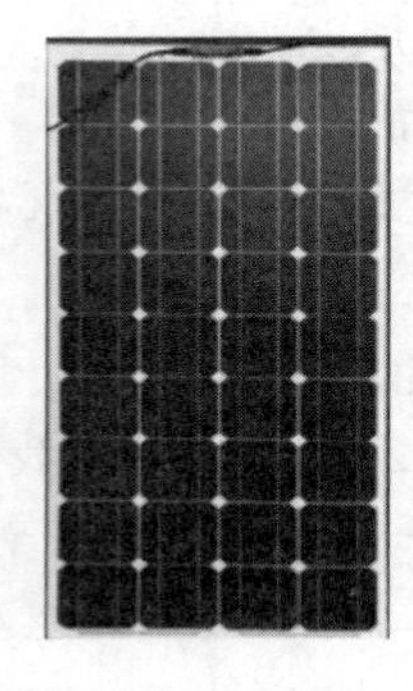

图 2.9 单晶硅光伏电池及参数

2）单晶制备以及p-n结的制备都有成熟的集成电路工艺做保证。

3）硅的密度低，材料轻，即使是50μm以下厚度的薄片也有很好的强度。

4）与多晶硅、非晶硅比较，转换效率高。

5）电池工作稳定，已实际用于人造卫星等方面，并且可以保证20年以上的工作寿命。

单晶硅光伏电池因为资源丰富，转换效率高，所以是现在开发最快的产业。在大规模应用和工业生产中仍占据主导地位，但由于受单晶硅材料价格及相应的烦琐的电池工艺影响，致使单晶硅成本价格居高不下，所以有成本高，能源回收周期长的缺点。

（2）多晶硅光伏电池。在制作多晶硅光伏电池时，作为原料的高纯硅不是拉成单晶，而是熔化后浇铸成正方形的硅锭，然后切成薄片。多晶硅光伏电池的转换机制与单晶硅光伏电池完全相同。由于硅片由多个不同大小、不同取向的晶粒组成，而在晶粒界面处光转换受到干扰，因而多晶硅的转换效率相对较低。同时，其电学、力学和光学性能的一致性不如单晶硅光伏电池。单晶硅光伏电池的缺点是制造单晶过程复杂、能耗大。多晶硅薄膜电池由于所使用的硅远较单晶硅少，又无效率衰退问题，其成本远低于单晶硅电池，生产工艺简单，可以大规模生产，而效率高于非晶硅薄膜电池，因而其产量和市场占有率最大。2019年，阿特斯新能源控股有限公司创造了多晶硅PERC电池22.8%的中国最高效率，也创造了世界多晶硅电池的效率纪录。

在单晶硅材料中，硅原子在空间呈有序的周期性排列，具有长程有序性。这种有序性有利于光伏电池的转换效率的提高。多晶硅材料则是由许多单晶颗粒（颗粒直径为数微米至数毫米）的集合体。各个单晶颗粒的大小，晶体取向彼此各不相同。多晶硅与单晶硅材料的差别主要是多晶硅内存在许多晶粒间界。由于存在晶粒间界而不利于太阳能电池转换效率的提高。但因为制备多晶硅材料比制备单晶硅材料要便宜得多，所以研究人员正致力于减少晶粒间界的影响以期得到低成本多晶硅光伏电池。

多晶硅光伏电池的特点：

1）透光性好，成本低：多晶硅光伏电池的主体是采用钢化玻璃制作而成，透光率是非常好的，能够达到91%以上，如果遇到强光的话，透光率甚至可以达到100%，是目前市面上发电池板透光率最好的一种材料。其次，这种多晶硅光伏发电设备采购的整个费用比较低，后期运行起来也是非常节省费用的。唯一不足的就是在弱光的环境当中，光电转换率比较差，会大量的消耗电池片。

2）密封性好：多晶硅光伏电池与其他的薄膜光伏发电池最大的不同，就是采用了硅胶作为密封组件和铝合金的边框，密封性能好，工艺简单方便，成本非常低，绿色环保，很适合太阳能发电池。

3）应用广泛：这种多晶硅光伏电池安装起来非常方便，吸收强光的能力也是非常强

的。因此，就算是在高原或者是海岛等偏远地区，都是可以安装这种发电池板来满足居民的生活用电问题。另外，现在很多新能源汽车的电池也开始使用多晶硅光伏电池，续航能力可以达到20km，可以说是非常不错的能源替代品。

多晶硅光伏电池的基本结构也多为n^+/p型，以p型多晶硅片为基片，其厚度一般为220～300μm，其电阻率一般为0.5～2Ω·cm。商业化的多晶硅太阳电池转换效率多为13%～15%。

多晶硅光伏电池如图2.10所示。电池性能稳定，主要应用于光伏电站，或作为光伏建筑材料，如光伏幕墙或屋顶光伏系统。由于多晶结构在太阳光作用下，不同晶面散射强度不同，可呈现不同色彩，因而多晶硅还具有良好的装饰效果。

产品参数	
最大功率	100W
峰值电压	18V
峰值电流	5.56A
开路电压	21.6V
短路电流	6A
厚度	3mm
外形尺寸	1030mm×670mm

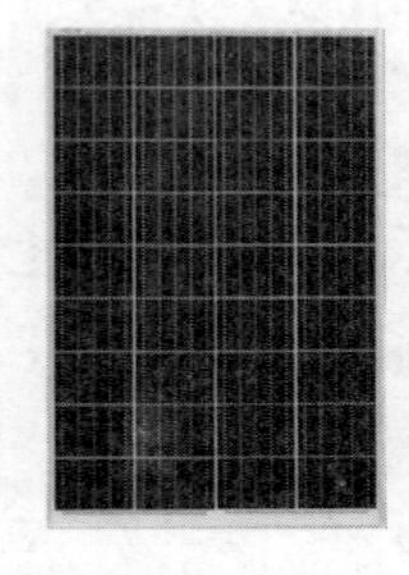

图2.10 多晶硅光伏电池及参数

(3) 非晶硅(a-Si)薄膜光伏电池。从以上叙述中可以看出，晶体硅光伏电池是利用硅晶体为衬底，通过扩散的方式在其表面形成p-n结来制作太阳能电池，这种电池需要耗费大量的硅晶体，而硅晶体的制作需要消耗大量的能源，能源回收周期较长。非晶硅薄膜光伏电池正是克服了这一缺点应运而生的，它是在玻璃或不锈钢基体上通过化学或物理方法沉积硅薄膜并形成p-n结而制作的太阳能电池，这种方法材料成本远低于硅晶体电池，许多材料都可以作为基体材料，甚至可以采用聚合材料制作成所谓的柔性太阳能电池。

1975年Spear等利用硅烷的直流辉光放电技术制备出H材料，实现对非晶硅基材料的掺杂，并研制出非晶硅光伏电池。近年来，非晶硅的研究进展主要集中于提高光电转化效率、大面积生产试验、低温制备工艺三个方面，世界上面积最大(1.4m×1.1m)的高效非晶硅薄膜光伏电池已在日本制成，其光电转换效率可达8%；Vilar等利用热丝化学气相沉积技术在低温(低温指略低于150℃)下制备出的一款非晶硅薄膜光伏电池，其光电转换率可达4.6%。国内，南开大学等采用工业用材料，以铝背电极制备出面积为20×20cm^2的a-Si/a-Si叠层光伏电池，转换效率为8.28%。商业化的非晶硅电池产品的稳定转换效率多为5%～7%。非晶硅效率为晶硅1/3左右，所以同为100W时电池面积会是晶硅3倍左右，非晶硅主要应用于消费市场，如手表、计算器和玩具等，也作为半透明光伏组件用于门窗或天窗等建筑材料。非晶硅光伏电池如图2.11所示。

图2.11 非晶硅薄膜光伏电池

非晶硅薄膜光伏电池具有如下特点：

1) 非晶硅具有较高的光吸收系数。特别是在0.3～0.75μm的可见光波段，它的吸收系数比单晶硅要高出一个数量级。因而它比单晶硅对太阳

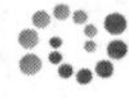

辐射的吸收效率要高40倍左右，用很薄的非晶硅膜（厚约1μm）就能吸收90%有用的太阳能。这是非晶硅材料最重要的特点，也是它能够成为低价格太阳能电池的最主要因素。

2）非晶硅的禁带宽度比单晶硅大，随制备条件的不同在1.5～2.0eV的范围内变化，这样制成的非晶硅光伏电池的开路电压高。

3）制备非晶硅的工艺和设备简单，沉积温度低，时间短，适于大批生产。

4）非晶硅没有晶体所要求的周期性原子排列，可以不考虑制备晶体所必须考虑的材料与衬底间的晶格失配问题。因而它几乎可以沉积在任何衬底上，包括廉价的玻璃衬底，并且易于实现大面积化。

5）制备非晶硅光伏电池能耗少，约100kW·h，能耗的回收年数比单晶硅电池短得多。

非晶硅光伏电池由于具有较高的转换效率和较低的成本及重量轻等特点，有着极大的潜力。但同时由于它的稳定性不高，直接影响了它的实际应用。如果能进一步解决稳定性问题及提高转换率问题，非晶硅光伏电池无疑是太阳能电池的主要发展产品之一。

图2.12为一个典型的非晶硅薄膜光伏电池示意图，它由透明氧化物薄膜（TCO）层、非晶硅薄膜层（p-i-n层）、背电极金属薄膜层组成，其中TCO层通过等离子增强化学气相沉积法（PECVD）的方法获得，非晶硅层通过化学气相沉积法（CVD）获得，而背电极金属薄膜层是通过真空镀膜（溅射）方法获取的。每层膜利用激光刻线的方式，刻出线条以形成p-n结和互联的目的。

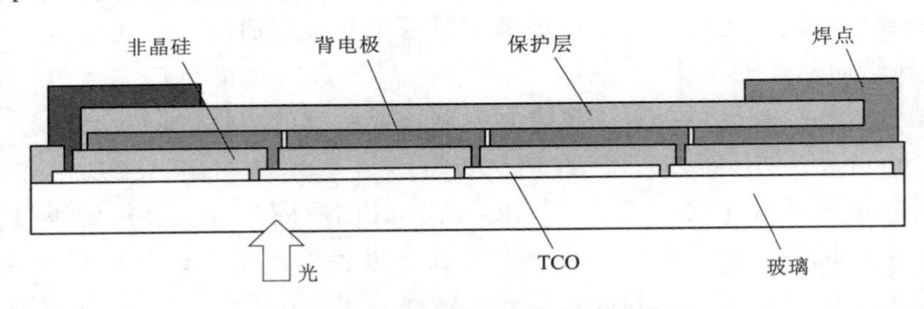

图2.12　非晶硅薄膜光伏电池示意图

非晶硅光伏电池的结构最常采用的是p-i-n结构，而不是单晶硅光伏电池的p-n结构。这是因为：轻掺杂的非晶硅的费米能级移动较小，如果用两边都是轻掺杂的，或一边是轻掺杂的、另一边用重掺杂的材料，则能带弯曲较小，电池的开路电压受到限制；如果直接用重掺杂的p^+和n^+材料形成p^+-n^+结，那么，由于重掺杂非晶硅材料中缺陷密度较高，少子寿命低，电池的性能会很差。因此，通常在两个重掺杂层当中积淀一层未掺杂的非晶硅层作为有源集电区。

非晶硅光伏电池制作简易过程如图2.13所示。

因此一块完整的光伏电池，至少由5层薄膜组成，其中非晶硅层是由3层组成，形成所谓的p-i-n型光电二极管，这样的电池称为单结太阳能电池。

对于单结光伏电池，即便是用晶体材料制备，其转换效率的理论极限一般在AM1.5的光照条件下也只有25%左右。这是因为，太阳光谱的能量分布较宽，而任何一种半导体只能吸收其中能量比自己带隙值高的光子。其余的光子不是穿过电池被背面金属吸收转变

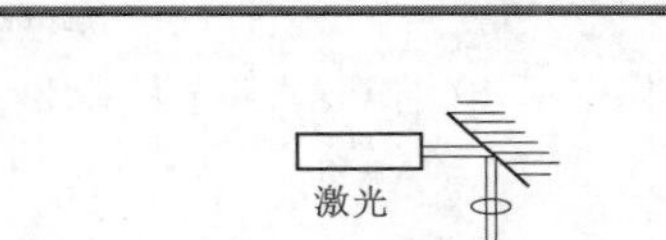

图 2.13 非晶硅光伏电池制作简易过程

为热能，就是将能量传递给电池材料本身的原子，使材料发热。这些能量都不能通过产生光生载流子变成电能。不仅如此，这些光子产生的热效应还会升高电池工作温度而使电池性能下降。

为了最大限度地有效利用更宽广波长范围内的太阳光能量。人们把太阳光谱分成几个区域，用能隙分别与这些区域有最好匹配的材料做成电池，使整个电池的光谱响应接近于太阳光光谱，具有这样结构的光伏电池称为叠层电池。叠层电池的原理是用具有不同带隙宽度 Eg 的材料作成多个子太阳电池，然后把它们按 Eg 的大小从宽至窄顺序摞叠起来，组成一个串接式多结太阳电池。其中第 i 个子电池只吸收和转换太阳光谱中与其带隙宽度 Eg 相匹配的波段的光子，即每个子电池吸收和转换太阳光谱中不同波段的光，而叠层电池对太阳光谱的吸收和转换等于各个子电池的吸收和转换的总和。因此，叠层电池比单结电池能更充分地吸收和转换太阳光，从而提高光伏电池的转换效率。

实际产品中一般是双极性叠层结构，也就是 p－i－n－i－p 型结构，再加上上层的 TCO 层和下层的背电极金属层，共由 7 层薄膜构成。

薄膜光伏电池具有材料成本低（玻璃、不锈钢、聚酯膜等）、可制成大面积（1200mm×600mm）、柔性等优点，但却存在转换效率低（8%）、衰减快、设备投资高、生产工艺控制要求高等缺点。随着技术发展这种电池将会逐渐成为主导产品。

（4）多元化合物薄膜光伏电池。21 世纪初之前，光伏电池主要以硅系光伏电池为主，超过 89%的光伏市场由硅系列太阳能电池所占领，但自 2003 年以来，晶体硅光伏电池的主要原料多晶硅价格快速上涨，因此，业内人士自然而然将目光转向了成本较低的薄膜电池。薄膜太阳电池可以使用价格低廉的玻璃、塑料、陶瓷、石墨，金属片等不同材料当基板来制造，形成可产生电压的薄膜厚度仅需数微米，转换效率最高可达 13%以上。薄膜光伏电池除了平面之外，也因为具有可挠性可以制作成非平面构造其应用范围大，可与建筑物结合或是变成建筑体的一部分，应用非常广泛。

其中主要包括砷化镓Ⅲ～Ⅴ族化合物、硫化镉、碲化镉及铜铟镓硒薄膜电池等。上述电池中，尽管硫化镉、碲化镉多晶薄膜电池的效率较非晶硅薄膜光伏电池效率高，成本较单晶硅光伏电池低，并且又易于大规模生产，但由于镉有剧毒，会对环境造成严重的污染，因此并不是晶体硅太阳能电池最理想的替代品。

1）砷化镓（GaAs）薄膜光伏电池。砷化镓（GaAs）薄膜电池是在单晶硅基板上以化学气相沉积法生长 GaAs 薄膜所制成的薄膜太阳电池，其直接带隙 1.424eV，具有 30%以上的高转换效率，很早就被应用于人造卫星的光伏电池板。然而砷化镓电池价格昂贵，且砷是有毒元素，所以极少在地面应用。

目前，单结GaAs光伏电池的转换效率已达27%，GaP/GaAs叠层光伏电池的转换效率高达30%（AM1.5，25℃，1000W/m^2）。由于GaAs太阳电池具有较高的效率和良好的耐辐照特性，它已开始在部分卫星上试用，转换效率为17%～18%（AM0）。

2）碲化镉（CdTe）薄膜光伏电池。CdTe薄膜光伏电池是把各种半导体薄膜材料沉积在透明导电薄膜上。在CdTe光伏电池各层中，吸收层的质量对电池效率影响最大。CdTe薄膜光伏电池制作成本低、性能稳定、转换效率较高，在技术上是一种发展较快的薄膜电池。

CdTe光伏电池存在自补偿效应，因此光伏电池多采用异质结构。而CdS的结构与CdTe相似，晶格常数差异很小，是最佳的CdTe基电池窗口材料。实验室制备的CdTe/CdS薄膜光伏电池效率达到16.5%，工业化的CdTe光伏电池效率约12%，理论上还有很大的提升空间，如增加光吸收、优化薄膜质量、减小复合中心以及降低温度系数等。

然而，Cd是一种有毒物质，会在生产过程中产生含Cd的尘埃，人或者动物吸入后会造成非常严重的后果，而且废水废物也会严重污染环境。所以在生产过程中应严格控制废水、废物的处理。目前，许多国家已全面禁止含镉、铅等重金属元素电池的发展，因此这种光伏电池的市场前景并不乐观。

3）铜铟镓硒（CIGS）薄膜光伏电池。铜铟镓硒（CIGS）薄膜光伏电池是近年来发展起来的新型光伏电池，通过磁控溅射、真空蒸发等方法，在基底上沉积铜铟镓硒薄膜，薄膜制作方法主要有多元分布蒸发法和金属预置层后硒化法等。基底一般用玻璃，也可用不锈钢作为柔性衬底。实验室最高效率已接近20%，成品组件效率已达到13%，是目前薄膜电池中效率最高的电池之一。

（5）有机光伏电池。有机光伏电池是20世纪90年代发展起来的新型光伏电池，它是以有机半导体作为实现光电转换的活性材料。与无机光伏电池相比，它具有成本低、厚度薄、质量轻、制造工艺简单、可做成大面积柔性器件等优点，具有广阔的发展和应用前景，已成为当今新材料和新能源领域最富活力和生机的研究前沿之一。按照结构和光伏机理，有机光伏电池可分为肖特基有机电池、异质结有机电池和染料敏化光伏电池；按照使用材料的物理状态，有机光伏电池也可分为染料敏化光伏电池和全固态有机光伏电池。

染料敏化光伏电池主要是模仿光合作用原理，以TiO_2，ZnO，SnO_2等宽禁带的氧化物型纳米级半导体为电极，使用染料敏化、无机窄禁带半导体敏化、过渡金属离子掺杂敏化、有机染料/无机半导体复合敏化以及TiO_2表面沉积贵金属等方法制成的光伏电池。目前染料敏化光伏电池的效率已经大于11%，这种电池的突出优点是原材料丰富、成本低、工艺技术相对简单，在大面积工业化生产中具有较大的优势，同时所有原材料和生产工艺都是无毒、无污染的，部分材料可以得到充分的回收，对保护人类环境具有重要的意义。但是由于其有源层呈液态，易泄漏、易结晶，故人们的研究方向逐步转向全固态有机太阳能电池，即以酞菁、卟琳、芘、叶绿素等为基体材料的有机小分子光伏电池和以有机聚合物为基体材料的有机聚合物光伏电池。

（6）其他新型光伏电池。

1）量子阱光伏电池。由于量子阱光伏电池具有高光电转换效率的特性，它已经不断引起发达国家的兴趣与重视。量子阱半导体光伏电池是在p-i-n型光伏电池的本征层植入多量子阱或超晶格低维结构所构成的电池，它的转换效率的理论值可高达63.2%。到目前为止，关于量子阱半导体光伏电池转换效率的正式报道来自英国伦敦大学皇家学院K. Barnham教授的研究组，它们的GaAsP/InGaAs多量子阱光伏电池的转换效率为27%。

2）高效硅光伏电池。通过表面钝化技术，表面V形槽和倒金字塔技术以及双层减反射膜技术、陷光理论的进步和完善，减小了电池表面的反射，同时提高了电池对红外光的吸收，提高了光伏电池的光电转换效率。

2.2.3　光伏电池制造工艺

近些年来，全世界生产应用最多的光伏电池是由单晶硅光伏电池和多晶硅光伏电池构成的晶体硅光伏电池，其产量占到当前世界光伏电池总产量的90%以上。硅系列光伏电池的工艺技术成熟，性能稳定可靠，光电转换效率高，使用寿命长，已进入工业化大规模生产。简单过程如图2.14所示。

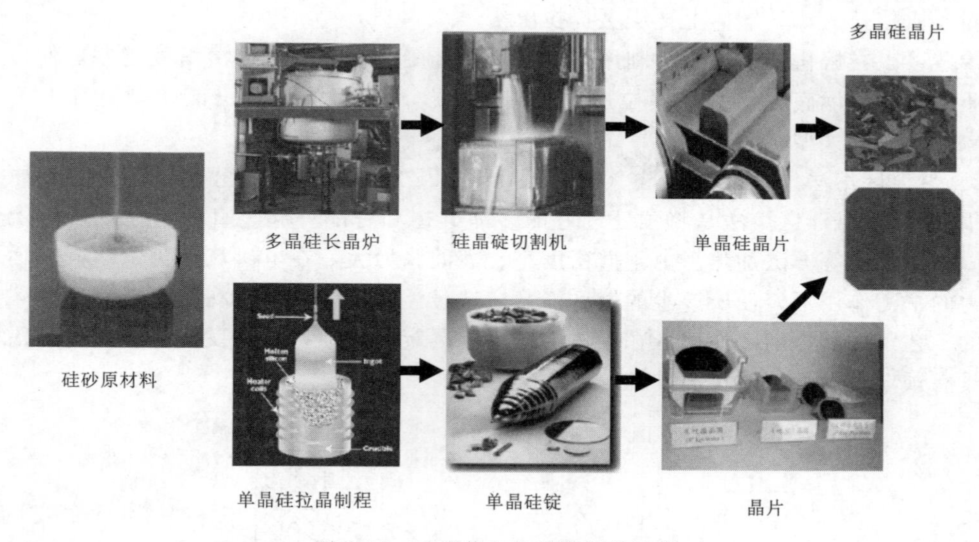

图2.14　硅光伏电池制作简单过程

1. 硅材料的制备

（1）硅材料来源。

硅是地壳中分布最广的元素，其含量达25.8%。硅材料主要来源于优质石英砂，也称硅砂。在我国山东、江苏、湖北、云南、内蒙古、海南等省都有分布。将硅砂转换成可用的硅材料的工艺流程为：

1）石英砂在电弧炉中冶炼提纯到97%～99%并生成工业硅（冶金级硅）。

2）为了满足高纯度的需要，必须进一步提纯。把工业硅粉碎并用无水氯化氢（HCl）与之反应在一个流化床反应器中，生成拟溶解的三氯氢硅（$SiHCl_3$），然后进一步提纯，净化$SiHCl_3$。

3）净化后的$SiHCl_3$采用高温还原工艺，以高纯的$SiHCl_3$在H_2气氛中还原沉积而生成多晶硅。

多晶硅可作为拉制单晶硅的原料。单晶硅可算得上是世界上最纯净的物质了，一般的半导体器件要求硅的纯度 6 个“9”以上。大规模集成电路的要求更高，硅的纯度必须达到 9 个“9”。目前，人们已经能制造出纯度为 12 个“9”的单晶硅。

（2）单晶硅锭的制备。单晶硅锭的制备方法很多，目前国内外在生产中主要采用熔体直拉法和悬浮区熔法。

1）直拉法。直拉法又称切克劳斯基法（Czochralski，CZ），是利用旋转着的籽晶从坩埚中的熔体中提拉制备出单晶的方法。目前国内光伏电池单晶硅硅片生产厂家大多采用这种技术。直拉法基本原理如图 2.15 所示。

将经过处理的高纯多晶硅或半导体工业所产生的次品硅（单晶硅和多晶硅头尾籽晶轴转动料）装入单晶炉的石英坩埚内，在合理的热场中，于真空或气氛下加热硅使之熔化，用一个经加工处理过的晶种——籽晶，使其与熔硅充分熔接，并以一定速度旋转提升。在晶核的诱导下，控制特定的工艺条和掺杂技术，使其具有预期电学性能的单晶体沿籽晶定向凝固、成核长大，从熔体上被缓缓提拉出来。

掺杂可以在熔化硅前进行。利用许多杂质在硅凝结时和溶化时溶解度之差，使一些有害杂质浓集于坩埚底部，所以提拉过程也有纯化作用。目前此法已能拉制直径大于 6in、重达数百千克的大型单晶硅锭。

2）悬浮区熔法。悬浮区熔法（Float Zone，FZ）也称无坩埚区熔法。其基本原理如图 2.16 所示。悬浮区熔法是将预处理好的多晶硅棒和籽晶一起竖直固定在区熔炉上下轴间，以高频感应等方法加热。由于硅密度小、表面张力大，在电磁场浮力、熔硅表面张力和重力的平衡作用下，使所产生的熔区能稳定地悬浮在硅棒中间。在真空或气氛下，控制特定的工艺条件和掺杂，使熔区在硅棒上从头到尾定向移动，如此反复多次后，便沿籽晶长成具有预期电学性能的单晶硅锭（棒）。

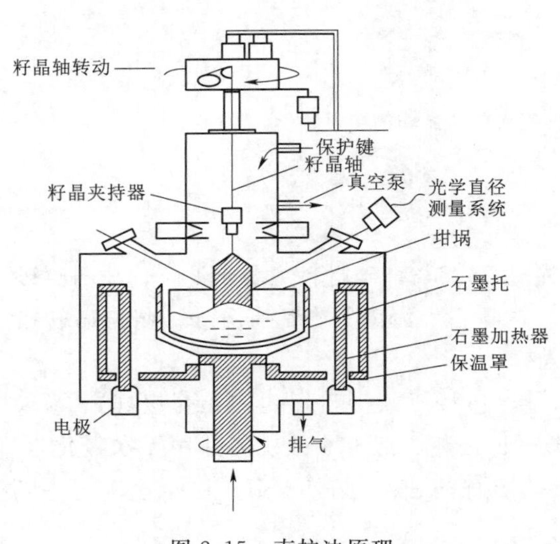

图 2.15　直拉法原理

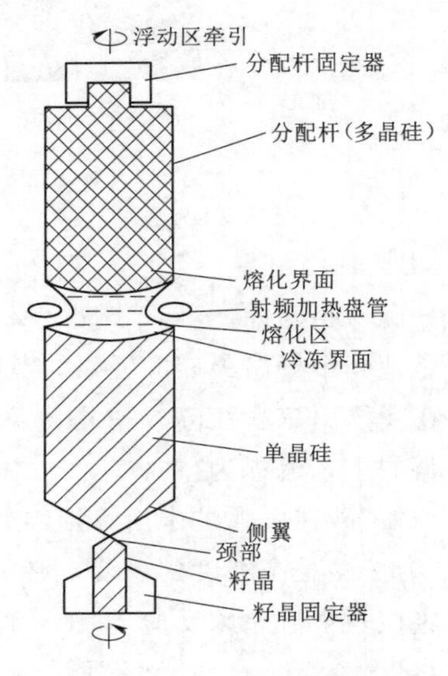

图 2.16　悬浮区熔法

(3) 多晶硅锭的制备。多晶硅的铸锭工艺主要有定向凝固法和浇铸法两种。

1) 定向凝固法。定向凝固法是将硅材料放在坩埚中熔融，然后将坩埚从热场逐渐下降或从埚底部通冷源，以造成一定的温度梯度，固液面则从坩埚底部向上移动而形成硅锭。多晶硅定向凝固的原理如图 2.17 所示。

2) 浇铸法。浇铸法是将熔化后的硅液从坩埚中倒入另一模具中形成硅锭，铸出的硅锭被切成方形硅片制作光伏电池。

近年来，多晶硅的铸锭工艺主要朝着大锭方向发展。目前生产上铸出的是 65cm×65cm、重 240kg 的方形硅锭。由于铸锭尺寸的加大，提高了晶粒的尺寸及硅材料的纯度，降低了坩埚的损耗及电耗等，使多晶硅锭的加工成本较拉制单晶硅降低许多倍。

(4) 带硅的制备。单晶硅锭和多晶硅锭都是块状材料，要做成光伏电池还需要切割。为了避免切割造成材料的浪费，研究了从熔融硅液中直接生长带硅的方法，此方法已用于实际的生产中，包括：采用无须切片的带状硅作衬底，可使硅材料的利用率从 20%提高到 80%；带硅生长方法有定边喂膜生长法（edge - defined film - fed growth，EFG）、蔓状晶生长法、边缘支撑拉晶法（edge - sustained pulling，ESP）、小角度带状生长法、激光区熔法和颗粒硅带法等。其中 EFG 法已经实现了工业化，被认为是目前最成熟的带硅技术，原理如图 2.18 所示。

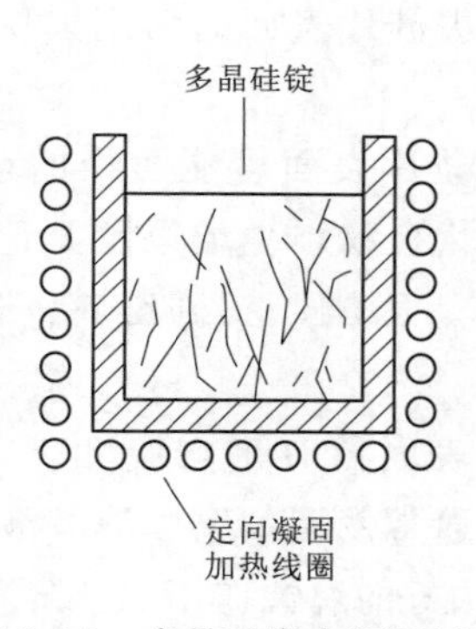

图 2.17　多晶硅定向凝固原理

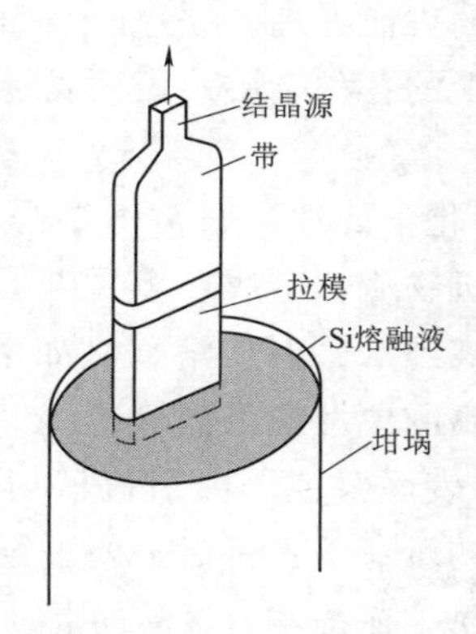

图 2.18　EFG 法原理

EFG 法技术是采用适当的石墨模具从熔硅中直接拉出正八角硅管，正八角的边长比 10cm 略长，总管径约 30cm，管壁厚度（硅片厚）与石墨模具毛细形状、拉制温度和速度有关（一般每分钟拉制几个厘米）。用这种技术拉制出的管长可达 4～5m。大面积（10cm×10cm）EFG 光伏电池的效率已经达 14.3%。

(5) 硅片的加工。硅片的加工，是指将硅锭经过表面整形、定向、切割、研磨、腐蚀、抛光、清洗等工艺，加工成具有一定直径、厚度、晶向和高度、表面平行度、平整度、粗糙度和表面无缺陷、无崩边、无损伤层，高度完整、均匀、光洁的镜面硅片。其工艺流程如图 2.19 所示。

2. 光伏电池的制造

以多晶硅为例介绍光伏电池的制作工艺流程。其中制作光伏电池的关键过程就是 p - n 结的制备，如图 2.20 所示。

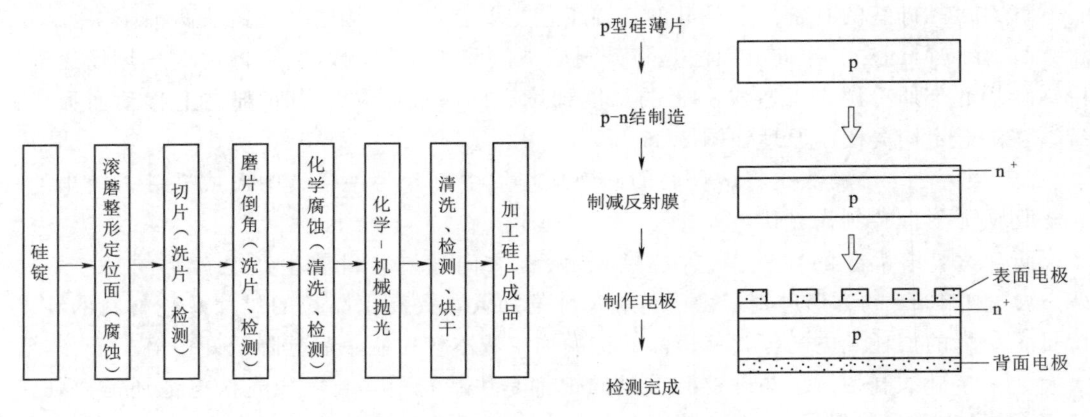

图2.19　硅片加工工艺流程图　　　　图2.20　硅光伏电池制作过程

（1）硅片的选择。硅片是制造晶体硅光伏电池的基本材料，它可以由纯度很高的硅棒、硅锭或硅带切割而成。硅材料的性质在很大程度上决定成品电池的性能。选择硅片时，要考虑硅材料的导电类型、电阻率、晶向、位错、寿命等。硅片通常加工成方形、长方形、圆形或半圆形，厚度为0.2～0.4mm。

（2）硅片的表面处理。硅片的表面处理包括化学清洗和表面腐蚀。化学清洗是为了除去玷污在硅片上的各种杂质。表面腐蚀的目的是除去硅片表面的切割损伤，获得适合制结要求的硅表面。

1）硅片的化学处理。通常由单晶棒所切割的硅片表面可能污染的杂质主要有油脂、松香、蜡等有机物质，金属、金属离子及各种无机化合物，尘埃以及其他可溶性物质。常用的清洗剂有高纯水、有机溶剂（如甲苯、二甲苯、丙酮、三氯乙烯、四氯化碳等）、浓酸、强碱以及高纯中性洗涤剂等。

2）硅片的表面腐蚀。由于机械切片后在硅片表面留有平均厚30～50μm的损伤层，所以硅片经过初步清洗去污后，要进行表面腐蚀。通常使用的腐蚀液有酸性和碱性两类。

a. 酸性腐蚀。硝酸和氢氟酸的混合液可以起到很好的腐蚀作用。其溶液配比为浓硝酸：氢氟酸＝10：1～2：1。硝酸的作用是使单质硅氧化为二氧化硅，氢氟酸使在硅表面形成的二氧化硅不断溶解，使反应不断进行，生成的络合物六氟硅酸溶于水。其反应方程式为

$$3Si+4HNO_3 \longrightarrow 3SiO_2+2H_2O+4NO$$
$$SiO_2+6HF \longrightarrow H_2[SiF_6]+2H_2O$$

通过调整硝酸和氢氟酸的比例、溶液的温度可控制腐蚀速度，如在腐蚀液中加入醋酸作缓冲剂，可使硅片表面光亮。一般酸性腐蚀液的配比为硝酸：氢氟酸：醋酸＝5：3：3或6：1：1。其中起主要作用的是硝酸和氢氟酸。硝酸和氢氟酸溶液的不同配比对硅片表面有重要影响。

b. 碱性腐蚀。硅可与氢氧化钠、氢氧化钾等碱的溶液起作用，生成硅酸盐并放出氢气、其化学反应方程式为

$$Si+2NaOH+H_2O \longrightarrow Na_2SiO_3+2H_2$$

影响腐蚀效果的主要因素是腐蚀液的浓度和温度。在完成化学清洗和表面腐蚀之后，需要用高纯的去离子水冲洗硅片。

(3) 扩散制结。p-n结是晶体硅光伏电池的核心部分。没有p-n结，便不能产生光电流，也就不能称其为光伏电池。因此，p-n结的制造是最主要的工序。

制结过程就是在一块基体材料上生成导电类型不同的扩散层。可用多种方法制备晶体硅光伏电池的p-n结，主要有热扩散法、离子注入法、外延法、激光法和高频电注入法等。

通常多采用热扩散法制结，即用加热方法使Ⅴ族杂质掺入p型硅或Ⅲ族杂质掺入n型硅。硅太阳能电池中最常用的Ⅴ族杂质元素为磷，Ⅲ族杂质元素为硼。

硅光伏电池所用的主要热扩散方法有涂布源扩散、液态源扩散以及固态源扩散等。其中氮化硼固态源扩散，设备简单，操作方便，扩散硅片表面状态好，p-n结面平整，均匀性和重复性优于液态源扩散，适合于工业化生产。它通常采用片状氮化硼作源，在氮气保护下运行扩散。扩散前，氮化硼片先在扩散温度下通氧30min，使其表面的三氧化二硼与硅发生反应，形成硼硅玻璃沉积在硅表面，硼向硅内部扩散，扩散温度为950～1000℃，扩散时间为15～30min，氮气流量为2L/min。

对扩散的要求是获得适合于光伏电池p-n结需要的结深和扩散层方块电阻。浅结死层小，电池短波响应好，而浅结引起串联电阻增加，只有提高栅电极的密度，才能有效提高电池的填充因子，这样就增加了工艺难度。结深太深，死层比较明显。如果扩散浓度太大，则引起重掺杂效应，使电池开路电压和短路电流均下降。在实际电池制作中，应综合考虑各个因素，因此光伏电池的结深一般控制在0.3～0.5μm，方块电阻平均为20～70Ω。

(4) 去边。扩散过程中，在硅片的周边表面也形成了扩散层。周边扩散层使电池的上下电极形成短路环，必须将它除去。周边上存在任何微小的局部短路都会使电池并联电阻下降，以致成为废品。

去边的方法主要有腐蚀法和挤压法。腐蚀法是将硅片两面掩好，在硝酸、氢氟酸组成的蚀液中加以腐蚀。挤压法是用大小与硅片相同、略带弹性的耐酸橡胶或塑料与硅片相间整齐地隔开，施加一定压力后阻止腐蚀液渗入缝隙，以取得掩蔽的方法。

(5) 去除背结。在扩散过程中，硅片的背面也形成了p-n结，所以在制作电极前，需要去除背结。去除背结常用的方法有化学腐蚀法、磨片法和蒸铝或丝网印刷铝浆烧结法。

1) 化学腐蚀法。掩蔽前结后用腐蚀液蚀去其余部分的扩散层。该方法可同时除去背结和周边的扩散层，因此可省去腐蚀周边的工序。腐蚀后，背面平整光亮，适合于制作真空蒸镀电极。前结的掩蔽一般用涂黑胶的方法。黑胶是用真空封蜡或质量较好的沥青溶于甲苯、二甲苯或其他溶剂制成。硅片腐蚀去背结后用溶剂去真空封蜡，再经过浓硫酸或清洗液煮沸清洗，最后用去离子水洗净后烤干备用。

2) 磨片法。用金刚砂将背结磨去。也可将携带砂粒的压缩空气喷射到硅片表面，去除背结。背结去除后，磨片后背面形成一个粗糙的硅表面，因此适用于化学镀镍背电极的制造。

3) 蒸铝或丝网印刷铝浆烧结法。前两种去除背结的方法对于n^+/p或p^+/n型光伏电池都适用，蒸铝或丝网印刷铝浆烧结法仅适用于n^+/p型光伏电池制作工艺。此法是在扩散硅片背面真空蒸镀或丝网印刷一层铝，加热或烧结到铝—硅共熔点（577℃）以上使它们成为合金。经过合金化以后，随着降温，液相中的硅将重新凝固出来，形成含有一定量铝的再结晶层。在足够的铝量和合金温度下，背面甚至能形成与前结方向相同的电场，称为背面场。目前该工艺已被用于大批量工业化生产，从而提高了光伏电池的开路电压和短路电流，并减小了电极的接触电阻。

(6) 减反射膜制作。光在硅表面的反射损失率高达35%左右。为了减少硅表面对光的反射，可采用真空镀膜法、气相生长法或其他化学方法等，在已制好的电池正面蒸镀上一层或多层二氧化硅或二氧化钛或五氧化二钽或五氧化二铌减反射膜。减反射膜不但具有减少光反射的作用，而且对电池表面还可起到钝化和保护的作用。对减反射膜的要求是，膜对入射光波长范围的吸收率要小，膜的物理与化学稳定性要好，膜层与硅能形成牢固的黏接，膜对潮湿空气及酸碱气氛有一定的抵抗能力，并且制作工艺简单、价格低廉。其中二氧化硅膜，工艺成熟，制作简便，为目前生产上所常用。它可提高光伏电池的光能利用率，增加光伏电池的电能输出。镀上一层减反射膜可将入射光的反射率减少到10%左右，而镀上两层则可将反射率减少到4%以下。

(7) 制作上下电极。为输出电池转换所获得的电能，必须在光伏电池上制作正、负两个电极。所谓电极就是与p-n结两端形成紧密欧姆接触的导电材料。习惯上把制作在电池光照面上的电极称为上电极；把制作在电池背面的电极称为下电极或背电极。上电极通常制成窄细的栅线状，这有利于对光生电流的收集，并使电池有较大的受光面积。下电极则布满全部或绝大部分电池的背面，以减少电池的串联电阻。n^+/p型电池上电极是负极，下电极是正极；p^+/n型电池则正好相反，上电极是正极，下电极是负极。

制造电极的方法主要有真空蒸镀法、化学镀镍法、铝浆印刷烧结法等。铝浆印刷烧结是目前在商品化电池生产中大量采用的工艺方法。其工艺为：把硅片置于真空镀机的钟罩内，当真空度抽到足够高时，便凝结成一层铝薄膜，其厚度控制在30～100nm；然后，再在铝薄膜上蒸镀一层银，厚为2～5μm；为便于电池的组合装配，电极上还需钎焊一层锡—铝—银合金焊料；此外，为得到栅线状的上电极，在蒸镀铝和银时，硅表面需放置一定形状的金属掩膜。上电极栅线密度一般为2～4条/cm，多的可达10～19条/cm，最多的可达60条/cm。

(8) 检验测试。经过上述工艺制得的电池，在作为成品电池入库前，需要进行测试，以检验其质量是否合格。在生产中主要测试的是电池的电流—电压特性曲线，从它可以得知电池的短路电流、一路电压、最大输出功率以及串联电阻等参数。

2.2.4　光伏电池的特性

1. 光伏电池的等效电路

光伏电池的等效电路如图2.21所示。其中I_{ph}为光生电流，正比于光伏电池的面积和入射光的辐照度。1cm^{2}光伏电池的$I_{ph}\approx16\sim30$mA。环境温度升高，I_{ph}也会略有上升；一般地，温度每升高1℃，I_{ph}上升78μA。在无光照条件下，光伏电池的基本特性类似普通二极管。I_D为暗电流，即在无光照的条件下，由外电压作用下p-n结内流过的单向电流，其大小反映在当前环境温度下光伏电池p-n结自身所能产生的总扩散电流的变化情况。I_L为光伏电池输出的负载电流。U_{oc}为光伏电池的开路电压，是指在100mW/cm^{2}光源的照射下，负载开路时光伏电池的输出电压值。开路电压与入射光辐照度的对数成正比，与环境温度成反比，温度每升高1℃，U_{oc}下降2～3mV，但与电池的面积大小无关。

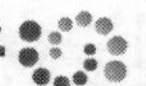

单晶硅光伏电池的开路电压一般为500mV，最高可达690mV。R_L 为负载电阻，R_s 为串联电阻，由光伏电池的体电阻、表面电阻、电极导体电阻、电极与硅表面接触电阻和金属导体电阻等组成。R_{sh} 为旁路电阻，主要由电池表面污浊和半导体晶体缺陷引起的漏电流所对应的p－n结泄漏电阻和电池边缘的泄漏电阻等组成。

R_s 和 R_{sh} 均为光伏电池本身固有电阻，相当于内阻。对于理想的光伏电池，R_s 很小，而 R_{sh} 很大，在计算时可忽略不计，因而理想的光伏电池等效电路如图2.22所示。此外光伏电池等效电路还包含p－n结的结电容和其他分布电容，但光伏电池应用于直流系统中，通常没有高频分量，因而这些电容也忽略不计。

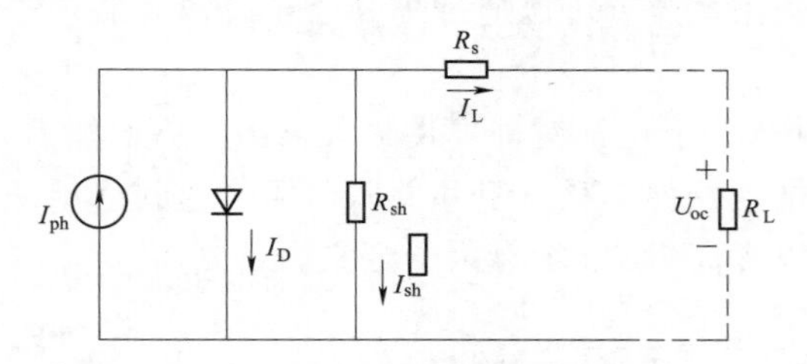

图2.21　光伏电池的等效电路

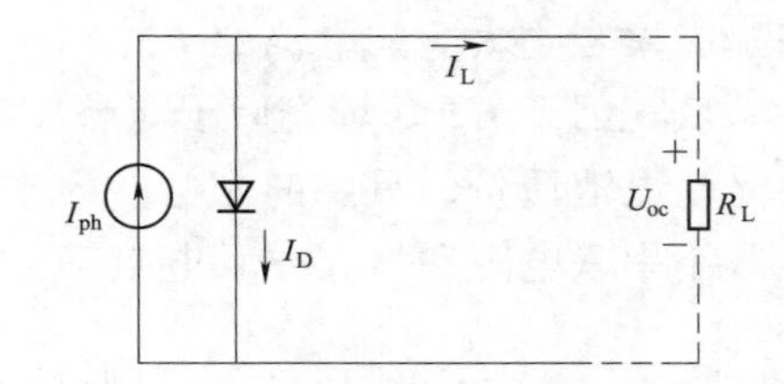

图2.22　理想条件下光伏电池的等效电路

由上述定义，可列出光伏电池等效电路中各变量的关系为

$$I_D = I_o\left(\exp\frac{qU_D}{AkT} - 1\right) \tag{2.1}$$

$$I_L = I_{ph} - I_D - \frac{U_D}{R_{sh}} = I_{ph} - I_o\left\{\exp\left[\frac{q(U_{oc} + I_L R_s)}{AkT}\right] - 1\right\} - \frac{U_D}{R_{sh}} \tag{2.2}$$

$$I_{sc} = I_o\left(\exp\frac{qU_{oc}}{AkT} - 1\right) \tag{2.3}$$

$$U_{oc} = \frac{AkT}{q}\ln\left(\frac{I_{sc}}{I_o} + 1\right) \tag{2.4}$$

式中　U_D——等效二极管的端电压；

q——电子电荷；

k——玻尔兹曼常量；

T——绝对温度；

A——p－n结的曲线常数。

I_o——光伏电池内部等效二极管p－n结的反向饱和电流，与电池材料自身性能有关，反映了光伏电池对光生电子载流子最大的复合能力，是一个常数，不受光照强度的影响；

I_{sc}——光伏电池的短路电流，即太阳能电池所能达到的最大电流；

U_{oc}——太阳能的开路电压，即为光伏电池达到的最大电压。

太阳能电池的主要参数如下：

（1）开路电压 U_{oc}。在光照的条件下，电池器件在外电路断开，输出电流为零的情况下所输出的电压值，即光伏电池的最大输出电压。光伏电池的 U_{oc} 与温度、光照强度等因素都有关。在弱光的情况下，$I_{ph} \ll I_o$，由式（2.4）可得

$$U_{oc}=\frac{AkT}{q}\frac{I_{ph}}{I_o} \tag{2.5}$$

而在强光情况下 $I_{ph}\gg I_o$，可得

$$U_{oc}=\frac{AkT}{q}\ln\left(\frac{I_{ph}}{I_o}\right) \tag{2.6}$$

由此可见，在弱光下，开路电压与光的强度近似成正比；而在强光下，开路电压随光强成对数关系。

(2) 短路电流 I_{SC}。在光照的条件下，光伏电池在外电路短路，输出电压为零的情况下所输出的电流值，即为光伏电池的最大输出电流。可以通过提高激子分离和载流子的迁移率来提高聚合物太阳能电池的 I_{SC}。

(3) 填充因子 FF。填充因子能够反映太阳能电池对外提供最大输出功率的能力大小，是反映光伏电池质量的重要的光电参数。电池器件串联电阻和并联电阻会直接影响 FF 的大小，减小串联电阻和增大并联电阻都可以提高 FF。填充因子定义为

$$FF=\frac{P_m}{I_{SC}U_{oc}}=\frac{I_mU_m}{I_{SC}U_{oc}} \tag{2.7}$$

式中　I_m，U_m——光伏电池 $I-U$ 特性曲线上的最大功率点所对应的电流和电压值；

I_{SC}——光伏电池的短路电流，即光伏电池所能达到的最大电流；

U_{oc}——光伏电池的开路电压，即为光伏电池达到的最大电压。

(4) 能量转换效率 η。

定义为最大输出功率与入射光强度的比值，它表明入射光的能量转化为电能的量，即

$$\eta=\frac{P_m}{P_{in}}\times100\%=\frac{I_{sc}\times U_{oc}\times FF}{P_{in}}\times100\% \tag{2.8}$$

式中　P_m——光伏器件的最大输出功率；

P_{in}——入射光照强度。

提高光伏器件的短路电流，开路电压及 FF 性能参数，器件的能量转换效率也就得到了相应的提高。

2. 光伏电池的伏安特性

根据式 (2.2) 和式 (2.4) 可以绘出光伏电池电压-电流的特性关系，又称伏安 (V-A) 特性曲线，如图 2.23 所示。图中曲线 1 为暗特性条件下的伏安特性曲线，即无光照时光伏电池的伏安特性曲线；曲线 2 为明特性条件下的伏安特性曲线。U_{oc}、I_{sc}、I_m、U_m、P_m 分别为光伏电池的开路电压、短路电流、最大功率输出时的电流、最大功率输出时的电压和最大输出功率。

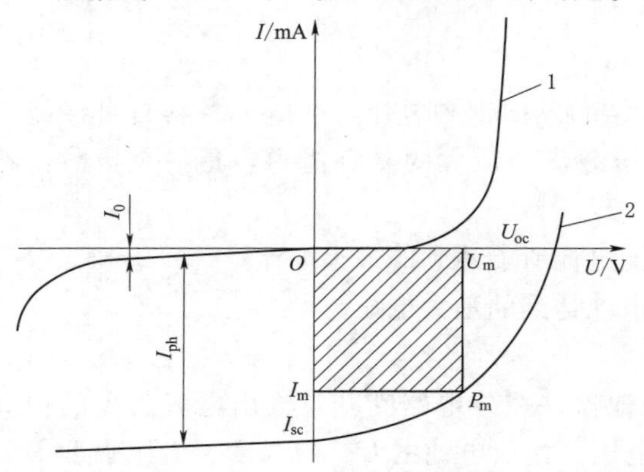

图 2.23　光伏电池的伏安特性曲线

光伏电池单体是用于光电转换的最小单元，常规尺寸有 2cm×2cm 到 15cm×15cm 等多种。光伏电池的单体工作电压

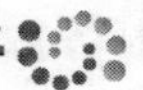

输出电压也很低为 400～500mV，工作电流为 20～25mA/cm²，输出峰值功率仅有 1W 左右，远低于实际应用所需要的电压值。一般不能单独作为电源使用。为了满足实际应用的需要，需要把太阳电池连接成组件。不能满足用电设备的用电需要，而且单个光伏电池片不便于安装使用，所以一般不单独使用。在实际应用时，通常要将几片、几十片甚至成百上千单体光伏电池根据负载的需要，经过串联、并联连接起来而构成组合体，然后将该组合体过一定的工艺流程封装在透明的薄板盒子内，并引出正负极线以供外部连接使用。

3. 光伏电池的输出特性

光伏电池由于受外界因素温度、日照强度等影响很多，因此其输出具有明显的非线性，图 2.24 及图 2.25 分别给出了光伏电池的伏安特性曲线和伏瓦特性曲线。

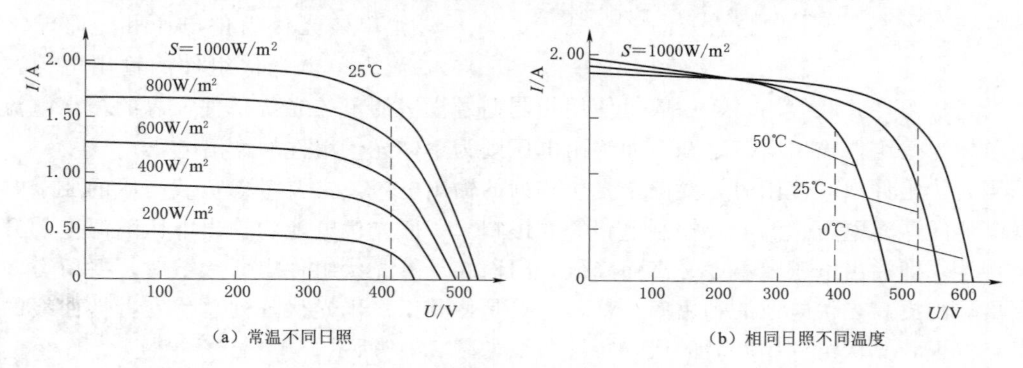

图 2.24　光伏电池的伏安特性曲线

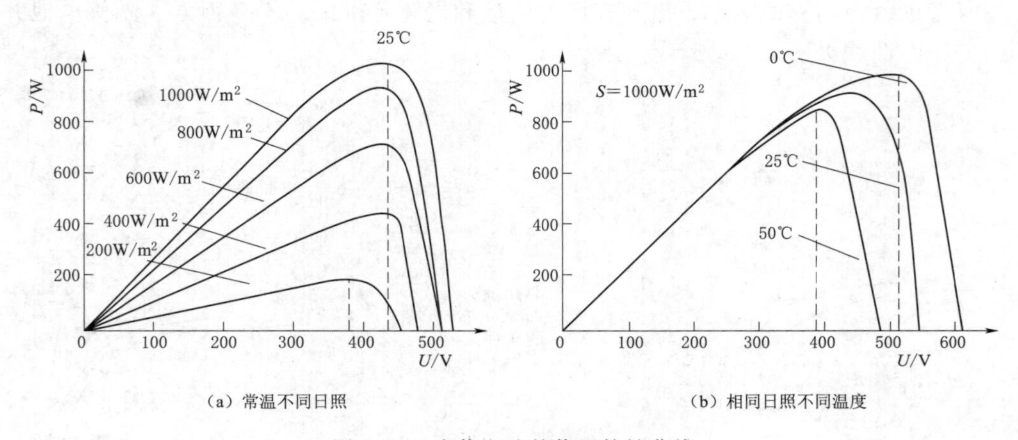

图 2.25　光伏电池的伏瓦特性曲线

由以上两图可知，温度相同时，随着日照强度的增加，光伏电池的开路电压几乎不变，短路电流有所增加，最大输出功率增加日照强度相同时，随着温度的升高，太阳能光伏电池的开路电压下降，短路电流有所增加，最大输出功率减小。此外，无论在任何温度和日照强度下，光伏电池板总有一个最大功率点，温度或日照强度不同，最大功率点位置也不同。

4. 光伏电池的连接

光伏电池通过串并联并封装后构成了光伏电池组合板，简称光伏电池板或光伏组件。工程上使用的光伏组件是光伏电池使用的基本单元，其输出电压一般在十几至几伏。将若干个光伏组件根据负载容量大小要求，再进行串联或并联组成较大功率的供电装置，称为光伏阵列（光伏方阵），如图2.26所示。

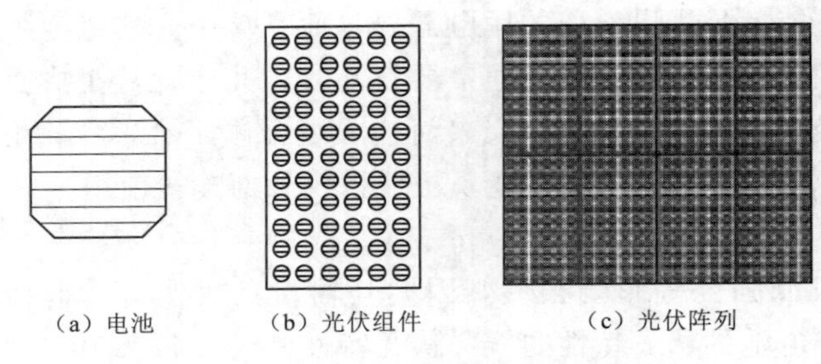

图2.26　光伏电池、组件、阵列示意图

在构成光伏阵列时，根据负载的用电量、电压、功率及光照情况等，在选择光伏组件的基础上确定光伏电池的总容量和光伏组件的串联或并联的数量。当光伏组件串联使用时，一般使用相同型号规格的单体光伏组件，总的输出电压为各个单体光伏组件电压和，而输出电流为单体光伏组件的输出电流。同理，当光伏组件并联使用时，一般也使用相同型号规格的单体光伏组件，总的输出电流为各个单体光伏组件输出电流之和，而输出电压则为单体光伏组件的输出电压。

当光伏组件串联使用时，要确定光伏阵列的输出电压，主要考虑负载电压的要求时要考虑电池的浮充电压、温度及控制电路等的影响。一般光伏电池的输出电压随温度的升高呈负特性，即输出电压随温度升高面降低，因而在计算光伏组件串联级数时，要留有一定的余量。为提高光伏电池的利用率，最佳选择是使其工作于光伏阵列总伏安特性曲线的最功率点位置，光伏组件串联后的伏安特性曲线如图2.27所示。

同样，在确定光伏组件的并联数量时，要考虑负载的总耗电量、当地年平均日照情况，同时考虑电池的充电效率、电池表面不清洁和老化等带来的不良因素。光伏电池并联后的伏安特性曲线如图2.28所示。

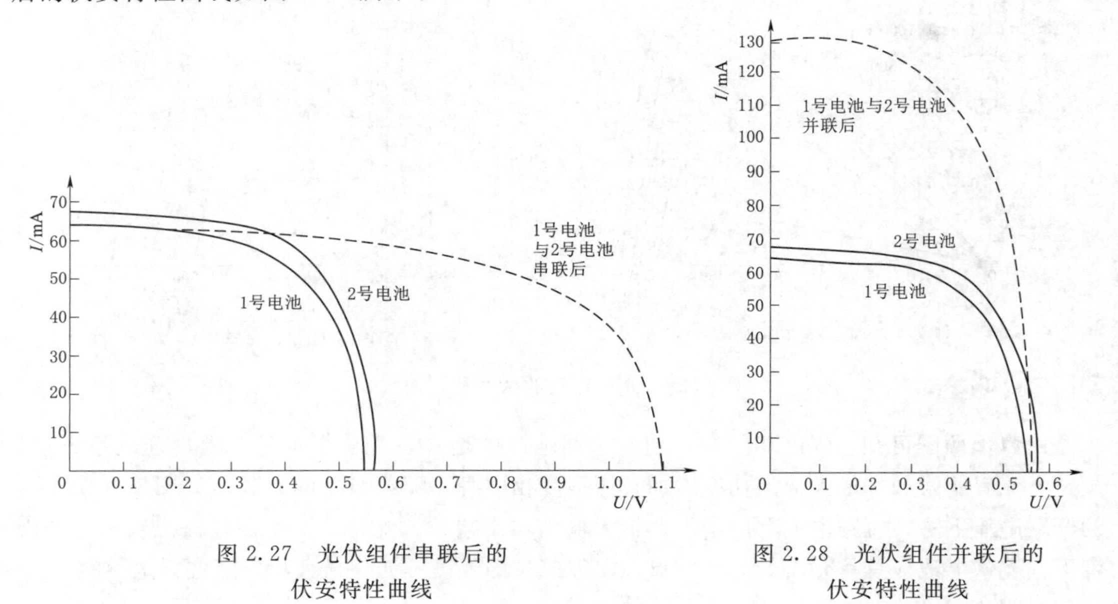

图2.27　光伏组件串联后的伏安特性曲线

图2.28　光伏组件并联后的伏安特性曲线

只有根据负载的要求合理地将光伏组件通过串并联组合成光伏阵列，才能充分发挥光伏发电的优势，提高整体效率。

5. 光伏电池的热斑效应

光伏阵列对于遮挡十分敏感。在串联回路中，每个光伏组件或部分电池被遮光，就可能造成该光伏组件或电池上产生反向电压，严重时可能对光伏组件造成永久性的损坏。因此，在安排光伏组件串联时，一般是先根据所需电压，将若干光伏组件串联，构成若干串列，再根据电池所需电流容量进行并联。光伏电池并联时，如果一串联支路中部分光伏电池的光照被遮挡，被遮挡的光伏组件此时将会发热，产生热斑效应。为了减少热斑效应的影响，在串联回路中的每个光伏组件上安装旁路二极管，被遮挡光伏组件将通过旁路二极管导通整个光伏阵列的电流，使被遮挡的光伏电池不构成负载。同时在储能的蓄电池或逆变器与光伏阵列之间串联一个屏蔽二极管，又称防反充二极管、阻塞二极管。其作用是避免由于光伏阵列在阴雨天和夜晚不发电或出现短路故障时，光伏电池所发电压低于其供电的直流母线电压，蓄电池或逆变器向光伏阵列反向放电，导致光伏组件反充发热造成损坏，缩短蓄电池的使用寿命。屏蔽二极管串联在光伏阵列电路中，起单向导通的作用。它必须能够承受足够大的电流，而且正向电压降要小，反向饱和电流都要很小，避免电能无谓的消耗在二极管中。如果光伏阵列的功率很大，可以用几个二极管并联或者分别把每个二极管接在光伏阵列的一个串联的光伏组件上，然后并联接出，一般可选用合适的整流二极管作为防反充二极管。

热斑效应是指当光伏组件中的一个电池或一组电池被遮光或损坏时，工作电流超过了该电池或电池组降低了的短路电流，在光伏组件中会发生局部过热的现象。热斑会降低光伏组件功率输出甚至导致组件报废，严重降低光伏组件的使用寿命，对光伏电站发电等安全造成隐患。电池组件热斑的形成，外部因素主要事组件或局部组件受到遮挡物遮挡，常见的遮挡物有树叶、尘土、云层、动物及动物粪便、积雪等；内在因素有光伏电池内阻和光伏电池自身逆电流大小有关。

热斑原理如图 2.29 所示，其中黑色被遮挡的光伏电池不再发电，自身相当于一个消耗电阻；由 $S-1$ 片好电池两端产生的电压反偏到坏电池，如无旁路二极管保护，能量在坏电池的消耗会导致电池 p－n 结局部击穿，组件电流流过后将产生很大的热量。从而导致玻璃开裂，融化等破坏性结果。光伏组件的正向 I—V 特性曲线和被的遮挡的电池片的反向 I—V 特性曲线相交出形成的阴影为电池片的最大消耗功率。旁路二极管正常时不工作，不消耗功率。当一个电池被遮挡时会停止产生电能，成为一个高阻值电阻，同时其他电池促使其反偏压，导致连接电池两端的二极管导通，原本流过被遮挡电池的电流被二极管分流。实际上，每个电池配备一个旁路二极管过于昂贵，所以二极管通常会连接与一组电池的两端。对于光伏电池，在不引起损坏的情况下，一个旁路二极管最多连接 10～15 个电池。因此对于通常的 36 光伏电池组件，至少需要 3 个旁路二极管以保障不被热斑所损坏。

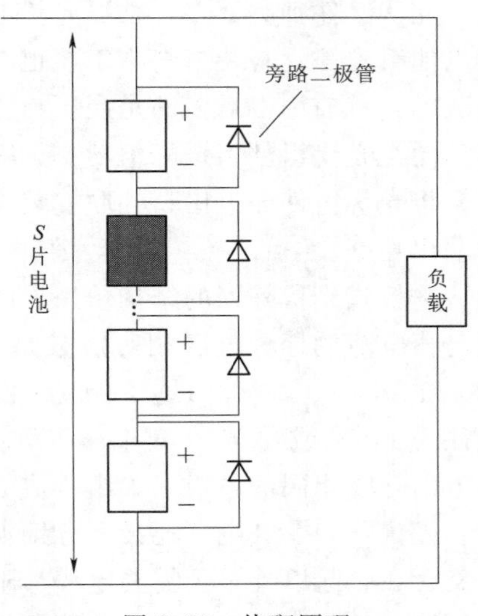

图 2.29 热斑原理

2.3　光伏发电系统的构成与分类

2.3.1　光伏发电系统的构成

光伏发电系统是利用光伏电池半导体材料的光伏效应，将太阳光辐射能直接转换为电能的一种新型发电系统。

光伏发电系统一般包括光伏组件，DC/DC 变换器、光伏控制器、蓄电池（储能装置）、逆变器及辅助发电设备等。典型的光伏发电系统如图 2.30 所示。

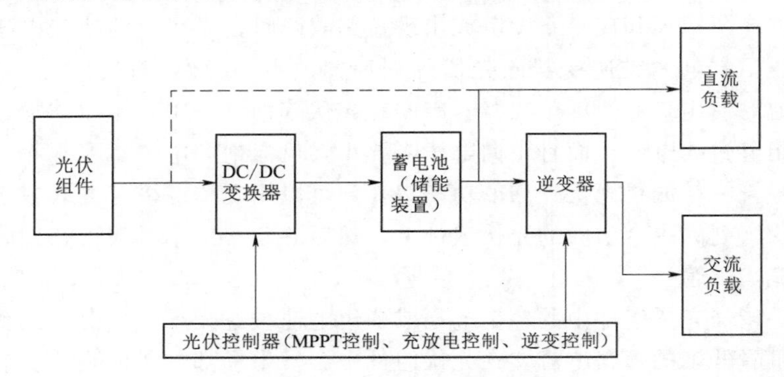

图 2.30　典型光伏发电系统

1. 光伏组件

由光伏电池（也称太阳电池）按照系统的需要串联或并联面组成的矩阵或方阵，在太阳光照射下将太阳能转换成电能，它是光伏发电的核心部件。一个光伏组件标准上有 36 个或 40 个（10cm×10cm）光伏电池组成，这意味着一个光伏组件大约能产生 16V 的电压，正好能为一个额定电压为 12V 的蓄电池进行有效充电。

光伏组件种类繁多，根据光伏电池的类型可分为单晶硅组件、多晶硅组件、非晶硅薄膜电池组件等。封装材料与工艺也有所不同，主要分为环氧树脂胶封装、层压封装、硅胶封装等。目前用得最多的是层压封装方式，这种封装方式适宜于大面积电池片的工业化封装。同类光伏组件根据峰值功率、额定电压又可以分为不同型号。

将光伏组件经过串、并联安装在支架上，就构成了光伏阵列，它可以满足负载所要求的输出功率。

平板式光伏阵列的结构依用户的需要而定。按电压等级来分，独立光伏系统电被设计成与蓄电池的标称电压相对应或是它们的整数倍，而且与用电设备的电压等级一致，如 220V、110V、48V、36V、24V、12V 等。交流光伏供电系统和并网发电系统的电压等级往往为 110V 或 220V。对电压等级更高的光伏电站系统，则常用多个阵列串并联，组合成与电网等级相同的电极，如组合成 600V、10kV 等，再与电网连接。

光伏阵列及其电气连接图分别如图 2.31 和图 2.32 所示，除了需要支架将许多光伏组件集合在一起以外，还需要电缆、阻塞二极管和旁路二极管对光伏组件实行电气连接，并需要配备的、内装避雷器的分接线箱和总接线箱。

图 2.31 光伏阵列

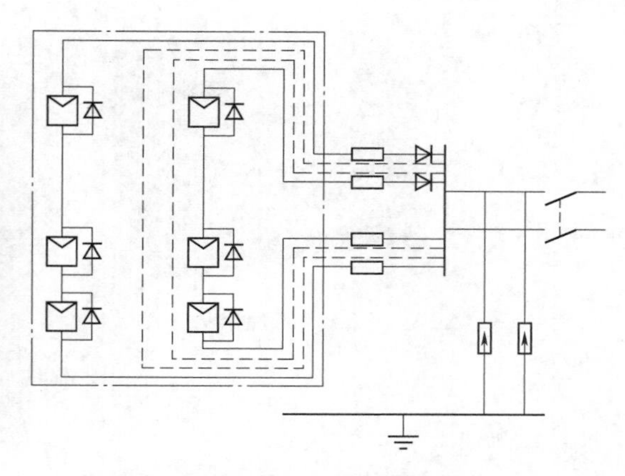

图 2.32 光伏阵列电气连接图

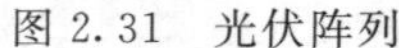

在将光伏组件进行串并联组装成方阵时，应参考光伏电池串并联所需要注意的原则，并应特别注意：①串联时需要工作电流相同的光伏组件，并为每个光伏组件并接旁路二极管；②并联时需要工作电压相同的光伏组件，并在每一条并联线路串接阻塞二极管；③尽量考虑组件互连接线最短的原则；④要严格防止个别性能坏的光伏组件混入光伏阵列。

图 2.33 为同样 64 块光伏组件分别用 4 并 8 串方式组成的光伏阵列，但有纵联横并和横联纵并两种不同的电气连接。当遇到局部阴影时，图 2.33（a）中连接的总线电压下降，输出电流也大幅下降，系统有可能不能正常工作，而图 2.33（b）中总线的电压保持不变，虽然少了一组电流，但系统仍能正常工作。

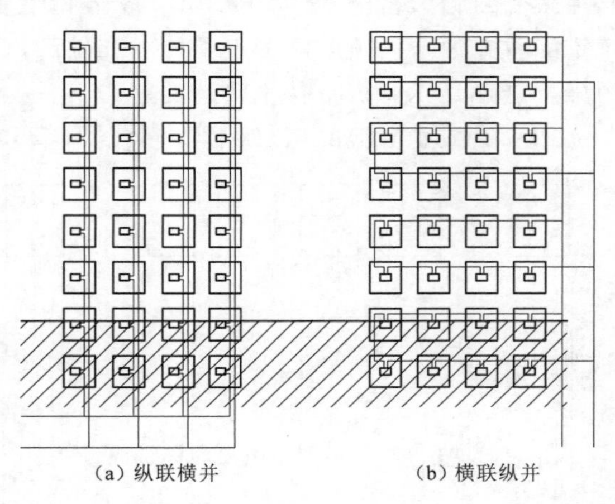

图 2.33 光伏阵列

2. 储能装置

蓄电池或超导、超级电容器等都称为储能装置，作用是将光伏阵列转换后的电能储存起来，以使无光照时也能够连续并且稳定地输出电能，满足用电负载的需求。储能装置常用的有铅酸蓄电池、碱性蓄电池、锂离子蓄电池、镍氢蓄电池及超级电容器等，如图 2.34 所示。它们分别应用于光伏发电的不同场合或产品中。由于性能及成本的原因，目前应用最多、使用最广泛的还是铅酸蓄电池。

光伏发电系统对储能蓄电部件的基本要求：自放电率低；使用寿命长；深放电能力；充电效率高；少维护或免维护；工作温度范围宽；具有较高的性能价格比。

(1) 常用蓄电池的种类。蓄电池的种类很多。蓄电池按照电解液的类型分为两大类：一类以酸性水溶液为电解质的蓄电池称为酸性蓄电池，由于酸蓄电池的电极主要是以铅和铅的氧化物为材料，故也称为铅酸蓄电池；另一类以碱性水溶液为电解质的蓄电池称为碱

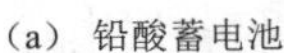

(a) 铅酸蓄电池

(b) 超级电容

图 2.34　储能装置

性蓄电池。

蓄电池按照其用途可分为循环使用电池和浮充使用电池。循环使用的电池有铁路电池、汽车电池、太阳能蓄电池、电动车电池等类型。浮充使用电池主要是作为后备电源。

按照蓄电池的使用环境可分为固定型电池和移动型电池。固定型电池主要用于后备电源，广泛用于邮电、电站和医院等，因其固定在一个地方，故重量不是关键问题，最大要求是安全可靠。移动型电池主要有内燃机用电池、铁路客车用电池、摩托车用电池、电动汽车用电池等。

考虑到蓄电池的使用条件和价格，大部分太阳能离网光伏系统选择铅酸蓄电池，其中阀控式密封铅酸蓄电池（VRLA）、胶体铅酸蓄电池和免维护蓄电池被广泛应用。由于传统铅酸蓄电池采用硫酸液为电解质，在生产、使用和废弃过程中对自然环境造成毁坏性的污染，这也是亟待进行技术改造的。

（2）铅酸蓄电池的型号识别。根据 JB 2599—85 部颁标准的有关规定，铅酸蓄电池的名称由单体蓄电池的格数、型号、额定容量、电池功能和形状等组成，如图 2.35 所示，通常分为三段表示：第一段为数字，表示单体电池的串联数。每一个单体蓄电池的标称电压为 2V，当单体蓄电池串联数（格数）为 1 时，第一段可省略，6V、12V 电池分别用 3 和 6 表示。第二段为 2～4 个汉语拼音字母，表示蓄电池的类型、功能和用途等。第三段表示蓄电池的额定容量，我国目前采用 20h 放电率的容量，单位为 Ah。蓄电池常用汉语拼音字母的含义见表 2.1。

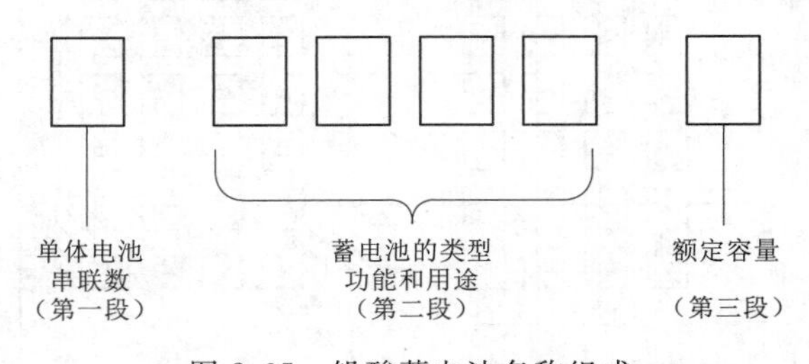

图 2.35　铅酸蓄电池名称组成

表 2.1　蓄电池型号中常用字母的含义

第 1 个字母	含义	第 2～第 4 个字母	含义
Q	启动用	A	干荷电式
G	固定用	F	防酸式
D	电瓶车	FM	阀控式密封
N	内燃机车	W	无需维护

续表

第1个字母	含义	第2～第4个字母	含义
T	铁路客车	J	胶体
M	摩托车用	D	带液式
KS	矿灯酸性	J	激活式
JC	舰船用	Q	气密式
B	航标灯	H	湿荷式
TK	坦克用	B	半密闭式
S	闪光灯	Y	液密式

例如：6QA－120表示有6个单体电池串联，标称电压为12V，启动用蓄电池，装有干荷电式极板，20h率额定容量120Ah。GFM－800表示为1个单体电池，标称电压为2V，固定式阀控密封型蓄电池，20h率额定容量为800Ah。

（3）电池的主要技术参数。

1）蓄电池的容量。处于完全充电状态下的铅酸蓄电池在一定的放电条件下，放电到规定的终止电压时所能给出的电量称为电池的容量，用C表示，单位为Ah。实践中，电池容量被定义为用设定的电流把电池放电至设定的电压所给出的电量，也可以说电池容量是用设定的电流把电池放电至设定的电压所经历的时间和这个电流的乘积。通常在C的下角处标明放电时率，如C10表明是10h率的放电容量，C60是60h率的放电容量。

电池容量分为实际容量和额定容量。实际容量是指电池在一定放电条件下所能输出电量。额定容量（标称容量）是按照国家或有关部门颁布的标准，在电池设计时要求电在一定的放电条件下（如在25℃环境下，以10h率电流放电到终止电压），应该放出最低限度的电量值。

2）放电率。根据蓄电池放电电流的大小，放电率分为时间率和电流率。时间率是在一定放电条件下，蓄电池放电到终止电压时的时间长短。常用时率和倍率表示。根据IEC标准，放电的时间率有20h率、10h率、5h率、3h率、1h率、0.5h率，分别标示为20h、10h、5h、3h、1h、0.5h等。这里，数字表示该类电池以某种强度的电流放电到终止电压的小时数。当然可知，用容量除小时数即得出额定放电电流。也就是说，容量相同而放电时率不同的电池，它们的标称放电电流会相差很多。

3）终止电压。终止电压是指在蓄电池放电过程中，电压下降到不宜再放电时（非伤放电）的最低工作电压。为了防止电池不被过放电而损害极板，在各种标准中都规定了在不同放电倍率和温度下放电时电池的终止电压。一般10h率和3h率放电的终止电压为每单体1.8V，1h率的终止电压为每单体1.75V。由于铅酸蓄电池本身的特性，即使放电的终止电压继续降低，电池也不会放出太多的容量，但终止电压过低对电池的损伤极大。尤其是放电到0V时而又不能及时充电将大大缩短电池的寿命。

3. 光伏控制器

光伏组件在太阳光照射下，可以直接对直流负载供电，也可存在储能装置中，当发电不足或负载用电量大时，由储能装置向负载补充电能。储能装置尤其是蓄电池，不加保护频繁地过充电和过放电，都会影响蓄电池的使用寿命，为保护蓄电池不受过充电和过放电的损害，必须有一套控制系统来防止蓄电池的过充电和过放电，这套系统称为光伏控制器，光伏控制器是离网型光伏系统中最基本的控制电路。控制器可以单独使用，也可以和逆变器等合为一体，光伏控制器实物如图 2.36 所示。

(a) 小功率控制器

(b) 大功率控制器

图 2.36　光伏控制器实物

(1) 控制器作用。控制器是光伏发电系统中的重要部分之一。系统中的控制设备通常应具有以下功能：

1) 信号检测。检测光伏发电系统各种装置和各个单元的状况和参数，可以对系统进行判断、控制、保护等提供依据。需要检测的物理量有输入电压、充电电流、输出电压、输出电流以及蓄电池温升等。

2) 蓄电池的充放电控制。一般蓄电池组经过过充或过放电后会严重影响其性能和寿命，所以充放电控制设备是不可缺少的。控制设备可根据当前太阳能资源情况和蓄电池荷电状况，确定最佳充电方式，以实现高效、快速充电，并对蓄电池放电过程进行管理，如负载控制自动开关机、实现软启动、防止负载接入时，蓄电池端电压突降而导致的错误保护等。

3) 其他设备保护。系统所连接的用电设备，在有些情况下需要由控制设备来提供保护，如系统中因逆变电路故障而出现的过电压和负载短路而出现的过电流等，如不及时加以控制，就有可能导致系统或用电设备损坏。

4) 故障诊断定位。当系统发生故障时，可自动检测故障类型、指示故障位置，对系统进行维护提供便利。

5) 运行状态指示。通过指示灯、显示器等方式显示蓄电池电压、负载状态、电池方阵工作状态、辅助电源状态、环境温度等系统状态和故障信息等。

(2) 控制器的基本工作原理。根据光伏系统的不同，控制电路的复杂程度也不一样，但其基本的工作原理相同。最基本的控制器的工作原理图如图 2.37 所示。在该电路原理图中，由光伏电池、蓄电池控制器电路和负载组成一个基本的光伏应用系统，这里 S1 和 S2 分别为充电开关和放电开关。S1 闭合时，由太阳能光伏组件给蓄电池充电；S2 闭合时，由蓄电池给负载供电。当蓄电池充满电或出现过充电时，S1 将断开，光伏组件不再对蓄电池充电当电压回落到预定值时，S1 再自动闭合，恢复对蓄电池充电。当蓄电池出

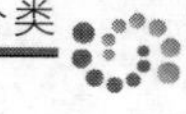

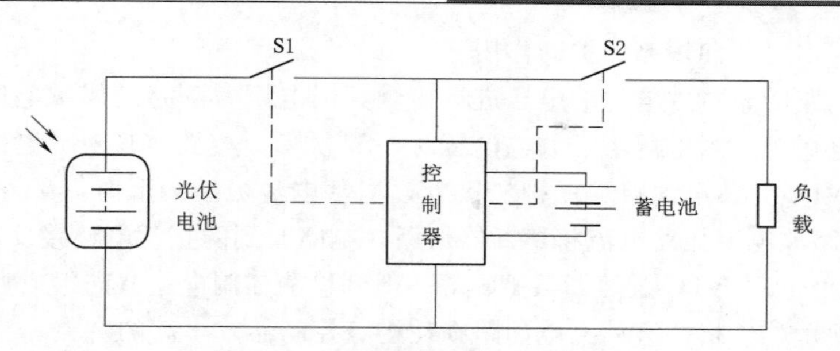

图 2.37 控制器的工作原理图

现过放电时 S2 将断开，停止向负载供电；当蓄电池再次充电，电压回升到预设值后，S2 再次闭合，自动恢复对负载供电。开关 S1 与 S2 的闭合和断开是由控制电路根据系统充放电状态决定，开关 S1 和 S2 是广义的开关，它包括各种开关元件，如机械开关、电子开关等。机械开关如继电器、交直流接触器等，电子开关如小功率三极管、功率场效应管、固态器、晶闸管等。根据不同的系统要求选用不同的开关元件或电器。

(3) 光伏控制器的分类。光伏控制器按电路方式的不同分为并联型、串联型、脉宽调制型、智能型、控制型大功率点跟踪型；按电池组件输入功率和负载功率的不同可分为小功率型、中功率型、大功率型及专用控制器（如草坪灯控制器）等。小功率光伏控制器一般都是单路输入，而大功率光伏控制器都是由太阳能电池方阵多路输入，一般大功率光伏控制器可输入 6 路，最多的可接入 12 路、18 路。

1) 并联型控制器。并联型控制器是利用并联在太阳能电池两端的机械或电子开关器件控制充电过程，当蓄电池充满电时，把太阳能电池的输出分流到旁路电阻器或功率模块上去，然后以热的形式消耗掉；当蓄电池电压回落到一定值时，再断开旁路恢复充电。由于这种方式消耗热能，所以一般用于小型、小功率系统。

并联控制器的电路原理如图 2.38 所示。并联型控制器电路中充电回路的开关器件并联在光伏电池或光伏组件的输出端，控制器检测电路监控蓄电池的端电压，当充电电压超过蓄电池设定的充满断开电压值时，开关器件 S1 导通，同时防反充二极管 VD1 截止，使光伏电池的输出电流直接通过 S1 旁路泄放，不再对蓄电池进行充电，从而保证蓄电池不被过充电，起到防止蓄电池过充电的保护作用。

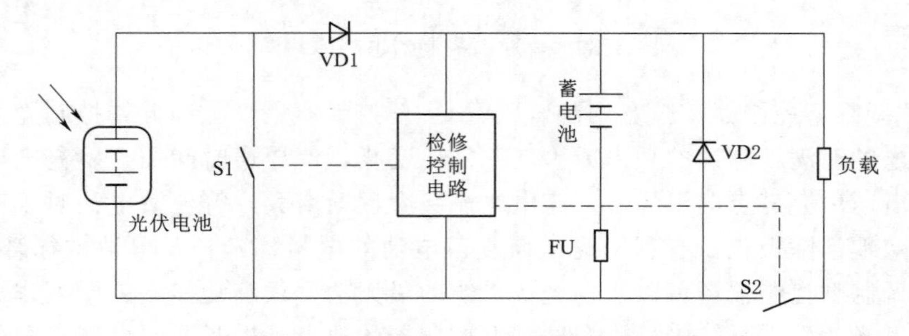

图 2.38 并联型控制器原理图

S2 为蓄电池放电控制开关，当蓄电池供电电压低于蓄电池过放保护电压值时，S2 关断，对蓄电池进行过放电保护。当负载因过载或短路使电流大于额定工作电流时，S2 也

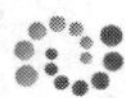

会关断，起到输出过载和短路保护的作用。

检测控制电路随时对蓄电池的电压进行检测，当电压大于充满保护电压时，S1导通，电路实现过充电保护；当电压小于放电电压时，S2关断，电路实现过放电保护。

电路中的VD2为蓄电池接反保护二极管，当蓄电池极性接反时，VD2导通，蓄电池将通过VD2短路放电，短路电流将熔断器熔断，电路起到防止蓄电池接反保护作用。

开关器件、VD1、VD2及熔断器FU等一般和检测控制电路共同组成控制器电路。该电路具有线路简单、价格便宜、充电回路损耗小、控制器效率高的特点。当防过充电保护电路动作时，开关器件要承受光伏组件或光伏阵列输出的最大电流，所以要选用功率较大的开关器件。

2）串联型控制器。串联型控制器是利用串联在充电回路中的机械或电子开关器件控制充电过程。当蓄电池充满电时，开关器件断开充电回路，停止为蓄电池充电；当蓄电池电压回落到一定值时，充电电路再次接通，继续为蓄电池充电。串联型控制器同样具有结构简单、价格便宜等特点，但由于控制开关是串联在充电回路中，电路的电压损失较大，使充电效率有所降低。

串联型控制器的电路原理如图2.39所示。它的电路结构与并联型控制器的电路结构相似，区别仅仅是将开关器件S1由并联在太阳能电池输出端改为串联在蓄电池充电回路中。控制器检测电路监控蓄电池的端电压，当充电电压超过蓄电池设定的充满断开电压值时，S1关断，使太阳能电池不再对蓄电池进行充电，从而保证蓄电池不被过充电，起到防止蓄电池过充电的保护作用。

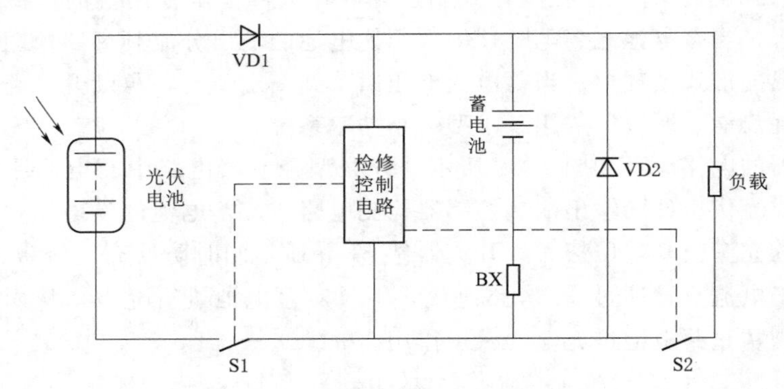

图2.39　串联型控制器电路原理图

3）脉宽调制型控制器。脉宽调制（PWM）型控制器是以脉冲方式控制光伏组件的输入，随着蓄电的充满，脉冲的频率或占空比发生变化，使导通时间缩短，充电电流逐渐减小，当蓄电电压由充满点向下降时，充电电流又会逐渐增大，符合蓄电池对于充放电过程的要求，有效地消除极化，有利于完全恢复蓄电池的电量，延长蓄电池的循环使用寿命。另外，脉宽调制型控制器还可以实现光伏系统的最大功率跟踪功能，因此可作为大功率控制器用于大型光伏发电系统中。脉宽调制型控制器的缺点是控制器的自身工作有4%～8%的功损耗。

与串联控制器、并联控制器相比，脉宽调制型控制方式无固定的过充和过放电压点，但电路会控制蓄电池端电压达到过充/过放控制点附近时，其充放电电流趋近于0，脉宽调

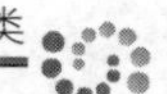

制型充放电控制器的开关元件一般选用功率场效应晶体管（MOSFET），PWM 型控制器工作原理图如图 2.40 所示。

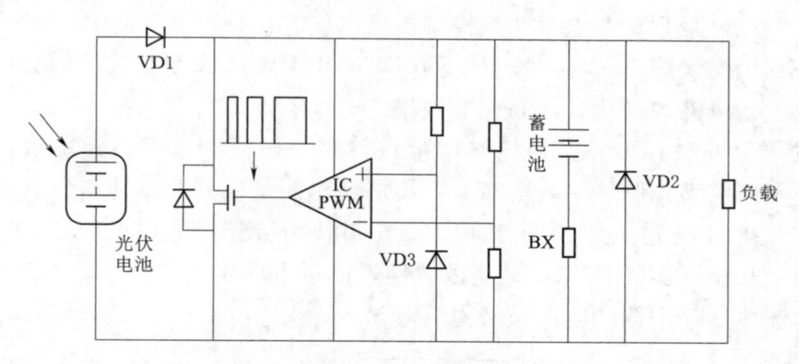

图 2.40 PWM 型控制器工作原理图

蓄电池的直流采样电压从比较器的负端输入，调制三角波从正端输入，用直流电压切割三角波，在比较器的输出端形成一组脉宽调制波，用这组脉冲控制开关晶体管的导通时间，达到控制充电电流的目的。对于串联型控制器，当蓄电池的电压上升，脉冲充电电流变小，当蓄电池的电压下降，脉冲宽度变宽，充电电流增大；而对于并联型控制器，蓄电池的直流采样电压和调制三角波在比较器的输入端与前面的相反，以实现随蓄电池电压的升高并联电流增大（充电电流减小），随电压下降并联电流减小（充电电流增大）。

4）智能型控制器。智能型控制器采用 CPU 或 MCU 等微处理器对光伏系统的运行参数进行实时高速采集，并按照一定的控制规律由单片机内程序对光伏组件进行接通与切断的智能控制，中、大功率的智能控制器还可通过单片机的 RS232/485 接口通过计算机控制和传输数据，并进行远程通信和控制，智能型控制器不但具有充放电控制功能，而且具有数据采集和存储、通信及温度补偿功能，智能型控制器的电路原理如图 2.41 所示。

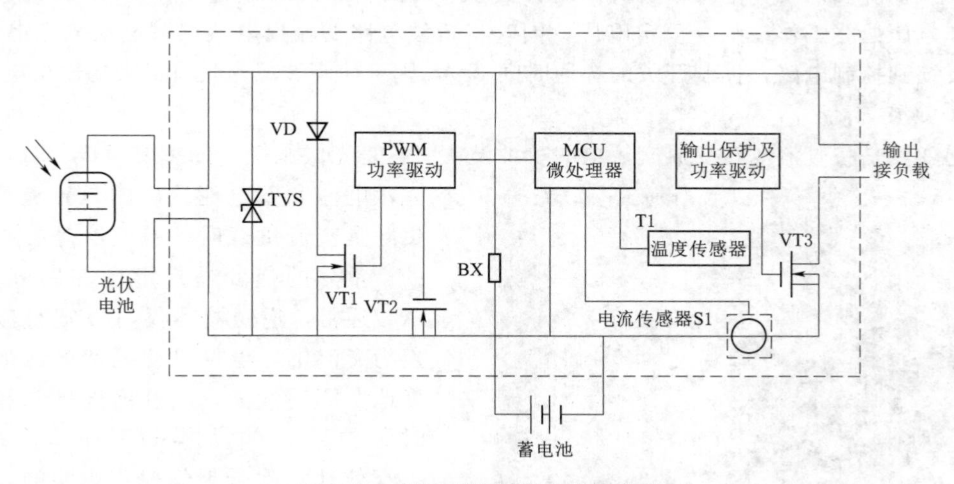

图 2.41 智能型控制器电路原理图

5）最大功率点跟踪型控制器。最大功率点跟踪（MPPT）型控制器的原理是将光伏阵列的电压和电流检测后相乘得到的功率，判断光伏阵列此时的输出功率是否达到最大，若不在最大功率点运行，则调整脉冲宽度、调制输出占空比、改变充电电流，再次进行实时采样，并做出是否改变占空比的判断。通过这样的寻优跟踪过程，可以保证光伏阵列始终运行在大功率点。最大功率点跟踪型控制器可以使光伏阵列始终保持在最大功率点运行状态，以充分利用光伏阵列的输出能量。同时，采用 PWM 调制方式，使充电电流成为脉冲电流，以减少蓄电池的极化，提高充电效率。

MPPT 的寻优方法有多种，如导纳增量法、间歇扫描法、模糊控制法、扰动观察法等。最大功率点跟踪型控制器主要由直流变换电路、测量电路和单片机及其控制采集软件等组成，其充放电控制器原理如图 2.42 所示。其中直流变换（DC/DC）电路一般为升压（BOOST）型或降压（BUCK）型斩波电路，测量电路主要是测 DC/DC 变换电路的输入侧电压和电流值、输出侧的电压值及温度等。

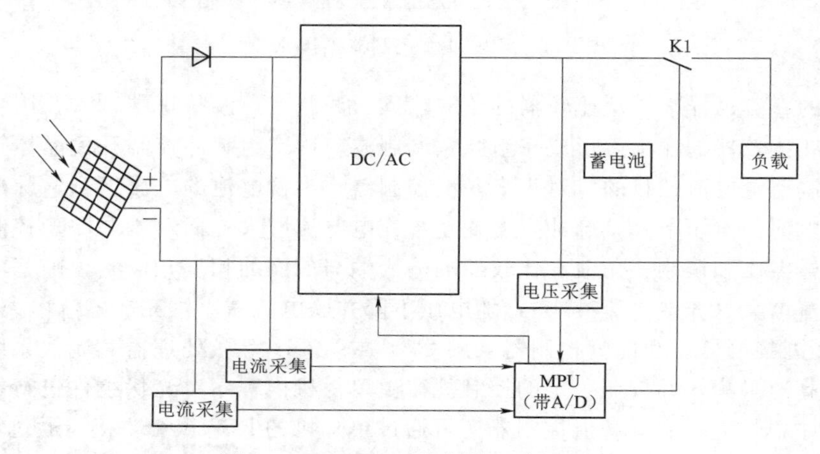

图 2.42　MPPT 型控制器电路原理图

将光伏阵列的工作电压信号反馈到控制电路，控制开关的导通时间 T_{on}，使光伏阵列的工作电压始终工作在某一恒定电压，同时将斩波电路的输出电流（蓄电池的充电电流）信号反馈到控制电路，控制开关的导通时间 T_{on}，则可使斩波电路具有最大的输出电流。

4. 逆变器

逆变器是将直流电转变成交流电的一种设备。它是光伏系统中的重要组成部分。由于光伏电池和蓄电池发出的是直流电，当负载是交流负载时，逆变器是必不可少的。常见的逆变器外形图如图 2.43 所示。通常，逆变器不仅可以把直流电转换为交流电，也可以使光伏电池最大限度地发挥其性能，以及出现异常和故障时保护系统的功能等。具体表现为：①有效地去除受天气变化影响的光伏电池的输出功率，具有自动运行停止功能及最大功率跟踪控制功能；②作为保护系统，具有孤岛运行防止功能及自动调

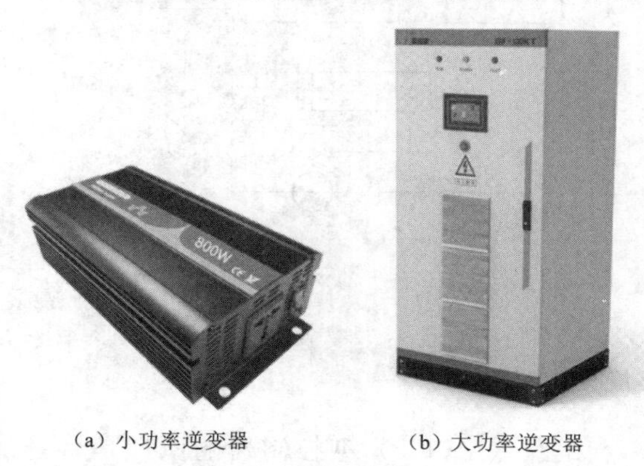

（a）小功率逆变器　（b）大功率逆变器

图 2.43　逆变器

 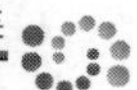

压功能；③当系统和逆变器出现异常时，可以安全地分离或使逆变器停止工作。

（1）逆变器的分类。逆变器的种类很多，可以按照不同的方法分类，具体如下：

1）按照逆变器输出交流电的相数不同，可分为单相逆变器、三相逆变器和多相逆变器。

2）按照逆变器逆变转换电路工作频率的不同，可分为工频逆变器、中频逆变器和高频逆变器。

3）按照逆变器输出电压的波形不同，可分为方波逆变器、阶梯波逆变器和正弦波逆变器。

方波逆变器电路简单，造价低，但谐波分量大，一般用于几百瓦以下和对谐波要求不高的系统。正弦波逆变器成本高，但可以适用于各种负载。从长远看，正弦波逆变器将成为发展主流。

4）按照逆变器线路原理的不同，可分为自激振荡型逆变器、阶梯波叠加型逆变器。

5）按照逆变器输出功率大小的不同，可分为小功率逆变器（小于 5kW）、中功率变器（5～50kW）、大功率逆变器（大于 50kW）。

6）按照逆变器主电路结构的不同，可分为单端式逆变结构、半桥式逆变结构、全桥式逆变结构、推挽式逆变结构、多电平逆变结构、正激逆变结构和反激逆变结构等，其中：小功率道变器多采用单端式逆变结构、正激逆变结构和反激逆变结构；中功率逆变器多采用半桥式逆变结构、全桥式逆变结构等；高压大功率逆变器多采用推挽式逆变结构和多电平逆变结构。

7）按照逆变器输出能量的去向不同，可分为有源逆变器和无源逆变器。对光伏发电系统来说，在并网型光伏发电系统中需要有源逆变器，而在离网独立型光伏发电系统中需要无源逆变器。

8）在光伏发电系统中还可将逆变器分为离网型逆变器和并网型逆变器。

9）在并网型逆变器中，又可根据光伏组件或方阵接入方式的不同，分为集式并网逆变器、组串式并网逆变器、微型（组件式）并网逆变器和双向并网逆变器等。

（2）逆变电路原理。逆变器有很多种类，虽然各自的工作原理、工作过程不尽相同，但是最基本的逆变过程是相同的。以最简单的单相桥式逆变电路为例说明逆变过程，其逆变电路及其波形图如图 2.44 所示。其中，图 2.44（a）为单相桥式逆变电路，电路的 4 个桥臂由 S1～S4 四个开关构成，它们由电力电子器件及辅助电路组成。输入直流电压后，当开关 S1 和 S4 闭合、S2 和 S3 断开时，负载上得到左正右负的电压，输出 U_o 为正；间隔一段时间后，将 S1 和 S4 断开、S2 和 S3 闭合时，负载上得到左负右正的电压，即输出 U_o 为负。若以一定频率交替两组开关，负载上就可以得到图 2.44（b）所示波形，这样就把直流电变换成交流电，改变两组开关的切换频率，就可以改变输出交流电的频率。

逆变电路根据直流侧电源性质的不同可分为两种：直流侧是电压源的称为电压型逆变电路；直流侧是电流源的称为电流型逆变电路，它们也分别被称为电压源型逆变电路和电流源型逆变电路。

1）电压源型逆变电路的特点：直流侧为电压源或并联大电容，直流侧电压基本无脉动，直流回路呈现低阻抗；输出电压为矩形波，电阻性负载时，电流和电压的波形相同，

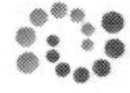

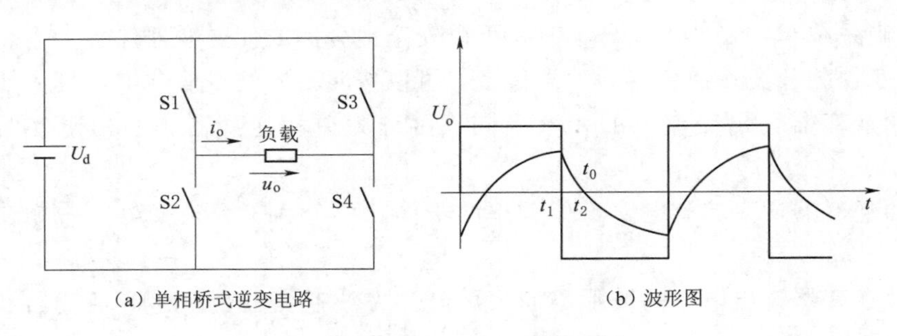

（a）单相桥式逆变电路　　（b）波形图

图 2.44　逆变电路及其波形图

阻感性负载时，电流和电压的波形不相同，电流滞后电压一定的角度。阻感负载时需提供无功功率。为了给交流侧向直流侧反馈的无功能量提供通道，逆变桥各臂并联反馈二极管。

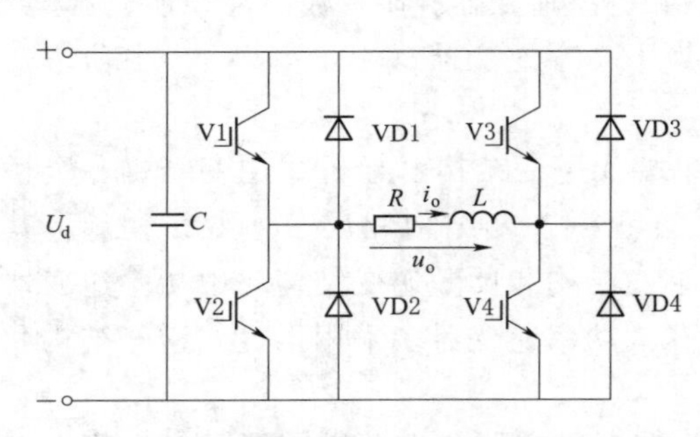

图 2.45　电压源型单相桥式逆变电路

2）电流源型逆变电路的特点：直流侧串联大电感，电流基本无脉动，相当于电流源；交流输出电流为矩形波，与负载阻抗角无关。输出电压波形和相位因负载不同而不同；直流侧电感起缓冲无功能量的作用，不必给开关器件反并联二极管。

3）电压源型单相全桥逆变电路。图 2.45 中，U_d 为直流输入电压，电容 C 为输入滤波储能用电解电容，V1～V4 为全控电力电子器件，VD1～VD4 为反馈二极管，V1 和 V4 构成一对桥臂，V2 和 V3 构成一对桥臂。两对桥臂交替导通 180°。输出电压 u_o 可以展开成傅里叶级数，即

$$u_o=\frac{4U_d}{\pi}\left(\sin\omega t+\frac{1}{3}\sin 3\omega t+\frac{1}{5}\sin 5\omega t+\cdots\right) \tag{2.9}$$

可知其中基波的有效值为

$$U_{O1}=\frac{4U_d}{\sqrt{2}\pi}=0.9U_d \tag{2.10}$$

可见，改变输出交流电压的有效值只能通过改变直流 U_d 来实现。阻感负载时，还可采用移相的方式来调节输出电压。V3 的基极信号比 V1 落后 $\theta(0°<\theta<180°)$。V3、V4 的栅极信号分别比 V2、V1 的前移 $180°-\theta$。输出电压是正负各为 θ 的脉冲。改变 θ 就可调节输出电压。

2.3.2　光伏发电系统的分类

光伏发电就是在太阳光的照射下，将光伏电池产生的电能通过对蓄电池或其他中间储能元件进行充放电控制，或直接对直流用电设备供电，或将转换后的直流电经由逆变器逆变成交变电源供给交流用电设备，或者由并网逆变控制系统将转换后的直流电进行逆变并

接入公共电网实现并网发电。光伏发电系统一般可分为独立光伏发电系统、并网光伏发电系统及混合光伏发电系统。

（1）独立光伏发电系统。独立光伏发电系统一般设在偏远地区，又称为离网发电系统。根据规模大小可以小型、大型、混合型。其中：小型的离网系统的负载功率比较小，整个系统结构简单，操作简便。如在我国的西北地区大面积推广使用了这种类型的光伏系统，负载为直流节能灯、家用电器等，用来解决无电地区家庭的基本照明和供电问题。大型的系统负载功率比较大，整个系统的规模也比较大，需要配备较大的光伏阵列和较大的蓄电池组。常应用于通信、遥测、监测设备电源，农村集中供电站，航标灯塔、路灯等领域。如在我国的西部地区部分乡村光伏电站使用了这种类型的光伏系统，中国移动和中国联通公司在偏僻无电地区的通信基站等。独立光伏发电系统如图 2.46 所示。

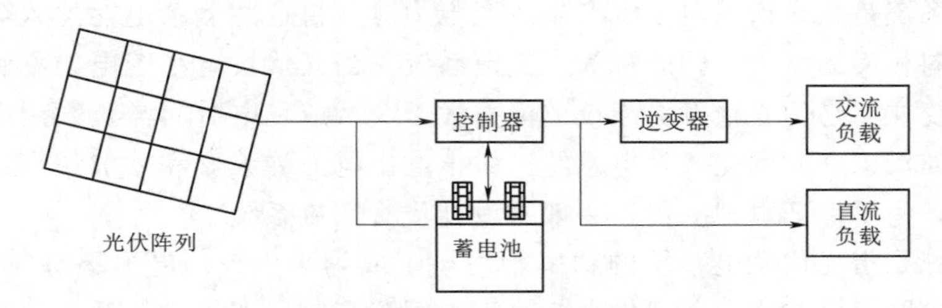

图 2.46　独立光伏发电系统示意图

（2）并网光伏发电系统（Utility Grid Connect）。这种系统的最大特点是光伏电池阵列转换产生的直流电经过三相逆变器（DC—AC）转换成为符合公共电网要求的交流电并直接并入公共电网，供公共电网用电设备使用和远程调配。这种系统中所用的逆变器必须是专用的并网逆变器，以保证逆变器输出的电力满足公共电网的电压、频率和相位等性能指标的要求。这种系统通常能够并行使用市电和光伏阵列作为本地交流负载的电源，降低了整个系统的负载缺电率；而在夜晚或阴雨天气，本地交流负载的供电可以从公共电网获得。

并网光伏发电系统不需要蓄电池，而且可以对公共电网起到调峰作用，但它作为一种分布式发电系统，对传统集中供电的电网系统会产生一些不良的影响，如谐波污染及孤岛效应等。

并网光伏发电系统可分为住宅分布式并网光伏系统和集中式并网光伏系统（电站）两大类。前者的特点是光伏发电系统发的电直接被分配到住宅内的用电负载上，多余或不足的电力通过连接电网来调节；后者一般都是国家级电站，特点是光伏系统发的电直接被输送到电网上，由电网把电力统一分配到各个用电单位。建设集中式并网光伏电站，投资巨大，建设期长，需要复杂的控制和配电设备，并要占用大片土地，同时其发电成本目前要比市电贵数倍。而住宅用并网光伏系统，特别是与建筑结合的住宅屋顶并网光伏系统，由于具有许多优越性，建设容易，投资不大，许多国家又相继出台了一系列激励政策，因而在各发达国家备受青睐，发展迅速，成为主流。

并网光伏发电系统根据是否允许通过供电区变压器向主电网馈电，分为有倒流系统

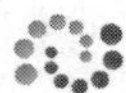

[图 2.47 (a)] 和无倒流系统 [图 2.47 (b)] 两类。

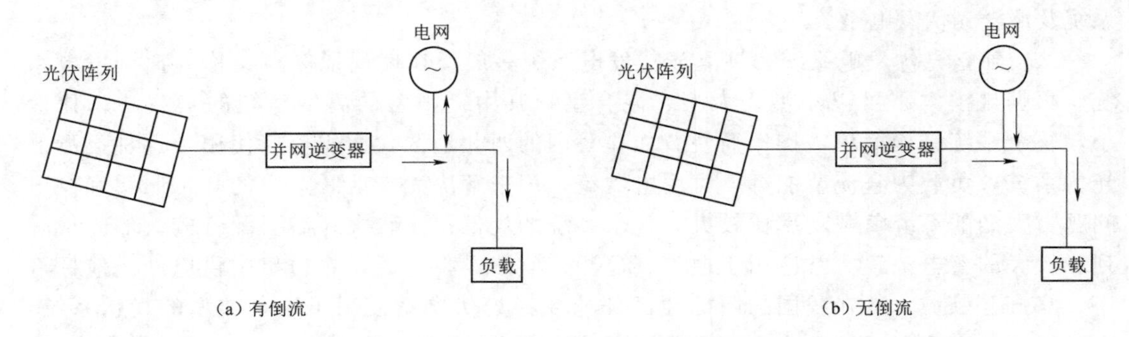

图 2.47　并网光伏发电系统示意图

有倒流的系统是在光伏发电系统产生剩余电力时，将这些剩余电能送入电网，由于向同电网提供方向相反的电力，因此称为有倒流系统。当光伏发电系统电力不够时便由电网供电。这种系统往往是为光伏发电系统的能力大于负载或发电时间与负载用电时间不匹配而设计的。例如，家庭并网光伏发电系统，由于输出电力受天气和季节约束，而用电又有时间段的区分，为了保证电力平衡，一般被设计成有倒流系统。

无倒流系统是指光伏发电系统的功率始终小于或等于负载。电力不够时由电网提供，即光伏系统与电网形成并联向负载供电。对于无倒流系统，即使光伏系统因某种原因产生剩余电力，也只能通过某种手段放弃。由于不会出现光伏系统向电网输电的现象，因此称为无倒流系统。

(3) 混合光伏发电系统 (Hybrid)。在混合光伏发电系统中，除了光伏发电系统将光伏阵列所转换的电能经过变换后供用电负载使用外，还使用了风力发电、燃油发电机或燃气发电机等作为备用电源。这种系统综合利用各种发电技术的优点，互相弥补各自的不足，而使整个系统的可靠性得以提高，能够满足负载各种需要，并且具有较高的灵活性，如图 2.48 所示。然而这种系统的控制相对比较复杂，初期投入比较大，存在一定的噪声和污染。

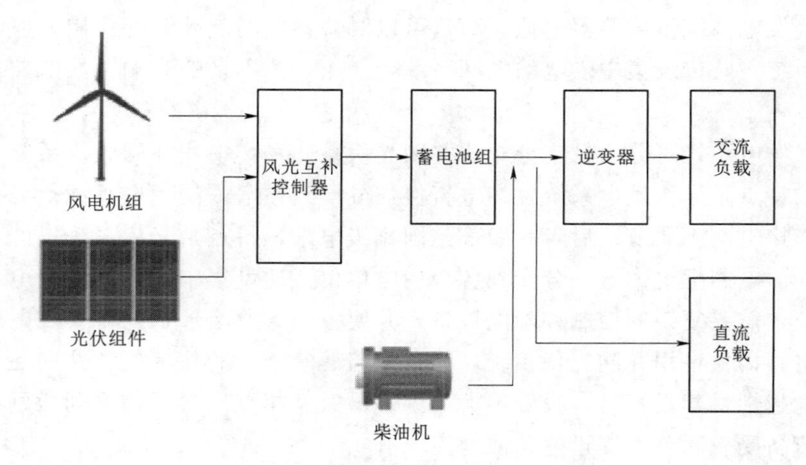

图 2.48　混合光伏发电系统示意图

这种系统应用于偏远无电地区的通信电源和民航导航设备电源。在我国新疆、云南建设的许多乡村光伏电站也采用光伏发电与柴油发电综合的方式。

2.3.3 光伏发电的特点

1. 光伏发电的主要优点

(1) 取之不尽，用之不竭。太阳到达地球表面的能量约为 85×10^6kW，相当于全世界总发电量的几十万倍，所以说太阳能是无穷尽的。

(2) 光伏电池质量轻、体积小、结构简单。输出 40～50W 的晶体硅光伏组件，体积为 450mm×985mm×4.5mm，质量为 7kg。空间用光伏电池尤其重视功率质量比，一般为 60W/kg～100W/kg。

(3) 易安装，易运输，建设周期短。只要用简单的支架把光伏组件支撑，使之面向太阳，即可以发电，特别适宜作为小功率移动电源。

(4) 容易启动，维护简单，随时使用，保证供应。配备有蓄电池的光伏发电系统，其输出电压和功率都比较稳定。

(5) 不产生任何废弃物，无污染、噪声等公害，是理想的清洁能源。

(6) 可靠性高，寿命长。晶体硅光伏电池寿命可长达 20～35 年。

(7) 降价速度快，能量偿还时间有可能缩短。据统计，光伏发电的成本，1950 年为 1.5 美元/(kW·h)，1992—1993 年为 24 美分/(kW·h)，2003 年为 14 美分/(kW·h)，与调峰电价相当，而到 2010 年可降为 6～10 美分/(kW·h)，可以参与市电竞争。

(8) 供电自主性。离网运行的光伏发电系统，具有供电的自主性、灵活性，并且可与其他能源整合操作，如光伏风力发电或光伏—风力发电—柴油发电互补系统等。

2. 光伏发电的缺点

(1) 初投资大。如果光伏的初投资少，常规燃料的成本上升，则在经济方面光伏系统更具有竞争性。

(2) 日照不稳定，间歇性大，需要储能装置。

(3) 地域性强。地理位置不同，气候不同，使各地区日照资源各异。

(4) 效率有待改进。

2.4 光伏发电系统的 MPPT 控制技术

2.4.1 光伏电池的最大功率点及环境特性影响

由于在不同的光照强度下，光伏电池的输出电压和电流不同，如图 2.49 所示。其中的 3 条曲线分别对应的光照强度为 50mW/cm^2，100mW/cm^2，125mW/cm^2。由光伏电池的伏安特性可知，当光照强度发生变化时，为获取最大输出功率，需要相应地调节负载。当光照强度由 50mW/cm^2 变为 100mW/cm^2 时，最大功率点相应地由 P_{m1} 变化为 P_{m2}。为使光伏电池的输出保持最大功率值，就需要调节负载阻抗，相应地由 R_{L1} 变化为 R_{L2}。MPPT 是实时检测光伏阵列的输出功率，采用一定的控制算法预测当前工作状态下光伏阵

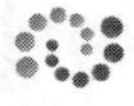

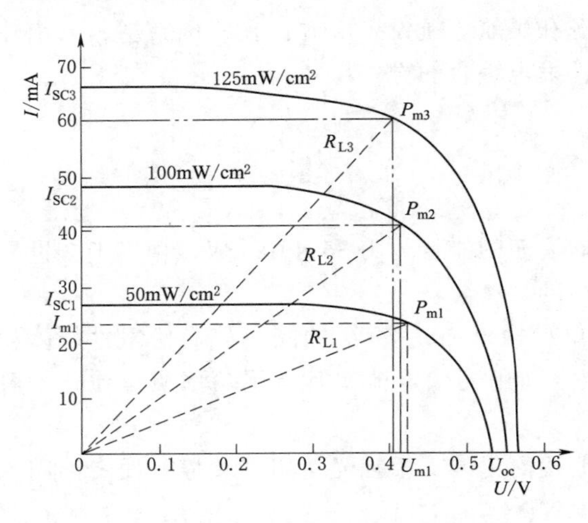

图 2.49 不同光照下的太阳能电池最大功率点

列可能的最大功率输出，通过改变当前的阻抗来满足最大功率输出的要求，使光伏系统可以运行于最佳工作状态。

2.4.2 光伏电池最大功率点跟踪与控制策略

最大功率点跟踪实质上就是一个自动寻优过程，即通过调控光伏电池端电压，进而改变它的工作点。由光伏电池输出的P—V特性曲线可知，若光伏电池的工作位于最大功率点的电压左侧时，输出功率会随电压上升而增加；若光伏电池的工作位于最大功率点的电压右侧时，输出功率会随电压上升而减小。最大功率点的跟踪过程是判断目前的光伏电池其工作区域，并相应改变光伏电池端电压，让光伏电池其工作点向最大功率点逐渐靠拢的过程。

1. MPPT控制方法的介绍

MPPT的实现是一个动态自寻优过程，通过对光伏阵列当前的输出电压和电流的检测，得到当前阵列的输出功率，与已被存储的前一时刻功率进行比较，舍小存大、再检测、再比较，如此周而复始。MPPT控制算法主要有固定电压跟踪法、扰动观察法、电导增量法、开路电压法、模糊逻辑控制法。

(1) 固定电压跟踪法（CVT）。该方法是对最大功率点曲线进行近似，求得一个中心电压，并通过控制使光伏阵列的输出电压一直保持该电压值，从而使光伏系统的输出功率达到或接近最大功率输出值。

这种方法具有使用方便、控制简单、易实现、可靠性高、稳定性好等优点，而且输出电压恒定，对整个电源系统是有利的。但是这种方法控制精度较差，忽略了温度对光伏阵列开路电压的影响，而环境温度对光伏电池输出电压的影响往往是不可忽略的。为克服使用场所冬夏、早晚、阴晴、雨雾等环境温度变化给系统带来的影响，在CVT的基础上可以采用人工调节或微处理器查询数据表格等方式进行修正。

(2) 扰动观察法（爬坡法）。根据光伏阵列工作时不间断地检测电压扰动量，即根据输出电压的脉动增量（$\pm\Delta U$）的输出规律，测得光伏阵列当前的输出功率为P_d，而被存储的前一时刻输出功率被记忆为P_i，若$P_d>P_i$，则$U=U+\Delta U$；若$P_d<P_i$，则$U=U-\Delta U$；扰动观察法实现MPPT的过程如图2.50所示。实际上，这是一种寻优搜索过程，在寻优过程中不断地更新参考电压，使其逼近光伏阵列所对应的最大功率点电压值。由于光伏阵列的输出特性是一单值函数，故只需保证光伏阵列的输出电压在任何光照条件及环境温度下都能与该条件下的最大功率点对应，就可以保证光伏阵列工作于最大功率点。

该方法的优点是可以实现模块化控制，跟踪方法简单，在系统中容易实现；其缺点是这种方法只能使光伏输出电压在最大功率点附近振荡运行，而导致部分功率损失，并且初始值及跟踪步长的给定对跟踪精度和速度有较大影响。图 2.51 为采用扰动观察法的控制流程图。

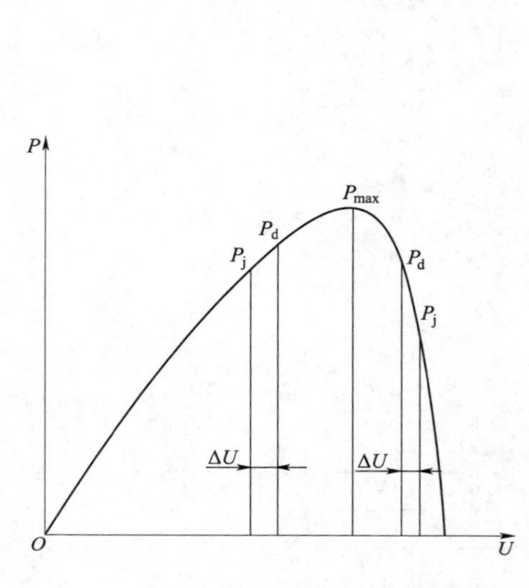

图 2.50 扰动观察法实现 MPPT 的过程

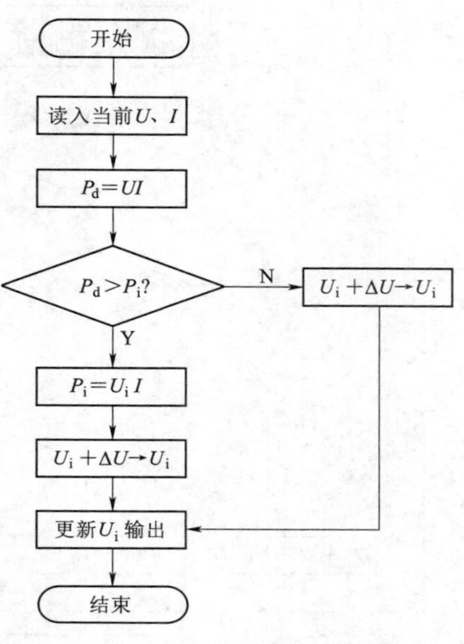

图 2.51 扰动观察法的控制流程图

(3) 电导增量法。电导增量法也是 MPPT 控制常用的算法之一。由光伏阵列的 P—V 曲线可知，当输出功率 P 为最大时，P_{max} 处的斜率为零，可得

$$\frac{dP}{dU}=I+U\frac{dI}{dU}=0 \tag{2.11}$$

式 (2.11) 经整理，可得

$$\frac{dI}{dU}=-\frac{I}{U} \tag{2.12}$$

式 (2.12) 为光伏阵列达到最大功率点的条件，即当输出电压的变化率等于输出瞬时电导的负值时，光伏阵列即工作于最大功率点。

电导增量法就是通过比较光伏阵列的电导增量和瞬时电导来改变控制信号，这种方法也需要对光伏阵列的电压和电流进行采样。由于该方法控制精度高，响应速度较快，因而适用于大气条件变化较快的场合。同样由于整个系统的各个部分响应速度都比较快，故其对硬件的要求，特别是传感器的精度要求比较高，导致整个系统的硬件造价比较高。

图 2.52 为电导增量法的控制流程。图中 U_n、I_n 分别为光伏阵列当前电压、电流检测值，U_b、I_b 为前一控制周期的采样值。这种控制算法的最大优点是在光照强度发生变化时，光伏阵列输出电压能以平稳的方式跟踪其变化，其暂态振荡比扰动观察法小。

(4) 开路电压法。开路电压法基于这样一个原理：随着外界光照强度和温度的变化，光伏阵列的开路电压 U_{oc} 发生变化，相应的最大功率点处的电压 U_{max} 也近似地成比例变化。光伏阵列最大功率点处的电压 U_{max} 与阵列开路电压 U_{oc} 的近似线性关系可表示为

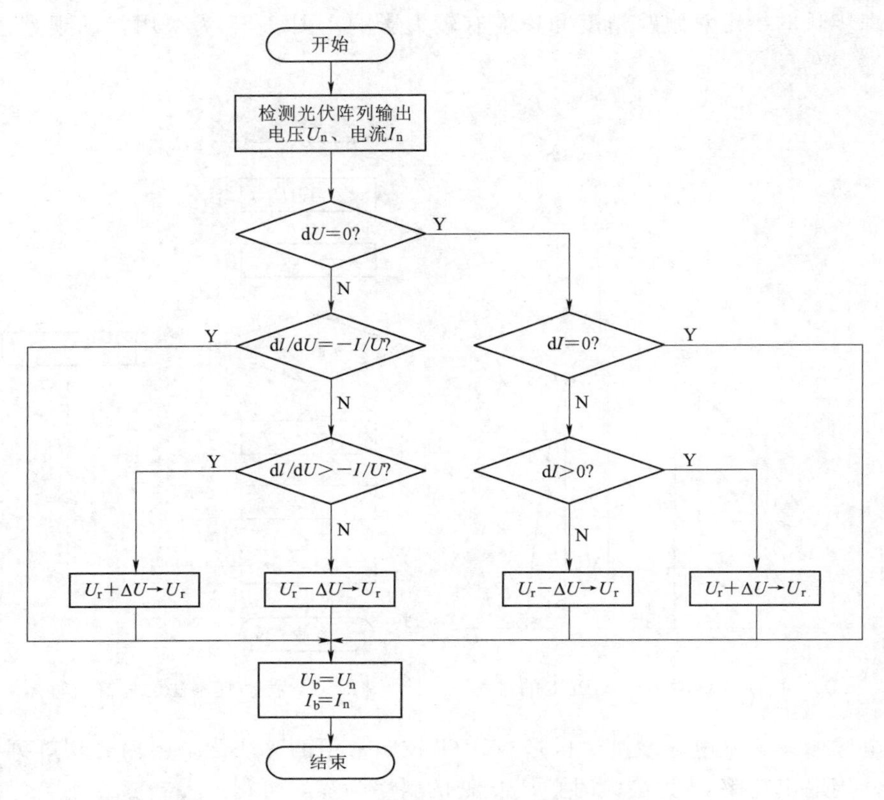

图 2.52　电导增量法的控制流程图

$$U_{max}\approx kU_{oc} \tag{2.13}$$

式中　k——比例系数，常数且小于 1，一般取 $k=0.76$（误差在$+2\%$）。

U_{oc} 可以通过断开光伏阵列的负载来测得，其测量所需要的时间是毫秒级的，测量间隔（即采样周期）可以控制在秒级。开路电压法硬件结构如图 2.53 所示。

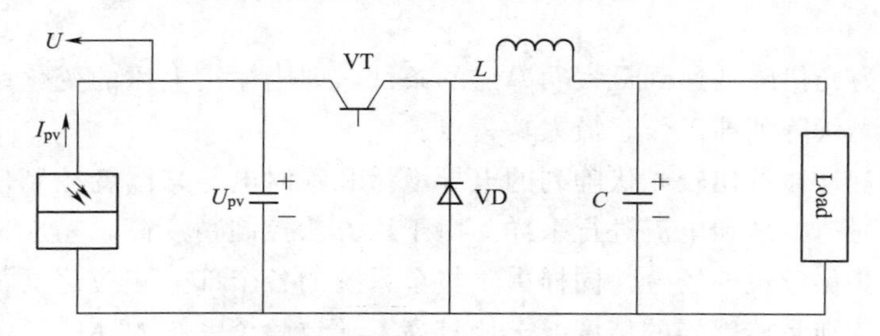

图 2.53　开路电压法硬件结构图

具体控制方法是：在需要测量开路电压时，断开开关管 VT，测得开路电压后，根据开路电压 U_{oc} 和最大功率点处电压 U_{max} 的关系就可以得到该点处的最大功率点电压，这样就可以控制光伏阵列的输出电压跟踪最大功率点电压。

开路电压法类似于固定电压法，但固定电压法跟踪的是恒定的电压，开路电压法跟踪的则是变化的电压。并且此法不用考虑外界环境变化，只是采样光伏阵列的开路电压，简

单方便，避免了在最大功率点附近的振荡。由于负载侧断开会产生功率损失，U_{oc} 的采样周期不可能设定得很短，而在每个周期内光伏阵列都是以恒定电压工作的，这就使得开路电压法不能工作在有连续输出的光伏系统中，且当外界环境条件迅速变化时，会带来较大的功率损失。还有显著的缺点就是需要较大的存储空间和运算能力。

（5）模糊逻辑控制法。由于受太阳光照强度的不确定性、光伏阵列温度的变化、光伏阵列输出特性的非线性及负载变化等因素的影响，实现光伏阵列的最大功率输出或最大功率点跟踪时，需要考虑的因素很多。模糊逻辑控制法不需要建立控制对象精确的数学模型，是一种比较简单的智能控制方法，采用模糊逻辑的方法进行 MPPT 控制，可以获得比较理想的效果。

使用模糊逻辑的方法进行 MPPT 控制，通常要确定以下方面：①确定模糊控制器的输入变量和输出变量；②拟定适合本系统的模糊逻辑控制规则；③确定模糊化和逆模糊化的方法；④选择合理的论域并确定有关参数。

该方法具有较好的动态特性和控制精度。

2. 太阳光跟踪系统

由于地球的自转使太阳光入射光伏阵列的角度时刻在变化，使得光伏阵列吸收太阳辐射受到很大的影响，进而影响到光伏阵列的发电能力。光伏阵列的放置形式有固定安装式和自动跟踪式两种形式，自动跟踪装置包括单轴跟踪系统和双轴跟踪系统。

单轴跟踪可分为东西水平轴跟踪、南北轴水平跟踪和极轴跟踪 3 种；双轴跟踪可分为赤道轴跟踪和水平轴跟踪两种。对聚焦精度要求不高的平板光伏阵列和弧线型聚焦的聚光器，可采用控制系统相对简单的单轴跟踪，而对点型聚焦的聚光器则应采用双轴跟踪。

东西水平轴跟踪和南北水平轴跟踪方式分别是将光伏阵列固定在东西方向水平轴上或南北方向水平轴上，然后以该轴为旋转轴，不断改变光伏阵列与水平面的夹角，以达到跟踪太阳移动的目的。极轴跟踪是指将光伏阵列固定在方位角为 0°且倾斜角为当地纬度的极轴上，并使其以地球自转角速度旋转，达到跟踪太阳的目的。

水平轴跟踪系统是使光伏阵列绕垂直轴旋转，以改变其方位角，用以跟踪太阳的方位；绕水平轴旋转以改变其仰角，用以跟踪太阳的高度角。

赤道轴跟踪系统使光伏阵列绕天轴和赤纬轴旋转，跟踪太阳的方位和高度角。

自动跟踪系统由太阳光照度传感器、电机传动系统及控制电路等部分组成。基本控制原理为：由光敏传感器将太阳与光伏阵列之间的位置偏差信号和光强信号反馈给中央控制器，经控制电路的数据处理和放大，产生控制信号给电动机驱动器，控制传动系统的电动机，带动相应的传动机构使光伏阵列的位置和角度跟踪太阳，如图 2.54 所示。

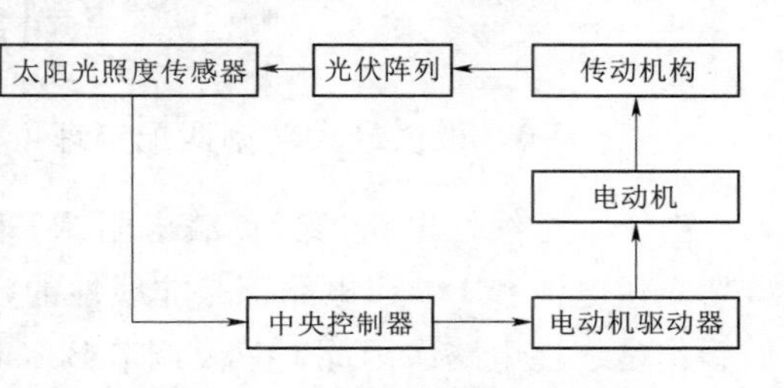

图 2.54 太阳光自动跟踪系统框图

由于跟踪装置比较复杂，初始成本和维护成本比较高，安装跟踪装置获得额外的太阳能辐射产生的效益短期内无法抵消安装该系统所需要的成本，因而目前的光伏发电系统中较少使用太阳光自动跟踪系统。

2.4.3　光伏电池最大功率的实现

光伏电池的输入输出特性受外界环境影响，而且总会存在一个最大功率点，对应最大功率点电压及最大功率点电流。而实现整个系统在最大功率点电压附近工作，直接改变光伏电池两端的电压和电流是很困难的。利用 Boost 升压电路实现光伏电池与负载电阻的匹配，从而实现电压的调节，主要是靠改变占空比来实现的，这种方法结构简单，易于实现并且效率高，因而被广泛采用。其主要有两大作用：一是作为系统最大功率点跟踪控制器，通过调节光伏电池所接的等效输入阻抗，使光伏发电系统工作在光伏电池的最大功率点处；二是对光伏电池的输出电压进行控制。在光伏发电系统最大功率点跟踪控制器中使用的 DC/DC 变换电路主要有降压型（Buck）变换器、升压型（Boost）变换器和升—降压型（Buck - Boost）等。

光伏发电系统中，实现最大功率点跟踪功能的是在 DC/DC 变换电路。虽然光伏电池和 DC/DC 变换电路均为强非线性特征，但在小的时间间隔里，两者均可以看为线性电路。因此，光伏电池可等效看成为直流电源，DC/DC 变换电路看成外部阻性负载。这样，光伏阵列所接的等效负载就是 DC/DC 变换器占空比 D 和其所带负载的函数，调节变换器的占空比就可以达到改变光伏阵列负载的目的，从而实现最大功率跟踪。其实质是使光伏电池与后级的动态负载相匹配。当外界环境发生变化时，不断调整开关管的占空比，以使光伏电池与负载最佳匹配，这样就可以获得光伏电池的最大功率输出。一般，一个小型的光伏发电系统的输出电压不超过 50V，而并网的电压在 311V。因此，为了满足并网需要，需要在光伏组件与并网逆变器之间加入升压型（Boost）变换器。Boost 变换器实现阻抗匹配电路如图 2.55 所示。

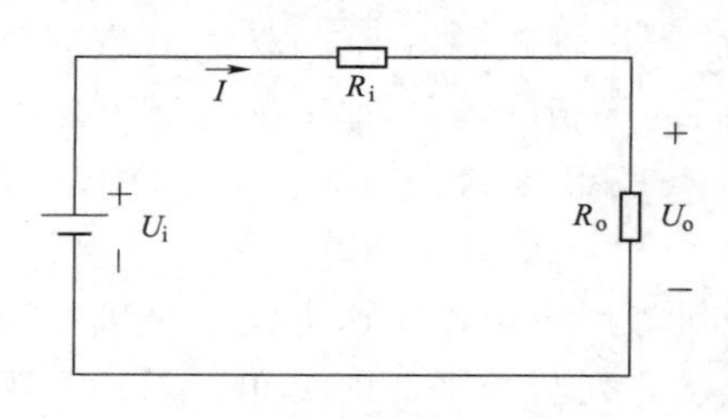

图 2.55　线性电路图

图 2.55 中为线性电路，U_i 为电压电压，R_i 为电源内阻，R_o 为负载电阻，负载消耗的功率为

$$P=\left(\frac{U_i}{R_i+R_o}\right)^2 R_o \tag{2.14}$$

令 $\frac{dP}{dR_o}=0$，根据最大功率匹配定理可知，当 $R_i=R_0$，功率 P 取得最大值。

对于一个线性电路，当负载电阻 R_o 和电源内阻 R_i 相等时，电源输出功率 P 最大。虽然光伏电池和 Boost 电路都是非线性的，但是在其工作点附近很小的范围内，可以将它们看作是线性电路。因此，只要调节 Boost 电路等效输入阻抗 R_o，使它始终等于光伏电池的内阻 R_i，就可以实现光伏阵列的最大功率输出，也就是实现了光伏电池的最大功率跟踪。Boost 变换器是输出电压高于输入电压的单管直流变换器，其电路拓扑结构如图 2.56 所示，由光伏阵列、储能电感 L、开关管 T、二极管 D、滤波电容 C 和负载 R_L 构成。

Boost 升压电路有两种工作方式：电感电流断续方式与电感电流连续方式。电感电流断续是指开关管关断期间，有一段时间电感上电流是零；电感电流连续是指输出滤波的电感上电流总大于零。当电感电流连续时，电路工作在两种状态：图 2.57（a）为功率开关管导通时的等效电路，图 2.57（b）为功率开关管关断时的等效电路。

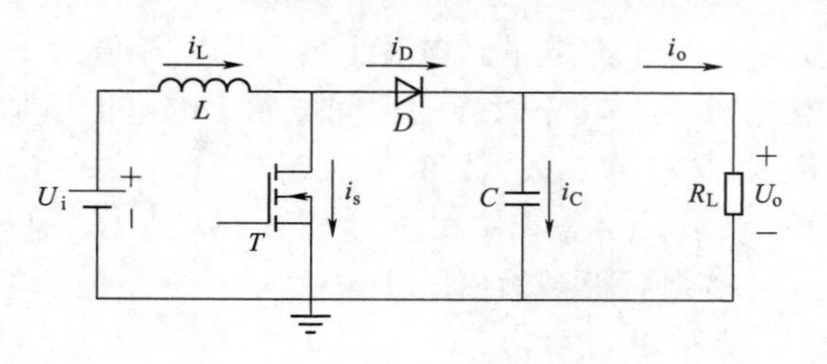

图 2.56 Boost 变换电路拓扑结构

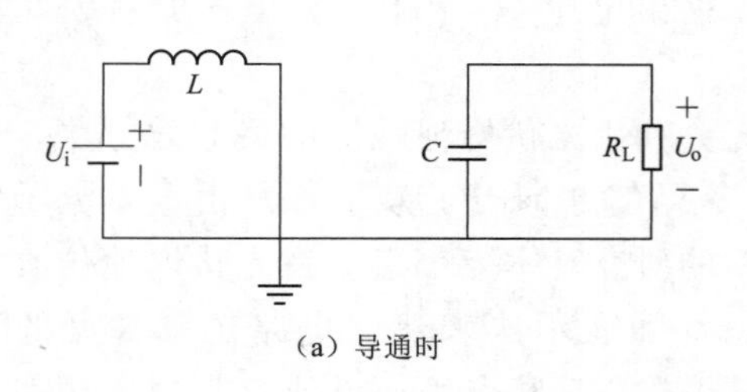

（a）导通时

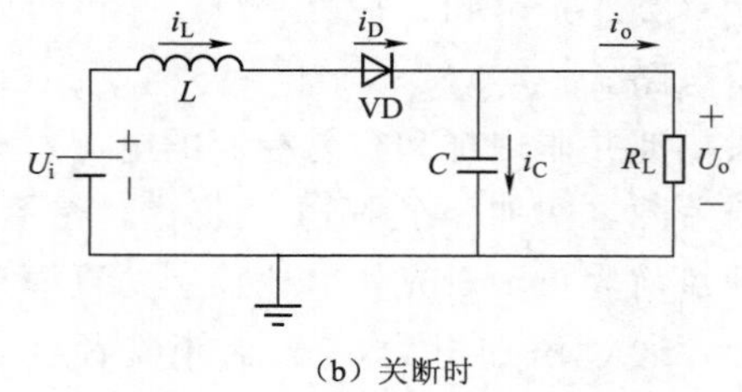

（b）关断时

图 2.57 功率开关管导通和关断时的等效电路

当 $t=0$ 时，当功率管 T 导通，二极管 VD 反偏关断，电源电压通过导通的开关管 T 向储能电感 L 进行储能，电感上的电流线性增加。滤波电容 C 开始放电，供给负载电阻 R_L。在 $t=T_{on}$ 时刻，i_L 达到最大值 i_{Lmax}，电感电压等于输入电压 U，即

$$U=L\frac{\mathrm{d}i_L}{\mathrm{d}t} \tag{2.15}$$

功率管导通期间，i_L 电流增长量 Δi_L 为

$$\Delta i_L=\frac{U}{L}T_{on}=\frac{U}{L}DT_s \tag{2.16}$$

其中

$$D=\frac{T_{on}}{T_s}$$

式中 D——开关占空比，$0<D<1$；

T_s——周期。

在 $t=T_{on}$ 时刻，功率管 T 被关断，二极管 VD 正向导通，电源和储能电感 L 共同流经续流二极管 VD 向负载电阻 R_L 供电，同时，给滤波电容 C 充电。那么此时加在电感 L 上电压为 $U-U_o$。因为 $U_o>U$，故 i_L 线性减小，即

$$U-U_o=L\frac{\mathrm{d}i_L}{\mathrm{d}t} \tag{2.17}$$

功率管截止期间，i_L 电流减少量 Δi_L 为

$$\Delta i_L=\frac{(1-D)T_s(U-U_o)}{L} \tag{2.18}$$

若当 $t=T_s$ 时，功率管 T 再次导通，开始一个新的开关周期。

从上面的分析可以得出，Boost 转换电路分为两个工作阶段，功率管 T 导通时，是电感 L 的储能阶段，此时电源不向负载提供能量，负载依靠储存于电容 C 的能量来维持工作。功率管 T 关断时，电源与电感一同向负载供电，并给电容 C 充电。所以，电路输入电流即升压电感上电流平均值，功率管与二极管交替工作。电路工作在稳态时，电容 C 的

放电量等于充电量，电容上的平均电流值为零，因而流过二极管 VD 的平均电流值即是负载电流 I_o，功率管导通期间电感上的电流增加量 Δi_L 等于功率管截止期间的电流减小量，由式（2.15）、式（2.16）、式（2.17）、式（2.18）可以得到

$$U \cdot DT_s + (U - U_o)(1-D)T_s = 0 \tag{2.19}$$

整理后得到输出电压与输入电压之间的关系为

$$\frac{U_o}{U} = \frac{1}{1-D} \tag{2.20}$$

由式（2.20）可知，$1/(1-D) \geqslant 0$，所以输出电压 U_o 大于电源电压 U，因此称该电路为升压电路。

光伏电池并非理想和容易控制的电源，充分利用光伏电池性能的最有效方法，是在光伏电池与负载之间加一个 MPPT 装置。差不多所有的 MPPT 装置都是由电力电子装置构成的。到目前为止，对光伏电池控制仿真模型的研究基本上都建立在光伏电池仿真模型的基础之上，通过添加电力电子器件或者状态空间表示法来建立电路仿真模型的。基于 Boost 电路阻抗变换的光伏电池的仿真模型，可以实时模拟光伏电池及其最大功率点特性曲线，不需要精确的内部电路及相关参数。当光伏电池接 Boost 转换电路时，如图 2.58 所示，考虑到当 Boost 电路输出负载为纯电阻时，如果转换电路的效率为 100%，那么由电路的输入输出功率相等，并在忽略 Boost 电路自身电感及电阻的情况下，Boost 电路的等效输入阻抗表示为

$$R' = \frac{U_o}{I_o} = \frac{U(1-D)}{I_L/(1-D)} = R_L(1-D)^2 \tag{2.21}$$

式中　R'——Boost 电路的等效输入阻抗。

由式（2.21）可知，占空比 D 值越大，Boost 电路的输入阻抗便会越小。若改变 Boost 电路开关的占空比，使光伏电池输出阻抗与等效输入阻抗相互匹配，光伏电池就会以最大功率输出。

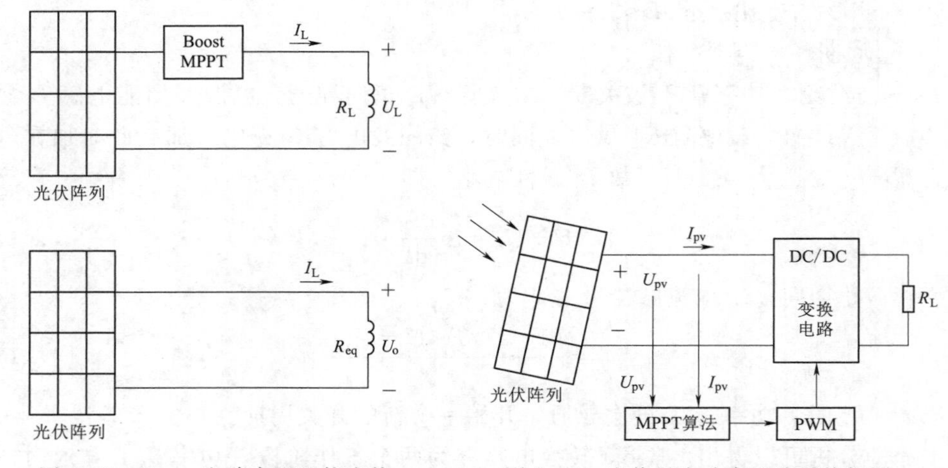

图 2.58　Boost 电路实现阻抗变换　　　图 2.59　光伏最大功率跟踪系统框图

图 2.59 为光伏最大功率跟踪系统框图。从图中可以看出，光伏阵列经过 DC/DC 变换电路后给负载供电。由前面叙述可知，负载电压 U_o 不变，改变 PWM 信号占空比既可以

 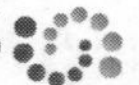

改变光伏方阵工作电压。图中 U_{pv} 和 I_{pv} 分别为光伏阵列的采样电压和采样电流。控制部分根据 U_{pv} 和 I_{pv} 参数判断系统是否工作在最大功率点上，若不是，则需要改变 PWM 信号占空比，此时控制系统将根据算法改变方向，始终让工作点向最大功率点移动直至移动到趋于稳定。控制系统是整个跟踪系统的核心，其工作直接影响系统的跟踪效率。

2.5 家庭式光伏发电系统设计

2.5.1 影响光伏发电系统设计的因素及设计要素

1. 设计考虑的相关因素

设计一个完善的光伏发电系统需要考虑很多因素，除容量设计外还要进行各种设计，如电气系统设计、防雷接地设计、静电屏蔽设计、机械结构设计等系统配置设计。对地面应用的独立太阳能光伏发电系统来说，最主要的是根据用电需求，对系统进行容量设计，以满足用电负载正常工作的需求。光伏发电系统总的设计原则是在保证满足负载用电需要的前提下，确定最少的光伏电池组件和蓄电池容量，以尽量减少投资，即同时考虑可靠性及经济性。光伏系统设计步骤及内容如图 2.60 所示。

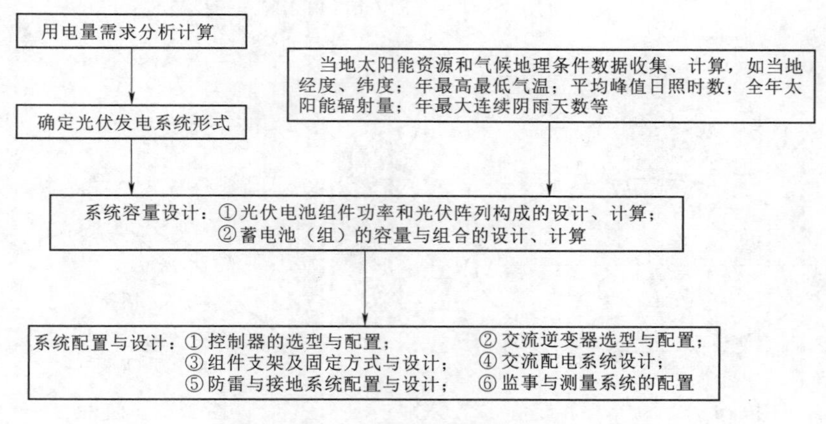

图 2.60 光伏系统设计步骤及内容

独立的光伏发电系统的设计思路是，先根据用电负载的用电量，确定光伏电池及组件的功率，然后计算蓄电池的容量，但对于并网光伏发电系统又有其特殊性，需要确保光伏发电系统运行的稳定性和可靠性，所以在设计时需要注意以下事项：

（1）负载的特性和用电特点。光伏发电系统设计的第一项工作是了解负载特性和负载的用电特点。负载特性从以下几方面考虑：①负载是直流负载还是交流负载，如是交流负载还要考虑逆变器的设计。负载是冲击性负载（如电动机、电冰箱等）还是非冲击性负载（如电热水器、直流灯等），如是冲击性负载，在容量设计和设备选型时，应留有合理余量；②从负载使用时间的角度考虑时，仅在白天使用的负载，多数可以由光伏组件直接供电，不需要考虑蓄电池的配备；对于在晚上使用的负载，蓄电池的容量是设计时应侧重考虑的因素。

(2) 光伏阵列的方位角和倾角。光伏阵列的方位角是阵列的垂直面与正南方向的夹角（设定向东偏为负角度，向西为正角度），方位角和高度角如图 2.61 所示。一般情况下，方阵朝向正南（即方阵垂直面与正南的夹角为0°）时，光伏电池的发电量最大。在偏离正南（北半球）30°时，光伏电池的发电量将减少约10%～15%；在偏离正南（北半球）60°时，光伏电池的发电量将减少约20%～30%。但是，在晴朗的夏天，太阳辐射能量的最大时刻是在中午稍后，因此将光伏阵列的方位稍微向西偏一些，在午后时刻可获得最大发电功率。在不同的季节，光伏阵列的方位稍微向东或西一些都有获得发电量最大的时候。光伏阵列的设置场所会受到许多条件的制约，如果要将方位角调整到一天中负载的峰值时刻与发电峰值时刻一致，就可参考

方位角=[一天之中负荷的峰值时刻(24小时制)−12]×15+(经度−116°)

对于地球上的某个地点，太阳高度角（或仰角）是指太阳光的入射方向和地平面之间的夹角，从专业上讲，太阳高度角是指某地太阳光线与该地作垂直于地心的地表切线的夹角，如图 2.61 所示。

倾角是光伏阵列平面与水平面（地面）的夹角，如图 2.62 所示。斜面上接收太阳总辐射量达到最大值（阵列一年中发电量最大）时，称为最佳倾角。根据几何原理，欲使阳光垂直射在太阳能电池板上，则电池板的倾角按下列公式计算，即

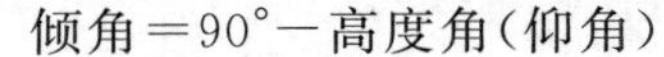
倾角=90°−高度角(仰角)

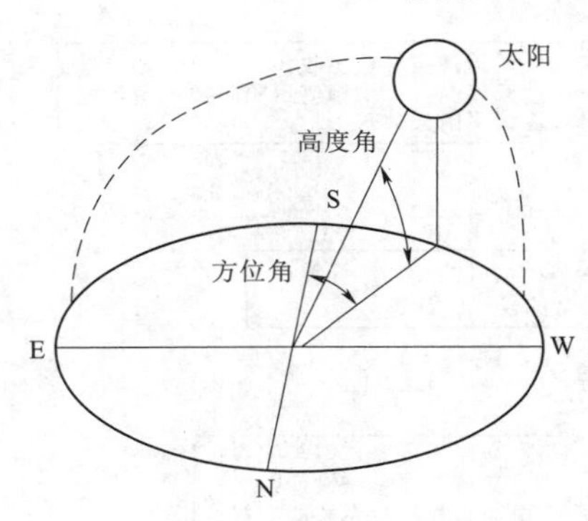

图 2.61 方位角和高度角

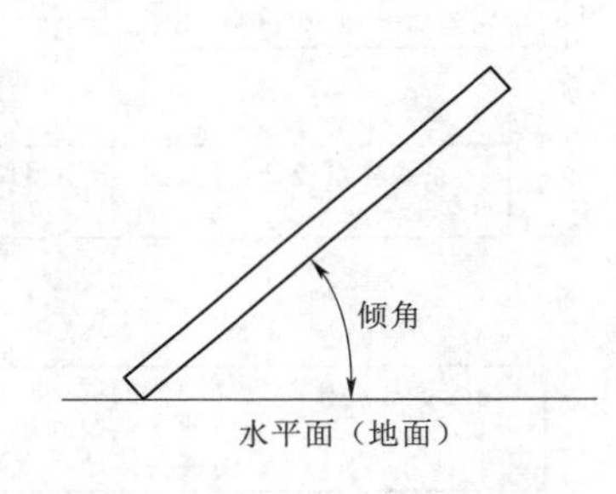

图 2.62 倾角

一年中的最佳倾角与当地的地理纬度有关，当纬度较高时，相应的倾角也大。为了优化光伏阵列接收日光的性能，光伏阵列的最佳倾角应等于场地所在的纬度。但是，与方位角一样，在设计中也要考虑到屋顶的倾斜角及积雪滑落的倾斜角（斜率大于50%～60%）等方面的限制条件。对于积雪滑落的倾斜角，即使在积雪期，发电量少而年总发电量也存在增加的情况。因此，特别是在并网发电的系统中，并不一定优先考虑积雪的滑落，还要进一步考虑其他因素。对于正南（方位角为0°），倾斜角从水平（倾角为0°）开始逐渐向最佳的倾斜角过渡时，其日射量不断增加，直到最大值为止，然后再增加倾斜角其日射量却会不断减少。

以上所述为方位角、倾角与发电量之间的关系，具体在设计某一个方阵的方位角和倾角时，还应进一步与实际情况结合起来综合考虑。

(3) 阴影对发电量的影响。一般情况下，在计算发电量时，是在光伏阵列面完全没有

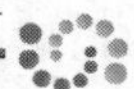

阴影的前提下得到的。因此，如果光伏阵列电池不能被日光直接照射时，那么只有散射光用来发电，此时的发电量比无阴影的要减少10％～20％。针对这种情况，要对理论计算值进行校正。通常，在光伏阵列周围有建筑物及山峰等物体时，太阳出来后，建筑物及山的周围就会存在阴影，因此在选择敷设光伏阵列的地方时应尽量避开阴影，实在无法躲开，也应从光伏电池的接线方法上着手，使阴影对发电量的影响降低到最低程度。另外，如果光伏阵列是前后放置时，就应避免前面光伏阵列在后面光伏阵列上形成的阴影。

（4）连续阴雨天数。决定了蓄电池容量的大小及阴雨天后恢复蓄电池容量所需要的光伏阵列的功率。两个连续阴雨天之间的间隔天数，决定了光伏发电系统在一个连续阴雨天过后充满蓄电池所需要的光伏阵列的功率。如果有几天连续阴雨天，光伏阵列就几乎不能发电，只能靠蓄电池来供电，而蓄电池深度放电后又需尽快地将其补充。

这些因素相当复杂，原则上需要对每个影响光伏发电系统的因素进行单独分析计算，对一些无法确定数量的影响因素，只能采用一些系数来进行估量。由于考虑的因素及其复杂程度不同，采取的方法也不一样。

2. 太阳能光伏发电系统设计要素

（1）场地数据。从当地气象站、气象部门等途径获取光伏发电系统建设场地的太能资源和气候状态的数据，其中太阳能资源包括年太阳总辐射量（辐照度）和辐射强度的每月、日平均值，气候状态包括年平均气温、年最高气温、年最低气温、一年内最长连续阴雨天（含降水或下雪天）、年平均风速、年最大风速、年冰次数、年沙暴日数。

光伏阵列的安装位置应选择在太阳光不被遮挡的位置，为了施工方便应选择地势坦的地方，应尽量避开山石区，远离树木，以防止阴影对太阳能电池组件的遮蔽，同时光伏阵列的位置应尽量避开水流通道和易积水的部位。为了减少供电线路上的损耗和压降，光伏发电系统应尽量建设在负载附近。并应对光伏发电系统周边土壤进行测量，以确定土壤电阻。并能根据当地地形及土壤电阻率确定接地装置的位置和接地体的埋设方案。

（2）用户数据。了解并计算光伏发电系统所供应负载的详细情况，包括负载额定功率、峰值功率、供电方式、供电电压、供用时间、日平均用电量、负载性质等。在保证满足负载供电需要的前提下，确定使用最少的光伏阵列功率和蓄电池容量，以尽量减少初始的投资。并应了解当地市电的情况，包括有无市电、市电距光伏发电系统用电负载距离，市电质量等。

2.5.2 光伏阵列设计

1. 实用计算公式

光伏阵列设计的基本思想就是满足年平均日负载的用电需求。计算光伏电池组件的基本方法是，用负载平均每天所需要的能量（安时数）除以一块光伏组件在一天中可以产生的能量（安时数），算出系统需要并联的光伏阵列组件数，使用这些光伏组件并联产生系统负载所需要的电流。将系统的标称电压除以光伏组件的标称电压，得到光伏阵列需要串联的组件数，使用这些光伏组件串联就可以产生系统负载所需要的电压。

但由于光伏阵列的输出，会受一些外在因素的影响而改变，因此需要考虑以下因素：

（1）光伏组件的损耗系数。在实际工作情况下，光伏组件的输出会受外在环境的影响而降低。泥土、灰尘覆盖和组件性能的慢慢衰变都会降低光伏件的输出。通常的做法是，在计算时减少光伏组件输出的10%来解决上述不可预知和不可量化的因素。可以将这些因素看成是在光伏发电系统设计时需要考虑的工程上的安全系数。又因为光伏发电系统的运行还依赖于天气状况，所以有必要对这些因素进行评估和技术估算。在设计上留有一定的余量，将使得系统可以年复一年地长期正常使用。

(2) 逆变器的逆变效率。逆变器在实现各种功能时要消耗一定电能，不同的逆变器损耗电能不一样。一般情况下，设计逆变器转换时按10%的损失计算。如果负载是直流负载，逆变器的损失就可不计。

(3) 蓄电池的充电效率。在蓄电池的充放电过程中，铅酸蓄电池会电解水，产生气体逸出，即在光伏组件产生的电流中将有一部分不能转化储存起来而是被耗散掉。可以认为必须有一小部分电流用来补偿损失，可用蓄电池的库仑效率来评估这种电流损失。不同的蓄电池其库仑效率不同，通常可以认为有5%～10%的损失，所以保守设计中有必要将光伏组件的功率增加10%，以抵消蓄电池的耗散损失。

在考虑上述各种因素的影响后，引入相关修正系数，得

$$\text{组件并联数}=\frac{\text{负载日平均用电量}}{\text{组件日平均发电量}\times\text{充电效率}\times\text{组件损耗系数}\times\text{逆变系数}} \tag{2.22}$$

$$\text{组件串联数}=\text{系统工作压}\times 1.43/\text{光伏组件的峰值电压} \tag{2.23}$$

$$\text{组件日平均发电量}=\text{组件峰值电流}\times\text{峰值日照时数} \tag{2.24}$$

式(2.23)中的系数1.43是组件峰值电压与系统工作电压的比值。如工作电压为12V的系统光伏组件的峰值电压是17～17.5V。为方便计算，用系统工作电压乘以1.43即为该光伏组件或整个光伏阵列峰值电压的近似值。

在计算组件的并联数时，如果负载用电量的单位为Wh，即

$$\text{负载平均用电量(Ah)}=\frac{\text{负载日平均用电量(Wh)}}{\text{系统工作电压(V)}} \tag{2.25}$$

有了电池组件的串并联数，就可计算出光伏阵列的总功率，即

$$\text{光伏阵列的总功率}=\text{组件并联数}\times\text{组件串联数}\times\text{组件的峰值输出功率} \tag{2.26}$$

【例2.1】 某一地区建设的光伏发电系统为以下负载供电：荧光灯4盏，每盏功率40W，每盏工作4h；电视机2台，每台功率为70W，每天工作5h。当地峰值日照时间为3.43h。连续阴雨天数为3天。系统工作电压为48V。选用组件参数：峰值电压为17.4V，峰值电流为5.75A，峰值功率为100W。修正因数：充电效率为0.9，组件损耗系数为0.9，逆变效率为0.9。试确定组件的数目。

解：

$$\text{组件串联数}=\frac{48\times 1.43}{17.4}\approx 4$$

$$\text{组件并联数}=\frac{27.92}{5.75\times 3.43\times 0.9\times 0.9\times 0.9}=2$$

$$\text{负载平均用电量}=(4\times 40\times 4+2\times 70\times 5)/48=27.92\ \text{(Ah)}$$

$$\text{总的光伏组件数}=4(\text{串})\times 2(\text{并})=8$$

当计算组件串、并联数时，采用就高不就低的原则。

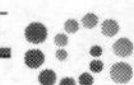

该阵列的总功率＝2×4×100W＝800（W）

2. 以峰值日照时数为依据的组件功率计算方法

此种方法主要用于小型独立光伏发电系统的快速设计与计算为

$$\text{光伏组件功率}=\frac{\text{负载功率}\times\text{用电时间}}{\text{当地峰值日照时数}}\times\text{损耗系数} \tag{2.27}$$

式中：光伏组件功率、负载功率单位为 W；用电时数、当时值日照时数为 h；系统损耗系数包括蓄电池的充电效率、逆变器的转换效率，连续阴雨天系数以及光伏组件功率衰减、线路损耗、尘埃遮挡等综合系数，一般取 1.6～2。以上系数可根据情况适当调节。

【例 2.2】 某一地区建设的光伏发电系统为以下负载供电：荧光灯 4 盏，每盏功率 40W，每盏工作 4h；电视机 2 台，每台功率为 70W，每天工作 5h。系统工作电压为 48V。当地峰值日照时间为 3.43h。

如［例 2.1］，用第二种方法计算可得

$$\text{光伏组件功率}=\frac{40\times4\times4+70\times2\times5}{3.43}\times1.8=787.2\ (\text{W})$$

因此仍然可选用［例 2.1］中峰值功率为 100W，峰值电压为 17.4V，峰值电流为 5.75A 的光伏组件，4 串 2 并。

2.5.3　蓄电池容量设计

在设计独立光伏发电系统中，应力求达到光伏阵列功率与蓄电池容量的最佳组合，电池容量配备得过小或过大都不合适。若蓄电池容量不足，则一方面充电回路容易被防过装置切断，造成电力浪费；另一方面，在日照不足时，又容易达到防过放极限而停止向负载供电，从而影响系统供电的可靠性。因此，在系统设计中，为保险起见，宁愿把蓄电池选得偏大些。但容量过大将造成蓄电池充电不足，容易造成防过放装置动作而停止向负载供电；同时容量过大导致蓄电池不能放出的储备容量也加大，自放电也要增加，造成额外损耗和总投资费用增加。所以进行光伏发电系统设计时，必须优化，确定最佳的光伏阵列与蓄电池容量，以确保光伏系统有较高的可靠性和合理的经济性。

1. 容量计算方法

（1）将负载需要的用电量乘以根据实际情况确定的连续阴雨天数得到初步蓄电池容量连续阴雨天数选择，可根据经验或需要在 3～7 天内选取，重要负载在 7～15 天内选取。

（2）蓄电池初步容量还要除以蓄电池的允许最大放电深度得到蓄电池的确定容量。放电深度是指电池放出的容量占额定容量的百分比。一般情况下，浅循环型蓄电池用 50％的放电深度，深循环型蓄电池选用 75％的放电深度。

（3）蓄电池容量的基本计算公式为

$$\text{蓄电池容量}=\frac{\text{负载日用电量}}{\text{最大放电深度}}\times\text{连续阴雨天数} \tag{2.28}$$

式中：用电量的单位是 Ah。

如果电量的单位是 Wh，则折算关系式为

$$\text{负载日用电量(Ah)}=\frac{\text{负载日用电量(Wh)}}{\text{系统工作电压(V)}} \tag{2.29}$$

上述计算公式是蓄电池的基本估算方法，在实践应用中还要考虑一些其他因素对蓄电池寿命和蓄电池的容量的影响，比较常见的两个因素就是放电率对蓄电池的影响，还要考虑环境温度对蓄电池的影响。随着放电率的降低，蓄电池的容量会相应增加，因此根据经验可以选定放电率的修正系数为0.8～0.95。随着温度降低，蓄电池容量会下降，可以根据经验设定温度修订系数，温度系数在0.7～0.9之间。

综合考虑以上因素，引入修正系数后，得到蓄电池的实用计算公式为

$$蓄电池容量=\frac{负载日用电量\times 放电修正系数}{最大放电深度\times 温度修正系数}\times 连续阴雨天数 \tag{2.30}$$

2. 蓄电池串、并联数的确定

每个蓄电池都有它的标称电压，为了达到负载所需的标称工作电压，可将蓄电池给负载供电，需要串联的蓄电池的个数等于负载的标称电压除以蓄电池的标称电压。

$$蓄电池串联数=系统工作电压/蓄电池标称电压 \tag{2.31}$$

计算出了所需的蓄电池的容量后，下一步就是要定选择多少个单体蓄电池进行并联才能得到所需的蓄电池容量。可以有多种选择，例如，如果计算出来的蓄电池容量为500Ah，那么可以选择一只500Ah的单体蓄电池，也可以选择两只250Ah的蓄电池并联，也可以选择5只100Ah的蓄电池并联。蓄电池并联数的计算公式为

$$蓄电池并联数=蓄电池总容量/蓄电池标称容量 \tag{2.32}$$

从理论上讲，这些选择都可以满足要求，但是在实际应用当中，要尽量减少并联数目，最好选择大容量的蓄电池，以减少所需的并联数目。这样做的目的就是为了尽量减少蓄电之间的不平衡所造成的影响，因为一些并联的蓄电池在充放电的时候可能造成蓄电池不平衡，并联的组数越多，发生蓄电池不平衡的可能性就越大。一般来讲，并联的数目不要超过4组。

目前，很多光伏发电系统采用的是两组并联模式。这样，如果有一组蓄电池出现故障，不能正常工作，就可以将该组蓄电池断开进行维修，而使用另外一组正常的蓄电池，虽然电流有下降，但系统还能保持在标称电压正常工作。总之，蓄电池组的并联设计需要考虑不同的实际情况，根据不同的需要作出不同的选择。

【例2.3】 建立一套光伏发电系统给一个地处偏远的通讯站供电，系统的工作电压为24V，负载有3个：负载1，工作电流2A，每天工作8h；负载2，工作电流5A，每天工作10h；负载3，工作电流10A，每天工作2h。该地区日光照辐射时数为4h，系统的自给时间（连续阴雨天数）为7天，蓄电池的最大放电深度为0.8。计算蓄电池的容量。

解：

$$蓄电池容量(基本)=\frac{(2\times 8+5\times 10+10\times 2)}{0.8}\times 7=\frac{602}{0.8}=752.5(\text{Ah})$$

这里放电修正系数取0.85，温度修正系数取0.75。则

$$蓄电池容量(实用)=\frac{(2\times 8+5\times 10+10\times 2)\times 0.85}{0.8\times 0.75}\times 7=852.8(\text{Ah})$$

系统工作电压是24V，可以选择12V，120Ah的蓄电池8块，2串联4并联。

【例2.4】 在［例2.1］中，已知蓄电池的放电深度为0.75，温度修正系数取0.8，放电修正系数取0.85，试计算蓄电池的容量及串并联数目。

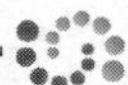

解：这里取放电深度系数为0，按照实用计算公式可得

$$蓄电池容量=\frac{(40\times4\times4+70\times2\times5)\times0.85}{48\times0.8\times0.75}\times3=119.5(\mathrm{Ah})$$

系统工作电压是48V，可以选择12V，60Ah的蓄电池8块，4串联2并联。

2.5.4　光伏控制器和光伏逆变器的选择

1. 光伏控制器的选择

光伏控制器要根据系统功率、系统直流工作电压、电池方阵输入路数、蓄电池组数、负载状况及用户的特殊要求等确定光伏控制器的类型。一般小功率光伏发电系统采用单路脉冲宽度调制型控制器，大功率光伏发电系统采用多路输入型控制器或带有通信功能和远程监测控制功能的智能控制器。

控制器选择时要特别注意其最大工作电流必须大于光伏组件或光伏阵列的短路电流，即

$$控制器电流=\frac{组件总功率}{光伏组件的电压}\times裕度系数 \tag{2.33}$$

在［例2.1］中，可知光伏组件两组并联、短路电流为

$$I_{oc}=5.75\times2=11.5(\mathrm{A})$$

由于要留有一定的裕度，因此可以选择48V、20A的光伏控制器。

2. 光伏逆变器的选择

如果光伏发电系统有交流负载，还需选择光伏逆变器。光伏逆变器的选择时一般是根据光伏发电系统设计确定的直流电压来选择逆变器的直流输入电压，根据负载的类型确定逆变器的功率和相数，根据负载的冲击性决定逆变器的功率余量。

当用电设备为纯阻性负载（电灯、取暖器等），选取逆变器的持续功率应该大于使用负载的功率，一般为使用负载功率的1.2～1.5倍即可。对于感性负载，如空调、洗衣机、大功率水泵等，在启动时，其瞬时功率可能是其额定功率的几倍，此时，逆变器将承受很大的瞬时浪涌。因此，逆变器的额定容量应留有充分的余量，一般为负载容量的2～3倍。例如，在离网逆变器带动$2P(2\times750\mathrm{W})$空调的项目中，选择3kW及以上额定功率的逆变器才为正常配置。容性负载（电脑主机电源、电子管电视机等）选择方法同感性负载。

在［例2.1］中，可知负载的功率为

$$P=40\times4+70\times2=300\mathrm{W}$$

因此，逆变器的功率为

$$P_n=300\times3=900\mathrm{W}$$

由于系统工作电压为48V，因此可以选择48V、1000W的光伏逆变器。

综上所述，在进行系统设计时，首先应该考虑用户的负载需求量和当地的天气条件等不可变因素，然后选择合适的计算公式计算出系统中各参数值，并且在整个市场中根据最经济和安全的原则广泛地对各类器件选型，从而得出最经济实用的设计。光伏发电系统的设计需本着合理性、实用性、高可靠性、和高性价比的原则。做到既能保证光伏发电系统的长期可靠运行，充分满足负载的用电需要，同时又能使系统的配置最合理、最经济，特

别是确定使用最少的光伏组件功率和蓄电池的容量。协调整个系统工作的最大可靠性和系统成本之间的关系，在满足需要保证质量的前提下节省投资，达到最好的经济效益。

2.6　农村光伏扶贫项目及光伏建筑一体化建设

2.6.1　农村光伏扶贫项目

1. 农村光伏扶贫项目现状

当前，乡村振兴成为国家经济社会发展新的主旋律。同时，在“碳达峰”“碳中和”大背景下，国家主要能源项目也成了新的热门话题。作为人类取之不尽、用之不竭的可再生能源，太阳能有着完全的洁净性、绝对的稳定性、相对的广泛适用性、确实的长寿命和免维修性、资源的丰富性和潜在的经济效益等优势，在长期的国家能源战略中有着关键战略地位。

光伏扶贫产业是指利用财政等资金，在具备光照等条件的地区建设光伏扶贫电站而形成的资产收益扶贫产业，其产权确权给贫困村集体或建档立卡贫困户等，发电收益用于精准扶贫、促进增收脱贫。光伏扶贫产业以其见效迅速、收益稳定、扶贫精准、风险较小、绿色环保的独特优势，成为推进脱贫攻坚、打造脱贫成果、实现乡村振兴的重要举措。同时，光伏扶贫产业对拓展国内光伏应用市场、开发利用清洁能源、改善农村用能条件具有明显的产业和经济带动作用，是一项利国利民的阳光工程。在发电收益之外，一些地方积极开展综合利用，以光为媒、借光重构，积极推广光伏与农业、畜禽养殖业、渔业、林光互补发展等光伏农业模式，探索开展光伏扶贫电站碳排放权交易，进一步增强了光伏扶贫产业的生命力，扩展了光伏扶贫产业的综合效益。

据原国务院扶贫办统计，2014—2020 年，中国共出台光伏扶贫方面主要政策文件 27 件，其中出台中央纲领性文件 3 件，对光伏扶贫发展具有重要意义；印发计划类文件 8 件，强化了光伏扶贫项目规模指标管理，先后共下达光伏扶贫计划 1711 万 kW；出台光伏扶贫管理类文件 7 件，指导各地规范光伏发电产业用地、收益分配、电站管理、验收评估等方面工作；下发配套类政策文件 9 件。这些光伏扶贫政策的陆续出台下发，明确了光伏扶贫工程实施中遇到了资金筹措、技术、补助指标等方面规定和要求，及时解决了基层实际困难，引导保障了光伏扶贫工程项目顺利实施和光伏扶贫产业健康发展。

实施光伏扶贫是发展农村新能源、稳定增收脱贫的有效手段，具有良好的民生效益、社会效益。光伏扶贫充分利用贫困地区光照充足、土地富裕的有利条件发展电能，把贫困地区自然资源注入到清洁能源发展中，十分契合“绿色发展”理念。截至 2020 年 8 月，光伏扶贫装机规模占到中国光伏装机总规模近 1/10。光伏扶贫电站累计向中国输送清洁能源 398 亿 kW · h，相当于同期减排二氧化碳、氮氧化物 3753 万 t，这是光伏扶贫又一成果。同时，结合精准扶贫，大力推广光伏扶贫新模式，既能化解过剩产能、又能带动群众增收，极大拓展了光伏产业的国内市场，有效促进了光伏产业的持续稳定发展。

2. 光伏扶贫电站类型

在实施光伏产业扶贫工程中，根据贫困地区扶贫对象的具体条件来选择合适的项目类

型，因地制宜，建设成不同规模不同类别的光伏电站。根据光伏电站的装机容量、并网模式、运行方式、产权所属的不同，可以将光伏产业扶贫分为户用光伏扶贫电站、村级光伏扶贫电站、集中式光伏扶贫电站和商业光伏电站模式。

（1）户用光伏扶贫电站。户用光伏扶贫电站是指在贫困户屋顶或庭院空地建设运行的光伏发电系统。截至2020年8月，中国建有户用光伏扶贫电站15.5万座，装机容量达50.6万kW；其中安徽（16.7万kW）、江西（13.8万kW）、河北（6.6万kW）3个省居全省前3位。其中，户用光伏扶贫电站包括两种类型：①独立户用光伏扶贫电站。按照程序，选择“三无”贫困户，在其住房房顶或庭院空地新建容量为3～7kW的独立户用光伏扶贫电站，年可为贫困户获得光伏扶贫发电收益3000元左右；②户户联建光伏扶贫电站。一些地方为实现有效集约利用土地、便于运维管理、促进稳定发挥效益的目标，按照权责明晰、产权到户的原则，探索开展贫困户联合起来相对集中建设的户户联建光伏扶贫电站模式。

（2）村级光伏扶贫电站。村级光伏扶贫电站是国家主推的光伏产业扶贫模式，这种模式规模适中，主要以村集体为建设主体，利用贫困村集体土地建设100～300kW规模不等的分布式光伏电站，产权归村集体。截至2020年8月，中国已建成并网村级光伏扶贫电站8.3万座（装机容量达1513.6万kW）。其中：河南（204.7万kW）、安徽（194.7万kW）、山西（155.5万kW）3个省居全国前3位。村级光伏扶贫电站包括2种类型。首先是独立村级光伏扶贫电站。重点选择在资源缺乏、集体经济弱、光照条件较好的贫困村建设，优先选择荒山荒坡等集体未利用地，单个建设容量在60～300kW，最大不超过500kW。第二是联村光伏扶贫电站。部分贫困村受用地指标、光照资源、并网消纳等限制，一些地方采取了村村联合建设的方式，由县级政府或乡镇政府统一选址，总装机容量不超过6000kW，按照每村装机容量占比进行发电收益分成。

从光伏扶贫实践经验来看，不同类型的光伏扶贫电站互为补充，相对而言，村级光伏扶贫电站优势更明显，电站规模大小适当、投资适中，占地面积不大，并网便捷，运维方便。村级光伏扶贫电站是主体，在光伏扶贫装机容量中的占比达到75%，户用电站的电站规模小；占比仅为3.6%，但数量众多，共有137506个电站，占光伏扶贫电站总数的76.5%；集中电站的光伏扶贫装机容量为301.7万kW，占比为21.4%。我国光伏扶贫电站构成如图2.63所示。

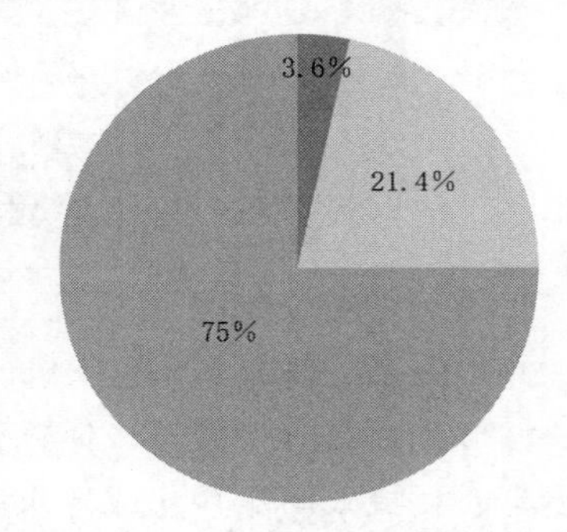

图2.63 我国光伏扶贫电站构成

3. 光伏扶贫案例

（1）渔光互补水上光伏电站。湖南省永州市宁远县太平镇五里坪村利用水库资源，建设20MW渔光互补水上光伏电站如图2.64所示，光伏面积470亩，年发电量2100万kW·h，相当于每年节约标准煤17000t。该项目实现储水灌溉、光伏发电和渔业养殖一体化，既节约土地资源，又科学利用水面发展绿色清洁能源。

（2）“农光互补”光伏扶贫。广西梧州市蒙山县桐油坪工业集中区“农光互补”光伏

图 2.64　水上光伏电站

扶贫发电基地如图 2.65 所示。光伏扶贫发电项目占地面积 415 亩，采取“光伏发电＋农业种植＋贫困户入股”的运营模式，光伏装机容量 1.6 万 kW，种植或在光伏板间隙内套种吴茱萸等中草药 220 多亩，全县 710 多户贫困户入股分红。该项目 2017 年动工兴建，2018 年 6 月建成投产。

2018 年，浙江省长兴县虹星桥镇当地政府启动“社户对接，产业扶贫”项目，如图 2.66 所示。建设 30 亩光伏大棚，大棚中种植的非洲菊等花卉，同时光伏大棚所发的电并入当地国家电网，也能产生相应收益，产业扶贫项目能让农户每人每年增收 1 万元左右。

图 2.65　农光互补基地

图 2.66　长兴县光伏大棚

2.6.2　光伏建筑一体化建设

1. 光伏建筑一体化发展现状

光伏建筑一体化（BIPV）即建筑光伏一体化，是指将光伏发电功能集成于建材之上的一种形式，具有与建筑一体化程度更高、建筑性能更好等特点。将光伏发电技术融入绿色建筑中，将太阳能转化成建筑所需的电能，可以用于供给制冷、通风和热水系统。该技术一般有两种形式：一是光伏方阵与建筑结合，例如屋顶光伏方阵、墙面光伏方阵；二是光伏方阵与建筑集成，例如光电屋顶、光电幕墙、光电遮阳板等。

光伏建筑一体化具有绿色节能、减少碳排放，减少大气和固废污染，保护生态环境等巨大优势。在当前的“碳中和”大背景下，中国光伏建筑一体化产业正迎来从未有过的发展大机遇。

在 2020 年第 75 届联合国大会一般性辩论上，我国提出了“将提高国家自主贡献力度，采取更加有力的政策和措施，二氧化碳排放力争于 2030 年前达到峰值（下文简称碳达峰)，努力争取 2060 年前实现碳中和”的承诺。我国建筑碳排放星占全国碳排放总量的近 1/3，且随着城市化进程的加快，这一比例还在不断提高；我国每年新增建筑面积达 20

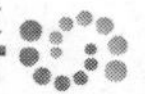

亿 m^2，这也意味着建筑领域的温室气体排放量仍将进一步攀升，因此，建筑领域的节能减碳是实现我国“碳达峰”“碳中和”目标的关键一环。

我国的建筑节能工作开始于20世纪80年代初，通过采用被动式建筑设计和应用高效暖通空调设备，建筑能耗现已实现了大幅降低；再加上《近零能耗建筑技术标准》（GB/T 51350—2019）的发布与实施，标志着建筑节能已经迈向超低、近零和零能耗，而这对可再生能源的应用提出了新要求。我国既有建筑面积为6000亿 m^2，按光伏发电可安装面积为建筑面积的1/6测算，光伏发电装机容量可达1500GW_p，年发电量可达1.5万亿kW·h。

欧洲、美国、日本等国家和地区自20世纪90年代开始发展并网光伏发电系统，1991年，德国提出了“1000光伏屋顶”计划，并于1998年开始实施“十万屋顶计划”，总容量达到了300～500MW，1994年，日本开始实施七万屋顶计划，总容量达到280MW，美国也在1997年实施了“百万屋顶”计划。我国应用光伏建筑一体化最典型的代表就是鸟巢。此外，上海世博会上的中国国家馆也应用了光伏建筑一体化，其以屋顶为主，采用间接铺设，形成了完整的光伏建筑一体化组件。光电建筑是光伏发电系统与建筑物功能及外观协调的有机结合，是零能耗建筑发展的必然。

2. 应用案例

（1）中国北京世界园艺博览会——中国馆。中国馆是2019中国北京世界园艺博览会的标志性建筑如图2.67所示，其采用1056块透光率为12%的彩色CdTe薄膜光伏组件，总装机容量为70kW，年发电量为5万～6万kW·h；其所发电量就近汇入场馆内的配电系统，可提供场馆二层东、西2个展厅的普通照明用电。由于彩色CdTe薄膜光伏组件的制造工艺较为复杂，因此该项目的整体造价较高。

（2）惠州潼湖科技小镇。惠州潼湖科技小镇项目是我国首个CIGS薄膜光电建筑示范项目，共包括3栋光电建筑。这3栋光电建筑位于广东省惠州潼湖科技小镇园区西侧，于2018年投入使用，建筑用途包括园区控制中心、实验室及办公室等，建筑层数为3～5层；CISS薄膜光伏组件作为建筑外墙材料，3栋建筑共安装了2037块光伏组件，建成后年发电量约为12.3万kW·h。该项目中光伏发电系统的设计结合了当地夏热冬暖的气候特点及建筑的冷、热负荷特性，提高了光伏发电系统与建筑的匹配性。惠州潼湖科技小镇中某光电建筑立面的实景图如图2.68所示。

图2.67　北京世界园艺博览会中国馆

图2.68　潼湖科技小镇光电建筑

（3）太阳方舟。日本岐阜县羽岛市的三洋太阳能电池科学馆如图2.69所示，俗称太

图2.69　太阳方舟

阳方舟，建成于2001年。建筑全长315m，最高位置（两边）高37.1m，中央高31.6m，底部宽13.7m，顶部宽4.3m，重量3000t。方舟由5046块平板太阳电池组件组成，最大功率630kW，年发电量53万kW·h，预计每年可以减排95t。

方舟使用的是单晶硅太阳电池组件，每块重15kg，长宽厚分别是320mm、895mm、35mm。倾角与水平面成81°。6块太阳电池组件串联为一组，841组的组件并联。用了2个额定功率为300kW的功率调节装置，其输入电压是270V的直流电，输出电压是440V的交流电。

3. 光伏建筑一体化行业前景

（1）光伏建筑一体化市场规模预测。数据显示，我国分布式光伏装机容量是由2016年的4GW增至2020年的16GW，估计2021年我国分布式光伏装机容量可达22GW。其中，预计我国BIPV装机容量由2021年的1.1GW增至2025年的30.2GW，在分布式光伏中的渗透率由2021年的4.9%增至2025年的74.5%。

（2）光伏建筑一体化发展前景。

1）“碳中和”助力BIPV发展。光伏建筑一体化是一种将太阳能发电（光伏）产品集成到建筑上的技术。光伏建筑一体化具有绿色节能、减少碳排放，减少大气和固废污染，保护生态环境等巨大优势。在当前的“碳中和”大背景下，中国光伏建筑一体化产业正迎来前所未有发展大机遇。

2）建筑低碳转型利好BIPV产业发展。“十四五”规划纲要提出，推广绿色建材、装配式建筑和钢结构住宅，建设低碳城市。深入推进工业、建筑、交通等领域低碳转型。在降低建筑能耗的大背景下，绿色建筑发展逐渐成为能源转型的一大趋势，而光伏建筑一体化被认为是绿色建筑最重要的应用形式之一。“十四五”时期，国家深入推进建筑领域低碳转型将利好光伏建筑一体化产业发展。

3）构建现代能源体系驱动BIPV发展。“十四五”规划纲要提出，构建现代能源体系，推进能源革命，建设清洁低碳、安全高效的能源体系，提高能源供给保障能力。加快发展非化石能源，坚持集中式和分布式并举，大力提升风电、光伏发电规模，加快发展东中部分布式能源，建设一批多能互补的清洁能源基地，非化石能源占能源消费总量比重提高到20%左右。

能源安全、清洁化转型将是未来我国经济发展的重要方向，光伏作为可再生能源的主要电力方式，受到国家层面鼓励支持，未来光伏建筑一体化将迎来更大发展。

4）BIPV技术标准有望推动行业发展。光伏建筑项目设计时，需要考虑屋顶自身特性，涉及承重、防雷、防火、防止塌陷等，并要考虑灰尘等影响，同时考虑屋顶的安全、电力的销售等问题。目前技术标准、规范与检测认证体系不足，建筑标准编制进程跟不上光伏发展速度。未来随着产业规模扩大、应用趋于成熟，行业有望加快出台包括国标、行标、地标在内的完整行业规范体系。

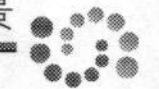

BIPV 的应用已经从早期单一的屋顶拓展到建筑的方方面面，如光伏常规屋顶或透明采光屋顶、幕墙、遮阳板、站台、电子树等场景。未来 BIPV 将建筑与光伏深度结合，相较传统 BAPV 具有全方位优势，可形成多样化产品形态，全面覆盖客户需求。随着全球低碳经济意识增强与光伏产业快速发展，光伏建筑一体化向纵深领域发展势不可挡。

2.7 国内外光伏发电的应用与发展前景

2.7.1 世界光伏产业发展现状和发展趋势

1. 发展现状

2012 年到 2021 年，这 10 年，全球光伏累计装机容量维持稳定上升趋势。从 2012 年的 100GW 到 2016 年的 304GW，短短几年间增长了 5 倍多，增长速度惊人。2018 年全球太阳能新增装机量占可再生能源新增装机量的一半以上，累计光伏装机容量占全球可再生能源的 1/3 左右。截至 2021 年年底，全球光伏发电总装机容量从 2020 年的 767GW，增加到了 942GW，增幅为 22.8%（图 2.70）。

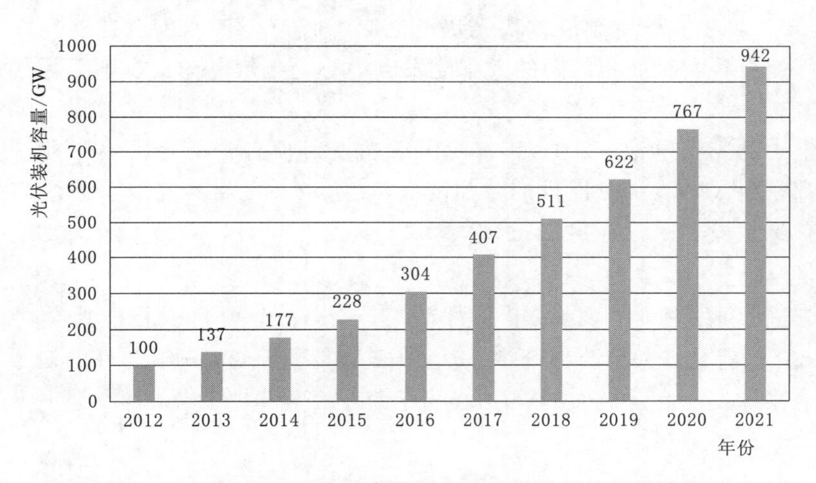

图 2.70　2012—2021 年全球光伏发电累计装机容量统计情况

2013 年，我国装机容量仅为 19.42GW；2019 年，中国、美国、日本、德国以及印度等国位居世界前列，其中，我国处于领先地位，累计装机容量远远领先其他国家，2019 年为 204.3GW，占全球光伏装机容量的 32.6%；美国和日本位列第二、第三位，累计装机容量为 75.9GW 和 63GW，分别占全球累计装机容量的 12.1%和 10.0%。2019 年全球光伏容量分布如图 2.71 所示。

2. 发展趋势

虽然欧洲电力需求停滞，但是在未来世界光伏发展仍会持续增长，这主要是由于在中国、东南亚、拉丁美洲、印度等地区光伏产业将会有很大的发展潜力。特别是在阳光地带的国家，光伏产业的发展潜力十分巨大，这是由于在这些地方，太阳能将会有最大的发电效率，因此在这些地方，即使没有政府的财政支持，光伏发电也将可以与柴油发电相比

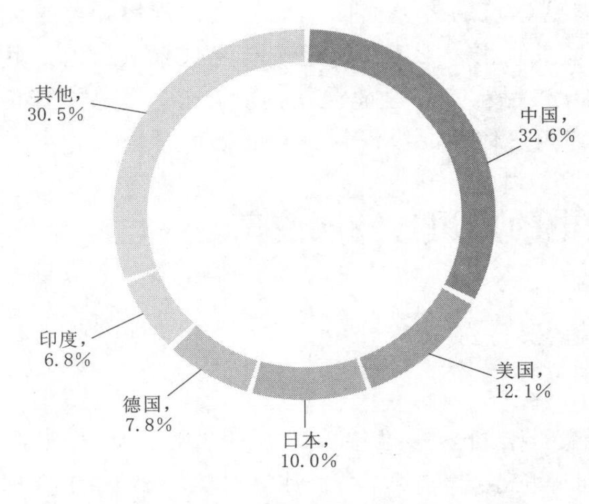

图 2.71 2019年全球光伏容量分布

较。预计到2030年，全球光伏装机容量将会达到1100GW。

对于未来太阳能产业的发展，主要基于以下两种估计方式，一种是保守估计，另一种是乐观估计。因为对于太阳能产业的发展来说必须要得到政府政策的扶持。例如在2013年欧洲对于太阳能产业的补贴减少，因而在这一年太阳能装机量和以往相比有所减少。因而保守估计，全球的装机量将会维持在35～39GW的范围；而乐观估计，如果太阳能产业得到大力支持，年装机容量预计将会维持在52～69GW的范围。

2.7.2 国内外光伏应用案例

自1954年，贝尔实验室制成首块光伏电池起，时至今日，小至自动停车计费器的供能、屋顶太阳能板，大至面积广阔的太阳能发电中心，光伏电池在发电领域的应用已经遍及全球。

（1）太空中的光伏电池。2016年，我国成功发射神舟十一号飞船。神州十一号飞船的全部电能都是由太阳能帆板提供的，如图2.72所示。飞船共安装了8块高效率的砷化镓光伏电池，每块板$3m^2$，总共$24m^2$。

（2）光伏电站。

1）大同光伏电站基地。2015年9月动工，分13个项目、装机量共1000MW，于2016年6月30日前全数并网。据统计，从2016年7月到2017年1月的7个月期间，大同领跑者基地累计发电8.7亿kW·h，相当于每个月发电超过1.2亿kW·h，如图2.73所示。

图 2.72 神舟飞船上太阳能帆板

图 2.73 大同光伏电站基地

2）巴德拉（Bhadla）光伏电站。该光伏电站位于印度拉贾斯坦邦焦特布尔县巴德拉地区，该地区多沙、干燥、干旱。巴德拉的平均温度徘徊在46～48℃之间，经常出现热风和沙尘暴。

巴德拉太阳能发电站是世界上最大的光伏电站，占地 40km^2，该电站的总额定容量为 2245MW。该电站于 2019 年 3 月建设完成，如图 2.74 所示。

(3) 太阳能飞机。阳光动力 2 号太阳能飞机，如图 2.75 所示，是一架长航时、不必耗费一滴燃油便可昼夜连续飞行的太阳能飞机，飞行所需能量完全由光伏电池提供。其翼展达到 72m，仅次于体积最大的商用客机 A380（79.75m），但重量只有约 2300kg，与一辆半家用汽车相当。该飞机的最大亮点在于 17248 块光伏电池直接平铺在了机翼上。由于飞机翼展要比波音 747 大型喷气式客机更长，因此也能让电池发挥最大优势，与光伏电池相匹配的是 4 台 17.5 马力的电动机，可达到 97%的效率，最高时速可达 143km。飞机上还载有 633kg 的锂电池，飞机在白天储存足够多的能量并将之转换出来，为锂电池所用。而这批锂电池为超轻薄款，每一块相当于一根头发丝。尽管电池有相当大的能量，但为了减轻电池的发电负担，夜间飞行时，飞行员会将时速控制在 50～70km。飞行中无需一滴燃料。

图 2.74 巴德拉光伏电站分布

图 2.75 阳光动力 2 号

2014 年 6 月 2 日，阳光动力 2 号在瑞士西部城市帕耶讷成功首飞。2015 年 3 月 9 日，“阳光动力 2 号”从海湾地区起程，开始环球飞行。2016 年 7 月 26 日，阳光动力 2 号成功的降落到它一年前起飞的全球最大的机场阿联酋机场，经过一年半的时间，这架太阳能飞机没有耗费一滴燃油，仅仅依靠太阳能完成了环球飞行的壮举。

2.7.3 中国光伏产业的发展情况

1. 我国光伏产业的发展现状

1958 年开始，我国开始重点发展太阳能光伏技术，并成功将其应用于东方红二号卫星上。20 世纪 80 年代后期，我国开始全面支持光伏产业发展，在政策和资金的推动下，光伏技术逐渐推广到众多应用领域，如通信系统、中继站、农村小型供电系统等。

“十五”期间，我国光伏产业进一步发展，计划并实施了屋顶光伏项目，为后来开展沙漠光伏电站项目积攒了丰富经验。与此同时，国内光伏市场逐步形成了产业化，光伏电池的生产能力极大增强。

2010 年国务院颁布的《关于加快培育和发展战略性新兴产业的决定》（国发〔2010〕32 号）明确提出要“开拓多元化的太阳能光伏光热发电市场”；2011 年国务院制定的“十二五”规划纲要再次明确了要重点发展包括太阳能热利用和光伏光热发电在内的新能源产

业。一系列的政策支持让中国光伏发电发展之路更加宽广。2013年7月15日，我国出台了《国务院关于促进光伏产业健康发展的若干意见》（国发〔2013〕24号），对并网、电量收购、补贴、土地政策逐一细化，为分布式光伏项目、电站投资开发提供了多重保障。并且我国于2013年10月1日实施了对纳税人销售自产的利用太阳能生产的电力产品，实行增值税即征即退50%的政策。这些政策都较大地鼓励了光伏发电行业的发展。截至2013年年底，全国累计并网运行光伏发电装机容量1942万kW，其中光伏电站1632万kW，分布式光伏310万kW，全年累计发电量90亿kW·h。截至2013年年底，全国22个主要省（自治区、直辖市）已累计并网741个大型光伏发电项目，主要分布在我国西北地区。

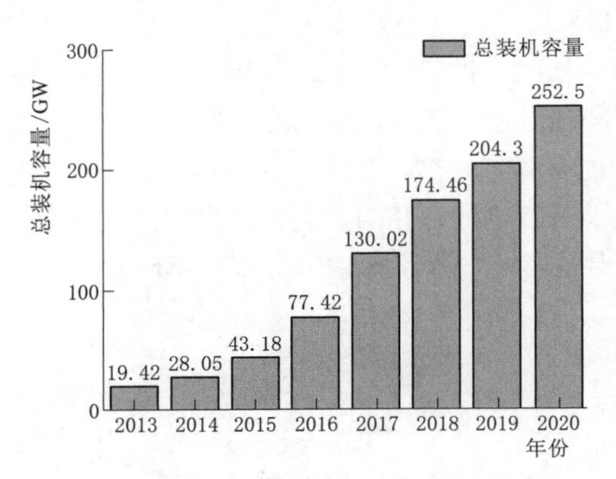

图2.76　2013—2020年我国光伏总装机容量

进入21世纪后，在世界光伏市场强大需求的拉动下，我国光伏产业开始全面发展，形成了以长三角、珠三角等地域为主的技术中心，以西部地区为主的安装基地。图2.76为2013—2020年我国光伏总装机容量。

随着国内光伏产业规模逐步扩大技术逐步提升，光伏发电成本会逐步下降，未来国内光伏容量将大幅增加。

2. 我国光伏发电的存在问题

虽然光伏产业发展迅速，但随着外部环境的变化，产业发展的弱势日益突出，体现在以下方面：

（1）大而不强。由于整体技术水平落后及科技成果转化困难，中国光伏产业在国际终端市场缺乏话语权，尽管出口量大，却不掌握定价权，往往需要靠价格战进行低端竞争，短期内可能抢占市场，长期必将危及行业发展。

（2）技术薄弱。光伏行业的核心技术——多晶硅提纯技术的缺失也是我国光伏行业受制于欧美、日本等国的根源之一。目前为止，我国光伏产业尚未建立全面的研发创新体系，同时缺乏高新制造产业支撑，很多精密设备、高纯度硅料依赖进口，大大提高了我国光伏电池的生产成本，不但阻碍国内市场的开发利用，也难以保障光伏产品的质量。这种情形直接导致国内企业只能占据利润微薄的光伏产业链中下游，产品缺乏国际竞争力。

（3）内需不足。2008年我国当年新增光伏装机容量40MW，国内需求量仅占当年产能的2%。2009年开始，由于受到“太阳能屋顶计划”和“金太阳工程”等政策的激励，国内光伏装机容量有了一个较大幅度攀升，2009年新增160MW，但国内需求量仍不足当年产能的4%。究其原因，一是光伏发电成本较高，目前单位发电量成本为风电、生物质发电的6～8倍，常规能源发电的10倍以上；二是缺乏强有力的政策支持和有力度的政府补贴。这两方面原因导致投资者没有动力在此领域开拓市场，市场局面迟迟不能打开。由于技术薄弱，光伏电池的原料高纯度多晶硅需要大量进口；由于内需不足，90%以上的光伏产品（光伏组件和电池）依赖于国际市场，特别是欧洲市场，从而形成中国光伏产业

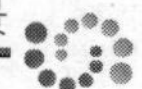

“两头在外”的格局。

(4) 产能过剩。2011年以来，受全球经济危机和欧洲主权债务危机的影响，全球光伏场需求锐减，多家国外大型光伏企业相继破产。国内光伏产业产能增速却不减：2011年，全球光伏需求量约27GW，但中国光伏产业的产能已接近40GW，产能严重过剩。加之美欧又相继对中国光伏产品发起“双反”调查，国内光伏产业进入“寒冬”。美国投资机构Maxim Group近日发布的统计数据显示，中国最大的10家光伏企业的债务累计已高达175亿美元，约合1110亿元人民币。

辩证地看待国内光伏产业的现状，市场低迷期往往也是产业调整期，在哀鸿遍野的产业危机中，也正悄然孕育着整个产业发展的新机遇。当经历洗牌和换血之后，市场重归正常秩序。那些走过“寒冬”的企业，必将成为未来产业的主导者与引领者。

(5) 出现“弃光”现象。“弃光”指的是光伏与其他能源供给出现矛盾时，不得不放弃光伏，停止相应发电机组或者部分机组，减少发电量，也可说是光伏发电站的发电量超过了该地区电力系统的最大输送量和负荷消纳电量。“弃光”问题主要包括以下方面：

1) 并网冲突。以我国东北、西北、华北地区为例，这些地区日照充足，非常适合组建光伏电站。但同时，这些地区主要以煤炭型资源的消费为主。光伏发电的大量介入，导致电力系统调峰能力不足。且光伏发电还存在着不稳定性，对电力系统有很高的要求。

2) 消纳难。随着光电、风电等新能源发电的兴起，传统输电通道资源占用严重，而且增加了能源消纳的难度，对当地能源合理规划与利用、电能外送及优化调度都产生了极大影响。

2.7.4 中国光伏的发展方向

我国《太阳能发展“十三五”规划》指出，“十三五”将是太阳能产业发展的关键时期，基本任务是产业升级、降低成本、扩大应用，实现不依赖国家补贴的市场化自我持续发展，成为实现2020年和2030年非化石能源分别占一次能源消费比重15%和20%目标的重要力量。

(1) 大力推进屋顶分布式光伏发电。在太阳能资源优良、电网接入消纳条件好的农村地区和小城镇，推进居民屋顶光伏工程，结合新型城镇化建设、旧城镇改造、新农村建设、易地搬迁等统一规划建设屋顶光伏工程，形成若干光伏小镇、光伏新村。

(2) 拓展“光伏+”综合利用工程。鼓励结合荒山荒地和沿海滩涂综合利用、采煤沉陷区等废弃土地治理、设施农业、渔业养殖等方式，因地制宜开展各类“光伏+”应用工程，促进光伏发电与其他产业有机融合，通过光伏发电为土地增值利用开拓新途径。

(3) 合理布局光伏电站。综合考虑太阳能资源、电网接入、消纳市场和土地利用条件及成本等，以全国光伏产业发展目标为导向，安排各地区光伏发电年度建设规模，合理布局集中式光伏电站。规范光伏项目分配和市场开发秩序，全面通过竞争机制实现项目优化配置，加速推动光伏技术进步。在弃光限电严重地区，严格控制集中式光伏电站建设规模，加快解决已出现的弃光限电问题，采取本地消纳和扩大外送相结合的方式，提高已建成集中式光伏电站的利用率，降低弃光限电比例。

(4) 创新光伏扶贫模式，大力推进分布式光伏扶贫。鼓励各地区结合现代农业、特色农业产业发展光伏扶贫。以主要解决无劳动能力的贫困户为目标，因地制宜、分期分批推动多种形式的光伏扶贫工程建设。在中东部土地资源匮乏地区，优先采用村级电站（含户用系统）的光伏扶贫模式，优先享受国家可再生能源电价附加补贴。

(5) 拓展太阳能国际市场和产能合作。在“一带一路”、中巴经济走廊、孟中印缅经济走廊等重点区域加强太阳能产业国际市场规划研究，引导重大国际项目开发建设，加强先进产能和项目开发国际化合作，构建全产业链战略联盟，持续提升太阳能产业国际市场竞争力，实现太阳能产能“优进优出”。

(6) 太阳能先进技术研发和装备制造合作。鼓励企业加强国际研发合作，开展太阳能产业前沿、共性技术联合研发，提高我国产业技术研发能力及核心竞争力，共同促进产业技术进步。建立推动国际化的太阳能技术合作交流平台，与相关国家政府及企业合作建设具有创新性的示范工程。推动我国太阳能设备制造“走出去”发展，鼓励企业在境外设立技术研发机构，实现技术和智力资源跨国流动和优化整合。

(7) 加强太阳能产品标准和检测国际互认。逐步完善国内太阳能标准体系，积极参与太阳能行业国际标准制定，加大自主知识产权标准体系海外推广，推动检测认证国际互认。

习　题

1. 简述太阳能的利用形式。
2. 什么是光生伏特效应?
3. 简述光伏电池的种类和制造工艺。
4. 简述光伏电池的发展历史。
5. 描述光伏电池的实际等效电路。
6. 光伏发电系统由哪几部分组成，简述各部分作用。
7. 简述光伏发电系统的分类。
8. 简述太阳能最大功率跟踪的常用方法和工作原理。
9. 单相全桥电压型逆变电路的原理?
10. 离网型光伏发电系统的组成?
11. 完成一小型家庭用光伏发电系统的设计与选型。
12. 简述农村光伏扶贫项目有哪些?
13. 简述我国光伏产业的发展现状和发展前景。

参 考 文 献

[1] 黄素逸，龙妍，林一歆. 新能源发电技术 [M]. 北京：中国电力出版社，2017.
[2] 王长贵，崔容强，周篁. 新能源发电技术 [M]. 北京：中国电力出版社，2003.
[3] 惠晶，颜文旭，许德智，樊启高. 新能源发电与控制技术 [M]. 北京：机械工业出版社，2018.
[4] 詹新生，吉智，张江伟，李齐森. 光伏发电工程技术 [M]. 北京：机械工业出版社，2014.
[5] 朱永强. 新能源与分布式发电技术 [M]. 北京：北京大学出版社，2016.

[6] 李家坤. 新能源发电技术 [M]. 北京：中国水利水电出版社，2019.
[7] 周志敏，纪爱华. 家庭新能源发电系统设计实例 [M]. 北京：中国电力出版社，2017.
[8] 于国强，孙为民，崔积华. 新能源发电技术 [M]. 北京：中国电力出版社，2009.
[9] 胡长武，李宝国，王兰梦，腾宁宁. 基于Boost电路的光伏发电MPPT控制系统仿真研究 [J]. 光电技术应用，2014，29 (1)：84-88.
[10] 徐伟，边萌萌，张昕宇，何涛，孙峙峰，李博佳，王敏，黄祝连，王博渊. 光电建筑应用发展的现状 [J]. 太阳能，2021 (4)：6-15.
[11] 中商产业研究院. 中国光伏建筑一体化市场前景及投资研究报告 [J]. 电器工业，2022 (2)：44-59.
[12] 江亿，胡姗. 屋顶光伏为基础的农村新型能源系统战略研究 [J]. 气候变化研究进展，2022，18 (3)：272-282.
[13] 童光毅，倪琦，潘跃龙，杜松怀，苏娟，杨曼，杨光. 农业信息化背景下光伏发电扶贫模式及效益提升机制研究 [J]. 农业工程学报，2019，35 (10)：131-139.
[14] 孟守东. 中国光伏扶贫产业可持续发展研究 [D]. 合肥：中国科学技术大学，2021.

第3章　光热发电技术及应用

3.1　光热发电技术研究发展概况

人类在地球上使用的绝大多数能量直接或者间接来自太阳。太阳能的总辐射功率约为 3.8×10^{26} W，地球每年从太阳上获取的能量约为 6×10^{17} kW·h，特别是在中国的土地上，年平均获得的太阳能约为1亿亿kW·h，相当于1.2万亿t标准煤所具有的能量。来源充足、分布广泛、清洁安全的太阳能是未来重要的可再生能源之一，而充分开发和利用太阳能具有可持续发展和环保的双重意义。目前在太阳能发电技术方面的发展已经进入较成熟的阶段，主要有光伏发电技术和光热发电技术[3] 两大分类。其中，太阳能热发电技术，又称为光热发电技术，从能量转换方式可分为利用太阳能热能直接发电和间接发电。因为利用太阳能热能直接发电多采用金属材料或者半导体材料的温差发电，发电量小且多处于试验阶段，所以通常所说的太阳能热发电均指间接发电，即利用太阳能集热装置将太阳能辐射能收集并转化成热能，再通过热机带动发电机，将热能转化为电能，其发电系统组成于常规化石能源火力发电厂类似，发电方式的原理相同，不同之处在于能量的来源是太阳能。太阳能对环境和人类社会很友好，没有潜在的威胁，而且不像化石能源产生氮、硫氧化物等污染物，带来后期处理的问题。对于日益上升的人类需求而言，未来太阳能的使用完全可以实现能源的可持续发展。

对太阳能热发电的研究，最早可以回溯到20世纪中叶，尤其是70年代的石油危机爆发之后，人们开始意识到必须改变现有的能源结构，向可再生能源结构方向转变，于是美国、德国、西班牙等国家陆续开始将太阳能热发电技术作为未来可持续发展的重点方向，逐步实现系统化、规模化、商业化。由此开始，太阳能热发电技术开始走向突飞猛进的发展热潮，中国一些有远见的科研人员也开始加入到太阳能事业中，纷纷献计献策，从建设实验室、研究所，到创办期刊、发表论文，为中国的太阳能事业做出贡献。在1981—1991年的10年间，全世界建造了装机容量在500kW以上的各种不同形式的兆瓦级光热发电试验电站，比如1984年和1985年分别投产的槽式光热发电站SEGE Ⅰ和Solar Ⅱ如图3.1所示，就证明了这一革命性技术的商业可行性，还有1982年美国在加州南部沙漠地区建成一座“Solar Ⅰ”的塔式光热发电系统等。塔式光热电站为主要形式，最大发电功率为80MW，但是因为单位容量投资过大，且造价昂贵，所以光热发电站的建设逐渐冷落下来了。

自20世纪90年代开始，全球性的环境污染和生态破坏再次引起了世界各国的高度重视，因此，人们对赖以生存的环境开始重新思考。1992年在巴西里约热内卢召开的联合国环境与发展会议——“地球峰会”，是可持续发展理念由理论走向实践的重要转折点，对人类的可持续发展具有里程碑式的意义，使“可持续发展”的概念深入人心，并且此次峰会将环境问题提升到一个新的高度，让站在历史关键时刻的人类，需要自己去处理环境和发展的问题，逐渐开始将太阳能与绿色环保的主题相结合，大力推动清洁能源技术的发展，由此推动着光热发电技术的研究工作和多个光热发电示范项目电站得以蓬勃发展。1996年建成的“Solar Ⅱ”如图3.2所示，运行了3年，该光热电站成功地证明了使用熔盐作为传热流体和储热介质的可行性，而且反映了一个商业化电站的调度特性。与此同时，中国也积极推动可持续发展，于1994年通过了《中国21世纪议程》，确立了中国可持续发展的总体战略框架和各领域主要目标，加大力度开发与推广太阳能、风能等清洁能源，将太阳能的开发与应用作为重点项目。

图3.1 美国加州的SEGS Ⅰ光热电站

图3.2 加州巴斯托附近的Solar Ⅱ光热电站

20世纪90年代末，随着光伏发电行业的兴起，单位造价较高的太阳能热发电产业逐渐受冷落，这就需要国家政府的资金扶持。因此，很多国家都出台了明确的产业扶持政策，见表3.1。由于世界各国太阳能热发电激励政策的不断出台，光热发电市场进入快速发展的时期，而在发展的初期，政策扶持力度起了决定性作用，单位造价成本降低的速度又决定了产业发展的速度和规模。

表3.1　　相关国家光热发电产业的扶持政策

国别	扶持政策	补贴年限/年
西班牙	分为两种电价方式，可二选一： A）固定电价：前25年0.28欧元/(kW·h)，25年后0.23欧元/(kW·h)； B）可调电价：普通电价+额外补贴［最高不超过0.36欧元/(kW·h)，最低不低于0.26欧元/(kW·h)］	25
美国	30%的投资税收抵免；贷款担保政策	
意大利	按辅助燃料比例划分电价：辅助燃料占15%以内，电价为0.28欧元/(kW·h)；辅助燃料占15%～50%为0.25欧元/(kW·h)；辅助燃料大于50%时为0.22欧元/(kW·h)	
印度	一般性电价：15.04～15.31印度卢比/(kW·h)	25

续表

国别	扶持政策	补贴年限/年
南非	槽式带6h储热：1.854兰特/(kW·h) 槽式无储热：1.967兰特/(kW·h) 塔式带6h储热：1.417兰特/(kW·h)	20
法国	0.3欧元/(kW·h)	20
以色列	0.2美元/(kW·h)(20MW内的项目) 0.16美元/(kW·h)(超过20MW的项目)	20
葡萄牙	0.27美元/(kW·h)(10MW内的项目) 0.16～0.2美元/(kW·h)(超过10MW的项目)	15
希腊	0.265欧元/(kW·h)	
约旦	0.183美元/(kW·h)	电站寿命期内
摩洛哥	通过项目招标确定电价	电站寿命期内

迄今为止，光热发电技术已经广泛应用在西班牙、美国、法国、摩洛哥、南非、阿联酋和中国等国家，全球总装机容量在2020年累计达6690MW，其中包含中国企业在国外已建成和正在建设的电站装机容量达到1000MW。在太阳能资源非常好的地区，光热发电有望成为具有竞争力的大容量电力来源，预计2025—2030年将有可能承担基础负荷电力，并且，如果能有适度的政策支持，那么到2050年光热发电能够满足全球11.3%的电力需求，其中9.6%来自于纯太阳能电力，另外1.7%来自辅助燃料（化石燃料或生物质）。

虽然我国的光热发电起步较晚，但是国内许多研究机构一直从事光热发电技术基础试验相关的研究，逐步积累了一定的理论与实验研究经验。2006年12月，国家“863”计划“太阳能热发电技术及系统示范”重点项目正式立项，国家加大了对光热发电的支持力度。2007年，在国家发展和改革委员会发布的《可再生能源中长期发展规划》（发改能源〔2007〕2174号）中，太阳能热发电被列为重点发展领域之一。该项目在2012年8月建成的由我国自主设计的第一座、也是亚洲最大的兆瓦级规模塔式光热发电站——八达岭塔式光热发电试验电站，如图3.3所示，使我国成为继美国、西班牙、以色列之后，世界上第4个掌握光热发电技术的国家，成为少数几个能够自主完成电站设计、集成、装备设计、生产的国家之一。截至2020年12月，我国已有3座光热发电实验电站和8座已建成并网发电的商业化电站，总装机容量超过500MW。

图3.3　八达岭塔式光热发电试验电站

我国在“碳达峰、碳中和”双碳战略目标下，大力推动能源绿色低碳发展，将使光热发电进入更加快速的发展期，预计在2025—2030年可以成为基础负荷电力来源。

3.2　光热发电站基本系统与构成

光热发电的基本原理是利用定日镜、聚光镜等聚光设备将收集的太阳能辐射汇聚到吸热器、吸热管等集热装置内，用以加热内部流动的导热油、熔融盐等传热介质到额定温度，传热介质通过换热装置将热量传递给水，产生额定压力和温度的蒸汽，推动汽轮机带动发电机产生电能。这种以“光能—热能—机械能—电能”的转化实现发电的技术就是太阳能热发电技术，整个过程中所需要设备的集合就构成了光热发电系统，如图 3.4 所示。除了所需要的热源（光热发电使用清洁的太阳能）不一样，光热发电的原理与传统化石能源发电厂基本相同。

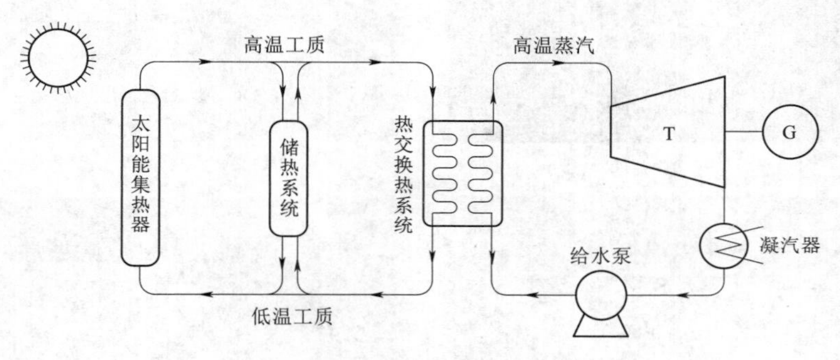

图 3.4　光热发电系统图

按照聚能方式及其结构进行分类，在目前已经商业化的光热发电系统中，主要有 4 类：塔式光热发电系统、槽式光热发电系统、碟式光热发电系统、线性菲涅尔光热发电系统，如图 3.5 所示，4 种光热发电技术的特性对比见表 3.2。

表 3.2　　4 种光热发电技术的特性对比

项　目	塔　式	槽　式	碟　式	线性菲涅尔
主要设备	定日镜场、集热塔、吸热器、储热罐和蒸汽轮机发电机组	槽式聚光器、吸热管、储热器、蒸发器和汽轮发电机组	聚光器、吸热器、斯特林热机发电机组	反射镜、跟踪机构、菲涅尔聚光集热器、蒸汽轮机发电机组
传热介质	水/蒸汽、熔盐	水/蒸汽、熔盐、导热油	熔盐	水/蒸汽
聚焦技术	点聚焦	线聚焦	点聚焦	线聚焦
聚光比	300～1500	50～100	600～3000	25～150
运行温度/℃	500～1200	350～740	700～1000	270～550
峰值系统效率	23%	21%	31%	20%
适宜规模/MW	30～100	30～354	5～25	10～320
储能	可储热	可储热	否	可储热
动力循环模式	朗肯循环、布雷顿循环	朗肯循环	斯特林循环	朗肯循环

续表

项　目	塔　式	槽　式	碟　式	线性菲涅尔
商业化程度	大规模、大容量商业化应用	模块化或联合运行商业化应用	分布式小规模发电，可并联建兆瓦级发电	示范项目，商业化规模小
不足	塔式发电成本高	热量及阻力损失较大	碟式聚光镜造价昂贵，单机容量小	温差大，易引发吸热管破碎

（a）塔式　（b）槽式　（c）线性菲涅尔　（d）碟式

图 3.5　4 种光热发电技术

3.3　光热电站的选址

与常规火力发电厂相比，光热电站项目的选址有其特殊性，因为太阳能资源分布的区域性、自然状况及社会条件的差异性都有很大的不同，因此，光热发电项目的选址就成了一项特殊、复杂、系统性的工作。光热发电项目选址力求详细周全，从宏观层面的相关政策、电源点布局、并网输电条件、交通条件等，到微观层面的太阳能资源、水资源供给、地形地质、气象状况等，都在考虑范围之内。因此选取几个典型影响因素对光热电站的选址进行分析论述。

3.3.1　太阳能资源

太阳能资源是太阳能热发电系统中最重要的能源输入，其资源状况直接影响电站的发电量，因此它是选址过程中需要首先考虑的因素。我们国家是太阳能资源相当丰富的国

家，可利用太阳能的国土面积占213以上，约600万km^2，全年日照时数在2200～3300h之间，年总辐射量超过1670kW·h/m^2；我国西部和西北地区的太阳能年辐射总量超过1800kW·h/m^2，全年日照时数达到3200h以上；而在青藏高原西部和南部，太阳能能年辐射总量甚至达到2000kW·h/m^2以上，全年日照时间更是高达3400h。

太阳总辐射*GHI*包括法向直射辐射*DNI*和太阳散射辐射*DHI*：*DNI*是指未改变照射方向，以平行光的形式到达地球表面的太阳辐射；*DHI*是指大气中的水蒸气和固体颗粒将太阳辐射质点散向四面八方并到达地球表面的太阳辐射。光伏发电技术可以利用太阳总辐射，而光热发电技术只能利用太阳总辐射中的*DNI*，*DHI*对其没有价值，所以光热电站应该优先建设在太阳直接辐射量大的地区，*DNI*的大小直接决定着光热电站项目的可行性和经济性。按照国家能源局2015年发布的《关于组织太阳能热发电示范项目建设的通知》（国能新能〔2016〕233号）中的要求，申报示范项目的场址年累计*DNI*不应低于1600kW·h/(m^2·年)，年累计太阳*DNI*与太阳能热发电站选址的关系见表3.3。根据经济测算可知，光热发电系统的平准化度电成本（LCOE）与*DNI*成反比，每平方米的*DNI*值提高100，系统LCOE将减少4.5%。因此，*DNI*值高的地区自然是太阳能热发电站选址的首要考虑因素。

表3.3　　**年累计太阳*DNI*与站址选择的关系**

年累计太阳*DNI*/[kW·h/(m^2·a)]	选址建议	年累计太阳*DNI*/[kW·h/(m^2·a)]	选址建议
DNI<1600	不推荐	*DNI*>2000	好
1600≤*DNI*≤2000	推荐		

3.3.2 土地资源

光热电站项目对土地需求量较大，需要大量面积的土地来布置太阳能集热系统、热力循环发电系统和储热系统。因此在光热电站项目选址的过程中应该考虑土地面积、土地性质和成本、土壤和土地坡度等因素。

（1）土地面积。对于光热电站而言，在系统转换效率一定的情况下，发电量与聚光系统接收的*DNI*成正比，增加发电量就需要增加聚光系统（主要是反射镜场）的面积以收集更多的*DNI*。所以，光热电站的聚光系统占地面积一般都比较大，还需要布置热力循环发电系统和储热系统等，随着占地面积的增加，征地增多，成本随之增加，例如每兆瓦槽式光热发电系统的占地面积为20000～30000m^2。此外，在光热电站规模相同的条件下，不同类型光热电系统的占地面积也不相同，塔式和二次反射塔式光热发电系统的占地面积相对更大，而槽式和菲涅尔式光热发电系统的占地面积相对较小。

（2）土地性质和成本。在符合土地利用总体规划的前提下，优先使用荒滩、沙漠化土地等难以利用及不适宜农业、生态、工业开发的土地，尽量不占用或少占用耕地、草原、自然保护区和产业园区。土地成本是项目总投资的重要组成部分，所以土地价格也需要考虑。

（3）土壤和土地坡度。土壤的结构和成分会直接影响电站的土建施工工作，所以在选址的过程中需要对土壤地质条件进行评估分析。同时，光热电站对土地的坡度要求较高，需要地势平坦、朝向良好、坡度较缓的土地，尽量避开滑坡区、地震断裂带以及土质疏松区，以免出现工程事故。不同类型的光热电站对土地的坡度和土地利用率的要求也不相同，见表3.4。

表3.4 土地坡度及土地利用率要求对比表

电站类型	塔式	二次反射塔式	槽式	菲涅尔式
坡度要求	<7%	<3%	<3%	<3%
土地利用率/%	25～28	27	38～45	48

3.3.3 水资源

太阳能热发电站所需要的水主要集中在汽轮机蒸汽循环、凝汽器冷却水、镜面清洗用水等，在电站的选址过程中，确保周围有充足稳定的供水也是十分有必要的。一般依据具体地区的供水条件来选择湿冷机组还是干冷机组，从而直接影响电站的发电效率和经济效益。与传统的火力发电厂相似，湿冷型光热电站在发电的过程中需要消耗大量的水，消耗量（槽式或塔式）在3～4m^3/(MW·h)，其中90%的水主要用于蒸汽循环的冷却过程，剩下的10%则用于镜片的清洗和其他用途。

3.3.4 气象因素

气象条件（包括环境温度、风速、云量等）不但会对光热发电项目的规划设计、施工进度及运行维护等产生直接的影响，而且是影响光热电站有效发电时数、发电效率及设备运行可靠性的重要指标。

(1) 虽然环境温度较低可以降低汽轮机的风冷冷凝机组的能耗，但是当环境温度过低时，尤其是在冬季，会增加吸热器的热量损失，降低吸热器的转换效率，进而降低整个发电系统的发电效率。此外，在防冻措施中，为了对管道等辅助设备进行保温，需要增加额外辅助加热系统的能量消耗，增加厂用电率，这也是不利的因素。

(2) 风资源状况（风向、年平均风速和最大风速）是光热电站聚光集热系统结构设计的重要依据。为了保证光热发电系统在大风情况下的运行精度和稳定性，需要对定日镜或聚光器的支架进行加固，由此增加了材料用量，提高了造价成本，据估计其结构对聚光集热系统总成本的影响程度可达40%。另外，吸热器或吸热管表面的热量损失随风速的增大而增加，也降低了能量转换效率，目前的设计工作风速在14m/s（6级风），如果超过该风速，即使太阳能资源非常好，也不能被光热发电系统所利用。

(3) 云量对光热发电站的影响非常大，尤其是频繁出现大片云团，不仅带来控制的难度，而且系统频繁的启停会造成太阳能资源的浪费，也影响吸热器的使用寿命。

3.3.5 基础设施因素

项目所在地区的配套基础设施是项目建设及运行的重要外部支撑，其条件的优劣也会影响电站项目的建设成本及运行维护的效率。在光热发电项目选址的过程中，需要考虑到对外交通运输条件、电力接入条件及辅助燃料条件等因素。

（1）对外交通运输条件对光热电站非常重要。建造光热电站的工作量大，施工建设需要一定的交通支持。交通运输是否便利，不但关系着光热电站建设期间大量的建筑材料及施工设备和人员远途运输，而且承担着光热电站运行后人员和普通物流的运输，是节约运行维护成本和提升工作效率的关键。光热电站离主干公路的距离、主干公路的等级、主干公路的路径等因素可作为衡量光热电站交通运输条件的指标。

（2）电力接入条件是光热电站实现经济效益的必要条件，也是影响项目技术经济可行性的重要因素。因此，光热电站项目应该尽量靠近合适电压等级的变电站或电网，以减少电能输送损耗。在选址过程中，可依据电网容量、电压等级、负荷特性等条件，合理确定光热电站的建设规模和开发时序，确保项目顺利入网。

（3）由于光热发电系统受天气影响产生的间歇性造成发电的不连续，就需要辅助燃料（比如天然气资源）用于汽轮机启动、冬季供暖、冬季防凝、熔盐初始融化、导热油防凝装置，还有生产机组启动时的给水除氧和轴封用汽等。所以需要考虑项目选址时的辅助燃料条件。

3.3.6　经济因素

除了上述所说的一些因素之外，还需要考虑的是各类经济性因素，比如初始投资成本、发电成本、财务可行性等，这些都关系着光热电站项目的选址，也直接影响了投资者的决策行为。

（1）我国目前正处在光热发电商业化发展的初期阶段，高昂的初始投资成本增加了项目融资的风险，也降低了企业的投资热情，所以，如何利用最少的投资进行最优的厂址规划是光热电站建设的目标之一。

（2）从安装地点、技术层面、电站设计角度、运行地理位置等多个方面科学、综合地降低发电成本，提高光热电站项目的经济性，也是投资者关心的问题之一。

（3）光热电站项目的财务可行性是衡量项目投资与否的重要标准，包括项目的净现值、内部收益率、投资回收期和投资收益率等财务指标，不仅是项目投资者十分关注的财务指标，也是光热发电项目能否获得银行贷款的重要依据，银行依据项目的财务分析报表来判断项目未来的收益情况和盈利水平，从而决定是否给该项目提供贷款。

3.4　塔式光热发电系统

塔式光热发电系统是利用独立跟踪太阳的定日镜组（定日镜是平面或微凹面镜，以跟踪太阳），将太阳光反射和集中到放置在固定塔顶部的吸热器上。吸热器内的传热工质将吸收的热量通过换热器传递给热力循环的工质，驱动汽轮发电机组或燃气轮机发电机组发电，使太阳能转化为电能。塔式光热发电系统的示意图如图3.6所示。

塔式光热发电系统采用点聚焦方式，也称集中式光热发电，具有较高的聚光比（一般为300～1500）和工作温度（500～1200℃）、较短的热传递路程、较低的热损耗、较高的系统综合效率等特点，很适合应用在大规模、大容量商业化电站。太阳岛是塔式光热电站完成光—热转换的关键系统，也是区别于其他热发电技术的主要特点，在太阳岛内主要包

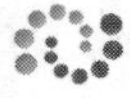

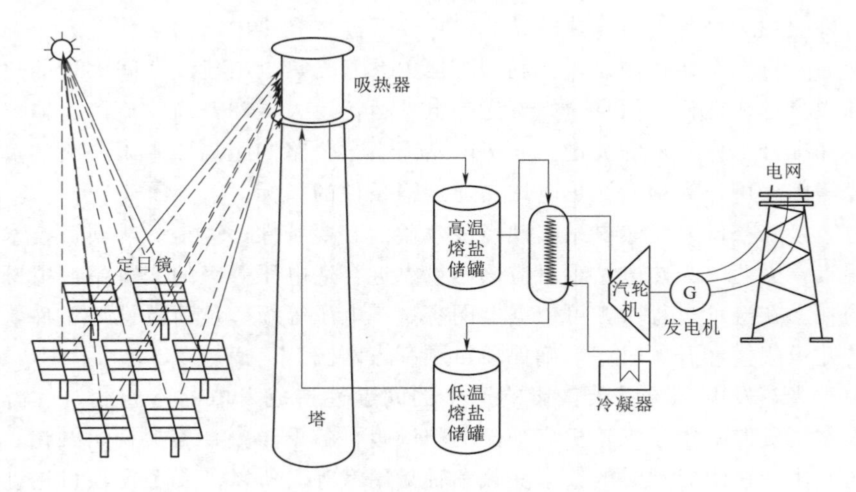

图 3.6　塔式光热发电系统示意图

括聚光系统和吸热系统。太阳岛的成本可以用单位热功率（吸热器输出热功率）造价描述，目前我国塔式光热电站的太阳岛造价约 3600～4000 元/kW，其中定日镜场的成本约占太阳岛成本的 75%、镜场控制系统的成本占 10%、吸热器的成本占 6%、吸热塔的成本占 9%，这是商业化推广最重要的经济指标。连接太阳岛的热力循环发电系统，其原理和结构，包括水循环、热工控制系统、电气系统、电网接入系统等与传统化石能源的火力发电系统相同。

3.4.1　聚光系统

定日镜场是聚光系统的重要组成，它通过跟踪系统准确地将太阳辐射反射到聚光塔顶的吸热器上，如图 3.7 所示。为满足塔式光热电站高温、高压的要求，定日镜场对于吸热器必须具有较大的聚光比，同时还要有高反射率、耐腐蚀、耐磨损及易清洗等特性。单块定日镜的面积取值范围较广，一般在 1.2～120m^2 之间，主要取决于光热电站规模和具体的设计方案，镜面面积和镜场面积随电站机组容量的增大而增大。定日镜镜面面积较大时，虽然可减少机械驱动机构，但是对跟踪精度的要求会更高以及其结构的强度和稳定性，定日镜镜面面积较小时，其造价又相对较小。单台定日镜主要由支撑结构、反射镜单元、驱动装置、控制系统等组成，如图 3.8 所示。目前，对于定日镜的研究工作主要集中在研制高反射率、耐腐蚀、耐磨损及结构强度良好的定日镜和高精度的跟踪系统，优化定日镜场的布置，保障系统稳定性和安全性以及降低建造成本等方面。

3.4.2　吸热系统

吸热系统的主要设备就是安装在塔顶部的吸热器，其作用就是将定日镜场反射的太阳能转换成热能，来加热工质，是光—热转化的关键，其工作温度一般较高，在 500～1200℃的范围内。吸热器的主要类型包括容积式和管式两种。

（1）容积式吸热器的传热介质为空气，一般采用密织网状或蜂窝状的多孔材料，这样可以多次吸收并反射太阳辐射，吸热与传热过程发生在同一表面，可减少损失，但由于采

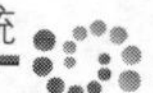

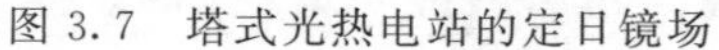

图 3.7 塔式光热电站的定日镜场

图 3.8 塔式光电站定日镜形状

光口是单侧朝向，定日镜场的布置受限，且存在流动不均匀及局部过热的问题，也限制了空气的出口温度。

（2）管式吸热器目前主要应用在商业化运行的塔式太阳能光热电站中，而管式吸热器的传热工质是在金属或陶瓷管（也称吸热管）内流动，通常是将一定数量吸热管并排组装为一块平板（即称吸热屏），依据吸热管的布置方式的不同，可分为外置式和腔式，如图3.9所示。

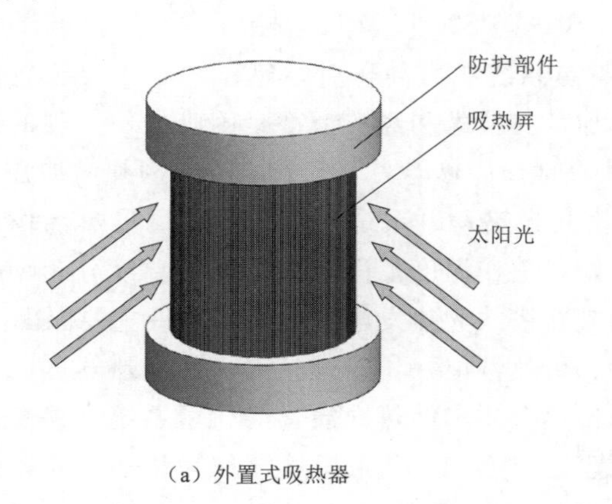

（a）外置式吸热器

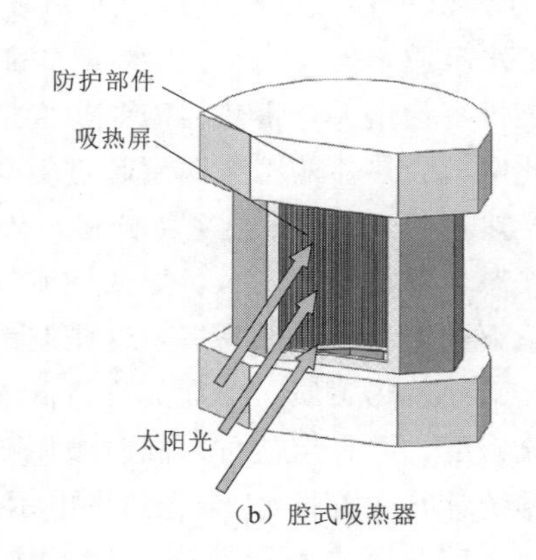

（b）腔式吸热器

图 3.9 管式吸热器

外置式吸热器将一块块吸热屏环绕布置，可以接收来自360°范围内定日镜反射聚焦的太阳光，有利于定日镜场的布置和大规模利用，但是其吸热管直接暴露在周围环境中，辐射和对流热损失较大；相比外置式吸热器，腔式吸热器的散热损失较小，热效率较高，但是腔体的采光口只能朝向一侧，为了能接收到定日镜场反射的太阳辐射，接收角度一般限制在120°以内，这就使定日镜场的布置受到一定限制，此外，随着吸热器输出功率提高，腔式吸热器配置的定日镜场需要布置得更大，这又会降低土地的利用率，增加成本。所以大多数商业塔式光热电站都采用外置式吸热器。

3.4.3　传热工质

吸热系统的传热介质一般为水/蒸汽、熔盐、空气、导热油和液态金属，其优缺点见表3.5。

表3.5　　传热工质优缺点

传热工质	优　　点	缺　　点
水/蒸汽	A. 无毒，无腐蚀； B. 易于传输，适用范围广； C. 价格低廉	A. 高温时存在高压问题； B. 如果增加壁厚解决高压问题，会降低传热效率，增加管路成本
熔盐	A. 导热性好，蒸汽压低； B. 比热容大和黏度低； C. 可同时作为传热工质和储热介质	A. 高温熔盐会分解； B. 常规熔盐凝固点较高
空气	A. 稳定性好； B. 腐蚀小； C. 不堵塞，工作温度高达1000℃	A. 膨胀系数大，高温时压力大； B. 密度和比热容小，传热能力差； C. 高温发电使用较少
导热油	A. 较低凝固点； B. 导热率较高； C. 系统热效率较高，设备和管路维护较少	A. 易燃； B. 需要额外蓄热装置； C. 高温会积碳造成堵塞
液态金属	A. 导热率高； B. 适用高温传热	A. 价格高，热膨胀系数高，有相变； B. 易泄露和易燃

水/水蒸气的蓄热性能良好，西班牙PS10、PS20以及八达岭塔式光热发电试验电站均使用了水工质，但是由于水/水蒸气的蓄热系统压力高，对蓄热器的耐压要求较高，如果电站装机容量增大，蓄热器需要相应增加，在技术和经济上都是困难的。空气的热容较小，因此空气吸热器的工作温度超过1000℃时，传热能力会变差，需要额外增加强化传热措施。导热油超过400℃会氧化分解，故塔式光热发电系统几乎很少使用导热油作为传热工质。液态金属材料密度大，导热性能较好，工作温度范围较广，而且温度分布均匀，但是在高温下的空气中易燃易爆，这是制约其在塔式光热发电系统上应用最主要原因。

相比其他传热工质，熔盐的价格低廉、传热性能好、热容较大，使吸热器可以承受较高的热流密度，并且熔盐可以同时被用作传热介质和储热介质，简化了系统，提高了系统效率。据统计，在首批21个光热发电示范项目中，11个采用熔盐作为传热工质，被广泛应用在很多商业塔式太阳能热发电站中。目前商业化使用的熔盐属于二元熔盐（60wt% $NaNO_3$ 和40wt% KNO_3），凝固点在220℃，最高温度在600℃，这些都限制了塔式光热电站的进一步发展，所以新式的熔盐也在开发中。

3.4.4　储热系统

太阳辐照强度受天气因素的影响很大（比如阴雨、多云等），会出现明显的不稳定性和间歇性。因此为了保证太阳能热发电站的稳定运行，就需要配置储热系统在太阳光线充足的时候把太阳能以热能的形式储存起来，在太阳光照不足的时候，使用储能系统提供能量来源，以满足连续发电和稳定供电的需求。

在塔式光热电站中，熔盐循环泵将290℃的液态熔盐从低温储罐中抽出并送至位于塔顶端的吸热器中，在吸热器中熔盐被聚焦后的太阳能辐射加热至565℃后再输送至高温储罐内。另一路输送线路将高温储罐内的熔盐抽出送至蒸汽发生系统中，经过换热之后重新回到低温储罐中。该循环流程示意图如图3.10所示。

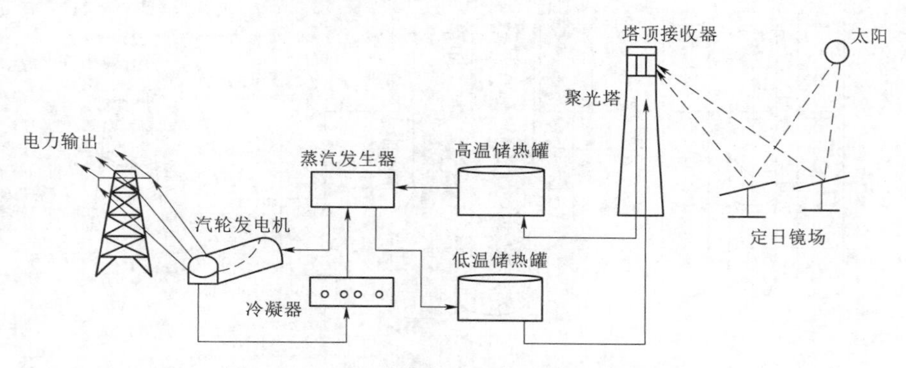

图3.10　以熔盐为介质的塔式光热发电系统

储热技术目前也是塔式光热发电站的重点研究工作之一，包括储热介质及其输送系统，熔盐的研究及其热物理性质的研究，储热系统的预热保温、疏通防堵措施等多个方面，尤其是熔盐在高温条件下分解和腐蚀带来的问题，也增加了整个系统性能和效率提升的难度。

3.5 槽式光热发电系统

槽式光热发电系统的全称是槽式抛物面反射镜光热发电系统，其主要原理是利用平行排列、曲面弧度相等的抛物面反射镜将太阳光反射并聚焦到抛物面焦点所在直线的集热管上。集热管内的传热工质吸收热能后，直接或者通过换热装置产生过热蒸汽驱动汽轮发电机组发电，从而将太阳能转化为电能。槽式抛物面反射镜与集热管位置相对固定，沿着同一个旋转轴跟随太阳位置的变化而旋转追踪太阳，已达到获取太阳能辐射的最佳角度。槽式光热发电系统示意图如图3.11所示。

槽式光热发电系统是线聚焦，反射镜的开口越大，聚光倍数越高，集热效果越好，如图3.12所示。槽式光热电站的设计者不断研发更大开口尺寸的反射镜，但是随着开口的增大，对太阳能集热器相配的辅助设备（吸热管材质、支架、电机等）的要求也随之提高。相比其他热发电技术，槽式光热电站具有耗材少、结构紧凑、运行年效益高、发电成本低、规模大、寿命长等优点，是目前最成熟的大规模商业化光热发电技术。在国家能源局首批的示范项目中，中广核德令哈50MW光热发电项目就属于槽式光热发电系统。

3.5.1 聚光镜系统

槽式光热发电系统中的聚光镜系统由抛物面反光镜和支架组成，其结构示意图如图3.13所示。反射镜的截面是抛物面，当平行入射的太阳光经反射镜反射后，聚集在集热管上，因此，以玻璃材质的槽式反射镜为例，选取反射率较高的银或者铝为反光材料的抛物面玻璃背面镜，再涂上一层或者多层保护膜，而且需要有一定的弯曲弧度，加工难度也

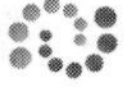

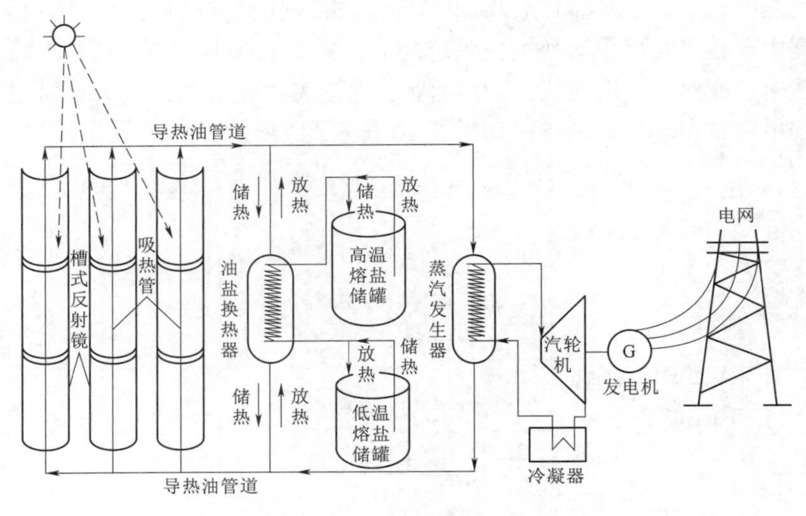

图 3.11 槽式光热发电系统示意图

比平面镜的大。反射率是反射镜的固有性能也是选取反射镜的关键依据，但反射率会逐渐降低，主要原因有：水蒸气等的侵蚀作用；紫外线照射引起的反射材料老化；风沙造成的反射镜磨损；大气中的尘土在镜面表面的不断沉积等。此外，槽式反射镜特殊的结构又使得清洗难度大于塔式定日镜，所以如何保持镜面清洁是槽式太阳能热发电技术需要解决的问题。反射镜的聚光性能也与其机械强度和抗疲劳性能密切相关，长期风力和反射镜自重作用下带来的镜面变形也是造成聚光性能下降的主要原因。

图 3.12 槽式太阳能聚光集热系统

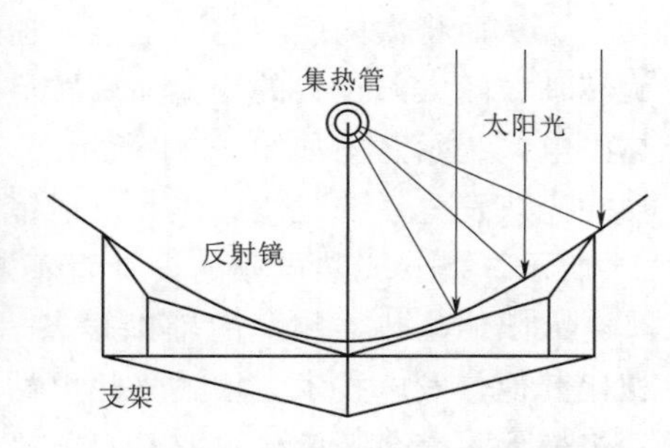

图 3.13 槽式太阳能聚光镜结构示意图

支架是反射镜的支撑机构并转动跟踪太阳，需要与抛物面反射镜良好的贴合，且具有一定的刚度、抗疲劳性以及耐候性，这样才能减缓反射镜的变形和损坏，以达到长期运行的目的。简化结构、降低能耗、降低材质重量、延长使用寿命是支架发展的趋势。

3.5.2 集热管

集热管是槽式光热发电技术的核心部件，是将太阳能转化成热能的关键环节，其性能的优劣直接决定了槽式光热发电系统的效率和运行维护成本。槽式光热发电系统的集热管置于抛物面聚光镜的焦线上，为双层结构，典型的集热管如图 3.14 所示，从图中可以看出，集热管的玻璃内外管涂有增透膜层，用来增加玻璃管的透光率，而金属内管涂有带选择性吸收膜层是为了实现聚集太阳直接辐射的吸收率最大且红外波再辐射最小。在玻璃外管与金属内管之间需要抽成真空环境，以减少热损失并防止选择性吸收膜氧化，整个集热管最为关键的技术是玻璃与金属之间连接处的密封，由于金属内管与玻璃外管的膨胀系数和运行时受热强度不同，需要利用波纹管来缓解金属内管和玻璃外管之间的轴向热膨胀差。此外，在金属内管和玻璃外管之间充入一定量的吸气剂以维持集热管内的真空寿命，还有集热管内外安装的遮光罩，也是保护玻璃和金属连接处不被太阳光聚焦辐射而损坏。

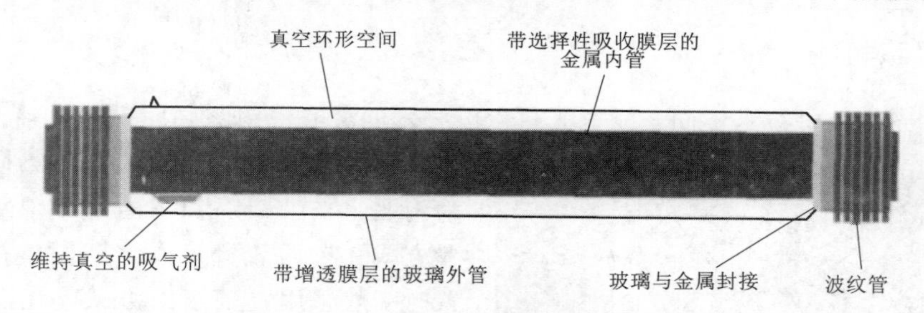

图 3.14　槽式热发电系统集热管示意图

集热管失效主要包括真空度损失、玻璃管损坏和选择性吸收膜性能降低等，在目前现有槽式电站中，经运行和维护统计出来的数据中可知，集热管失效是造成光热电站经济损失和效率降低的主要因素。当前运行的槽式光热电站中，每年有 2%～3%的集热管失效，如果直接更换会影响其经济性，因为很多集热管连接在一起构成完整的集热场回路，更换其中一根需要停机操作等工作量是较大的。现在关于集热管的研究工作主要集中在耐高温长寿命选择性、吸收涂层制作、高可靠性的玻璃与金属封接、真空获得与真空维持等方面。

3.5.3　工作介质

槽式光热发电系统中的工作介质分为传热（吸热）介质、储热介质和做功介质。做功介质一般是水蒸气。储热（蓄热）材料主要分为显热储热材料、相变储热材料、热化学储热材料和吸附（脱附）储热材料等，如图 3.15 所示，其中热化学储热和吸附（脱附）技术及工艺非常复杂，不确定性大，还处于基础研究阶段，相变储热的材料选择和换热器设计难度也很大，目前也仅处于试验研究阶段。显热储热方面，固体显热储热主要适用于间接储热，即储热材料与传热材料（一般是导热油）分开，在储热过程中一般有换热，效率并不高，很难大规模应用。而在液体显热储热材料方

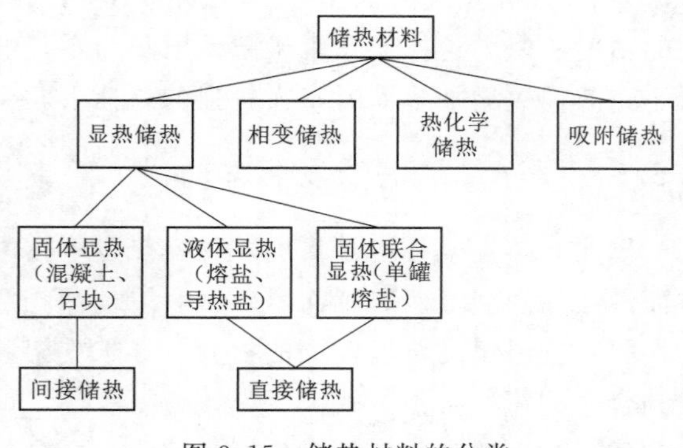

图 3.15　储热材料的分类

面，间接储热一般采用导热油作为传热介质，熔盐作为储热介质，但是流程较复杂，换热效率较低。如果采用导热油直接储热，不但成本高而且经济性较差；如果采用熔盐直接储热，就需要解决熔盐在集热管内可能出现的凝固问题。

传热介质目前主要有导热油、水和熔盐，这也是槽式光热发电技术中三种不同的发展路线，其中，最成熟的是导热油为传热介质而熔盐作为储热介质，因为导热油的凝固点低，但是上限温度不超过400℃，且容易分解，有毒性，况且熔盐的可使用温度区间较小，这对成本也是一个难题。目前为止，熔盐作为储热介质还是广泛应用在光热电站中，即质量分数60% $NaNO_3$ 和40% KNO_3 的混合盐，该盐的凝固温度在238℃，现在很多关于储热材料的研究都是关于熔盐成分的配比和腐蚀性。

3.5.4　跟踪机构

与塔式光热发电技术不同，槽式光热发电技术的聚光镜跟踪一般采用单轴跟踪，比塔式技术简单。根据转轴的方式不同，一般分为南北水平轴跟踪和东西水平轴跟踪两种布置方式：东西放置只作定期调整；而南北放置时一般采用单轴跟踪方式。还有一种跟踪方式，极轴跟踪，也算是南北布置的一种，只是将南北向的槽式聚光系统由本来的水平放置变为面南倾斜放置以减小太阳高度角的影响，在倾斜角度达到当地纬度时，效果最佳，聚光效率可提高30%左右。每组聚光镜都配备一套传感系统，用来测定太阳的位置，将测量数据传至总控制室的计算机，再发出指令通过电机驱动聚光镜绕轴旋转，实时跟踪太阳。这就对传感器的精度有了较高的要求，因为传感器传输数据的过程需要考虑天气的实时变化，尤其是多云天气，对跟踪太阳带来了很大的困难。为了提高追踪精度，槽式光热发电技术也采用了双轴跟踪方式，例如德国的M.A.N公司制作的型号为Helioman 3/32聚光系统，如图3.16所示，双轴跟踪结构最典型的优势是拥有更好的效率，更高的精度，因为这样的布置太阳入射角为零，但是其机械复杂性大，维护成本更高，刚度更小，热损失增加。同时，在较强的风速下，会出现更多的故障并且操作时间紧张。

图3.16　Helioman 3/32聚光系统

3.5.5　聚光集热器的发展方向

槽式光热发电技术是目前4种光热发电技术中发展最成熟的一种，但是还需要从以下方面继续深入展开研究工作：

(1) 反射镜的机械性能的提升，寻求支架的材料、设计和安装等技术突破，而且需要找到合适的清洗维护方式。

(2) 提高效率和延长集热管的使用寿命是集热管的重点研究方向，涉及选择性涂层和

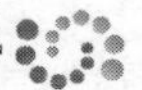

玻璃增透膜，以及玻璃与金属波纹管的封接等。

（3）在传热介质和储热介质方面，目前还是以导热油作为传热介质，熔盐作为储热介质为主流，在工作介质材料方面和设计思路方面寻求新的突破，进一步降低成本，延长储热时间。

（4）积极拓展新的发展思路，比如煤电互补调峰、供热取暖、热化学等等，而且最重要的是综合成本的降低，提高其经济性，才能提升槽式太阳能热发电技术与传统化石能源发电系统的竞争力。

3.6　碟式光热发电系统

碟式光热发电技术的主要原理是利用抛物面碟式聚光器将太阳能辐射聚集在焦点上，加热位于焦点处接收器内的传热工质，高温工质驱动安装此处的斯特林发动机并带动发电机发电，实现太阳能向电能的转换。碟式光热发电系统由碟式聚光器、太阳光接收器（吸热器）、斯特林发动机和发电机组成，其系统示意图如图 3.17 所示，工作流程图如图 3.18 所示。

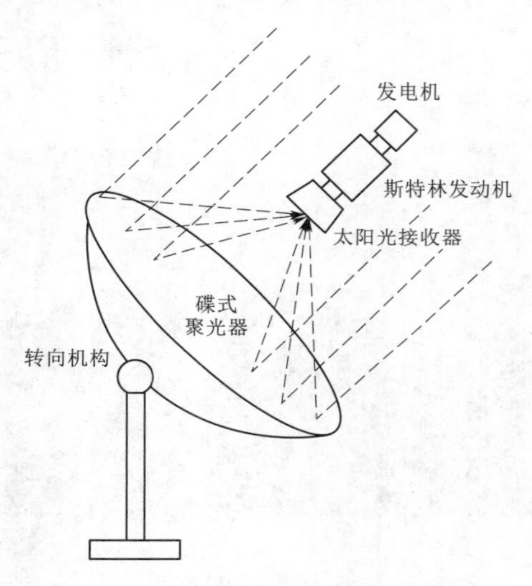

图 3.17　碟式光热发电系统示意图

3.6.1　碟式聚光器

碟式镜是碟式聚光器的重要组成部分，由抛物面反光镜、支撑架、驱动装置及控制系统构成，其聚光特性对吸热器设计及系统效率有很大的影响，聚光比的高低对集热温度和系统效率有很大的影响。碟式聚光器的结构类型可以分为单碟式、玻璃小镜面式和多碟式，如图 3.19 所示。多碟式系统由许多较小的反射镜组合安装在统一的框架上，但是这种结构的碟式镜安装以及调试的工作量较大，且焦点不集中，聚光效果比较差。整体镜面的单碟式聚光效果最好，但是镜面制造难度大，成本也高。而小块镜面拼接式则是利用若干块小曲面镜拼接成一个整体的旋转抛物面反射镜，聚光效果较好，制造工艺也相对简单，成本不高，但是和多碟式系统一样安装调试的工作量较大。

全球第一个碟式光热发电示范电站是美国 SES 公司 1.5MW 的 Maricopa Solar Project，该项目是由 Tessera Solar 开发，占地约 15hm^2，2010 年 1 月投产，单机功率 25kW，共 60 台，发电效率可达 26%。而 2013 年建成的 Tooele Army Depot 项目同样是 1.5MW，但所使用的是开口面积为 35m^2 的较小的碟式镜，单机功率 3.5kW，共 429 台。

3.6.2　吸热器

吸热器在碟式光热发电系统中负责将聚焦的太阳能转化为热能，因此如何高效地将吸热器吸收的热能传递到发动机，是影响碟式太阳能热发电系统效率的一个关键因素。按吸

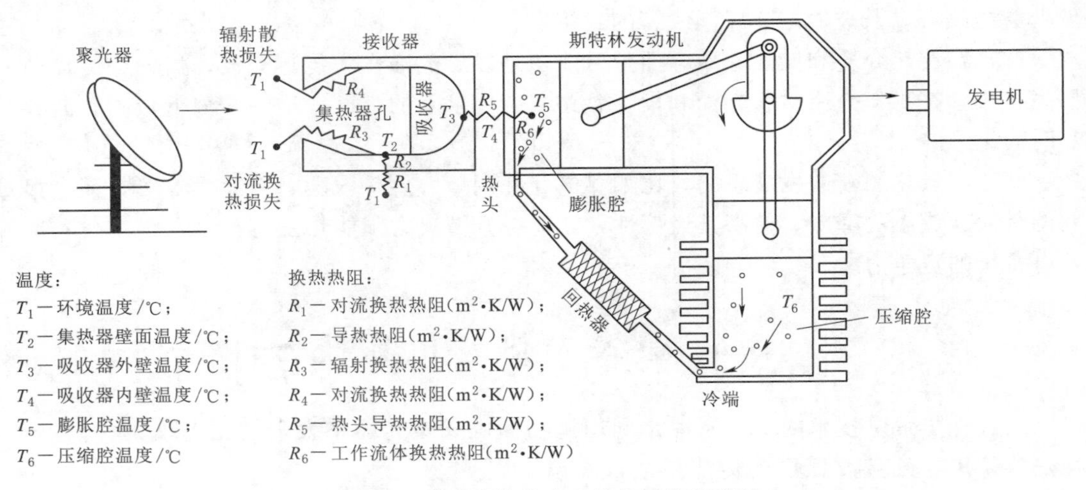

图 3.18　碟式光热发电系统的工作流程图

(a) 单碟式

(b) 玻璃小镜面式

(c) 多碟式

图 3.19　碟式聚光器的结构类型

热方式的不同划分，吸热器主要分为直接照射型和回流型。

1. 直接照射型

直接照射型吸热器如图 3.20 所示，由许多细小的支管并联组成，在两端设有集气管，这些细小的支管直接布置在吸热器的腔体内，直接处于来自聚光器聚焦的太阳光线，被加热至高温，在运行的时候，传热工质流过细管获得热量，再流向膨胀腔做功。例如美国斯特林发动机公司研制的 STM4－120 型斯特林发动机的吸热器，就是采用这种直接照射型，如图 3.21 所示。

图 3.20　直接照射型吸热器

直接照射型吸热器的传热方式设计明确，结构简单，技术相对成熟，但是聚光镜焦点的太阳光不均匀，吸热管表面将呈现受热不均，产生较大的温度梯度，降低了发动机的效率。同时，这些不均匀的受热点会产生极高的温度，即“热点”，这些热点可能会超过吸热管材料的极限温度，烧毁吸热管，影响吸热器的使用寿命。为了降低这种恶性情况发生的频率，就必须提高聚光器的精度，因此聚光器的造价高和设计难度又阻碍了碟式斯特林热发电系统的经济效益。

图 3.21 STM4-120 型斯特林发动机的吸热器

2. 回流型

针对直接照射型吸热器的缺点，很多研究开始采用另外一种回流型的传热方式。回流型的传热方式是间接导热介质位于吸热器和斯特林发动机加热器中间，在吸热器一侧，导热介质吸收太阳能的热量蒸发，上升到加热器表面，然后被加热器内部的工质吸收，导热介质自身温度下降，冷凝后回流到下部吸热器的一侧，再次被加热，开始新的循环。间接导热介质通常使用钠等液态金属。间接式传热方式，通常也有两种分类：液池—锅炉型和热管型，如图 3.22 所示。在液池—锅炉型的传热方式中，吸热器表面完全浸没在液态金属中，液态金属从吸热器吸收热量后蒸发至斯特林发动机加热器，将热量传递给加热器内的工质，液态金属释放出热量后，自身冷凝靠重力自然下降回流至液池。而在热管型传热方式中，吸热器内部表面有细小的绒线结构，由于毛细作用，在吸热器上部的液态金属被蒸发后，下部的液态金属会自下而上流动至上部，这样可以保证吸热器的表面一直覆盖有间接传热介质，例如 Cummins 公司的 75kW 热管型吸热器和德国宇航研究中心的 V-150 型热管型吸热器分别如图 3.23 所示。

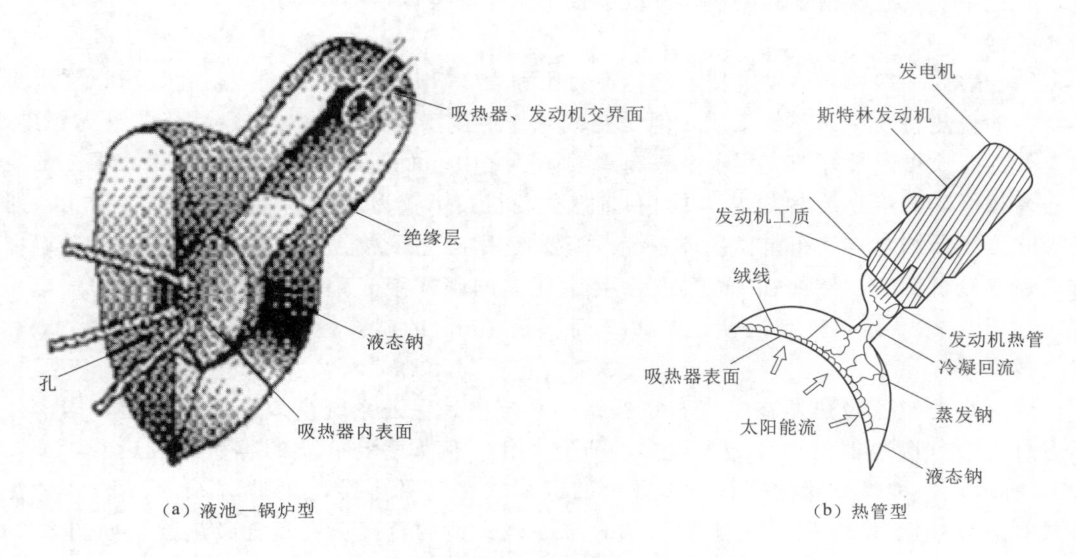

(a) 液池—锅炉型　　(b) 热管型

图 3.22 回流型传热方式

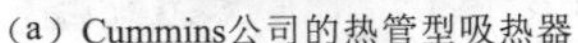

（a）Cummins公司的热管型吸热器　　（b）V-150型热管型吸热器

图 3.23　热管型吸热器

相比液池—锅炉型传热方式，热管型吸热器需要的传热介质更少，只在吸热器下部形成一个小液池，而液池—锅炉型吸热器就需要整个吸热器浸没在液池之中。在效率方面，热管型吸热器也较高，因为只需要将绒线结构中的介质加热到饱和温度，而液池—锅炉型吸热器则需要将整个液池内部的液态金属全部加热至饱和温度，这样很多的热量就存在了液池中，很难被斯特林发动机所利用。

综上所述，回流型吸热器的传热性能比直接照射型吸热器要强，实验证实可以使用更小巧的吸热器和斯特林发动机的加热器，而且能够较好的适应高温聚焦太阳辐射的不均匀现象。尤其是采用中间介质传热，提升了斯特林发动机的效率，也能适应受热不均匀的现象，降低了对聚光器精度的要求，降低了整个系统的设计难度和制造成本。

3. 空气吸热器

结合表 3.2 四种光热发电技术的特性对比和表 3.5 传热工质优缺点对比，可以看出虽然空气的传热特性不如其他工质，但是空气工作温度广泛，其便宜、容易获取且无污染，以空气为介质可以很好的应用于空气布雷顿循环之中。而且，表 3.2 中显示碟式聚光的空气布雷顿循环的年化效率最高，并且目前燃气轮机技术较为成熟，具有商业化的潜力。对于碟式聚光器结合空气布雷顿循环系统，需要使用空气吸热器加热工质空气至 800℃以上推动燃气轮机做功，例如在 OMSoP 项目中建立的碟式聚光耦合微型燃气轮机的发电系统，如图 3.24 所示，该系统使用的聚光面积是 $96m^2$ 的碟式镜，系统输出功率为 9kW，发电效率为 23%。

因为高温空气吸热器在空气布雷顿循环系统中是保证系统高效可靠的关键，国内外学者针对空气吸热器的设计做了很多的研究工作，例如多孔介质的容积式吸热器，如图 3.25 所示；一种蜂窝状的多孔金属开放的容积式空气吸热器，如图 3.26 所示；一种盘管式吸热器如图 3.27 所示；配套 $500m^2$ SG4 碟式镜的直接蒸汽盘管吸热器，如图 3.28 所示。

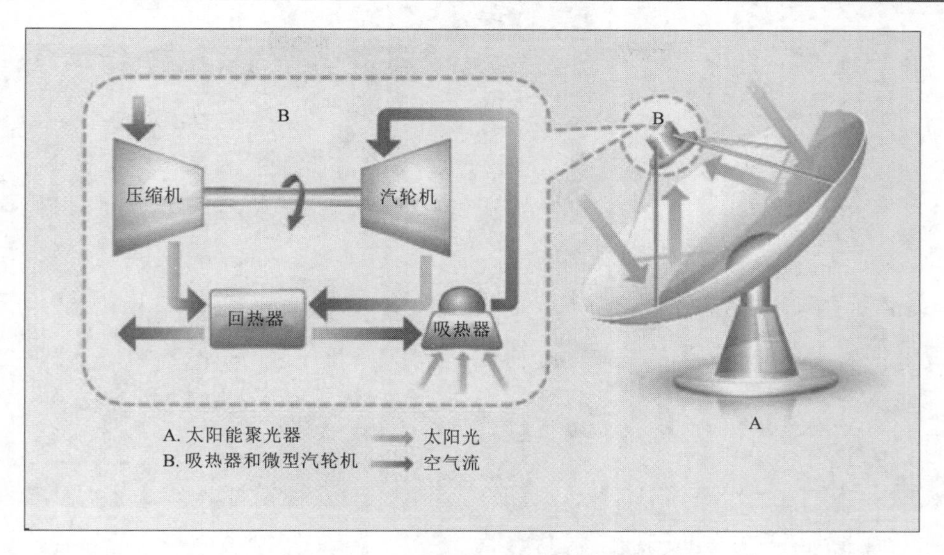

图 3.24 OMSoP 项目系统示意图

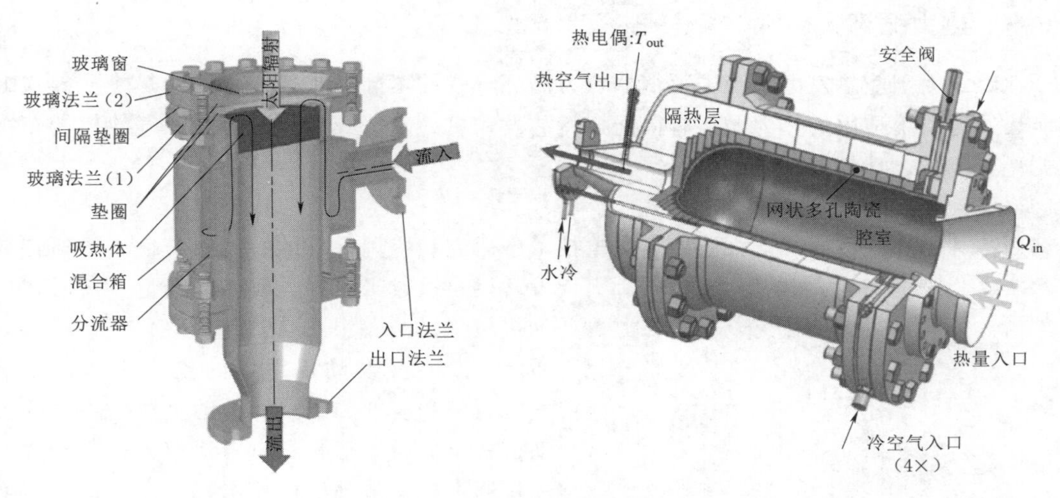

图 3.25 容积式吸热器

图 3.26 多孔金属开放的容积式空气吸热器

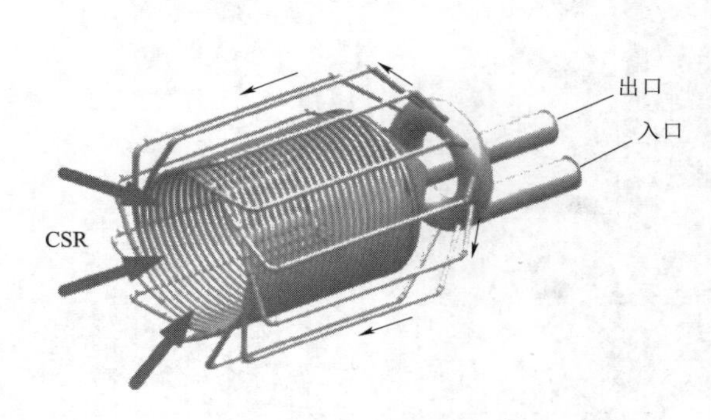

图 3.27　盘管式吸热器

图 3.28　直接蒸汽盘管吸热器

3.6.3　热力循环

在碟式太阳能热发电系统中，依据热力循环方式的不同，来选用不同的热机。碟式太阳能热发电系统适用的热力循环有搭配斯特林发动机的斯特林循环、使用燃气轮机的布雷顿循环、朗肯循环等等。

1. 斯特林循环

斯特林循环是目前碟式太阳能热发电技术中研究和应用最广的一种，其使用的斯特林发动机是通过吸热器吸收外部热量，然后转换为机械能的外燃机，其结构剖面图如图 3.29 所示。斯特林发动机常用的工作流体包括空气、氦气和氢气。斯特林发动机根据不同的传动方式可分为运动式和自由活塞式。运动式发动机通过机械传动机构输出轴功，而自由活塞式发动机靠流体力控制活塞的运动，采用气体润滑，无密封问题，机械效率和可靠性更高，但功率一般比较小。斯特林发动机根据机械构造分为 α 型、β 型和 γ 型，如图 3.30 所示。

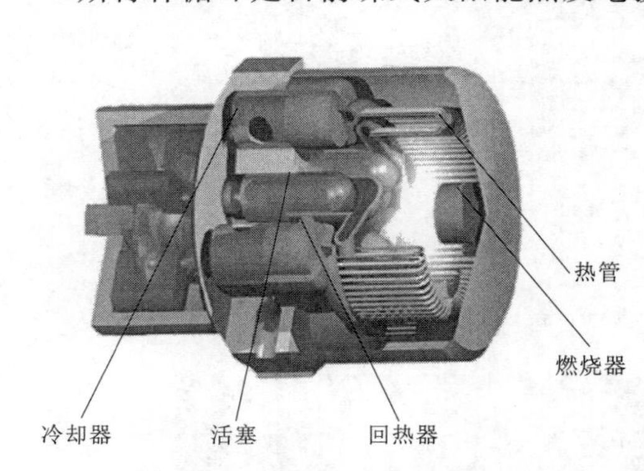

图 3.29　斯特林发动机剖面示意图

斯特林发动机的循环工作过程包含 4 个可逆过程，如图 3.31 所示，压容 p 曲线和温熵 T 曲线如图 3.32 所示。斯特林发动机的工作过程如下：

（1）压缩过程。当压缩腔内的工作流体做工完成，并且受到冷却液体的冷却后，工作流体开始冷凝，推动活塞背向曲轴移动。膨胀腔内此时也在压缩液体，膨胀腔内的活塞将推向上止点。

（2）加热过程。此时加热膨胀腔，膨胀腔内的活塞也已经到达上止点，大部分工作流

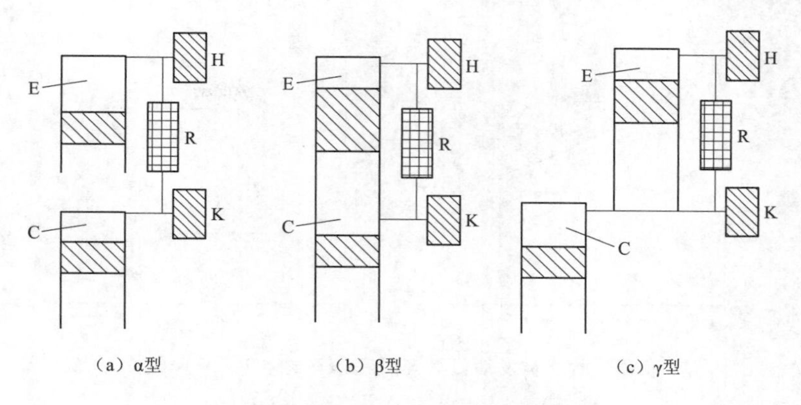

（a）α型　　（b）β型　　（c）γ型

图 3.30　斯特林发动机类型示意图

E—膨胀腔；C—压缩腔；H—热头；K—冷端；R—回热器

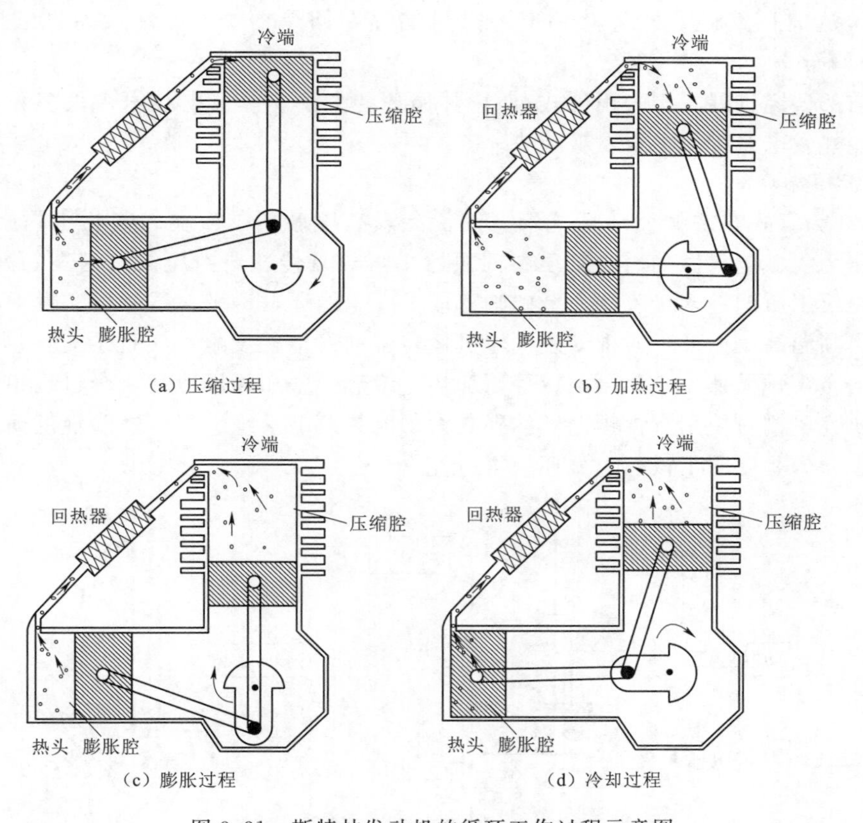

（a）压缩过程　　（b）加热过程

（c）膨胀过程　　（d）冷却过程

图 3.31　斯特林发动机的循环工作过程示意图

体在压缩腔。压缩腔继续压缩，膨胀腔则开始膨胀，此过程也是一个等容过程。曲轴顺时针转动 90°，将压缩腔的工作流体全部压缩到膨胀腔。在工作流体向膨胀腔流动的过程中，还会吸收储存在回热器的热量。

（3）膨胀过程。此过程刚开始时，几乎所有的工作流体在膨胀腔吸收来自外部热源的热量，工作流体在膨胀腔内受热开始膨胀，一部分通过回热器到达压缩腔内。此时工作流

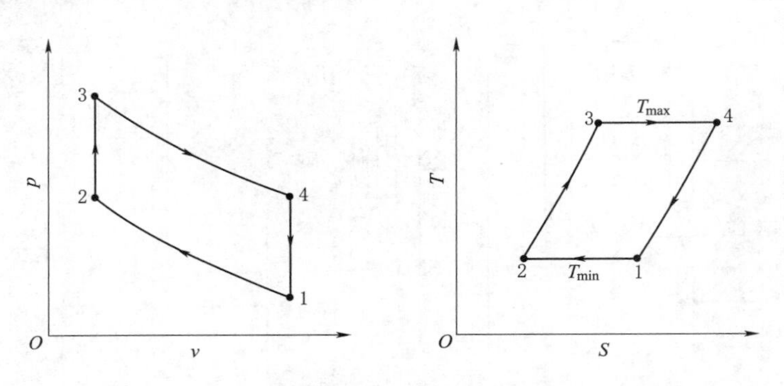

图 3.32　斯特林发动机循环过程 $p—v$ 和 $T—S$ 曲线图

体将膨胀腔和压缩腔的活塞同时推向曲轴。

(4) 冷却过程。此时热端活塞到达下至点，此过程同时也是一个等容过程。膨胀腔内的工作流体流向压缩腔，并且有一部的热量储存在回热器中。冷端活塞继续向下至点移动。

从目前的研究进展看，采用碟式/斯特林循环的太阳能热发电技术占大多数，是未来碟式太阳能热发电系统的主要发展趋势。

2. 布雷顿循环

图 3.33 为碟式布雷顿循环系统示意图，高温高压循环工质在燃气轮机内膨胀做功，把热能转化为机械能，做功后的工质在回热器中将热量传递给由压缩机送出的高压工质，预热后的高压工质即进入接收器，至此则完成了一个循环，透平、压缩机和发电机为同轴布置，即由高温高压循环工质推动燃气轮机运转带动发电机发电，实现了光—热—电的转换。理想的布雷顿循环由绝热压缩、等压加热、绝热膨胀和等压冷却 4 个过程组成。目前只有部分研究机构对使用布雷顿循环的碟式太阳能热发电系统进行了试验性的研究，虽然工作量较少，但是证明了该热力循环的可行性。

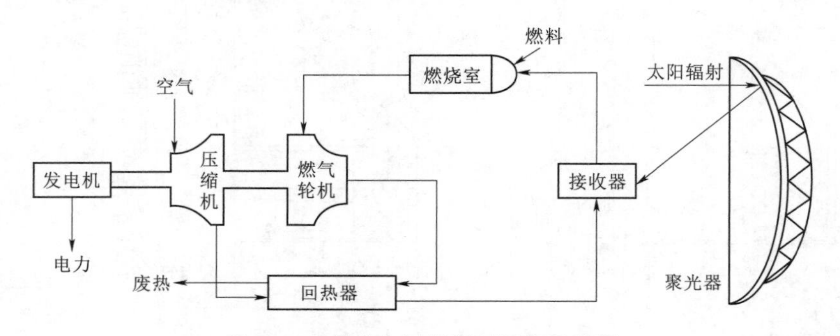

图 3.33　碟式布雷顿循环系统示意图

3.6.4　碟式光热电站成本分析

碟式光热发电技术是光热发电技术中光电转换效率最高的一种方式，也是世界上最早出现的太阳能动力技术。这种技术的优势是接收器吸热面积小、聚光比高、光电转换效率高、噪声小、应用灵活性强，适用于分布式供电系统，但是其设备造价昂贵，结构复杂，单机容量受到限制，尤其是高昂的发电成本。在碟式光热电站中，发电设备的成本所占的比例最大，占整个碟式光热电站建造工程总成本的73%（以10MW光热电站为例），发电设备主要包括斯特林发电机、聚光碟跟踪系统、箱装体辅助系统和监控系统这4个部分，造价构成比例分别为37%，52%，2%，9%。

3.7 线性菲涅尔光热发电系统

线性菲涅尔光热发电技术（简称LFR技术），其原理与槽式光热发电系统相近，采用线聚焦，利用菲涅尔式反射镜如图3.34所示。组成反射镜阵列，将太阳光反射到线性塔上的固定吸热器用以加热传热工质，再通过换热器产生过热蒸汽驱动汽轮机组发电，从而将太阳能转化成电能，如图3.35所示。

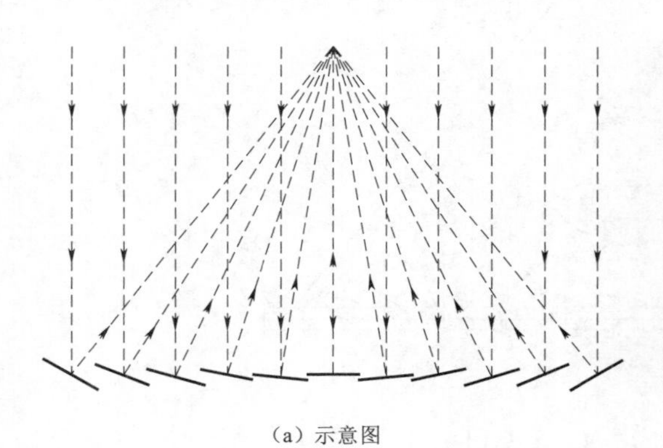

(a) 示意图

(b) 实物图

图3.34 菲涅尔式反射镜聚光器示意图

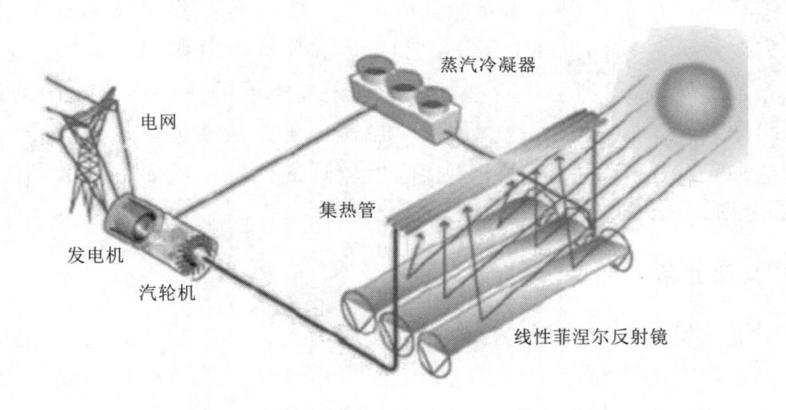

图3.35 线性菲涅尔式光热发电系统示意图

3.7.1 聚光系统

线性菲涅尔式光热发电技术中的聚光系统由槽式太阳能聚光系统演变而来，将槽式抛物反射镜线性分段离散化，就形成了线性菲涅尔的结构，与槽式太阳能聚光系统的技术不同，线性菲涅尔式的镜面布置不必保持抛物面形状，离散镜面可以处在同一水平面上。线性菲涅尔聚光系统包括聚光镜场、跟踪控制装置和接收器 3 部分。其中，由反射镜组成的聚光镜场一般沿南北或者东西方向对称布置，主反射镜在跟踪装置的控制下单轴自动追踪太阳，将太阳光线汇聚到接收器上，这个过程中，一部分光线直接聚焦在位于焦线上的真空集热管上，而另一部分复经过合抛物面二次聚光器的二次反射后再投射到真空集热管上，增加对反射光线的利用率，进一步优化聚光性能，如图 3.36 所示。

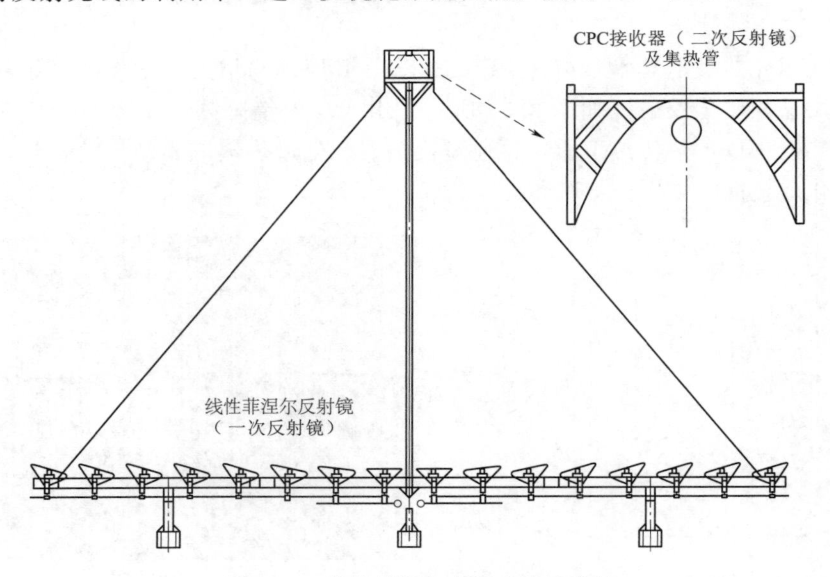

图 3.36　线性菲涅尔式聚光器示意图

随着光热电站容量的不断增大，电站需要配备多套聚光集热器单元，因此为避免相邻聚光单元的主镜场边缘反射镜存在相互遮挡的问题，需要抬高集热器的支撑结构，相邻单元间的距离也需要增大，这样也降低了土地利用率，研究学着提出了紧凑型线性菲涅尔式聚光系统的概念，如图 3.37 所示，这些配置的镜子有不同的倾斜度（紧凑的设计），以避免阻挡光线和阴影效果，提高了土地利用率，也避免了因抬高集热器支撑结构所带来的成本增加。但是这种设计由于反射镜位于离接收器较远的位置，反而导致太阳光线辐照度的降低，如图 3.38 所示。

3.7.2　工质加热系统

菲涅尔太阳能热发电系统使用的传热介质一般为水、导热油或熔盐，储热介质一般为熔盐或混凝土，已建成的商业化光热电站多为水工质电站，工质温度不高，无法发挥光热电站的储能优势，热电机组的发电效率也难以获得提高。

采用直接蒸汽式工质加热系统，即集热管内即为做功工质，没有中间介质，一般也分为一次通过模式、注入模式以及循环模式三种基本加热模式，如图 3.39 所示。其中：①一次通过模式虽然结构简单，但是两相流的问题难以解决；②注入模式理论上可对两相流存在的问题进行调节，但是其结构复杂，还需要额外增加阀门和管道，这就带来了复杂性；③循环模式采用气液分离器，可以相对有效地控制两相流的问题，系统稳定性

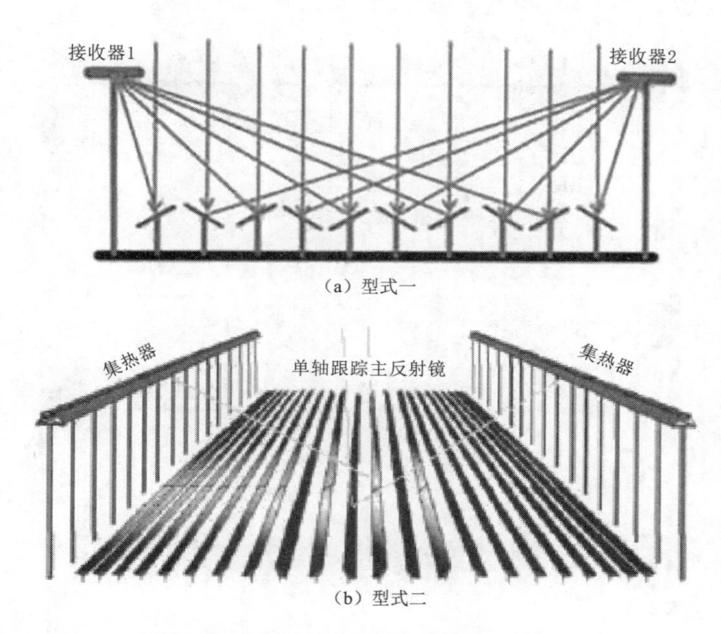

（a）型式一

（b）型式二

图 3.37 紧凑型线性菲涅尔式聚光系统

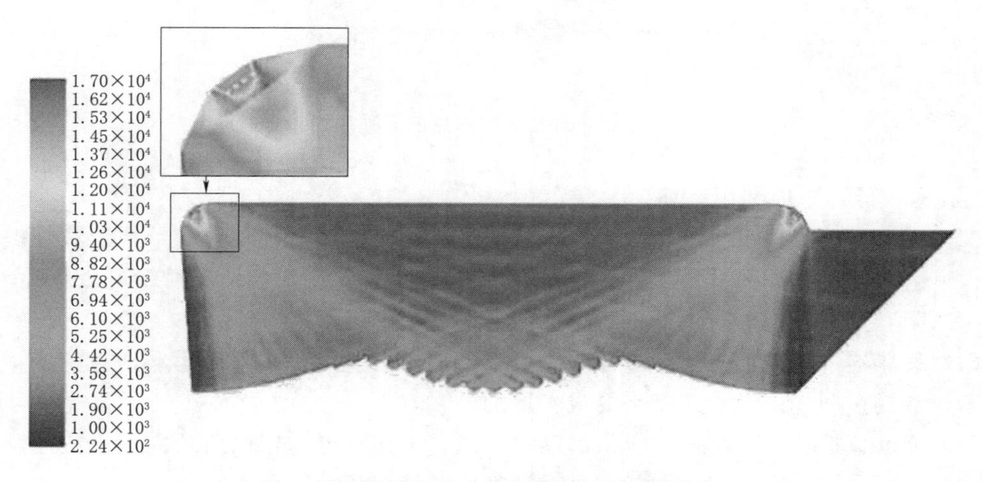

图 3.38 镜场中的入射太阳辐照度（W/m^2）

最好，但是成本也最高。目前，直接蒸汽模式的一些组件设计较为灵活，三种加热模式可配合使用。从系统稳定性和可靠性的角度出发，循环模式比较适合，但是需要考虑降低其成本。

3.7.3 技术特点

线性菲涅尔式光热发电技术已经得到国内外越来越多的关注和应用，其技术特点主要如下：

（1）年平均效率 9%～11%，峰值效率 20%，每年 1MW·h 的电能所需土地为 4～

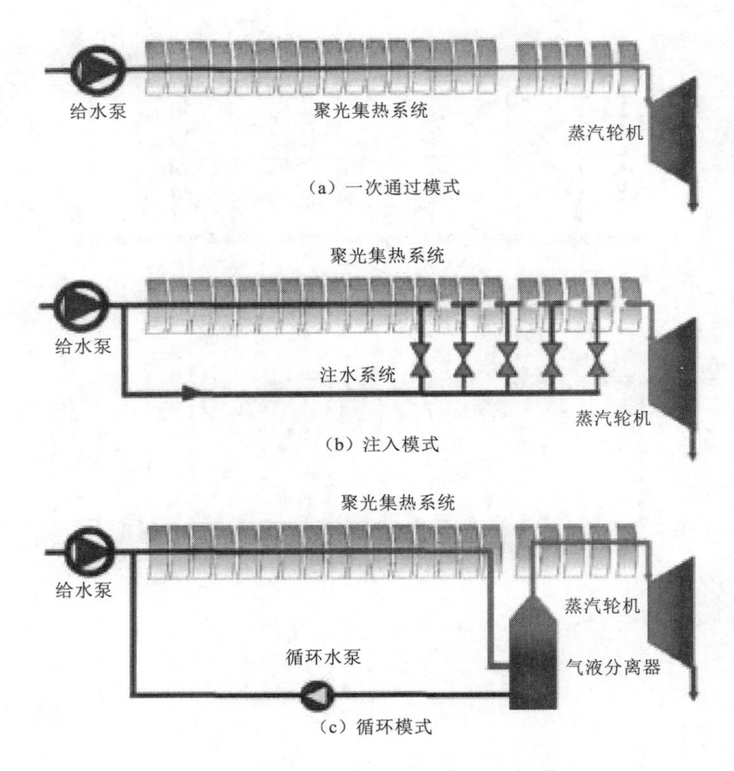

图 3.39　直接蒸汽加热的 3 种模式

$6m^2$，成本较低，土地利用率高。

(2) 主反射镜采用平直或弯曲度较小的条形镜面，加工过程相对简单，清洗维护尤其是二次反射镜与抛物槽式反射镜类似，但是其生产工艺成熟，并且反射镜可以近地安装，降低了风阻，具有较强的抗风性，对电站的选址也更为灵活。

(3) 集热器采用固定方式，这样布置可以不随反射镜跟踪太阳而运动，避免了一定的管路密封和连接问题以及由此带来的成本增加。

(4) 能够直接产生主蒸汽，机组启动时间短，可根据电网用电负荷需求，快速调节机组出力，参与电网一次和二次调频，具有良好的调峰调频性能，增强电网消纳传统新能源的能力，减少弃风、弃光损失。

3.7.4　发展趋势

线性菲涅尔式光热发电系统在未来的发展中，可以实现的技术创新包括以下方面：

(1) 生产更薄、更轻便的反射镜衬底来提高反射镜的反射率，同时在镜面涂抹防污染和憎水涂层以降低维护和清洗费用。

(2) 设计更为合理且经济的支撑结构，选取合适的材料，可大大降低投资成本。

(3) 开发在更高温条件下具有优异光学性能及高温稳定性能的光谱选择性吸收涂层，提高集热管的效率。

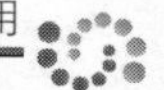

(4) 需要大规模集热系统设计与控制技术，因为现有的线性菲涅尔式光热电站系统容量还较小，未能发挥出大容量集热系统标准化、模块化的成本优势。在发展大规模集热场时，跟踪控制系统，不同工况下的参数控制等等，都需要取得相关的研究进展。

3.8 光热发电技术发展前景及应用

3.8.1 光热发电技术的需求和机遇

2021年3月，中央财经委员会第九次会议提出，构建清洁低碳安全高效的能源体系，深化电力体制改革，建成以新能源为主体的新型电力系统。在能源生产侧，推动以清洁能源替代化石能源，据预测，2060年我国一次能源消费总量将达到46亿t标准煤，其中非化石能源占比将达到80%以上，风、光成为主要能源。在能源需求背景下，我国的风能、太阳能都将以更快的速度发展，这也为光热行业的发展带来了新的机遇。

(1) 调峰电源能力的需求。一些大规模开发利用新能源的地区不具备抽水蓄能、气电等灵活电源的建设条件，同时由于生态保护等原因难以增设煤电机组，这就为光热电站作为调峰电源而建设提供了条件。带储热系统的太阳能热发电站能够保持稳定的电力输出，具备良好的调节性能，可作为调峰电源，有效缓解出力波动，减少弃风、弃光情况，提高电网消纳，满足电网调峰需求。

(2) 市场经济性的发展。在国家补贴渐渐退出电力行业市场的过程中，将光热发电作为调峰电源，以可调灵活性、长时间储能等优势通过市场化方式实现，以带来更多的收益，保障国内光热产业的可持续发展。

(3) 提高国际竞争力。面对近年来中东、北非等太阳能资源丰富地区的可持续能源发电解决方案，该方案将光热在夜间发电并在白天为光伏调峰，进一步推动光热产业发展并付诸实际应用。我国也应通过国内的光热项目不断积累调峰方面的设计、运行经验，不断提高国际市场的竞争优势。

(4) 环境效益显著。将光热电站建在戈壁荒漠区域的地方，可以改善地表的环境：由于镜场遮挡，可以减少地面水分的蒸发量；在镜场区域，起到防风固沙的作用。例如某光热电站投运5年后的前后对比如图3.40所示。

国务院《2030年前碳达峰行动方案》(国发〔2021〕23号) 明确：积极发展太阳能光热发电，推动建立光热发电与光伏发电、风电互补调节的风光热综合可再生能源发电基地，构建新能源占比逐渐提高的新型电力系统，推动清洁电力资源大范围优化配置，加快灵活调节电源建设。

3.8.2 光热发电技术的产业发展

目前，西班牙拥有装机容量为2.3GW的正在运行的光热电站，位列全球首位；美国光热电站装机容量为1.7GW，居第2位。摩洛哥、沙特阿拉伯、以色列、阿联酋、南非等重要的新兴市场也正在快速崛起，截至2020年年底，全球累计光热电站装机容量达到6690MW。

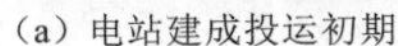
（a）电站建成投运初期

（b）电站建成投运5年后

图 3.40　某光热电站建成投运后植被的变化情况

我国的光热发电技术也在 21 世纪逐渐发展起来。2007 年，国内第 1 座 70kW 光热电站在南京通过验收；2010 年，亚洲第 1 座塔式光热电站在北京延庆开工建设，并于 2012 年 8 月发电；2013 年 7 月，青海中控德令哈 10MW 光热发电项目成功并网发电，标志着我国首个光热发电项目投入商业运行；2016 年 8 月，该项目完成熔盐改造工程，成为国内首座熔盐工质塔式光热电站；2016 年 12 月，首航节能敦煌 10MW 熔盐工质塔式光热电站并网发电；2018 年 6 月底，中广核德令哈 50MW 槽式光热发电项目首次并网；中控德令哈 50MW 塔式、首航敦煌 100MW 塔式及玉门鑫能 50MW 塔式二次反射式等光热发电项目在 2018 年年底并网发电；首航高科敦煌 100MW 熔盐塔式光热示范电站 2019 年 6 月实现满负荷运行；中电建共和 50MW 塔式光热电站于 2020 年 11 月 6 日实现满负荷运行；兰州大成敦煌 50MW 光热电站 2020 年 6 月 18 日太阳能集热场系统整体并网发电投运；内蒙古乌拉特中旗 100MW 槽式光热示范电站项目于 2020 年 1 月 8 日首次实现并网发电，2021 年 10 月 20 日通过国家示范性验收。一系列光热电站的建立标志着我国光热发电产业基本成熟，具备加快发展的条件。

3.8.3　光热发电技术的挑战

（1）现在光热发电技术还有待突破，光热发电产业还存在一次投资过大、发电成本高、规模小、可靠性有待验证等诸多问题，需要提高电力供应的稳定性。

（2）目前国内的大型商业化光热电站项目较少，且投运时间较短，因此缺少系统集成、运营方面、检修维护等多方面的经验，尤其是在恶劣天气，例如大风、高寒、风沙、雾霾、缺水、结霜和冰雪的气候下保障电站的运行和维护。

（3）光伏发电和风力发电的上网电价不断下调，平价上网正在试点进行中。在短期内，无论是与其他清洁能源发电还是火力发电相比，都有巨大的竞争压力。

（4）因为采用水冷的光热发电耗水量高于燃煤发电的耗水量，所以现在建设的光热发电站均采用空冷方式，但是这样又对光热电站的工作效率存在一些不利的影响，也是一个需要解决的重要问题。

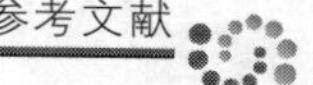

3.8.4 光热发电技术的发展建议

（1）对于光热发电站的开发、集成而言，建立完整可靠的设计和运行规范，深入研究并掌握前沿技术，储备光热电站的经验，建立光热发电核心材料、装备和系统性能评价的规范和标准，将会对光热发电的技术进步将起到重要作用。

（2）积极开发聚光集热、换热、储能材料和技术，因为储能系统是光热电站实现连续发电的关键，聚光集热和换热技术的提升有利于提高电站系统的效率。这些都需要政策和资金的大力支持。

（3）完善光热发电行业相关产业链，涉及到玻璃镜、吸热管、聚光器、定日镜支架等相关设备的生产线的建立，不断实现光热发电产业的规模化和工业自主化。

习　题

1. 简述太阳能热发电的工作原理。
2. 说明太阳能热发电系统的结构组成。
3. 简述太阳能热发电系统的分类。
4. 你认为太阳能热发电在我国的发展前景如何？

参 考 文 献

[1] 王志峰．兆瓦级塔式太阳能热发电实验电站 [J]．现代物理知识，2013，25 (2)：18-23.
[2] 关根志，雷娟，吴红霞．太阳能发电技术 [J]．水电与新能源，2013 (1)：6-9，15.
[3] 董晓佳．太阳能光热发电最优发展路径研究 [D]．天津：天津师范大学，2022.
[4] 宋红，张庆宝．太阳能热发电系统介绍及站址选择 [J]．太阳能，2019 (2)：13-18.
[5] 韩雪．基于太阳能热发电技术的复合系统性能研究 [D]．北京：华北电力大学，2019.
[6] BAHAROON D A，RAHMAN H A，OMAR W Z W，et al. Historical development of concentrating solar power technologies to generate clean electricity efficiently - A review [J]. Renewable and Sustainable Energy Reviews，2015，41：996-1027.
[7] RAVI KUMAR K，KRISHNA CHAITANYA N V V，SENDHIL KUMAR N. Solar thermal energy technologies and its applications for process heating and power generation - A review [J]. Journal of Cleaner Production，2021，282：125296.
[8] SHI L，WANG X，HU Y，et al. Solar - thermal conversion and steam generation：a review [J]. Applied Thermal Engineering，2020，179：115691.
[9] 张福君，李凤梅．综述太阳能光热发电技术发展 [J]．锅炉制造，2019 (4)：33-36，46.
[10] JEBASINGH V K，HERBERT G M J. A review of solar parabolic trough collector [J]. Renewable and Sustainable Energy Reviews，2016，54：1085-1091.
[11] 刘旸．里约+20见证可持续发展之路 [J]．风能，2012 (8)：36-37.
[12] 黄晶．从21世纪议程到2030议程——中国可持续发展战略实施历程回顾 [J]．可持续发展经济导刊，2019 (9)：14-16.
[13] 巩玺．我国太阳能热发电产业发展现状及前景浅析 [J]．太阳能，2017 (11)：9-13.
[14] 王志峰，杜凤丽．2015—2022年中国太阳能热发电发展情景分析及预测 [J]．太阳能，2019 (11)：5-10，69.
[15] 王志峰．国际太阳能热发电技术发展态势 [C]．敦煌：中国太阳能热发电大会，2015.

[16] 中国建设亚洲首座兆瓦级塔式太阳能电站 [J]. 电力技术，2010 (7)：129.

[17] 王志峰，何雅玲，康重庆. 明确太阳能热发电战略定位促进技术发展 [J]. 华电技术，2021，43 (11)：1-4.

[18] ZHANG H L，BAEYENS J，DEGREVE J，et al. Concentrated solar power plants：review and design methodology [J]. Renew Sust Energ Rev，2013，22：466-481.

[19] 莫一波，杨灵，黄柳燕. 各种太阳能发电技术研究综述 [J]. 东方电气评论，2018，32 (1)：78-82.

[20] 王志峰，原郭丰. 分布式太阳能热发电技术与产业发展分析 [J]. 中国科学院院刊，2016，31 (2)：182-90.

[21] 李京光，曹淦，陈广娟. 基于 Fuzzy-AHP 的太阳能热发电站选址综合评价 [J]. 电力勘测设计，2008 (6)：77-80.

[22] 2016中国太阳能热发电行业发展蓝皮书 [J]. 太阳能，2017 (7)：5-22.

[23] MERCHáN R P，SANTOS M J，MEDINA A，et al. High temperature central tower plants for concentrated solar power：2021 overview [J]. Renewable and Sustainable Energy Reviews，2022，155：111828.

[24] 白凤武. 太阳能热发电示范项目建设：整合设备制造产业链 [J]. 中国战略新兴产业，2015 (23)：67-9.

[25] 胡勇. 可持续性视角下太阳能热发电项目选址决策研究 [D]. 北京：华北电力大学，2018.

[26] ZHAO Z-Y，CHEN Y-L，THOMSON J D. Levelized cost of energy modeling for concentrated solar power projects：A China study [J]. Energy，2017 (120)：117-127.

[27] 塔拉，宿东升，阿力夫. 一种综合性新能源发电生态系统模型及其站址选择 [J]. 太阳能，2018 (1)：66，74-78.

[28] 付鹏，王志峰，余强. 塔式太阳能热发电站热力性能综合评价 [J]. 太阳能学报，2021，42 (11)：86-97.

[29] 崔士军. 塔式太阳能热发电系统智能控制技术的研究 [D]. 济南：济南大学，2012.

[30] 李心，赵晓辉，李江烨. 塔式太阳能热发电全寿命周期成本电价分析 [J]. 电力系统自动化，2015，39 (7)：84-88.

[31] 曹传钊，郑建涛，刘明义. 塔式太阳能热发电技术的发展 [J]. 可再生能源，2013，31 (12)：21-25.

[32] 董泉润，刘翔. 塔式太阳能热力发电技术进展综述 [J]. 技术与市场，2017，24 (11)：144.

[33] 余强，徐二树，常春. 塔式太阳能电站定日镜场的建模与仿真 [J]. 中国电机工程学报，2012，32 (23)：90-97.

[34] 曾季川. 塔式太阳能吸热器热效率评估方法研究 [D]. 杭州：浙江大学，2021.

[35] 李浩. 塔式太阳能热发电传热储能系统建模与仿真研究 [D]. 保定：华北电力大学，2019.

[36] 雷东强. 高温太阳能集热管研究进展及发展趋势 [J]. 新材料产业，2012 (7)：27-33.

[37] 付旭强，王秀春，雷东强. 抛物槽式太阳能吸热管热损失研究 [J]. 节能，2016 (7)：22-24.

[38] 周楷，余志勇，李心. 槽式太阳能热发电技术发展现状与趋势 [J]. 能源研究与管理，2014 (4)：17-22.

[39] 王军，张耀明，张文进. 槽式太阳能热发电中的聚光集热器 [J]. 太阳能，2007 (4)：25-29.

[40] 陶仕梅，刘涛，赵志强. 太阳能光热发电技术综述 [J]. 东方汽轮机，2011 (3)：19-24.

[41] 耿直，顾煜炯，余裕璞. 槽式太阳能热发电储热系统控制策略研究 [J]. 自动化仪表，2018，39 (10)：32-37.

[42] 惠永琦. 槽式太阳能集热系统及蓄热储能辅助系统的研究 [D]. 保定：华北电力大学，2019.

[43] 张晨. 中低温槽式太阳能热发电储热系统关键技术研究 [D]. 北京：华北电力大学，2018.

[44] 张同伟. 槽式太阳能集热发电系统发展状况 [C]. 西安：2011 中国太阳能热利用行业年会暨高峰论坛，2011.

[45] FERNáNDEZ - GARCíA A，ZARZA E，VALENZUELA L，et al. Parabolic - trough solar collectors and their applications [J]. Renewable and Sustainable Energy Reviews，2010，14 (7)：1695 - 1721.

[46] 许辉，张红，白穜. 碟式太阳能热发电技术综述（二）[J]. 热力发电，2009，38 (6)：6 - 9.

[47] 丁生平. 碟式太阳能热发电系统性能研究 [D]. 济南：山东大学，2015.

[48] 陈冬. 太阳能碟式镜聚光吸热特性研究 [D]. 杭州：浙江工业大学，2020.

[49] ZAYED M E，ZHAO J，ELSHEIKH A H，et al. A comprehensive review on Dish/Stirling concentrated solar power systems：Design，optical and geometrical analyses，thermal performance assessment，and applications [J]. Journal of Cleaner Production，2021，283：124664.

[50] 孙浩. 碟式太阳能光热发电系统探究 [J]. 工程设备与材料，2017 (7)：130 - 131.

[51] 杨征，吴玉庭，马重芳. 碟式太阳能热发电系统吸热器传热方式的分析与比较 [J]. 太阳能，2007 (12)：16 - 19.

[52] LANCHI M，MONTECCHI M，CRESCENZI T，et al. Investigation into the Coupling of Micro Gas Turbines with CSP Technology：OMSoP Project [J]. Energy Procedia，2015，69：1317 - 1326.

[53] 陈鸳鹭，陈永，潘雪. 碟式太阳能热发电全寿命周期成本电价分析 [J]. 上海节能，2016 (11)：593 - 597.

[54] 孔令刚，陈鑫龙，张志勇. 线性菲涅尔式光热发电技术现状及发展趋势 [J]. 兰州交通大学学报，2020，39 (6)：51 - 57.

[55] 李启明，郑建涛，徐海卫. 线性菲涅尔式太阳能热发电技术发展概况 [J]. 太阳能，2012 (7)：41 - 45.

[56] BELLOS E. Progress in the design and the applications of linear Fresnel reflectors - A critical review [J]. Thermal Science and Engineering Progress，2019 (10)：112 - 137.

[57] 郭剑波. 新型电力系统面临的挑战以及有关机制思考 [J]. 中国电力企业管理，2021 (9)：8 - 11.

[58] 胡振广，金宗勇. 能源转型战略背景下中国太阳能热发电面临的机遇与挑战 [J]. 太阳能，2019 (11)：11 - 17，20.

[59] 舒印彪，张智刚，郭剑波. 新能源消纳关键因素分析及解决措施研究 [J]. 中国电机工程学报，2017，37 (1)：1 - 8，S1.

[60] 郭剑波. 构建新型电力系统是实现能源转型、达成“双碳”目标的有效途径 [N]. 国家电网报 2021 - 09 - 07.

[61] 贾振宇. 全球太阳能热发电容量及技术现状分析研究 [J]. 太阳能，2017 (10)：57 - 61，67.

第4章 风电技术及应用

风能是流动的空气所具有的能量。从广义太阳能的角度看，风能是由太阳能转化而来的。来自太阳的辐射能不断地传送到地球表面，因太阳照射而受热的情况不同，地球表面各处产生温差，从而引起大气的对流运动形成风。据估计，到达地球的太阳能中虽然只有大约2%转化为风能，但其总量仍是十分可观的。

风能是由地表空气流动所形成的能量，地球上可被利用的风能资源非常丰富，超过1/4的陆地年平均风速大于5m/s（距地面10m），海上风能资源更为丰富。据测算，风能可利用的资源量远超水力发电的可开发总量，人类从公元前就已经开始利用风能，而中国也是最早利用风能的国家之一，早期只能将风能直接转换为动力，集中在农业和交通运输领域，例如风车排水、灌溉，风帆推动帆船航行等。而如今，风电已经成为风能利用的主要方式。

4.1 风与风能资源

4.1.1 风的形成

风是怎样产生的？风的能量来自何方？根据气象学家的解释，风是由于空气流动而产生的。地球表面被厚厚一层被称为大气层的空气所包围，由于太阳辐射与地球的自转、公转，以及河流、海洋、山岳及沙漠等地表的差异，地面各处受热不均匀，造成了各地区热传播的显著差别，大气的温差发生变化，加之空气中水蒸气的含量不同，以及地面的气压不同，于是高压区空气就向低压区流动，在水平方向的空气流动就构成风。大气移动的最终结果是要使全球各地的热能分布均匀，于是赤道暖空气向两极移动，两极冷空气向赤道移动。所以大气压差是风产生的根本原因。

要了解风的形成，就需要先了解地球大气环流，大气环流是指地球大气层内气流沿着稳定的路径进行不同规模运动的总称，大气环流体现了全球大气运动的基本形式。太阳辐射强度的差异、地球自转、地球表面地形的变化等都是影响大气环流的主要因素。

大气流动的能量主要来自太阳辐射，而辐射强度的不均匀导致地球不同纬度间存在温度差，赤道附近地面比两极地区温度高。在赤道以及低纬度地区，空气受热膨胀上升，导致对流层高层形成由低纬度指向高纬度的气压梯度，在该气压梯度的驱动下，空气向两极地区流动，从而使赤道及低纬度地区气压减小。此时，两极地区底层较高压空气从两极吹

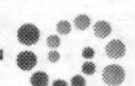

向赤道，以替补赤道附近上升的热空气，使不同纬度之间的热量得以平衡。显然，如果不存在地球自转的话，赤道和两极之间能够形成一个完整的热力环流圈。这种仅仅由于太阳辐射而引起的大气环流称为纯粹的经向环流。

地球的自转会产生一个使空气水平运动发生偏向的地转偏向力，阻碍风垂直于等压线从高压吹向低压。地转偏向力的方向始终和空气运动的方向垂直，在北半球它指向空气运动方向的右方，使空气向右偏转；在南半球它指向空气运动方向的左方，使空气向左偏转。地转偏向力的大小与风速和纬度有关，当风速一定时，纬度越高，地转偏向力越大；在相同的纬度下，风速越大，地转偏向力越大。

赤道附近气流起初向高纬度地区流动时，地转偏向力较小，随着纬度的增大，地转偏向力逐渐增大，气流向右发生偏转，在纬度30°处偏转至与纬度线平行，空气下沉形成副热带高压，副热带高压带向赤道一侧，有空气流向赤道、与赤道上升气流构成环流。在地转偏向力的作用下，这一大气运动体现为北半球吹东北风，南半球吹东南风、风速稳定但不大，也称之为信风。因此，在南北纬30°之间的地带被称为信风带。而在副热带高压带向极地一侧，有空气流向中纬度地区，同样在地转偏向力的影响下，在南北纬度30°～60°之间形成西风带且风速较大，被称为盛行西风带。从两极地面高压区流出的空气，受地转偏向力的驱使，南北半球均吹东风，这样就在南北维度60°～90°之间，形成了极地东风带。由以上热带—赤道信风圈、中纬盛行西风圈、极地东风圈组成的大气环流圈便是“三圈环流”，如图4.1所示。

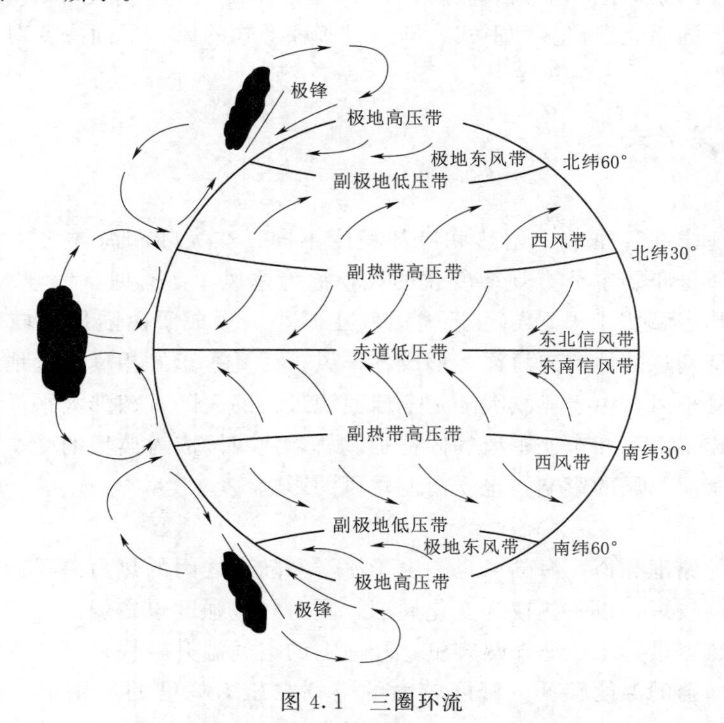

图4.1 三圈环流

“三圈环流”反映了大气环流的基本状况，是一种理想的环流模型。但由于地球表面分布着广阔的海洋和大片的陆地，而陆地上又有高山峻岭、低地平原、广大沙漠以及极地冷源等，因此地球是一个性质不均匀的复杂下垫面，实际大气环流模型相比理想模型更为复杂。海陆间热力性质的差异和山脉的机械阻滞，都是大气环流重要的热力和动力影响因素，其中：夏季，由于陆地热容量比海洋热容量小很多，陆地温升比海洋快，因此，陆地成为相对热源，海洋成为相对冷源；冬季，陆地成为相对冷源，海洋却成为相对热源。这种冷热源分布直接影响到海陆间的气压分布，使完整的纬向气压带分裂成一个个闭合的高压和低压，同时，冬夏两季海陆间的热力差异引起的气压梯度驱动着海陆间的大气流动、这种随季节而转换的环流是季风形成的重要因素。

地形起伏（尤其是大范围的高原和高大山脉）对大气环流的影响非常显著，其影响包括动力作用和热力作用两个方面。当大规模气流爬越高原和高山时，常常在高山迎风侧受阻，形成高压脊；在高山背风侧，则利于空气辐散，形成低压槽。如果地形过于高大或气流比较浅薄，则运动气流往往不能爬越高大地形，而在山地迎风面发生绕流或分支现象，在背风面发生气流汇合现象。地形对大气的热力变化也有影响，比如青藏高原相对于四周自由大气来说，夏季时高原是热源，冬季时是冷源，这种热力效应对南亚和东亚季风环流的形成、发展和维持有重要影响。

总而言之，太阳辐射对大气层的加热不均是大气产生大规模运动的根本原因，地球自转是全球大气环流形成和维持的重要因素，海陆间热力性质的差异和山脉的机械阻滞都是影响局部气流的重要热力和动力因素。正因为太阳辐射、地球自转、海陆热力性质差异和山脉的机械阻滞等因素对地球上大气流动有着不同的作用，所以，实际上大气运动会因占主导的影响因素不同而表现出多种形式，即形成多种形式的风，下面主要对集中常见的风进行介绍。

4.1.2　风的常见形式

1. 季风

由于大陆和海洋在各季节中增热和冷却程度不同，在大陆和海洋之间形成的大范围的、风向以及气压分布随季节有规律变化的风，称为季风。冬季时，海洋温度比陆地高，海洋上的空气受热、膨胀上升、导致近地面气压减小，形成了由陆地指向海洋的压力梯度，因而近地面空气从陆地吹向海洋，形成冬季风；而夏季正好相反，近地面空气由海洋吹向陆地，形成夏季风。由于亚欧大陆是全球面积最大的大陆，东部太平洋又是全球最大的海洋，因而造成了南亚和东亚季风气候特别显著，使我国成为典型的受季风气候影响的国家、我国既受东亚季风的影响，也受南亚季风的影响。

2. 海陆风

与季风形成的原理类似，海陆风也是由于海洋和陆地之间的热力差异产生的，但相比之下，海陆风周期较短，以一昼夜为变化周期，同时气流强度也较弱。白天，在太阳的照射下，由于陆地热容量远小于海洋热容量，陆地上的空气温升较快，空气受热膨胀，向上流动，同时，海面上的温度较低、密度较大的空气在压力梯度的作用下，由海面吹向陆地，形成海风；夜间正好相反，海洋上的空气温度比陆地高，风从陆地吹向海洋，形成陆风。海风和陆风合称为海陆风，海陆风的形成如图 4.2 所示。

一般来说，白天海陆温差大，陆地气流又很不稳定，有利于海风的形成和发展。而在夜间，海陆温差较小，海上气流相对稳定，不利于陆风的形成和发展。因此，海风要比陆风更为强盛，典型情况下，海风风速可达 4～7m/s，陆风般为 1～3m/s。海陆风伸展的水平和垂直距离也不相同，热带的海风水平伸展为 50～100km，向上伸展高度为 1～2km；温带海风水平伸展为 15～50km，向上伸展几百米；而陆风的水平伸展为 20～30km，向上伸展为 200～300m。

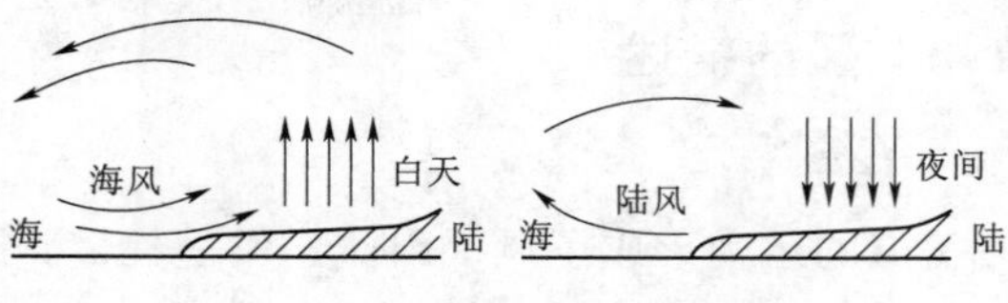

图 4.2 海陆风的形成

在温度日变化明显和昼夜温差比较大的地区，海陆风表现得更为强盛。热带地区全年可见海陆风，中纬度地区则在夏季才会出现，到高纬度地区海陆风就表现得很微弱了。由于海陆最大温差出现在海岸线附近，因此，海岸线附近的海陆风风速最大，随着离海岸线距离的增加，风速逐渐减小。

3. 山谷风

白天，山坡接收到的太阳辐射量较大，空气温度升高较快，山坡上的暖空气不断上升，从山坡上空流向山谷上空，而山谷谷底的冷空气气压高，向山坡流动并沿山坡爬升，从而在山坡和山谷之间形成热力环流，此时，下层风由谷底吹向山坡，成为谷风。夜间，山坡上的空气由于山坡辐射冷却而降温较快，在山坡和山谷之间形成了一个方向与白天相反的热力环流，此时，下层风由山坡吹入谷底，称为山风。山风和谷风总称为山谷风，山谷风的形成如图 4.3 所示。

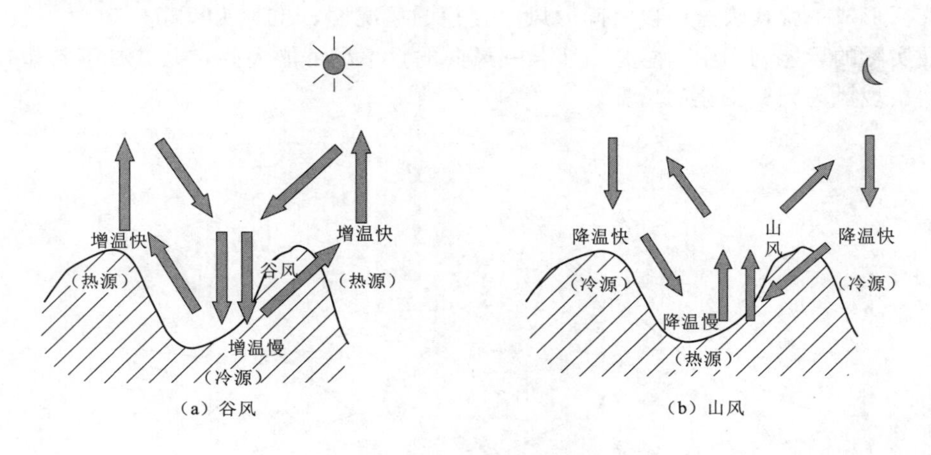

图 4.3 山谷风的形成

在通常情况下，由于白天山坡受热导致的温差比夜间辐射冷却造成的温差大，谷风的风速要大于山风，谷风的平均风速为 2～4m/s，有时能够达到 7～10m/s，谷风通过山隘的时候，速度还会进一步加大。谷风所达厚度一般为谷底以上 500～1000m，且这一数值还会随着气层不稳定程度的增加而增大，山风厚度则相对较薄，通常只有 300m 左右。山谷风的特征与山坡的坡度、坡向和山区地形条件等有密切的关系，当山谷深且坡向朝南时，山谷风最盛。

4.1.3　风的描述

1. 风向

气流的运动形成了风。因此，风是矢量，既有大小，又有方向。风向是指风吹来的方向，风从北方吹来叫作北风，从南方吹来叫作南风，其余风向依此类推。

地面上风向都用方位表示，方位的划分数量视具体情况而定，一般根据精度要求的提高而增加划分的数量。当气象台预测风向时，风向一般由 8 个方位表示，即每 45°划分一方位，东（E）、南（S）、西（W）、北（N）、东南（SE）、西南（SW）、西北（NW）和东北（NE），有时出现偏东风、偏北风之类的术语表示风向在该方位左右波动，暂不稳定。陆地观测风向时通常用 16 方位，即 22.5°划分一个方位，比 8 方位多出了北东北（NNE）、东东北（ENE）、东东南（ESE）、南东南（SSE）、南西南（SSW）、西西南（WSW）、西西北（WNW）和北西北（NNW），如图 4.4 所示。海面上观测风向一般采用 36 方位，风向测量更为精确。高空中风向则用角度表示，北风（N）是 0°（即 360°），东风（E）是 90°，南风（S）是 180°，西风（W）是 270°，其余的风向都可由此计算出来。

风频是指风向的频率，即在一定时间内某风向出现的次数占各风向出现总次数的百分比，通常计算为

$$某风向频率=某风向出现的次数/风向的总观测次数\times 100\% \tag{4.1}$$

计算出各风向的频率数值后，可以用极坐标的方式将这些数值标在风向方位图上，把各点连线后形成一幅代表这一段时间内风向变化的风况图，也称为风频玫瑰图，如图 4.5 所示。在实际的风能利用中，总是希望某一风向的频率尽可能大些，尤其是不希望在较短的时间内出现风向频繁变化的情况。

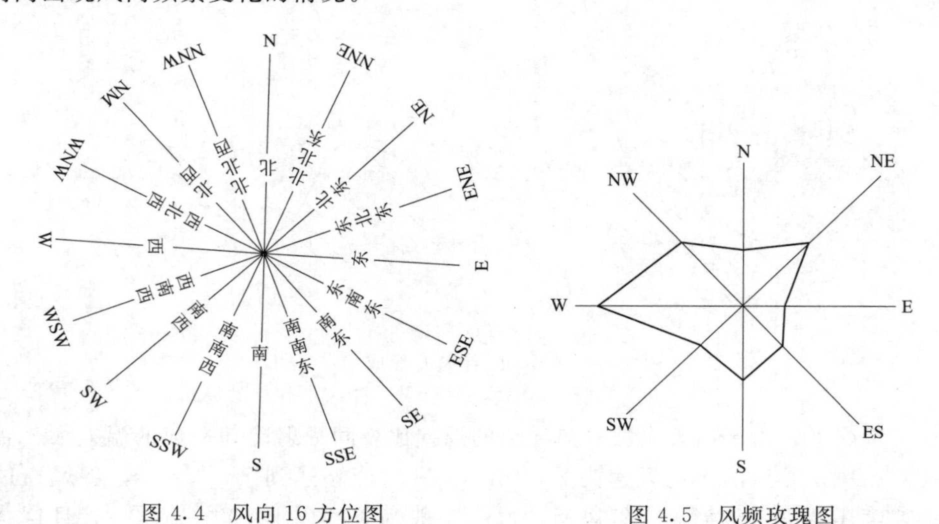

图 4.4　风向 16 方位图　　　　图 4.5　风频玫瑰图

此外，描述风的参数还有风速频率，又称风速的重复性，即一定时间内某风速时数占各风速出现总时数的百分比。按相差 1m/s 的时间间隔观测 1 年（1 月或 1 天）内各种风速吹风时数与该时间间隔内吹风总时数的百分比，称为风速频率分布。风速频率分布一般

以图形表示，风速频率分布曲线如图 4.6 所示。图中表示出两种不同的风速频率曲线：曲线 a 变化陡峭，其最大频率出现在低风速范围内；曲线 b 变化平缓，其最大频率向风速较高的范围偏移，表明较高风速出现的频率增大。从风能利用的观点看，曲线 b 所代表的风况比曲线 a 表明的要好。利用风速频率分布可以计算某一地区单位面积上全年的风能。

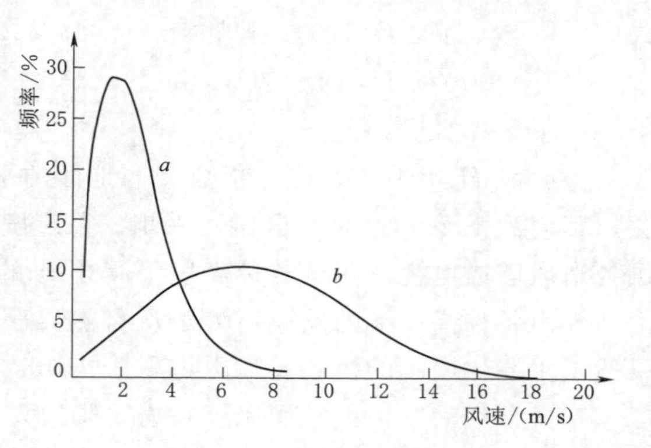

图 4.6　风速频率分布曲线

如测出风力机安装地点的风速频率，又已知该风力机的功率曲线，就可以算出该风力机每年的发电量。

当然，涉及风能特性的问题还很多，这里不能细述。例如，风速的变幅在风能利用中是要经常考虑的，因为风速变化幅度的大小表示风速的相对稳定性。所以，在风能利用中，特别是对于风力发电，要选择风频和风速变化比较稳定的地点。在现代风能利用中，必须首先了解当地的风能特性，进行较长时间的观测，并用电子计算机作出风能特性的分析。

2. 风速

风速是单位时间内空气在水平方向上移动的距离。通常所说的风速，是指一段时间内风速的算术平均值。

风速随高度的增加而变化。地面上风速较低的原因是由于地表植物、建筑物以及其他障碍物的摩擦所造成的。经测量，在离地面 20m 处的风速为 2m/s，而在离地 300m 处则变成 7～8m/s，如图 4.7 所示。风速沿高度的相对增加量因地而异，即

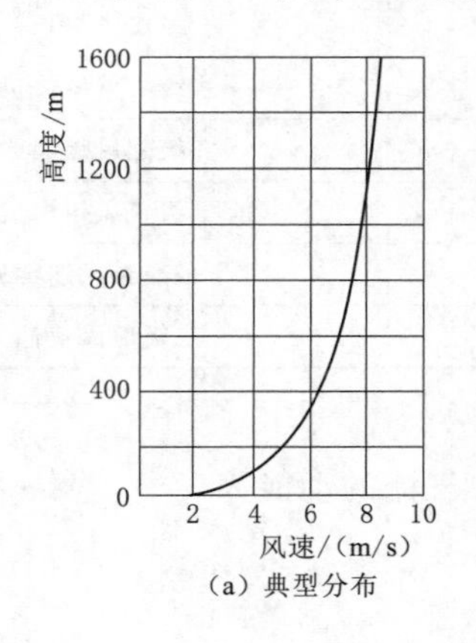

(a) 典型分布

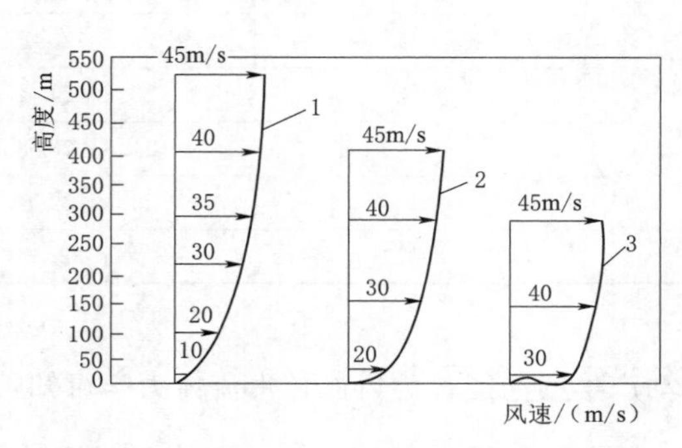

(b) 不同地形地面风速与高度的关系

图 4.7　地面风速与高度的关系

1—大城市；2—城市及多树农村；3—平原、沿海

$$\frac{V}{V_0}=\left(\frac{H}{H_0}\right)^n \tag{4.2}$$

式中　V——高度 H 时的风速，m/s；

V_0——高度 H_0 时的风速，m/s；

n——修正指数。

一般取 $H_0=10\text{m}$，修正指数 n 与地面的平整程度（粗糙度）、大气的稳定度等因素有关，其值为1/2～1/8，在开阔、平坦、稳定度正常的地区为1/7。中国气象部门通过在全国各地风塔或电视塔测量各种高度下得出 n 的平均值为0.16～0.20，一般情况下可用此值估算出各种高度下的风速。为了从自然界获取最大的风能，应尽量利用高空中的风能，一般至少要比周围的植物及障碍物高8～10m。

在日常生活中，经常用风级来描述风的大小。风级是根据风对地面或海面物体产生影响而引起的各种现象，是按风力的强度等级对风力大小的估计。1805年，英国人蒲福（Fran－cis Beaufort）拟定了风速的等级，这就是国际著名的“蒲福风级”。后来做过修订，但实际应用的还是0～12级风速。蒲福风级的定义和描述见表4.1。天气预报中常听到的几级风的说法，实际上是指离地面10m高度的风速等级。

表4.1　　　　蒲福风级的定义和描述

风级	名称	相应风速/(m/s)	表　现
0	无风	0.0～0.2	零级无风炊烟上
1	软风	0.3～1.5	一级软风烟稍斜
2	轻风	1.6～3.5	二级轻风树叶响
3	微风	3.6～5.4	三级微风树枝晃
4	和风	5.5～7.9	四级和风灰尘起
5	清风	8.0～10.7	五级清风水起波
6	强风	10.8～13.8	六级强风大树摇
7	疾风	13.9～17.1	七级疾风步难行
8	大风	17.2～20.7	八级大风树枝折
9	烈风	20.8～24.4	九级烈风烟囱毁
10	狂风	24.5～28.4	十级狂风树根拔
11	暴风	28.5～32.6	十一级暴风陆罕见
12	飓风	大于32.6	十二级飓风浪滔天

3. 风能

空气运动产生的动能称为风能，由流体力学可知，气流的动能为

$$E=\frac{1}{2}mV^2 \tag{4.3}$$

式中　m——气体的质量；

V——气流的速度。

设单位时间内气流通过面积为 S 的截面的气体体积为 L，则

$$L=VS \tag{4.4}$$

如果以 ρ 表示空气的密度，于是该体积的空气质量为

$$m=\rho L=\rho VS \tag{4.5}$$

此时气流所具有的动能为

$$E=\frac{1}{2}mV^2=\frac{1}{2}\rho SV^3 \tag{4.6}$$

式（4.6）即为风能的表达式，在国际单位制中，ρ 的单位是 kg/m^3，S 的单位是 m^2，V 的单位是 m/s，所以 E 的单位为 W。

从风能公式［式（4.3）］可以看出，风能的大小与气流密度和通过的面积成正比，与气流速度的立方成正比，可见风速的作用是很大的。

4. 风功率密度

风功率密度是估计风能潜力大小的一个重要指标，其定义为单位时间内通过单位截面积的风能。风功率密度的公式为

$$W=\frac{E}{S}=\frac{1}{2}\rho V^3 \tag{4.7}$$

由式（4.7）可知，风功率密度 W 是空气密度 ρ 和风速 V 的函数。ρ 值的大小随气压、气温和湿度等大气条件的变化而变化。一般情况下，计算风能或风功率密度是采用标准大气压下的空气密度。由于不同地区海拔高度不同，其气温、气压不同，因而空气密度也不同。在海拔 500.00m 以下，即常温标准大气压力下，可取空气密度 $\rho=1.225kg/m^3$，如果海拔超过 500.00m，必须考虑空气密度的变化。中国各地区温度及海拔相差很大，因此空气密度也有明显差别。由于风速时刻在变化，仅用风功率密度的一般表达式，还不能得出某一地点的风能潜力。一般风速是用平均值表示的，平均风功率密度可采用直接计算和概率计算两种方法求得，各气象台站都有详细的数据记录资料。

根据我国 300 个气象站的计算经验得出空气密度与海拔的关系为

$$\rho_h=1.225h^{-0.00012} \tag{4.8}$$

实际上，风能不可能全部转换成机械能，也就是说，风力机不能获得全部理论上的能量，它受到多种因素的限制，当风速由 0 逐渐增加达到某一风速 V_m（切入风速）时，风力机才开始提供功率。在该风速下，风力机所得到的有用功率是整个风力机在无载荷损失时所吸收的。然后，风速继续增加，达到某一确定值 V_N（额定风速），在该风速下风力机提供额定功率或正常功率。超过该值时，利用调节系统，输出功率将保持常数。如果风速继续再增加到某一值 V_M（切断风速）时，出于安全考虑，风力机应停止运转。

世界各国根据各自的风能资源情况和风力机的运行经验，制定了不同的有效风速范围及不同的风力机切入风速、额定风速和切断风速。我国有效风功率密度所对应的风速范围是 3～25m/s。

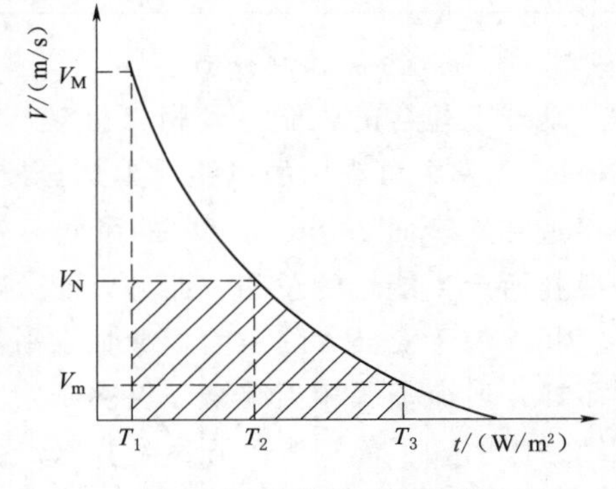

图 4.8 有效风功率密度

有效风功率密度如图 4.8 所示，实际可利用的风能与图 4.8 中阴影部分的面积成比例。其计算方法与平均风功率密度的计算方法相同。风力机实际有用的能量可由画出的面积乘以一个考虑

风力机效率的系数，单位是 $kW \cdot h/m^2$。

4.1.4　风能资源

广义上讲，风能也是太阳能的一部分。太阳能以辐射短波的形式不间断地以 17×10^{12}kW 的辐照度发射到地球上来。其中半数以上的辐射能因受气体分子与云层的反射作用而损耗，其余不到 20%的能量则被空气与云层所吸收。根据估算，一年中整个地球可从太阳获得 5.4×10^{12}J 的热量。

据理论计算，太阳辐射到地球的热能中约有 2%被转变成风能，全球大气中总的风能量约为 10^{14}MW，其中蕴藏的可被开发利用的风能约有 3.5×10^{9}MW，这比世界上可利用的水能大 10 倍。

1. 全球风能资源的分布

地球上风能资源非常丰富，每年地球收到来自外层空间的辐射能量为 1.5×10^{18}kW·h，其中的 2.5%能够被大气吸收，产生约 4.3×10^{12}kW·h 的风能。据世界能源理事会估计，地球上 $1.16\times10^{8}km^2$ 陆地面积中 26%的地区年平均风速高于 5m/s（距地面 10m）。风资源主要集中在沿海地区以及开阔大陆的收缩地带，全球风能资源分布见表 4.2。

表 4.2　全球风能资源分布

国家和地区	陆地面积/万 km^2	3～7 级风所占面积/万 km^2	3～7 级风所占面积比例/%
北美	1933	787	41
拉丁美洲和加勒比	1848	331	18
西欧	474	196	41
东欧	2304	678	29
中东和北非	814	256	31
撒哈拉以南非洲	725	220	30
太平洋地区	2135	418	20
中国	960	105	11
中亚和南亚	429	24	6
总计	11622	3015	26

2. 我国风力资源的分布

地球上蕴含的风能总量相当可观。据科学计算，整个地球所蕴含的风能约为 2.74×10^{8}MW，其中可利用的风能约为总含量的 1%，是地球上可利用总水能的 11 倍。其中仅是接近陆地表面 200m 高度内的风能，就大大超过了目前每年全世界从地下开采的各种矿物燃料所产生能量的总和，而且风能分布很广，几乎覆盖所有国家和地区。

我国位于亚洲大陆东南，濒临太平洋西岸，海岸线长，季风强盛，加之幅员辽阔，地形多样，风能资源相当丰富，仅次于俄罗斯和美国，居世界第三位。根据中国气象局的研究结果表明，风能资源可开发量为 $(7\sim12)\times10^{11}$W，具有很大的潜力。我国风能资源丰富的地区主要集中在北部、西北、东北草原和戈壁滩，以及东南沿海地区和一些岛屿上，

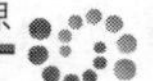

涵盖福建、广东、浙江、内蒙古、宁夏、新疆等省（自治区）。

国家气象局发布的我国风能三级区划体系如下：

第一级区划指标，选用年有效风能密度和年风速≥3m/s 风的累计小时数，据此可将全国分为 4 个区，见表 4.3。

第二级区划指标，选用一年四季中各季风能大小和有效风速出现的小时数。

第三级区划指标，选用风力机安全风速，即抗大风的能力，一般取 30 年一遇。

表 4.3　　中国风能资源区划

指　　标	丰富区	较丰富区	可利用区	贫乏区
年有效风功率密度/(W/m^2)	≥200	200～150	<150～50	≤50
风速不小于 3m/s 的年累计小时数/h	≥5000	5000～4000	<4000～2000	≤2000
风速不大于 6m/s 的年累计小时数/h	≥2200	2200～1500	<1500～350	≤350
占全国面积的百分比/%	8	18	50	24

按照表 4.3 的指标将全国分为 4 个区，具体说明如下：

(1) 风能丰富区。风能丰富区是指 2 年内风速 3m/s 以上的时间超过半年，6m/s 以上的时间起过 2200h 的地区。这些地区有效风功率密度一般超过 200W/m^2，有些海岛甚至可达 300W/m^2 以上。

“三北”（东北、华北和西北）地区是我国内陆风能资源最好的区域，如西北的新疆达坂城、克拉玛依，甘肃的敦煌、河西走廊；华北的内蒙古二连浩特、张家口北部；东北的大兴安岭以北。

某些沿海地区及附近岛屿也是我国风能资源最为丰富的地区，如辽东半岛的大连，山东半岛的威海，东南沿海的嵊泗、舟山、平潭一带。其中，平潭一带年平均风速为 8.7m/s，为全国平地上最大。此外，松花江下游地区的，风能资源也很丰富。

(2) 风能较丰富区。风能较丰富区是指一年内风速在 3m/s 以上的时间超过 4000h，6m/s 以上的时间超过 1500h 的地区，该区域风能资源的特点是有效风功率密度一般为 150～200W/m^2，风速为 3～20m/s 出现的全年累计时间为 4000～5000h。

风能较丰富区包括从汕头到丹东一线靠近东部沿海的很多地区（如温州、莱州湾、烟台、塘沽一带），图们江口—燕山北麓—河西走廊—天山—阿拉山口沿线的“三北”地区南部（如东北的营口，华北的集宁、乌兰浩特，西北的奇台、塔城），以及青藏高原的中心区（如班戈地区、唐古拉山一带）。其实，青藏高原风速不小于 3m/s 的时间很多，之所以不是风能丰富区，是由于这里海拔高，空气密度较小。

(3) 风能可利用区。风能可利用区是指一年内风速在 3m/s 以上的时间超过 3000h，6m/s 以上的时间超过 1000h 的地区，该区域有效风功率密度为 50～150W/m^2，3～20m/s 风速年出现时间为 2000～4000h。该区域在我国分布范围最广，约占全国陆地面积的 50%，如新疆的乌鲁木齐、吐鲁番、哈密，甘肃的酒泉，宁夏的银川，以及太原、北京、沈阳、济南、上海、合肥等地。

以上三类地区，都有较好的风能利用条件，总计占全国陆地总面积的 2/3 左右。

(4) 风能贫乏区。风能贫乏区指平均风速较小或者出现有效风速时间较少的地区，包括属于全国最小风能区的云贵川和南岭山地，由于山脉屏障使冷暖空气都很难侵入的雅鲁藏布江和西藏昌都区，以及高山环抱的塔里木盆地西部地区。

4.2　风力机工作原理

风具有能量，即风能，但自然界中的风能不便于利用。为了把风能转变成所需要的机械能、电能、热能等其他形式的能量，人们发明了多种风能转换装置、这就是风力机。本节将介绍风力机的基本理论知识。

4.2.1　贝兹定理

风力机的第一个气动理论是由德国科学家贝兹（Betz）于1926年建立的。

理想风轮的气流模型如图4.9所示。图中，v_1 为风轮上游的风速，v 为通过风轮的实际风速，v_2 为风轮下游的风速。通过风轮的气流在风轮上游的截面积为 S_1，在风轮下游的截面积为 S_2。由于风轮的机械能量仅由空气的动能降低所致，因而 v_2 必然低于 v_1，所以通过风轮的气流截面积从上游至下游是增加的，即 $S_2>S_1$。

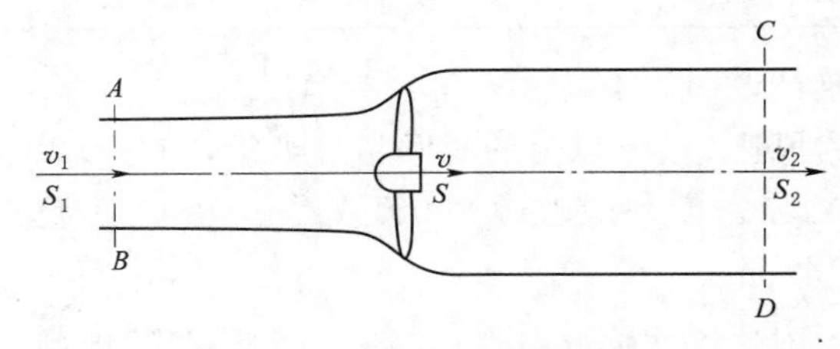

图4.9　理想风轮的气流模型

假设空气不可压缩，根据连续流动方程有

$$S_1v_1=Sv=S_2v_2 \tag{4.9}$$

根据动量方程，可得出作用在风轮上的风力为

$$F=\rho Sv(v_1-v_2) \tag{4.10}$$

风轮吸收的功率为

$$P=Fv=\rho Sv^2(v_1-v_2) \tag{4.11}$$

此功率是由动能转化而来的，则空气从上游至下游的动能变化为

$$\Delta E=\frac{mv_1^2}{2}-\frac{mv_2^2}{2}=\frac{1}{2}\rho Sv(v_1^2-v_2^2) \tag{4.12}$$

令式（4.11）与式（4.12）相等，得到

$$v=\frac{v_1+v_2}{2} \tag{4.13}$$

则风作用在风轮上的力和向风轮提供的功率可写为

$$F=\frac{1}{2}\rho S(v_1^2-v_2^2) \tag{4.14}$$

$$P=\frac{1}{4}\rho S(v_1^2-v_2^2)(v_1+v_2) \tag{4.15}$$

对于给定的上游速度 v_1，可以写出以 v_2 为函数的功率变化关系，将式（4.15）微分得

$$\frac{\mathrm{d}P}{\mathrm{d}v_2}=\frac{1}{4}\rho S(v_1^2-2v_1v_2-3v_2^2) \tag{4.16}$$

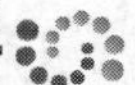

式（4.16）有两个解：①$v_2=-v_1$，没有物理意义；②$v_2=v_1/3$，对应于最大功率。以 $v_2=v_1/3$ 的表达式，得到最大功率为

$$P_{\max}=\frac{8}{27}\rho S v_1^3 \tag{4.17}$$

将式（4.17）除以气流通过扫掠面 S 时风所具有的动能，可推得风力机的理论最大效率（或称理论风能利用系数）为

$$\eta_{\max}=\frac{P_{\max}}{\frac{1}{2}\rho v_1^3 S}=\frac{\frac{8}{27}\rho S v_1^3}{\frac{1}{2}\rho S v_1^3}=\frac{16}{27}\approx 0.593 \tag{4.18}$$

式（4.18）即为有名的贝兹理论的极限值。

能量的转换将导致功率的下降，它随所采用的风力机和发电机的类型而异，因此，风力机的实际风能利用系数 $C_p<0.593$。风力机实际能得到的有用功率输出是

$$P_S=\frac{1}{2}\rho v_1^3 S C_p \tag{4.19}$$

对于每平方米扫风面积则有

$$P=\frac{1}{2}\rho v_1^3 C_p \tag{4.20}$$

4.2.2　风力机的特性系数

1. 风能利用系数

风力机从自然风能中吸取能量的大小程度用风能利用系数 C_p 表示。

由式（4.19）知

$$C_p=\frac{P}{\frac{1}{2}\rho S v^3} \tag{4.21}$$

式中　P——风力机实际获得的轴功率，W；

ρ——空气密度，kg/m^3；

S——风轮的扫风面积，m^2；

v——上游风速，m/s。

2. 叶尖速比 λ

为了表示风轮在不同风速中的状态，用叶片的叶尖圆周速度与风速之比来衡量，称为叶尖速比 λ，其计算公式为

$$\lambda=\frac{2\pi R n}{v}=\frac{\omega R}{v} \tag{4.22}$$

式中　n——风轮的转速，r/s；

ω——风轮角速度，rad/s；

R——风轮半径，m；

v——上游风速，m/s。

风能利用系数 C_p 与风力机叶尖速比 λ 的对应关系如图 4.10 所示，其中 β 为桨距角。可见，对于给定的桨距角，当叶尖速比 λ 取某一特定值时，C_p 值最大。与 C_p 最大值对应的叶尖速比称为最佳叶尖速比。

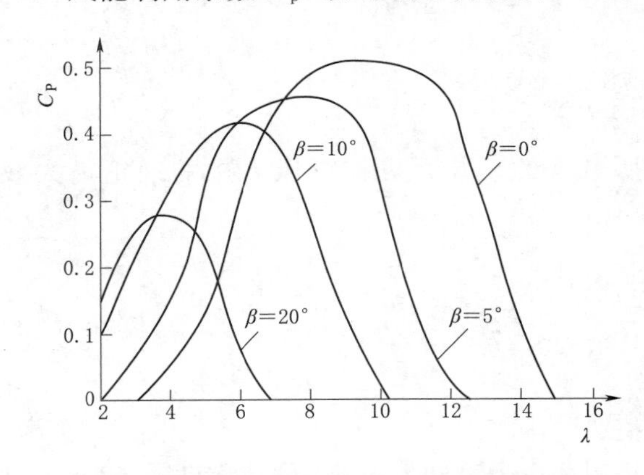

图 4.10　风能利用系数与风力机叶尖速比的对应关系

为了使 C_p 维持最大值，当风速变化时，风力机转速也需要随之变化，使之运行于最佳叶尖速比。对于任一给定的风力机，最佳叶尖速比取决于叶片的数目和每片叶片的宽度。对于现代低容积比的风力机，最佳叶尖速比在 6～20 之间。

3. 容积比

"容积比"（Solidity，有时也称实度）表示"实体"在扫掠面积中所占的百分数。多叶片的风力机具有很高的容积比，因而被称为高容积比风力机；具有少数几个窄叶片的风力机则被称为低容积比风力机。

为了有效地吸收能量，叶片必须尽可能与穿过转子扫掠面积的风相互作用。高容积比、多叶片的风力机叶片以很小的叶尖速比与几乎所有的风作用；而低容积比的风力机叶片为了与所有穿过的风相互作用，就必须以很高的速度"填满"扫掠面积。如果叶尖速比太小，有些风会直接吹过转子的扫掠面积而不与叶片发生作用；如果叶尖速比太大，风力机会对风产生过大的阻力，一些气流将绕开风力机流过。

多个叶片会互相干扰，因此总体上高容积比的风力机比低容积比的风力机效率低。在低容积比的风力机中，三叶片的风轮效率最高，其次是双叶片的风轮，最后是单叶片的风轮。不过，多叶片的风力机一般要比少叶片的风力机产生更小的空气动力学噪声。

风力机从风中吸收的机械能，在数值上等于叶片的角速度与风作用于风轮的力矩的乘积。对于一定的风能，角速度小，则力矩大；反之，角速度大，则力矩小。例如，低速风力机的输出功率小，转矩系数大，因此用于磨面和提水的风力机，常采用多叶片风力机。而高速风力机效率高、输出功率大，因此风电常采用 2～3 个叶片的低容积比高速风力机。

4. 翼型和受力

现代风力机的叶片类似飞机机翼的型式，称为翼型。翼型有两种主要类型：对称翼型（截面为对称形状）和不对称翼型。翼型的形状特点包括明显凸起的上表面；面对来流方向的圆形头部，被称为机翼前缘；尖形或锋利的尾部，被称为机翼后缘。常见不对称翼型的截面如图 4.11 所示。

分析气流作用在翼型上的力，如图 4.12 所示。由于翼型大多不是直板形状，而是有一定的弯曲或凸起，通常采用翼弦线作为测量用的准线。气流方向与翼型准线的夹角称为攻角 α，当来流朝着翼型的下侧时，攻角为正，即 $\alpha>0°$。其中，v 所指方向为气流方向，阴影部分表示叶片的横截面。

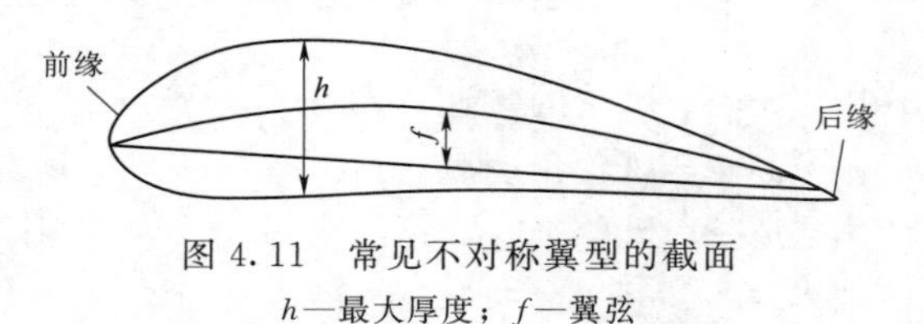

图 4.11　常见不对称翼型的截面

h—最大厚度；f—翼弦

叶片在气流中受到的力来源于空气对它的作用。可以把叶片受到的来自气流的作用力 F 等价地分解到两个方向：与气流方向一致的分量称为阻力 F_D；与气流方向垂直的分量称为升力 F_L。

在与飞行器设计有关的空气动力学中，升力是促使飞行器飞离地面的力，但在实际的应用中，升力也有可能是侧向力（如在帆船上）或者是向下的力（如在赛车的阻流板上）。当攻角 $\alpha=0°$时，升力最小。当气流方向与物体表面垂直时，物体受到的阻力最大。

空气的压力与气流的速度有一定的对应关系，流速越快，压力越低，这种现象称为伯努利效应，如图 4.13 所示。对于图中所示翼型，上表面凸起部分的气流较快，造成上表面的空气压力比下表面明显要低，从而对翼形物体产生向上的“吸入”作用，增大升力。

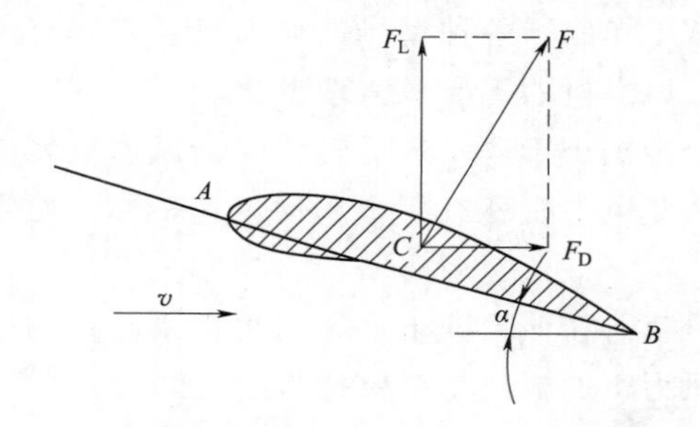

图 4.12 气流作用在翼型上的力

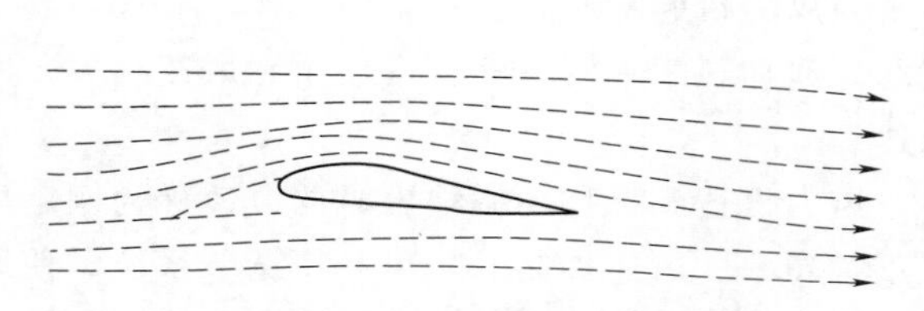

图 4.13 伯努利效应示意图

翼形设计的目的是为了获得适当的升力或阻力，推动风轮旋转。升力和阻力都正比于风力强度。处于风中的风轮叶片，在升力、阻力或两者的共同作用下，使风轮发生旋转，在其轴上输出机械功率。

攻角与叶片的安装角度有关，叶片的安装角又称为节距角，有时也称为桨距或桨距角，常用字母 θ 表示。当风轮旋转时，叶片在垂直于气流运动的方向上也与气流有相对运动，因而实际的攻角 α 与叶片静止时的攻角不同。

旋转叶片的受力分析如图 4.14 所示，其中 x 轴表示气流运动方向，y 轴以坐标原点为中心形成的旋转面代表风轮的旋转面，叶片的准线与风轮旋转面之间的夹角 θ 称为叶片安装角，即桨距角。y 轴方向表示风轮旋转时叶片某横截面的移动方向。若以旋转的叶片

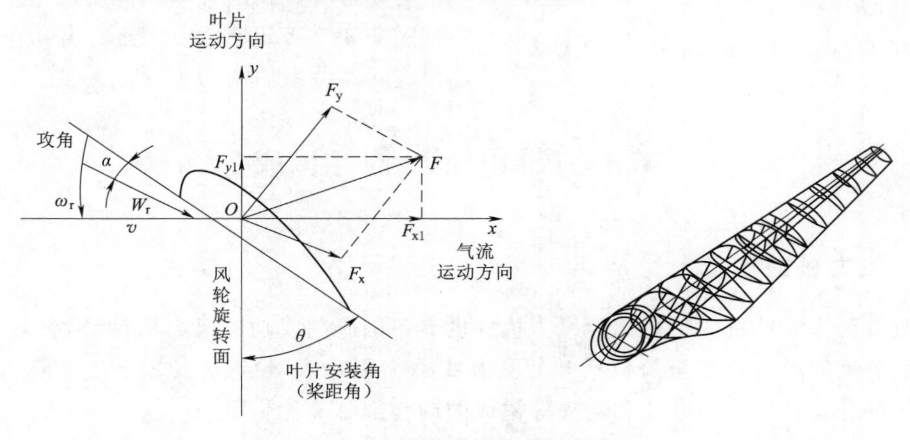

图 4.14 旋转叶片的受力分析

为参考系，则气流与叶片之间存在与 y 轴方向相反的相对运动，考虑到气流沿着 x 轴方向的实际运动，于是气流相对于运动叶片的作用方向（图 4.14 中 W_r 方向）。因此，对于同样水平方向的风，叶片旋转时的攻角和叶片静止时的攻角有所不同。

风力机可以是升力装置（即升力驱动风轮），也可以是阻力装置（阻力驱动风轮）。设计者一般喜欢利用升力装置，因为升力比阻力大得多。

5. 工作风速和功率的关系

风力机输出功率与空气密度 ρ、风速 v_w、叶片半径 R 和风能利用系数 C_p 都有关。由于无法对空气密度、风速、叶片半径等进行实时控制，为了实现风能捕获最大化，唯一的控制参数就是风能利用系数 C_p。

实际上，风力机并不是在所有风速下都能正常工作的。各种型号的风力机通常都有一个设计风速，或者称额定工作风速。在该风速下，风力机的工况最为理想。

当风力机起动时，有一个最低转矩要求，起动转矩小于这一最低转矩时，风力机无法起动。起动转矩主要与叶轮安装角和风速有关，因此风力机就有一个起动风速，称为切入风速。

风力机达到标称功率输出时的风速称为额定风速。在该风速下，风力机提供额定功率或正常功率。风速提高时，可利用调节系统，使风力机的输出功率保持恒定。

当风速超过技术上规定的最高允许值时，风力机就有损坏的危险，基于安全方面的考虑（主要是塔架安全和风轮强度），风力机应立即停转。该停机风速称为切出风速。

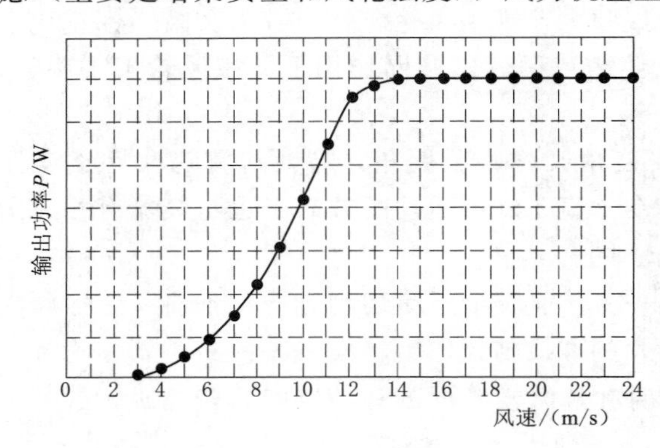

图 4.15　风力机输出功率和风速之间的关系

世界各国根据各自的风能资源情况和风力机的运行经验，制定了不同的有效风速范围及不同的风力机切入风速、额定风速和切出风速。

对于风能转换装置而言，可利用的风能在切入风速到切出风速之间的有效风速范围内，这个范围的风能即为有效风能，该风速范围内的平均风能密度称为有效风功率密度。我国有效风能所对应的风速范围是 3～25m/s。风力机输出功率和风速之间的关系如图 4.15 所示。

4.3 风电设备组成

4.3.1 风力机的种类

一般将用作原动机的风车称为风力机。世界各国研制成功的风力机种类繁多，类型各异。各种类型的风力机都至少包括叶片（有些称为桨叶）、轮毂、转轴、支架（有些称为塔架）等部分。其中，由叶片和轮毂等构成的旋转部分又称为风轮。

按转轴与风向的关系，风力机大体可分为两类：一类是水平轴风力机（风轮的旋转轴

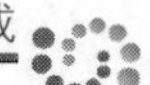

与风向平行）；另一类是垂直轴风力机（风轮的旋转轴垂直于地面或气流方向）。

1. 水平轴风力机

水平轴风力机应用比较广泛。为了使风向正对风轮的回转平面，一般需要用调向装置进行对风控制。

（1）荷兰式风力机。荷兰式风力机于12世纪初由荷兰人发明，因此又被称为“荷兰式风车”，曾在欧洲（特别是荷兰、比利时、西班牙等国）广泛使用，其最大直径超过20m。这可能是出现得最早的水平轴风力机。

荷兰式风力机有两种一种是风力机小屋能跟随风向一起转动，另一种只是安装风力机的屋顶能跟随风向转动，如图4.16所示。

(a) 方式1

(b) 方式2

图4.16　风力机输出功率和风速之间的关系

（2）螺旋桨式风力机。螺旋桨式风力机是目前技术最成熟、生产量最大的一种风力机。这种风力机的翼型与飞机的翼型类似，一般多为双叶片或三叶片，也有少量风力机是单叶片或四叶片及以上的。

风电中使用最多的就是螺旋桨式风力机，其外观如图4.17所示。

（3）多翼式风力机。多翼式风力机（也称多叶式风力机）如图4.18所示，一般装有20枚左右的叶片，是典型的低转速大转矩风力机。

图4.17　螺旋桨式风力机

图4.18　多翼式风力机

美国中西部的牧场多用这种风力机来提水，墨西哥、澳大利亚和阿根廷等地也有相当数量的应用，19世纪曾经多达数百万台。

美国风力涡轮公司研究的自行车车轮式风力机也是一种多翼式风力机，48枚中空的叶片呈放射状配置，性能比传统多翼式风力机大有提高。

（4）离心甩出式风力机。图4.19所示为离心甩出式风力机的原理图，它采用空心叶片，当风轮在气流的作用下旋转时，叶片空腔内的空气因受离心力作用而从叶片尖端甩出，气流从塔架底部“吸”入。与风力发电机耦合的空气涡轮机安装在塔底内部，利用风轮旋转在塔底造成的加速气流推动空气涡轮机，驱动发电机发电。

这个设计是法国人安东略发明的，因此也称Andreau式风力机。这是一种不直接利用自然风的独特设计，因结构比较复杂，通道内空气流动的摩擦损失大，所以装置的总体效率很低。第二次世界大战后，英国的弗里特电缆公司在1953年曾经建造过这种风力机，之后再无制造。它由一个高26m的空心塔和一个直径为24.4m的开孔风轮组成。

（5）涡轮式风力机。涡轮式风力机俗称透平式风力机，如图4.20所示，其结构与燃气轮机和蒸汽轮机类似，由静叶片和动叶片组成。由于这种风力机的叶片短、强度高，尤其适用于强风场合，如南极和北极地区。由日本大学粟野教授研制并在南极使用的涡轮式风电装置，可耐南极40～50m/s的大风雪。

（6）压缩风能型风力机。压缩风能型风力机如图4.21所示是一种特殊设计的风力机，根据设计特点，又可分为集风式风力机（在迎风面加装喇叭状的集风器，通过收紧的喇叭口将风能聚集起来送给风轮）、扩散式风力机（在背风面加装喇叭状的扩散器，通过逐渐放开的喇叭口降低风轮后面的气压）和集风扩散式风力机（同时具有前两种结构）。

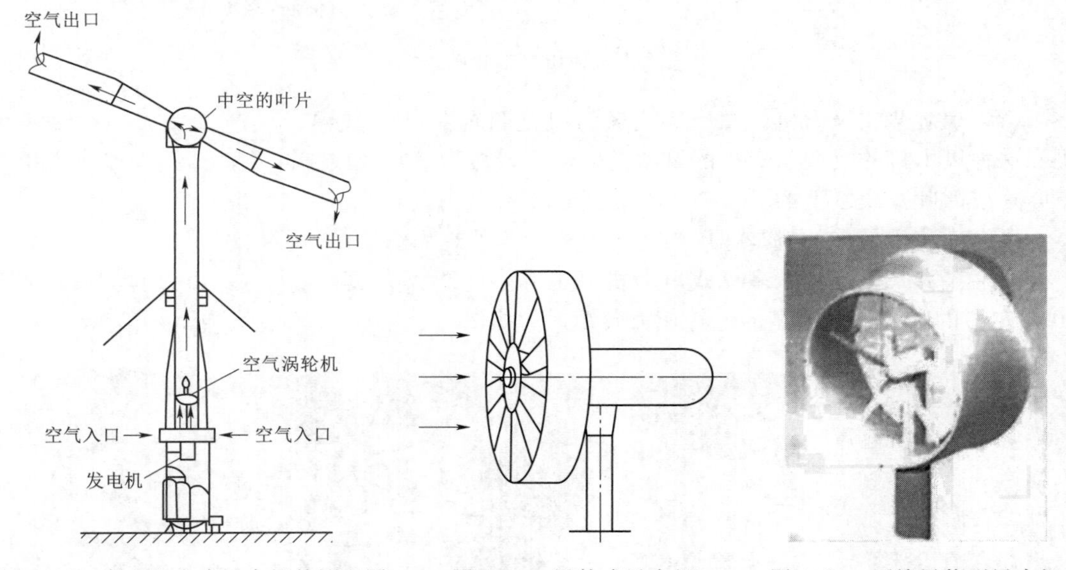

图4.19　离心甩出式风力机的原理图　　图4.20　涡轮式风力机　　图4.21　压缩风能型风力机

该装置利用装在风力机叶轮外面的集风器或扩散器提高经过风轮的空气密度，或者增加风轮两侧的气压差，从而提高风能吸收的效果。但这种结构的风力机还有安装和成本方面的问题需要解决。

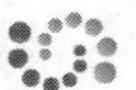

2. 垂直轴风力机

垂直轴风力机风轮的旋转轴垂直于地面或气流方向。与水平轴风力机相比，垂直轴风力机的优点是可以利用来自各个方向的风，而不需要随着风向的变化改变风轮的方向。由于结构的对称性，这类风力机一般不需要对风装置，而且传动系统可以更接近地面，因而结构简单、便于维护，同时也减少了风轮对风时的陀螺力。

（1）萨布纽斯式风力机（S式风力机）。萨布纽斯式风力机由芬兰工程师萨布纽斯（Savonius）在1924年发明，在我国常简称为S式风力机。这种风力机通常由两枚半圆筒形的叶片构成，也有用3～4枚叶片，其基本结构示意图如图4.22所示，主要由两侧叶片的阻力差驱动，具有较大的起动力矩，能产生很大的转矩。但是在风轮尺寸、质量和成本一定的情况下，S式风力机能够提供的功率输出较低，效率最大不超过10%。为提高功率，这种风力机往往上下重叠多层，如图4.23所示。在发展中国家有人用它来提水、发电等。

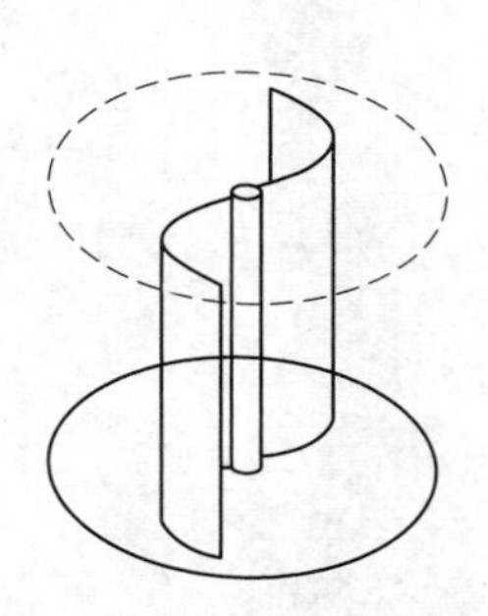

图4.22　S式风力机基本结构示意图

图4.23　多层S式风力机

（2）达里厄式风力机（D式风力机）。达里厄式风力机是法国工程师达里厄（Darrieus）在1925年发明的一种垂直轴风力机，常简称D式风力机。常见的为Φ形结构，如图4.24（a）所示，看起来像一个巨大的打蛋机，2～3枚叶片弯曲成弓形，两端分别与垂直轴的顶部和底部相连。现在也有H形结构等其他样式的达里厄式风力机，如图4.24（b）所示。

达里厄式风力机是现代垂直轴风力机中最先进的，对于给定的风轮质量和成本，有较高的功率输出，不过它的起动转矩小。目前，达里厄式风力机是水平轴风力机的主要竞争者。

（3）D式—S式组合式风力机。D式风力机装置简单，成本也比较低，但起动性能差，因此有人把输出性能好的D式风力机和起动性能好的S式风力机组合在一起使用，如图4.25所示。

（4）Gorlov垂直轴风力机。Gorlov垂直轴风力机的结构和原理与D式风力机类似，不过它采用扭曲式设计，如图4.26所示。

（5）旋转涡轮式风力机。旋转涡轮式风力机由法国人Lafond提出，是一种由压差推

(a)Φ形

(b) H形

图 4.24　D式风力机

(a) 组合式1

(b) 组合式2

图 4.25　D式—S式组合式风力机

动的横流式风力机，其原理受通风机的启发演变而得。旋转涡轮式风力机结构复杂，价格也较高，有些能改变桨距，起动性能好，能保持一定的转速，效率极高。多叶型旋转涡轮式风力机如图 4.27 所示。

3. 新型风力机

(1) 旋风型风力机。旋风型风力机如图 4.28 所示，由美国格鲁曼空间公司的詹姆斯伊恩首创，其原理是利用特殊结构的浮筒在浮筒内产生类似龙卷风的涡旋，形成低气压区，从而增加通过叶轮的空气流量，提高风机的效率。据称，这种旋风型风力机的效率比传统风力机要强大得多。

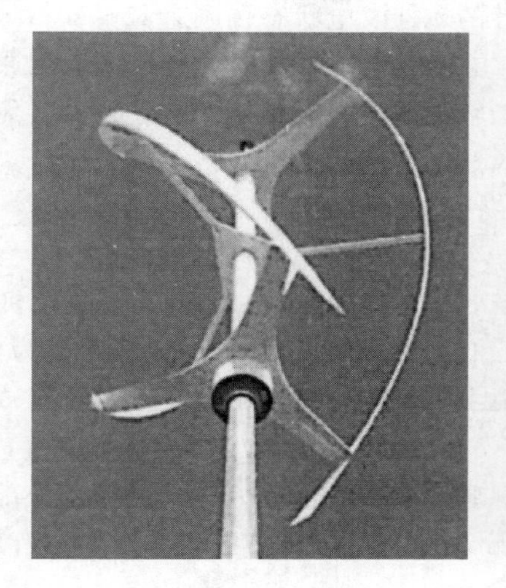

图 4.26 Gorlov 垂直轴风力机

图 4.27 多叶型旋转涡轮式风力机

(2) 建筑物风力机。随着现代化和城市化的发展，城市中的高层建筑越来越多，越来越高。这些高层建筑干扰了局部气流，形成了特殊的聚风效应，这些高楼具有很大的能量，又在用能中心，充分利用这些风能可以获得很多能源。最典型的就是双塔结构的建筑，它们之间的狭窄通道处容易产生“文氏效应”，形成风口现象。完工于 2008 年的巴林世贸中心如图 4.29 所示，主体结构包括两座 50 层的双子塔，底部是一个 3 层的基座，其两座三角形的大厦高度达 240m。在两座大厦之间安装了 3 座直径为 29m 的水平风力涡轮发电机。风帆一样的楼体形成两座楼之间的海风对流，加快了风速。风力涡轮发电机预计能够提供大厦所需用电的 11%～15%，使巴林世贸中心成为世界上首先为自身持续提供可再生能源的摩天大楼。

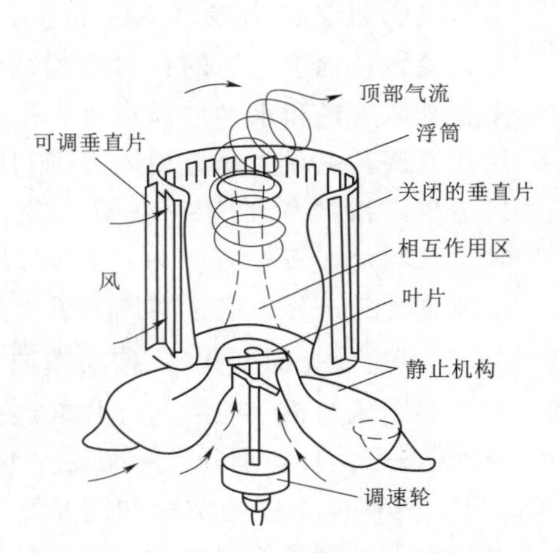

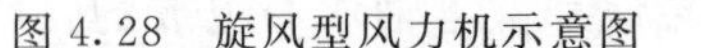

图 4.28 旋风型风力机示意图

图 4.29 建筑物风力机图片（巴林世贸中心）

风力发电机满负荷时的转子速度为 38r/min，通过安置在发动机舱的一系列变速器，使发电机以 1500r/min 的转速运行发电。其设计的最佳发电状态在风速 15～20m/s 时，约为 225kW。风力机转子的直径为 29m，是用 50 层玻璃纤维制成的。在风力强劲或需要转入停顿状态时，翼片的顶端会向外推出，以增加转子的总力矩，达到减速目的。风力机能承受的最大风速是 80m/s，能经受 4 级飓风（风速在 69m/s 以上）。

4.3.2　风电设备组成

实现风力发电的成套设备称为风力发电系统，或者风力发电机组（简称风电机组）。

风电机组完成的是“风能—机械能—电能”的二级转换。风轮将风能转换为机械能，发电机将机械能转换为电能输出。因此，从功能上说，风电机组由两个子系统组成，即风轮及其控制系统、发电机及其控制系统。

目前，世界上比较成熟的风电机组多采用螺旋桨式水平轴风力机。能够从外部看到的风电机组部分主要包括风轮、机舱和塔架 3 部分。另外，机舱底盘和塔架之间有回转体，使机舱可以水平转动。

实际上，除了外部可见的风轮、机舱和塔架外，风电机组还有对风装置（也称调向装置或偏航装置）、调速装置、传动装置、制动装置、发电机和控制器等部分，都集中放在机舱内。

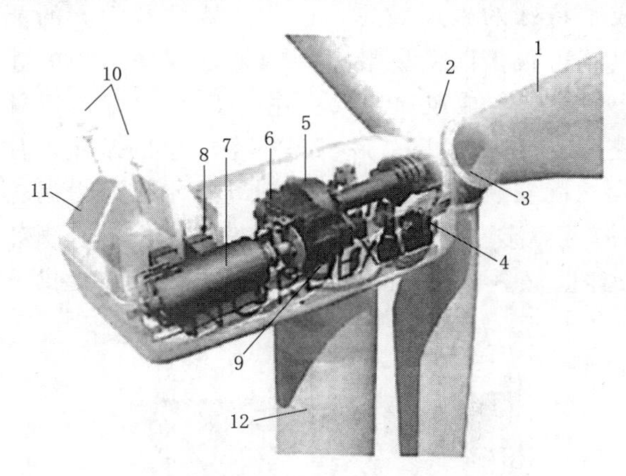

图 4.30　兆瓦级双馈风电机组的结构
1—叶片；2—轮毂；3—变桨距部分；4—液压系统；5—齿轮箱；6—制动盘；7—发电机；8—控制系统；9—偏航系统；10—测风系统；11—机舱盖；12—塔架

图 4.30 所示为 NORDEX（北京）风力发电工程技术有限公司生产的兆瓦级双馈风电机组的结构。

此外，塔架和风力机都有遭受雷击的可能性，尤其是布置在山顶或耸立在空旷平地的风力机，最容易成为雷击的目标。避雷针等防雷措施也是风电机组应该包括的内容。

1. 风力机

风力机是风力发电系统的核心设备，按风轮转动轴于地面的相对位置，可分为垂直轴风力机和水平轴风力机；按叶片的工作原理，可分为升力型风力机和阻力型风力机；按风轮的叶片数量，分为单叶片、双叫片、三叶片、多叶片式风力机；按风轮转速，分为定速型风力机（风轮转速不随风速变化而变化）、变速型风力机（风轮转速随风速变化而变化）；按功率调节，分为定桨距风力机（轮毂与叶片的连接是固定的）和变桨距风力机（轮毂与叶片的连接是非固定的）；按风力机容量大小可分为大、中、小、微等型号，其容量分类标准见表 4.4。

在第三节介绍过垂直轴风力机和水平轴风力机，两种风力机的结构如图 4.31 所示。典型的垂直轴风力机是由转子、中心塔柱、上下轮毂和上下轴承等组成的，转子是其最主要部件之一，其作用是将风能转换为机械能。转子获得机械能后再通过传动机构带动发电机工作。垂直轴风力机工作时不需要配备风向调节装置，一般适用于中、小型容量机组。

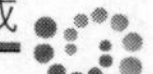

表 4.4　　　　　　风力机容量分类标准

风力机容量	微型（<1kW）	小型（1～100kW）	中型（100～1000kW）	大型（>1000kW）
我国分类标准	√	√	√	√
国际分类标准	无	√	√	√

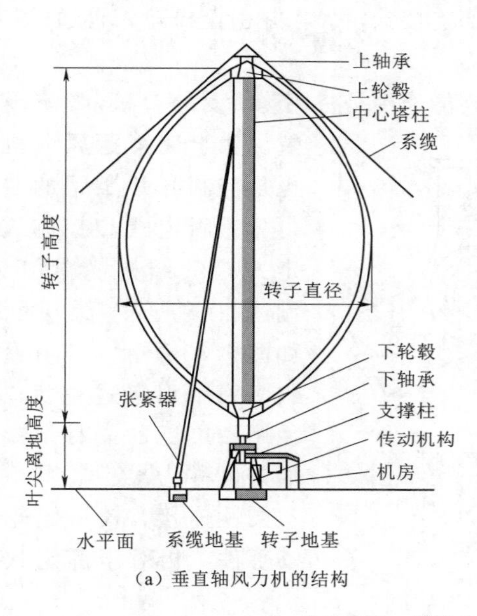

(a) 垂直轴风力机的结构

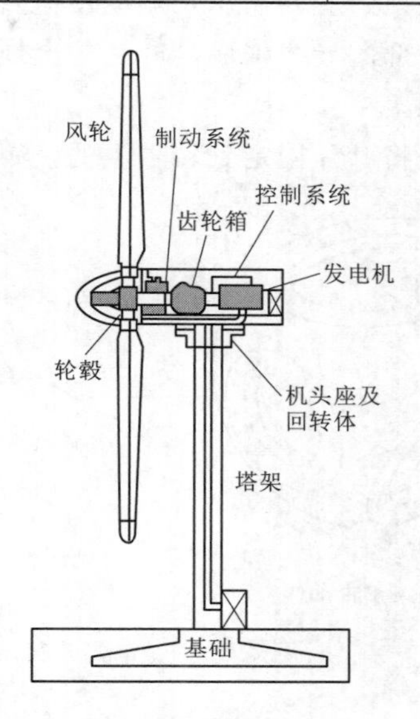

(b) 水平轴风力机的结构

图 4.31　风力机的结构

水平轴风力机最主要的部件是风轮，其作用也是将风能转换为机械能。风轮和内部齿轮箱等一系列装置构成机头。机头与塔架连接的部件是机头座与回转体，机头座用来支撑塔架上方的所有装置以及附属部件，回转体是塔架与机头座连接部件，在风向变化时保证机头能水平旋转，使风轮迎风转动，目前大型风力发电机组使用的都是水平轴风力机。

水平轴风力机的风轮一般由叶片（桨叶）、轮毂、叶柄等组成。叶片的主要功能是吸收风能，因此其形状设计主要考虑空气动力学特性，使其最大可能地吸收风能。同时，叶片要有可靠的结构强度，具备足够承受极限载荷和疲劳载荷的能力；合理的叶片刚度和叶尖变形位移可以避免叶片与塔架的碰撞；良好的结构动力学特性和气动稳定性可以避免发生共振现象。大型风力发电机组的风轮叶片很长，叶片的平面几何形状一般为梯形、叶尖的优化可以提高风轮功率，改善气动噪声，水平轴风轮结构如图 4.32 所示。

图 4.32　水平轴风轮结构

需要注意的是很多大型风轮叶片并不是由单一材料制作而成，它是由主梁、外壳和填充料 3 部分组成的。主梁也叫纵梁，其作用是保证叶片的强度和刚度；外壳以复合材料为主，具备一定的空气动力学外形，同时承担部分弯曲载荷和剪切载荷；填充料以聚氨酯类的硬质泡沫塑料为主。

另外，叶片防雷也是设计叶片需要考虑的重点问题。叶片是风电机组中最易受雷击的部件，绝大部分雷击事故会损坏叶片的叶尖部分，少量的雷击事故甚至会损坏整个叶片，叶片防雷系统的主要作用是避免雷电直击叶片本体，它主要由接闪器和敷设在叶片内腔连接到叶片根部的导线构成，叶片的金属根部连接到轮毂，并引至机舱，再通过接地线连接机舱和塔架。

轮毂是将叶片固定到转轴上的装置，它的作用是将风轮所受的力和力矩传递给传动装置。对于变桨距风电机组，轮毂也是控制叶片桨距的装置。轮毂可分为固定式和铰链式两种。固定式轮毂结构简单，不易磨损，制造和维护成本低，承载能力大，如图4.33所示。三叶片风轮的轮毂多采用固定式轮毂，它是目前使用最广泛的一种。铰链式轮毂通常也称为柔性轮毂，叶片和轮毂柔性连接。铰链式轮毂具有活动部件，相对于固定式轮毂可靠性低，制造和维护成本高。

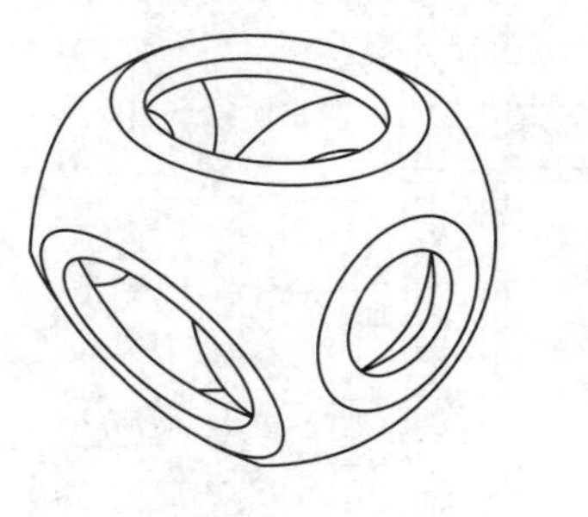

(a) 球形轮毂　　(b) 三角形轮毂

图4.33　固定式轮毂

2. 传动系统

传动系统的作用是将风轮吸收的能量以机械能的形式传递给发电机。由于风轮转速较慢，而发电机往往需要较高转速，所以一般需要通过传动系统提高转数。根据其传动方式的差异，可分为机械、液压等传动方式，其中机械传动方式主要由主轴、齿轮箱、轴承以及联轴器等部件构成。

主轴是风轮的转轴，安装于风轮和齿轮箱上，其作用是支撑风轮并将风轮转矩传递给齿轮箱。由于主轴要承受各种力的作用，因此主轴应具备较高的综合力学性能。

齿轮箱是传动系统中的主要部件，位于风轮和发电机之间。由于风轮转速往往比较低、因此需要通过齿轮箱进行增速、其速度变化范围取决于高低速齿轮的传动比。齿轮箱的主要结构包括箱体、齿轮、轴承、齿轮箱轴、密封装置、润滑系统，如图4.34所示。其中密封系统的主要作用是防止杂质进入及润滑油泄漏。而润滑系统的作用是在轴承和齿轮等部件相对运动的部位之间保持一层油膜，以减小零件的磨损。

在风电机组中，所有转动部件与固定部分的连接都是通过轴承来实现的传动系统内有多个轴承，主轴轴承位于风力机主轴上，一般采用调心滚子轴承结构；偏航轴承位于机舱底部，作用是调节风力机的迎风角度；变桨轴承位于轮毂与叶片的连接部位，作用是调整叶片的迎风角度。

联轴器是实现轴与轴之间的连接从而传递动力的装置。联轴器分成刚性联轴器和柔性联轴器两种；刚性联轴器通常用在主轴和齿轮箱低速轴连接处；柔性联轴器通常用在发电

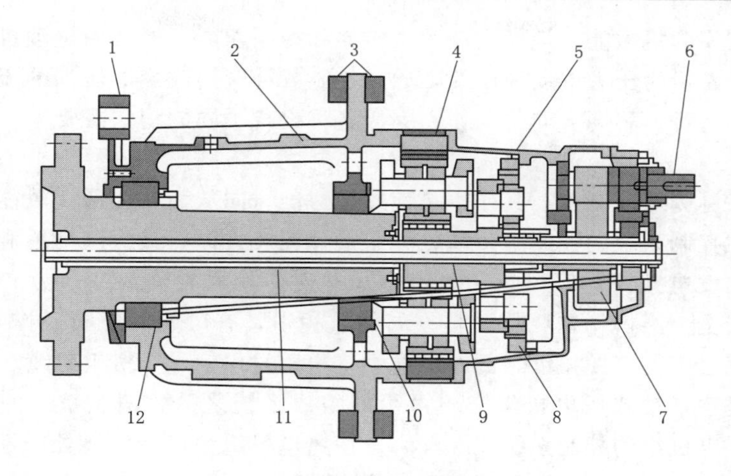

图 4.34 齿轮箱的结构

1—风轮锁；2、5—壳体；3—减噪装置；4——级齿轮传动；6—输出轴；7—输出级；8—二级齿轮传动；9—空心轴；10—主轴后轴承；11—主轴；12—主轴前轴承

机与齿轮箱高速轴连接处。

3. 制动系统、变桨距系统和液压系统

（1）风电机组的制动系统。风电机组的制动系统是为了实现机组从运行状态转变为停机状态，保证安全控制的关键装置，它是风电机组出现不可控情况下安全防护的最后一道屏障。制动分两种情况：正常情况下的运动制动以及突发故障时的紧急制动。

制动系统由制动器、驱动装置和控制装置组成；制动器的主要作用是使运动部件减速、停止运动，包括辅助制动系统中的阻尼装置；驱动装置的作用是给制动器提供能量；控制装置负责产生制动动作和控制制动效果。

（2）风电机组的变桨距系统。变桨距系统的主要作用是通过调节叶片对气流的攻角，改变风轮的能量转换效率，从而控制风电机组的功率输出，变桨距系统还可以在机组需要停机时提供空气动力制动。与定桨距相比，变桨距风电机组的起动和制动性能更好，风能利用系数高，在额定功率点以上输出功率平稳。变桨距使风电机组在风速较小的情况下能够截获风能，在风速大于额定风速时，通过增大桨距角将风轮转速控制在额定转速以下。

世界上大型风电机组变桨距系统的执行机构主要有液压变桨距执行机构和电动变桨距执行机构，主要包括连续变桨和全顺桨两种工作状态，风电机组开始工作时，桨叶由90°转向0°以及桨叶在0°附近的调节状态都属于连续变桨，在这个工作状态下叶片正对着迎风面，风轮运转。当遇到紧急情况需要停机时，叶片转动到90°，使得叶片与风向平而失去迎风面，这个过程称为全顺桨。

（3）风电相组的液压系统。液压系统是以液压油为介质实现控制和传动功能的系统。在定桨距风电机组中，液压系统的主要作用是为空气动力制动和机械制动提供动力，实现风电机组的开机和停机，在变桨距风电机组中，液压系统主要用于控制变桨距机构，实现风电机组的功率控制，同时也用于机械制动及偏航驱动中。

液压系统的工作原理是利用动力装置将电动机的机械能转换为液压能，再通过液压油将油的压力能转换为机械能，进而实现动力传递和控制功能。通常由电动机提供动力，用液压泵将机械能转换为压力推动液压油，通过控制各种阀门改变液压油的流向，从而控制液压缸做出不同行程、不同方向的动作，完成各种设备不同的动作需要。

4. 偏航系统

偏航系统又称为对风装置，其作用是使风轮对准风向从而获得最大风能。当风速小于额定风速时，在控制系统的控制下使风轮处于最佳迎风方向，最大限度地利用风能，提高风力发电机组的发电效率。当风速超过额定风速时，使风轮偏离迎风方向，降低风轮转速，确保设备安全。当机舱在反复调整方向的过程中，有可能沿着同一方向转了若干圈，造成机舱和塔底之间的电缆扭绞，此时偏航系统自动发出信号，机组解缆。

偏航系统是水平轴式风电机组必不可少的组成系统之一。偏航系统的主要作用有两个：其一是与风电机组的控制系统相互配合，使风电机组的风轮始终处于迎风状态，充分利用风能，提高风电机组的发电效率；其二是提供必要的锁紧力矩，以保障风电机组的安全运行。风电机组的偏航系统一般分为被动偏航系统和主动偏航系统；被动偏航指的是依靠风力，通过相关机构完成机组风轮对风动作的偏航方式，常见的有尾舵、舵轮和下风向三种；主动偏航指的是采用电力或液压拖动来完成对风动作的偏航方式，常见的有齿轮驱动和滑动两种形式。对于并网型风电机组来说，通常都采用主动偏航的齿轮驱动形式。

5. 发电机

发电机是风电机组的重要组成部分，包括直流发电机和交流发电机两种主要类型，其中，直流发电机可以分成永磁直流发电机和励磁直流发电机；交流发电机可以分成同步发电机和异步发电机。其中较常见的风力发电机是双馈异步发电机和直驱型发电机。

双馈异步发电机又称交流励磁异步发电机，是当前应用最广泛的风力发电机，如图 4.35 所示。通过转子侧输入交流励磁，利用导线切割磁力线感应出电动势，将机械能变为电能。其特点是转子的转速与励磁频率有关，既可以输入电能又可以输出电能，同时具备同步发电和异步发电机的特性。

通常状态下双馈发电机是异步运行的，但是根据转子转速的不同，可以有 3 种运行状态。设双馈异步发电机转子的转速为 n，定子的磁场转速为 n_1，则 3 种运行状态为：

当 $n=n_1$ 时，此时为同步运行状态，与同步发电机相同。

当 $n>n_1$ 时，超同步运行状态，此时转子向电网输出功率。

当 $n<n_1$ 时，亚同步运行状态，此时电网向转子输入功率。

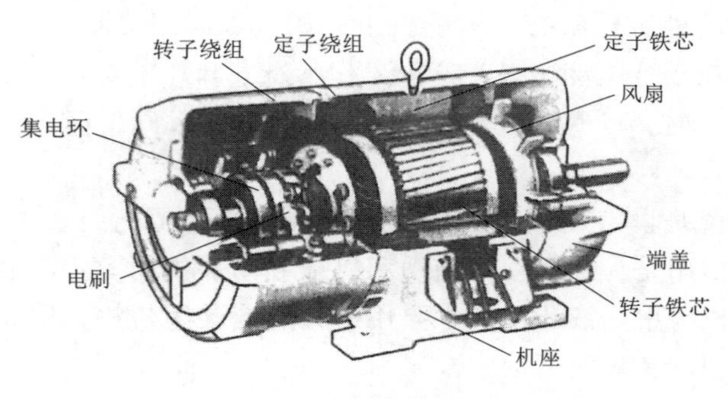

图 4.35　双馈异步发电机

直驱型发电机通常不与变速箱连接，它通过增加磁极对数来达到正常的交流频率。这种发电机工作在低转速的状态，转子磁极对数较多，而且磁极多采用永磁铁，因此发电机的直径较大，结构更加复杂。但由于实际工作情况下风力不稳定，

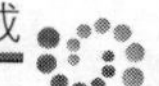

为了实现输出电能的频率恒定，发电机定子需要通过全功率变流器与电网相连。

6. 控制系统

风电机组的控制系统贯穿于各个部分中，是一个综合控制系统。由于风力发电系统一般安装在风力资源丰富的海岛、山口或草原上，分散安装的风力发电系统要求能够实现无人值守运行和远程监控。它不仅要监视风况和风电机组运行参数，对风电机组运行进行控制，而且还需要根据风速与风向的变化，对风电机组进行优化控制，以提高风电机组的运行效率和发电量。

控制系统是风力发电系统的核心。控制系统关系到风电机组的工作状态、发电量、发电效率以及设备的安全。风力发电的两个主要问题——发电效率和发电质量，都和风力发电控制系统密切相关。因此并网运行的风电机组要求控制系统能够根据风速大小自动进入起动状态或从电网切出；在电网故障时，能确保风电机组安全停机；在风电机组运行过程中、能对电网、风况和风电机组的运行状况进行检测和记录，对出现的异常情况能够自行判断并采取相应的保护措施；还应具备远程通信的功能，可以实现异地遥控操作。

7. 支撑设备与安全保护

（1）机舱与底盘。支撑设备在大型风电机组中不仅起着支撑作用，同时保证风电机组能够最大限度地收集风能，并将其安全可靠地转换成电能。为保护齿轮箱、传动系统、发电机等主要设备免受风沙、雨雪的直接侵害，机舱和底盘构成一个封闭的壳体，对这些设备起到保护作用。底盘连接在塔架上，起固定承载的作用，同时底盘通过轴承连接着偏航系统，可以控制底盘旋转来实现对风。

（2）塔架。塔架交撑着机舱和风轮。常见的塔架有锥筒式塔架、桁架式塔架等。锥筒式塔架呈管状锥形、外形美观，结构可靠，大量应用于风电机组中，桁架式塔架是使用钢材钢材做成不同尺寸的杆件，再使用铆钉、螺栓和焊接将这些杆件装配成的塔架。这种塔架的优点是使用材料少、成本低、运输方便但是外形不美观，而且维修人员在上下的过程中安全性较差。现行并网风电机组以锥筒式塔架为主。

（3）风电机组的安全保护。为了使风电机组能够安全可靠地运行，机组必须配备完善的安全保护功能，这是机组安全运行的必要条件，风电机组的运行是一项复杂的操作，运行过程中的问题，如风速的变化、转速的变化、振动等都直接威胁风电机组的安全运行。安全保护的具体内容包括超速保护、过电压过电流保护以及控制器抗干扰保护等，本书不详细介绍。

除此之外，风电机组的防雷也是实际运行必须要考虑的问题。事实上，雷击是自然环境对风电机组安全运行危害最大的一种灾害。一旦发生雷击，雷电释放的巨大能量会造成风电机组叶片损坏、发电机击穿，控制器件烧毁等后果。对于风电机组而言，防雷保护主要针对叶片、机舱和塔架。

研究表明，当物体被雷电击中后，电流会选择传导性最好的路径。针对雷电的这一特性、可以在叶片内布置一个低阻抗的对地导电通路，使设备免遭雷击破坏。除了叶片防雷保护外，机舱也有独特的防雷保护方法。现代风电机的机舱罩都是用金属板制成的，这相当于一个法拉第笼，对机舱中的部件起到了良好的防雷保护作用。机舱罩及机舱内的部件均通过铜导体与机舱底板及塔架连接，保证即使机舱被雷电直接击中，雷电也会被导向地面而不损坏设备。

4.4　风电系统的分类及运行方式

根据风电系统所带负载形式，可分为离网型风电系统和并网型风电系统；根据风电机组转速是否变化，可分为定速恒频风电系统和变速恒频风电系统。

4.4.1　离网型风电系统

离网型风电系统规模较小，单机容量一般为 10kW 及以下，通过蓄电池等储能装置给负载供电，主要用以解决偏远地区的供电问题。现在越来越多的离网型风电系统与其他能源发电技术相结合，构成混合发电系统。离网型发电系统按照系统母线中电流的类型可分为直流混合发电系统和交流混合发电系统，系统组成如图 4.36 所示。

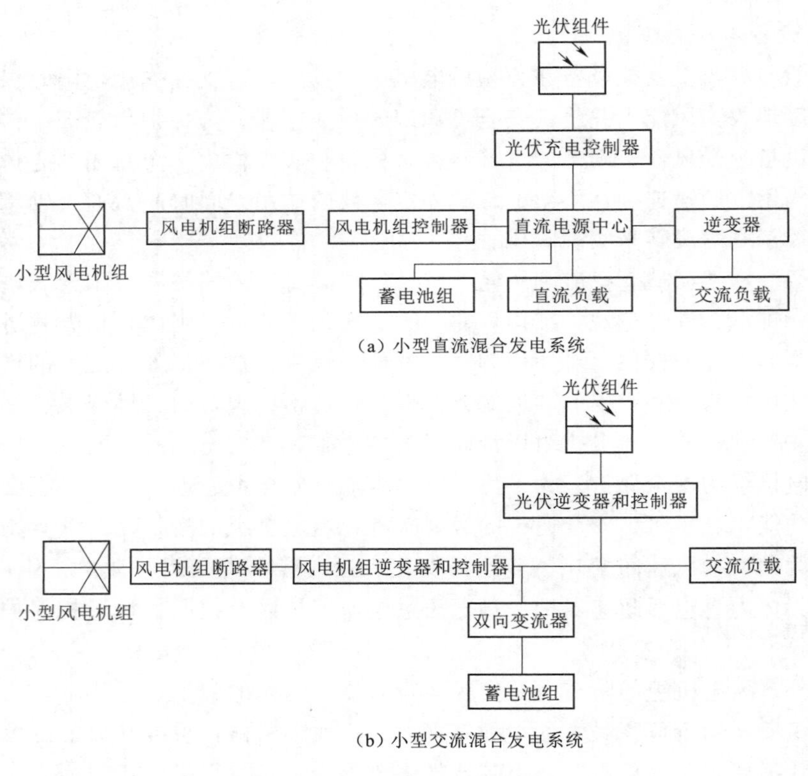

图 4.36　离网型混合发电系统

4.4.2　并网型风电系统

并网型风电系统指接入电力系统运行且规模较大的风电场。单机容量一般在千瓦级或兆瓦级。并网运行的风电场可以得到大电网的补偿和支撑，大功率风电机组并网发电是高

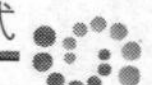

效、大规模利用风能最经济的方式，也是当今世界利用风能的主要方式。

4.4.3 定速恒频风电系统

定速恒频风电系统是指发电机在风力发电过程中转速保持不变，维持恒速运转，得到和电网频率一致的恒频电能。

定速恒频风电系统可以采用电励磁同步发电机或永磁式同步发电机，以电网频率决定的同步转速运行；或者采用笼型异步感应发电机，以稍高于同步速度的转速运行。

1. 采用同步发电机

采用三相同步发电机的定速恒频发电系统如图 4.37 所示，发电机定子输出端直接连到临近的三相电网或输配电线路。同步发电机能够向电网或负载提供有功功率和无功功率，可满足各种不同负载的需要。

2. 采用笼型异步感应发电机

笼型异步感应发电机不需要外加励磁，没有集电环和电刷，结构简单、无需维护，且易于实现并网。如图 4.38 所示，异步发电机转子通过轴系与风轮连接，发电机定子回路与电网连接，正常运行时速度仅在很小范围内变化，通常不超过 2%（异步发电机的转差范围）。发电机的功率随旋转磁场与转子之间的负转差而变化，额定功率提高时，转差变小。感应发电机向电网提供有功功率，从电网吸收无功功率，用于发电机励磁。显然，转子回路短路的感应发电机不能控制无功功率，因此要求将电网电压保持为大约等于感应发电机额定电压。带感应发电机的定速风电系统，经常处于用电容器组进行空载补偿或满载补偿的状态。使用这种补偿方式是为了降低从电网吸收的总无功功率，改善风电机组的功率因数。

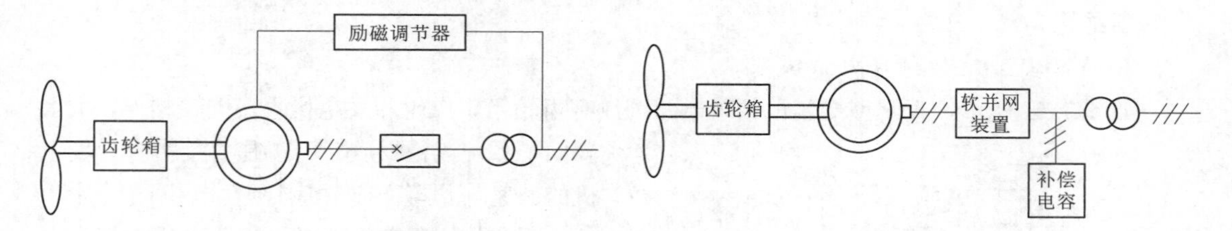

图 4.37 同步发电机的定速恒频发电系统

图 4.38 定速恒频笼型异步发电系统

定速恒频风电系统结构简单，但风能利用系数较低，现在大型风电机组中已经较少采用。

4.4.4 变速恒频风电系统

对于变速恒频风电系统，风轮以变速运行，但风电机组仍输出恒定频率的电能。这种运行方式可以使风电机组的风能利用系数在额定风速以下的整个范围内保持近乎恒定的最佳叶尖速比，可充分利用风能。对并网运行的发电系统而言，需要采取相应的技术方案，满足并网发电频率恒定的要求。此外，这种系统还可以利用风轮机械系统的惯性存储动能，减少空气动力载荷波动对风电机组的影响。变速恒频风电系统已成为一种主流的技术趋势。

大型风电系统采用电力电子变流器构成变速恒频发电系统，由发电机和变流器两部分组成。其中，常用的发电机有笼型异步感应发电机、交流励磁双馈发电机和直驱型同步发电机。变流器有全额变流器和部分功率变流器两种。

1. 笼型异步感应发电机变速恒频风电系统

图4.39所示为由笼型异步感应发电机和全额变流器构成的变速恒频发电系统，恒频控制策略是在定子回路中实现的。由于风速是不断变化的，导致风轮及发电机的转速也是变化的，所以发电机发出的电的频率也是变化的。定子绕组与电网之间的变流器能够把频率变化的电能转换为与电网频率相同的恒频电能，并送入电网中。这就要求变流器的容量要与发电机额定容量相当，因此把这种变流器称为全额变流器。

2. 交流励磁双馈式变速恒频风电系统

图4.40所示为采用交流励磁双馈式发电机的风电系统，变速恒频控制是在转子回路中实现的，即发电机通过转子交流励磁实现变速恒频运行。流过转子回路的功率是由交流双馈式发电机的转差率决定的，即转差功率。该转差功率仅为定子额定功率的一小部分，因此转子回路中变流器的容量仅为发电机容量的一小部分，通常为发电机额定容量的25%，故称为部分功率变流器。

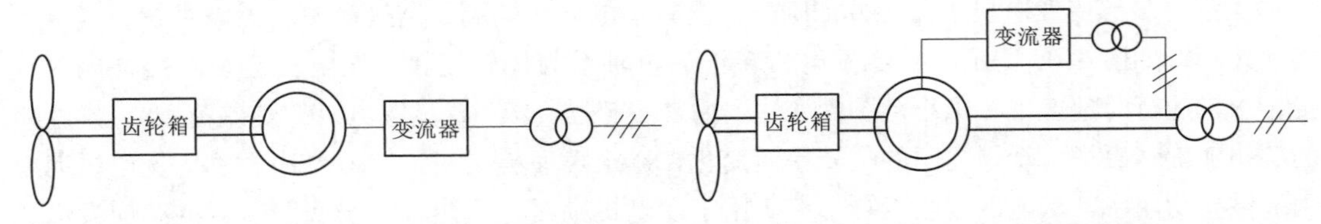

图4.39　笼型异步感应发电机变速恒频发电系统　　图4.40　双馈式变速恒频风电系统

交流励磁双馈式变速恒频风电系统还可以实现对有功功率和无功功率的控制，对电网进行无功补偿、这种发电系统是大型风电机组采用的典型结构，双馈发电机多采用集电环和电刷结构。

3. 直驱型变速恒频风电系统

如图4.41所示，直驱型变速恒频风电系统没有齿轮箱，风轮和发电机直接同轴相连，大大降低了系统运行噪声。由于是直接耦合，发电机的转速与风轮转速相同，发电机的转速很低，不能使用标准发电机，需要采用多级发电机，因此发电机的体积较大，成本较高。

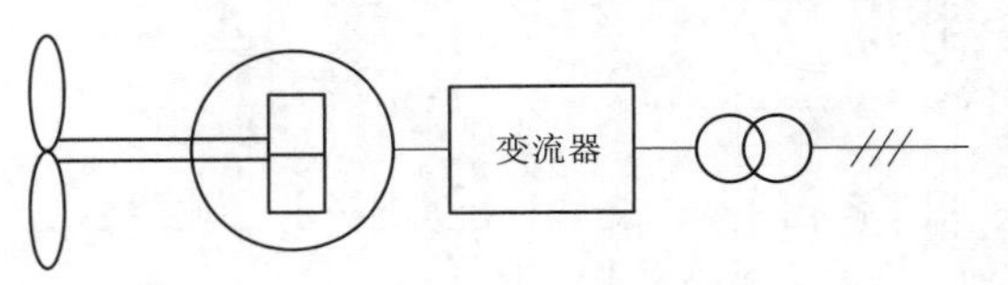

图4.41　直驱型变速恒频风电系统

直驱型变速恒频风电系统的发电机多采用永磁同步发电机，转子为永磁式结构，无需外部提供励磁电源，转子上没有励磁绕组和集电环，可靠性和效率都大有提高。变速恒频控制在定子回路中实现，采用的也是全额变流器。

4.5　风电场的构成及其主接线

4.5.1　风电场的构成

1. 风电场的概念

风电场的概念于20世纪70年代在美国提出，很快在世界各地普及。如今，风电场已

经成为大规模利用风能的有效方式之一。

风电场是在某一特定区域内建设的所有风电设备及配套设施的总称。在风力资源丰富的地区，将数十至数千台单机容量较大的风电机组集中安装在特定场地，按照地形和主风向排成阵列，组成发电机群，产生数量较大的电力并送入电网，这种风力发电的场所就是风电场。

2. 风电场的选址

风电场场址选择是一个复杂的过程，其中最主要的因素是风能资源，同时还必须考虑环境影响、道路交通及电网条件等许多因素。风电场场址选择要求严格，主要依据是：①该地区的风力资源丰富，年平均风速在6～7m/s以上，并且盛行风风向稳定；②在预选场址内立测风塔，进行1～2年的风速、风向及风速沿高度的变化等数据的实测（应是按照时间序列的每小时风速及风向数据），并据此计算得出风速频率分布及风向玫瑰图，以估算风电场内风电机组的年发电量及考虑风电机组的排列布局；③对影响场内风电机组出力及安全可靠运行的其他气象数据（如气温、大气压力、湿度）以及特殊气象情况（如台风、雷电、沙暴等发生频率及海水盐田情况、冰冻时间长短等）有测量及统计数据；④地区内的地形、地貌、障碍物（如地表粗糙度、树木、建筑物等）有详细资料，地表粗糙度高，厂内附近树木及障碍物多，将导致风电场年发电量降低；⑤风电场场址距公路及地区电力网较近，以便降低风电设备运输及接入电网的工程费用，风电场预计送入电力网的最大电功率与地区电力网容量的比率即风电的最大投入率，应在5%～10%以下；⑥风电场场址应距居民点有一定的距离，以降低风电机组运行时齿轮箱、发电机发出的声响即风轮叶片旋转时扫掠空气产生的气动噪声的影响，据测定，距500～600kW风电机组200m远处的噪声辐射为43～45dB，在风电机组机舱下则为95～100dB。

风是自然界最常见的自然现象之一，它是由于太阳对地球表面不均衡地加热造成地球表面大气层中温度和压力的差别而产生的。在目前的科学技术水平下，只能利用距离地面高度在100～200m的风能资源。在陆地上，由于一些特殊的地形（如山谷、高台等）会对自然风产生加速会聚作用，从而产生了一些风能资源特别丰富的地区，这些地区是风电场的首选场址，目前我国已建设的大型风电场多数是在这类地区。如我国目前最大的新疆达坂城风电场所在的达坂城盆地，就是由于天山的高大山脉阻挡了大气流动，使达坂城成为了一个气流通道，年平均风速达到8.2～8.5m/s（30m高度）；而内蒙古辉腾锡勒风电场是草原上的一个高台，由于高台对大气流动的阻挡和抬升作用，也形成了一个风能资源丰富的地区。

3. 风电场的风电机组排布

现代风电场建设规模巨大，单个风电场的装机台数可达千台，占地面积数平方千米，风电机组之间的尾流影响不可忽视，必须合理地选择风电机组的排列方式，以减少风电机组之间的相互影响。风电场内风电机组的排列应以风电场内可获得最大的发电量来考虑，风电场内多台风电机组之间的间距若太小，则沿空气流动方向，前面的风电机组对后面的风电机组将产生较大的尾流效应，导致后面的风电机组发电量减少。同时，由于湍流和尾流的联合作用，还会引起风电机组损坏，降低使用寿命。机组的排列方式主要受风能分布、风场地形和土地征用的影响，机组排列的最主要原则是充分利用风能资源，最大程度利用风能等。在风能资源分布方向非常明显的地区，机组排列可以与主导风能方向垂直，平行交错布置，机组排间距一般为叶轮直径的8～10倍。在地形地象条件较差的地区，机组排布受地形的限制，排列无法满足8～10倍叶轮直径的要求，则应先考虑地形条件进行机组的布置，这在一些建设在山峰上的风电场多为常见，如我国的南澳风电场、括苍山风电场、风电机组左右之间的距离（列距）应为风轮直径的2～3倍，在地形复杂的丘陵或山地，为避免湍流的影响，风电机组可安装在等风能密度线上或沿山脊的顶峰排列。

4. 风电场的经济效益评估

风电场容量系数即发电成本是衡量风电场经济效益的重要指标。风电场内风电机组容量系数 C_F 的计算为

$$C_F=\frac{\text{全年发电量(kW·h)}}{\text{风电机组额定容量(kW)}\times 8760\text{(h)}} \tag{4.23}$$

在厂址选择适宜、风电机组性能优良、机组排列间距合理的风电场内，各台风电机组的容量系数大致相同，但不完全一样，其值在0.25～0.4之间，整个风电场的容量系数为各台风力发电机组容量系数的平均值，一般应在0.25以上，即风电机组相当于以满负荷运行的时数至少应在2000h以上。风电场每度电能的发电成本与诸多因素有关、包括风能资源特性（主要是风速频率分布）、风电机组设备的投资费用、风电场建设工程费用、风电场运行维护费用、建场投资回收方式及期限（指投资贷款利率、设备规定使用寿命及所要求的固定回收率等）以及某些部件进口关税、设备增值税和设备保险所付出的费用等。

4.5.2 风电场电气部分的构成

1. 风电场与常规发电厂的区别

与火电厂、水电站及核电站等常规发电厂站相比，风电场的电能生产有着很大的区别。这主要体现在以下方面：

(1) 风电机组的单机容量小。目前，内陆风电场所用的主流大型风电机组多为1.5MW；海上风电场的风电机组单机容量稍大一些，最大已达6MW，平均为3MW左右；而一般火电厂等常规发电厂站中，发电机组的单机容量往往是百兆瓦级，甚至是千兆瓦级。

(2) 风电场的电能生产方式比较分散，发电机组数目多。火电厂等常规发电厂站，要实现百万千瓦级的功率输出，往往只需少数几台发电机组工作即可实现，因而生产比较集中。而对于风电场，由于风电机组的单机容量小，要达到大规模的发电应用，往往需要很多台风电机组。例如，按目前主流机型的额定功率计算，建设一个50MW的内陆风电场，需要33台风电机组。若要建设1000MW规模的风电场，则需要667台1.5MW的风电机组。这么多的风电机组，分布在方圆几十甚至上百公里的范围内，电能的收集明显要比生产方式集中的常规发电厂复杂。

(3) 风电机组输出的电压等级低。火电厂等常规发电厂站中的发电机组输出电压往往在6～20kV电压等级，只需一到两级变压器即可送入220kV及以上的电网。而风电机组的输出电压要低得多，一般为690V或400V，需要更高等级的电压变换，才能送入大电网。

(4) 风电机组的类型多样化。火电厂等常规发电厂站的发电机组几乎都是同步发电机。而风力发电机组的类型则很多，同步发电机、异步发电机都有应用，还有一些特殊设计的机型，如双馈式感应发电机等。发电原理的多样化，就使得风电并网给电力系统带来

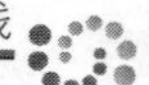

了很多新的问题。

(5) 风电场的功率输出特性复杂。对于火电厂、水电站等常规发电厂站，通过汽轮机或水轮机的阀门控制，以及必要的励磁调节，可以比较准确地控制发电机组的输出功率。而对于风电场，由于风能本身的波动性和随机性，风电机组的输出功率也具有波动性和随机性。而且那些基于异步发电原理的机组还会从电网吸收无功功率，这些都需要无功补偿设备进行必要的弥补，以提高功率因数和稳定性。

(6) 风电机组并网需要电力电子换流设备。火电厂、水电站等常规发电厂站可以通过汽轮机或水轮机的阀门控制，准确地调节和维持发电机组的输出电压频率。而在风电场中，风速的波动性会造成风电机组定子绕组输出电压的频率波动。为使风电机组定子绕组输出电压的频率波动不致影响电网的频率，往往采用电力电子换流设备作为风电机组并网的接口。先将风电机组输出电压整理为直流，再通过逆变器变换为频率和电压满足要求的交流电送入电网。这些用作并网接口的电力电子换流器，在常规发电厂站中是不需要的，有可能给风电场和电力系统带来谐波等电能质量问题。

正是由于风电场自身的电气特点，风电场电气部分与常规发电厂站的电气部分也就不尽相同。

2. 风电场电气部分的构成

总体而言，风电场的电气部分也是由一次部分和二次部分共同组成，这一点和常规发电厂站是一样的。下面主要介绍风电场的电气一次系统。风电场电气一次系统的基本构成大致如图 4.42 所示，采用地下电缆接线的集电系统未在图中显示。

图 4.42 风电场电气一次系统的基本构成

1—风轮；2—传动装置；3—发电机；4—变流器；5—机组升压变压器；6—升压站中的配电装置；
7—升压站中的升压变压器；8—升压站中的高压配电装置；9—架空线路

根据在电能生产过程中的整体功能，风电场电气一次系统可以分为风电机组、集电系统、升压站及厂用电系统四个主要部分。

注意：这里所说的风电机组，除了风轮和发电机以外，还包括电力电子换流器（有时也称为变频器）和对应的机组升压变压器（有的文献称为集电变压器）。目前，风电场的主流风力发电机本身输出电压为 690V，经过风电机组升压变压器将电压升高到 10kV 或 35kV。集电系统将风电机组生产的电能按组收集起来。分组采用位置就近原则，每组包含的风电机组数目大体相同。每一组的多台风电机组输出（经过风电机组升压变压器升压后）一般可由电缆线路直接并联，汇集为一条 10kV 或 35kV 架空线路输送到升压变电站。当然，采用地下电缆还是架空线，还要看风电场的具体情况。

升压变电站的主变压器将集电系统汇集电能的电压再次升高。达到一定规模的风电场一般可将电压升高到 110kV 或 220kV 接入电力系统。对于规模更大的风电场，例如百万千瓦级的特大型风电场，还可能需要进一步升高到 500kV 或更高。

风电机组发出的电能并不是全都送入电网，有一部分在风电场内部就用掉了。风电场的厂用电包括维持风电场正常运行及安排检修维护等生产用电和风电场运行维护人员在风电场内的生活用电等。

4.5.3　风电场电气主接线设计

在工程实践中对于风电场电气部分的描述依然需要依靠电气主接线图，下面对风电场中电气主接线的各个部分分别进行介绍。

1. 风电机组的电气接线

风电机组，除了风轮和发电机以外，还包括电力电子换流器（有时也称为变频器）和对应的机组升压变压器。目前，风电场的主流风力发电机本身输出电压为 690V，经过机组升压变压器将电压升高到 10kV 或 35kV。

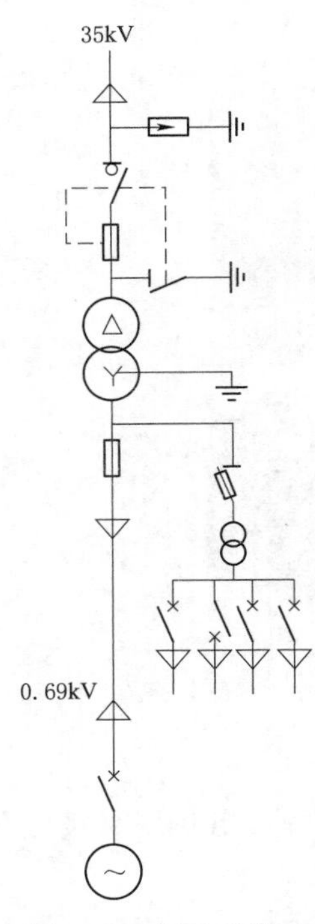

图 4.43　风电机组电气接线

一般可把电力电子换流器和风力发电机看作一个整体（都在塔架顶端的机舱内），这样风电机组的接线大都采用单元接线，如图 4.43 所示。

风电机组升压变压器（也称集电变压器）的接线方式可采用一台风电机组配备一台变压器，也可以采用两台风电机组或多台风电机组配备一台变压器。一般情况下，多采用一机一变，即一台风电机组配备一台变压器。

2. 集电环节及其接线

集电系统将风电机组生产的电能按组收集起来。分组采用位置就近原则，每组包含的风电机组数目大体相同，多为 3～8 台。一般每一组 3～8 台风电机组的集电变压器集中放在一个箱式变电所中。每组箱式变电所的变压器台数是由其布置的地形情况、箱式变电所引出的线路载流量以及技术等因素决定的。

每一组的多台风电机组输出，一般可在箱式变电所中各集电变压器的高压侧由电力电缆直接并联。多组机群的输出汇集到 10kV 或 35kV 母线，再经一条 10kV 或 35kV 架空线路输送到升压变电站。当然，采用地下电缆还是架空线，还要看风电场的具体情况。架空线路投资低，但在风电场内需要条形或格形布置，不利于设备检修，也不美观。采用直埋电力电缆敷设，风电场景观较好，但投

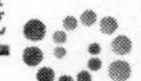

资较高。

分析接线方式时，风电场集电环节的接线多为单母线分段接线。每段母线的进线，是各箱式变电所汇集的多台风电机组的并联输出，每一组机群的箱式变电所提供汇流母线的一条进线。每段母线的出线是 10 条通向升压站的 10kV 或 35kV 的输电线路。图 4.44 所示为一种可能的风电场集电系统的电气接线。注意：图的单母线分段，也可以是地位相当的多条母线。

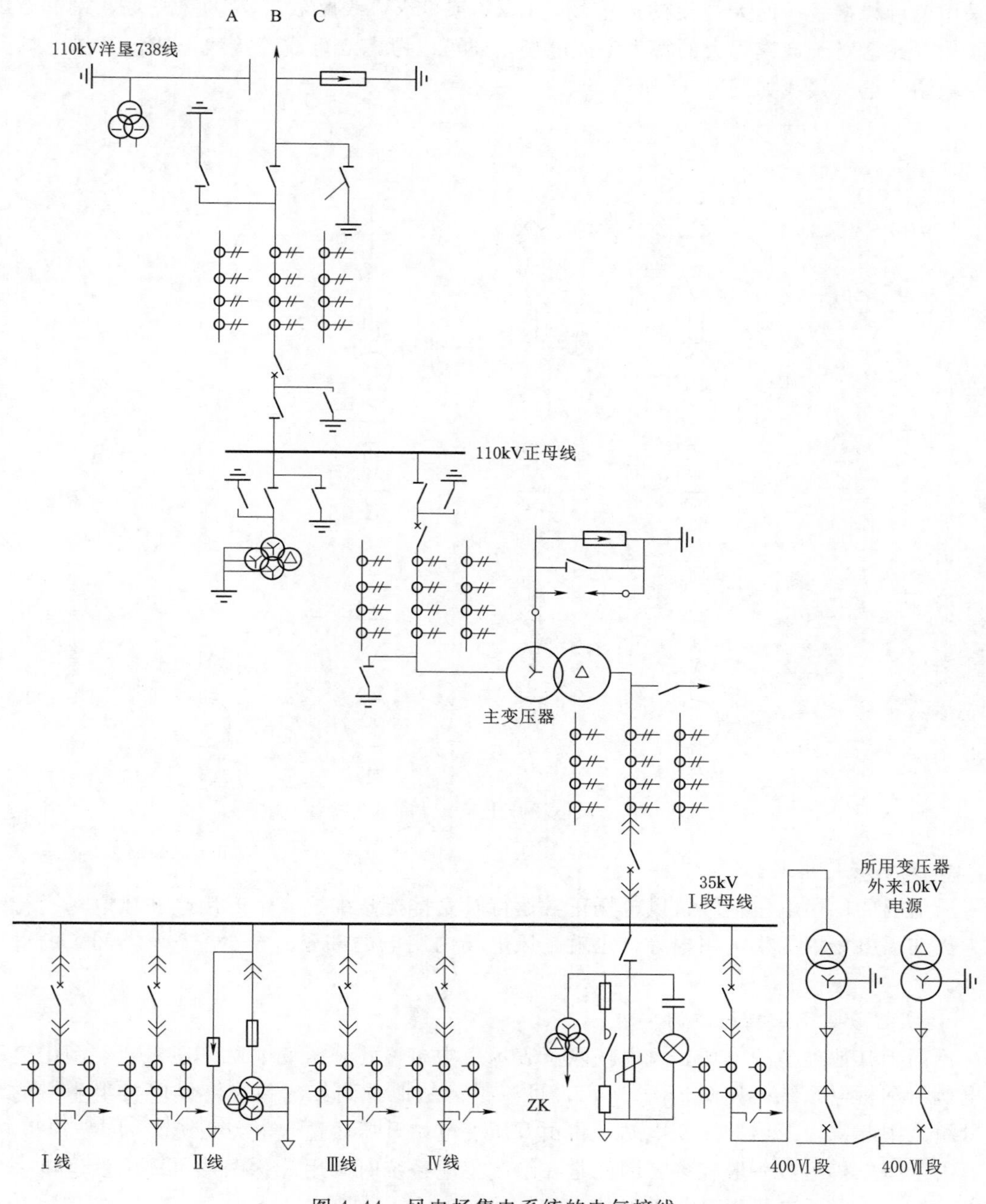

图 4.44 风电场集电系统的电气接线

3. 升压变电站的主接线

升压变电站的主变压器将集电系统汇集的电压再次升高。达到一定规模的风电场一般可将电压升高到110kV或220kV接入电力系统。对于规模更大的风电场，例如百万千瓦级的特大型风电场，还可能需要进一步升高到500kV或更高。

分析接线方式时，升压变电站的主接线多为单母线或单母线分段接线，取决于风电机组的分组数。当风电场规模不大，集电系统分组汇集的10kV或35kV线路数较少时，可以采用单母线接线。而大规模的风电场，10kV或35kV线路数较多，就需要采用单母线分段的方式。对于规模很大的特大型风电场，还可以考虑双母线等接线形式。某风电场升压变电站的电气接线如图4.45所示。

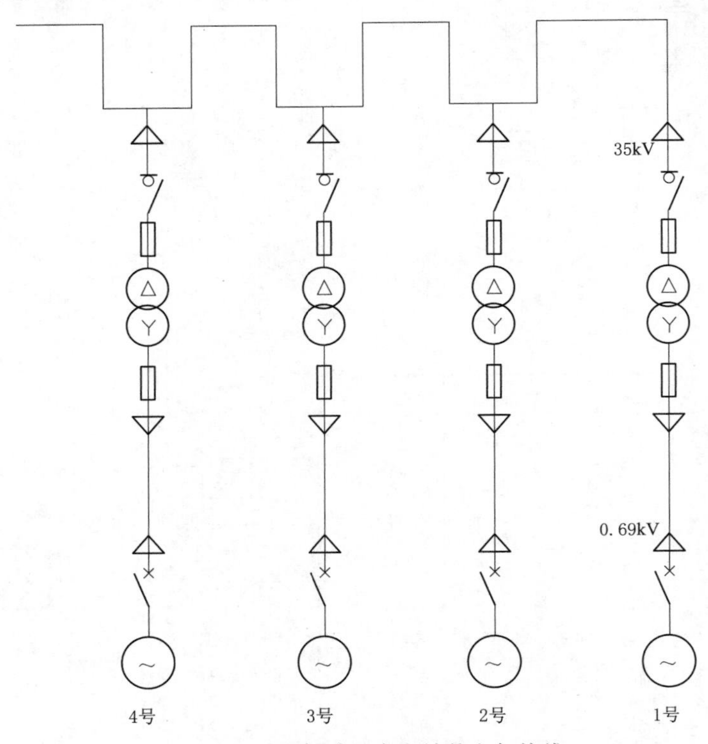

图4.45　风电场升压变电站的电气接线

4. 风电场厂用电

风电场的厂用电包括维持风电场正常运行及安排检修维护等生产用电和风电场运行维护人员在风电场内的生活用电等，也就是风电场内用电的部分。至少应包含400V的电压等级。

5. 风电场电气主接线举例

不同于其他类型的电场，风电场除了表示集中布置的升压变电站，还需要在图中表示风电机组和机电系统。如图4.46所示，可以很清楚地看到集电系统将风电机组生产的电能分组集中起来，送给升压变电站，再由升压变电站升压后送入电力系统。

由于风电机组数一般较多，因此常在绘制集电系统时采用简化图形，即以发电机表示风电机组，再对风电机组进行单独的详细描述。

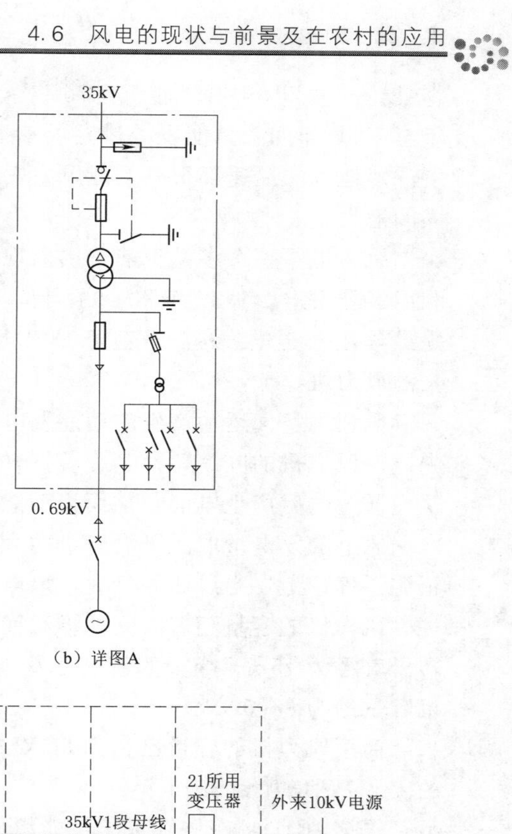

（b）详图A

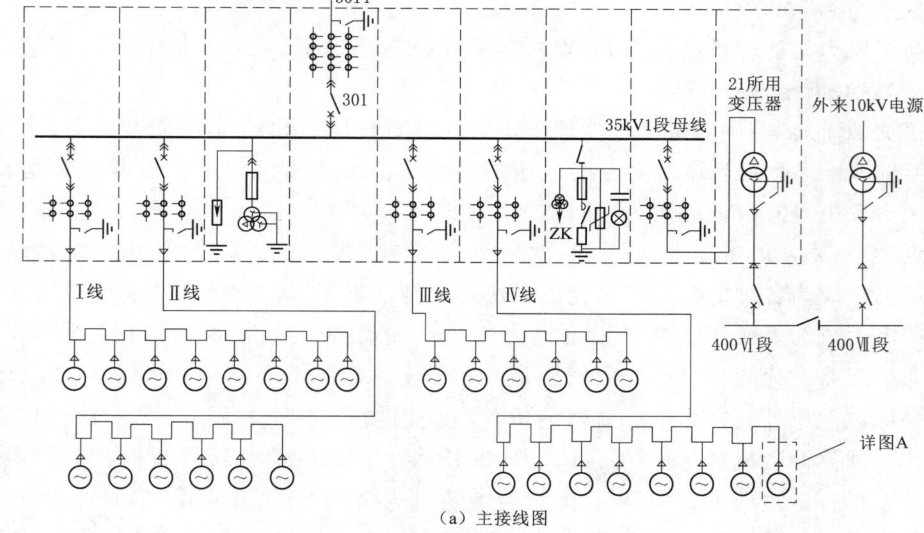

（a）主接线图

图 4.46　某风电场的电气主接线图

4.6　风电的现状与前景及在农村的应用

4.6.1　风电的现状与前景

1. 全球风电的发展状况

风电是发展最快的可再生能源技术之一。全球范围内的使用率在上升，部分原因是成本在下降。根据 IRENA（国际可再生能源机构）的最新数据，全球陆上和海上风电装机容量在过去20年中增加了近75倍，从1997年的75GW跃升到2018年的564GW。2009年至2013年间，风能发电量翻了一番，2016年，风能占可再生能源发电量的16%。世界上许多地方的风速都很高，但风力发电的最佳地点有时是偏远地区。海上风力发电具有巨大的潜力。

风力机在一个多世纪前首次出现。19世纪30年代发电机发明后，工程师们开始尝试利用风能发电。1887年和1888年，英国和美国开始了风力发电，但现代风力发电被认为是最早在丹麦开发的，丹麦于1891年建造了水平轴风力机，1897年开始运行一台22.8m长的风力机。

风利用空气运动产生的动能发电。利用风力机或风能转换系统将其转化为电能。风首先撞击风力机的叶片，使其旋转并转动与其相连的风力机。通过移动与发电机相连的轴，从而通过电磁产生电能，从而将动能转化为旋转能。

风电的发电量取决于涡轮机的大小和叶片的长度。输出与转子的尺寸和风速的立方成正比。理论上，当风速翻倍时，风电潜力增加8倍。

风力机的容量随着时间的推移而增加。1985年，典型涡轮机的额定容量为0.05MW，转子直径为15m。今天的新风力发电项目在陆上的涡轮机容量约为2GW，在海上的涡轮机容量约为3～5GW。

商用风力机的容量已达到8GW，转子直径高达164m。风力机的平均容量从2009年的1.6GW增加到2014年的2GW。

根据IRENA（国际可再生能源机构）的最新数据，2016年风能发电量占可再生能源发电量的6%。世界上许多地方的风速都很高，但风力发电的最佳地点有时是偏远地区。海上风力发电具有巨大的潜力。

近20年来，风电技术取得了巨大的进步，风力发电能力以平均每年20%以上的速度增长，已经成为各种能源中增长速度最快的一种。近年来，欧洲、北美的风电装机容量所提供的电力成为仅次于天然气发电电力的第二大能源。欧洲的风电已经开始从“补充能源”向“战略替代能源”的方向发展。

全球风电累计装机容量、新增装机容量分别如图4.47和图4.48所示。截至2017年年底，全球累计装机容量已达541GW。2018年，51.3GW的新增装机容量使得全球风电的累计装机容量达到了591GW。虽然新增装机容量比2017年下降4.1%，但对于全球风电行业来说仍是强劲的一年。对于陆上风电市场，2018年新增装机容量为46.8GW。较2017年下降约4.5%。

全球风能理事会2018年预测，2019—2023年世界每年新增的风电装机容量（陆上+海上）超过55GW；受非洲、中东、拉美和东南亚新兴市场的推动，以及海上风电的竞争力日益增强，到2023年，全球新增风电装机容量将超过3亿kW。

2. 我国风电的发展状况

我国风电技术发展始于20世纪80年代，1986年5月，我国第一个风电场在山东荣成马兰湾建成。2010年8月，上海东海大桥100MW海上风电示范项目风电场全部34台SL3000风电机组，顺利完成海上风电场项目240h预验收考核。我国成为继欧洲之后，最先拥有海上风电场的地区。

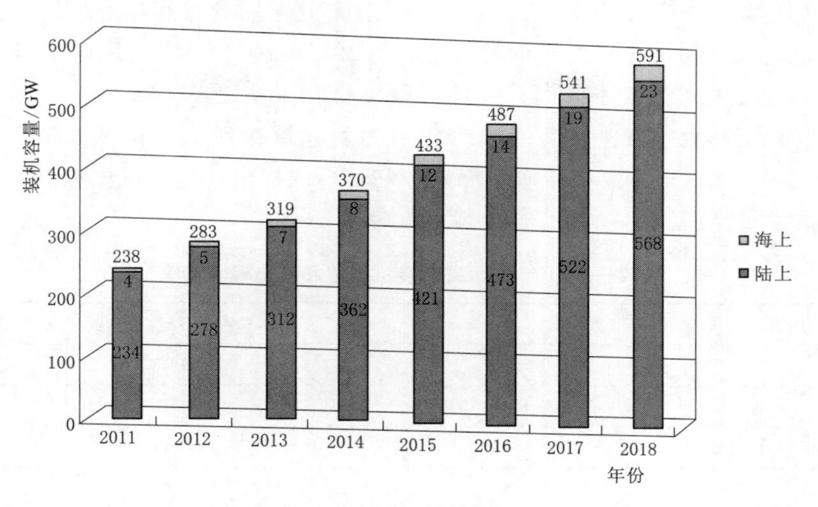

图 4.47 全球风电累计装机容量

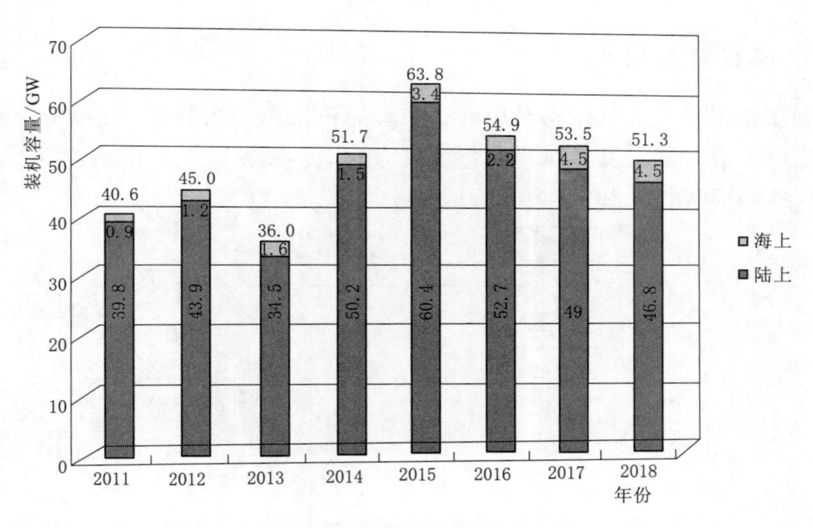

图 4.48 全球风电新增装机容量

2019 年 9 月，我国具有完全自主知识产权的首台 10MW 海上风电机组在三峡福建产业园——东方电气风电有限公司福建生产基地顺利下线。其单机容量为 10MW，叶轮直径为 185m。在年平均 10m/s 风速条件下，一台风电机组每年可以输出 4000 万 kW·h 清洁电能，可以减少燃煤消耗 13000t，减少二氧化碳排放 35000t。这是国内最大功率的海上风电机组，也历史性地将中国风电引进“两位数时代”。同时，该风电机组也是目前全亚洲功率等级最大、叶片最长的抗台风型海上风电机组。

我国风电发展迅速，截至 2010 年年底风电累计装机容量开始位列全球首位，并且从此一直处于领跑地位。截至 2018 年年底，全国风电累计并网装机容量达 1.84 亿 kW，占全部总装机容量的 9.7%，较 2017 年增长 0.5%，连续九年位居全球第一。截至 2019 年年底，全国风电累计并网装机容量达 2.1 亿 kW。2018 年，我国风电新增并网装机容量

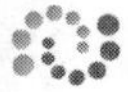

20.59GW，同比增加37%，扭转了2015年以来的新增装机容量逐年下降的趋势。

根据中国电力企业联合会发布的统计数据，2012—2021年我国风电装机容量和发电量见表4.5，2012—2021年十年间，我国风电装机容量从2012年的6142万kW增长到2021年的32848万kW，增速显著；2021年风力发电量达到了6556亿kW·h，是2012年的1030亿kW·h 6倍多。随着碳达峰碳中和目标的提出，包括风电在内的新能源发电将有更广阔的发展空间。

表4.5　2012—2021年我国风电装机容量和发电量统计表

年　份	装机容量/万kW	发电量/(亿kW·h)	年　份	装机容量/万kW	发电量/(亿kW·h)
2021	32848	6556	2016	14747	2409
2020	28165	4665	2015	13075	1856
2019	20915	4053	2014	9657	1598
2018	18427	3658	2013	7652	1383
2017	16400	3046	2012	6142	1030

4.6.2　风电在农村的应用

风能的利用主要是将大气运动时所具有的动能转化为其他形式的能量，一般利用风推动风车的转动以形成动能。其具体用途包括风力发电、风帆助航、风车提水、风力致热采暖等。风能转换与应用情况如图4.49所示。

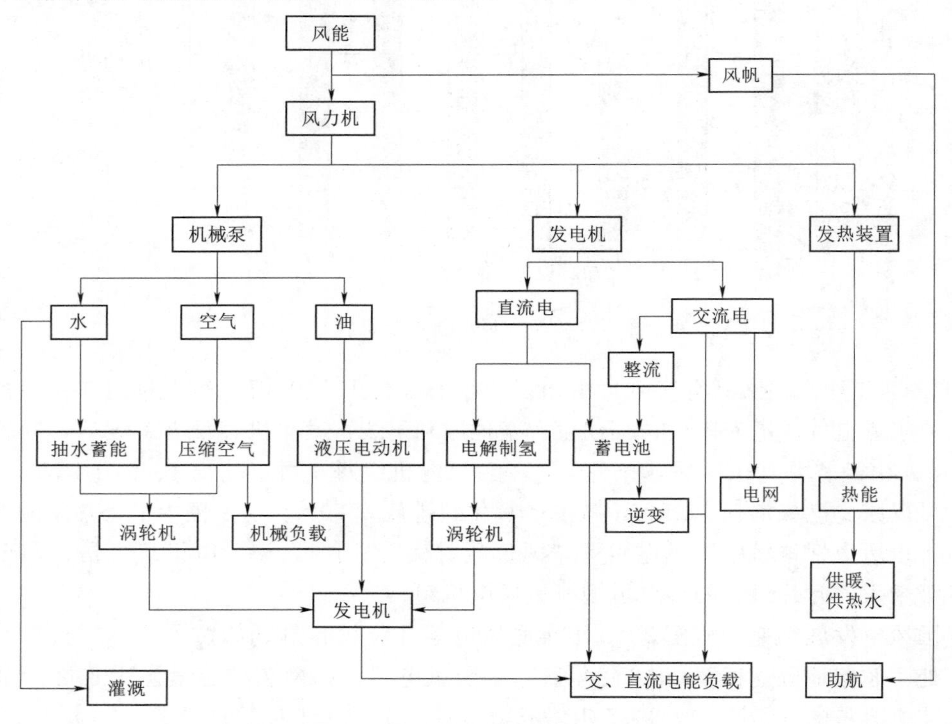

图4.49　风能转换与应用情况

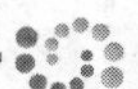

在风能的各种应用中，风力发电是风能利用的最重要形式。从风力发电技术状况以及实际运行情况表明，它是一种安全可靠的发电方式。风电机组的生产和控制技术日渐成熟，产品商品化的进程加快，降低了风力发电成本，已经具备了和其他发电手段相竞争的能力。和其他发电方式相比：风力发电不消耗资源、不污染环境；建设周期一般很短，安装一台可投产一台，装机规模灵活，可根据资金多少来确定装机容量；运行简单，可完全做到无人值守；实际占地少，风电机组与监控、变电等建筑仅占风电场约1%的土地，其余场地仍可供农、牧、渔使用；对土地要求低，在山丘、海边、河堤、荒漠等地形条件下均可建设；此外，在发电方式上还有多样化的特点，既可联网运行，也可和柴油发电机等联成互补系统或独立运行，可解决偏远无电地区的用电问题，风力发电在农村的应用广泛。

1. 小型风电机组应用于偏远农村地区

我国的小型风电机组技术已经处于成熟阶段，在电量不够充足的偏远地区，约上百万的居民利用风能实现了家庭电气化，大量电器家具设备走进农家、牧户、渔船中，使其生活质量明显的提高。

同时，我国在小型风电机组应用方面，取得了较好的成绩。从20世纪80年代初到现在，我国生产的十多种小型风电机组，逐步在草原牧区、边远农村和湖区得到了广泛的推广应用。小型风电机组给农民带来了光明和欢乐，现在无电网的偏远地区，农民也可以使用风电机组进行照明，大家可以坐在家里享受丰富多彩的文化生活，提高农民的文化素养。

总体来说，小型风电机组给这些无电网的偏远地区或者电力不足的地区带来了现代文明，极大地提高了农民的物质生活和精神生活水平。内蒙古草原牧区是小型风电机组的发源地，逐步推广应用到全国有风能资源的地区，在社会主义新农村建设中发挥了重要作用，取得了丰硕的成果。

2. 农业大棚风电供暖

蓄热供暖是一种供暖热源，在经济效益和社会效益上具有较大的优势，其优势主要体现在以下方面：①利用风力发电来蓄热供暖不会产生一次能源的消耗，便不会有大量有害气体排放的现象发生，改善了人民生活环境，也响应了我国提倡低碳环保的政策。过去传统的燃煤锅炉供暖农业大棚，每天烧煤将排出不计其数的一氧化碳、一氧化氮及二氧化碳等有害气体，污染空气，造成雾霾，严重影响人民的身体健康。但农业大棚若采取风电供暖，将无有害气体排放。若长期采用该供暖方式，空气污染便会改善，缓解雾霾。②因为电锅炉的输出功率是可调控的，其运行功率可以根据天气情况进行调整，以确保电锅炉供热大棚的效果，使得冬季供暖效果的灵活性得到大幅提高。

农业大棚中热风炉的使用与传统的供热设备（例如燃煤锅炉）相比，热风炉具有的优势和性能是非常明显的：①热风炉产生热空气后，可以将温室的每个角落直接输送热风。在这一过程中不需要任何水循环系统的参与，因此也就不存在于寒冷的冬季水会因低温在输水管中结冰而导致无法循环的问题。②热风炉的安装适用性非常高且简单易操作，仅需要很少一部分人便可以在室内完成一切操作。③热风炉是在常压下操作，既安全又可靠。④节省运营成本并且可根据自己的实际需求进行操作，温室温度可以根据需求独立调节。

⑤热风炉供暖速度非常快，温度可迅速上升至温室需求的温度，并且热量可均匀分布在四处，特别是在边缘和角落。相比其他供暖设备温差较小。⑥使用热风炉可减少湿度且预防疾病。采用热风炉供暖可输出干燥的热风，降低农业大棚内的湿度，当湿度低于孢子发芽的温度之下，会抑制病菌的生长，同时也会抑制有害病虫的繁殖。⑦热风炉本身重量比较轻且易于移动，为工作人员工作提供了极大的方便。利用热炉供暖来生产农作物可非常明显提高温室空间的利用率，增加产量，为农民的经济带来了收益的同时也增加了社会收益。

风电在农村的应用还有很多方式，需要同学们在农业生产和生活中要不断观察不断探索。

习　题

1. 介绍风能密度、风频玫瑰图和风电场容量系数的定义。
2. 阐述两种储能技术的基本原理。
3. 介绍风力发电系统的主要组成部分及其功能。
4. 利用贝兹理论分析风力发电中风轮的理论风能利用系数。
5. 请构想一下风力发电在农业生产和生活的新应用。

参 考 文 献

[1] 王长贵，崔容强，周篁．新能源发电技术［M］．北京：中国电力出版社，2003.
[2] 朱永强，赵红月．新能源发电技术［M］．北京：机械工业出版社，2020.
[3] 于立军，等．新能源发电技术［M］．北京：机械工业出版社，2018.
[4] 陈铁华．风力发电技术［M］．北京：机械工业出版社，2021.
[5] 惠晶，颜文旭．许德智，樊启高．新能源发电与控制技术［M］．北京：机械工业出版社，2018.
[6] 王黎．新能源发电技术与应用研究［M］．北京：中国水利水电出版社，2019.
[7] 朱永强，张旭．风电场电气系统［M］．2版．北京：机械工业出版社，2019.
[8] 孙瑞娟．基于物联网的农村新能源分布式电网的仿真研究［D］．太原：山西农业大学，2017.
[9] 李阳，何习佳．小型风力发电在农村电网中的应用［J］．南方农机，2019，50（24）：260-261.
[10] 于伟，陈帝伊，马孝义．小型垂直轴风力发电机在农村的应用前景［J］．农机化研究，2010，32（5）：236-239.

第5章 生物质能利用技术

生物质（Biomass）是指由光合作用产生的各种有机体，是所有来源于动、植物的可再生物质，包括由这些生命体所派生、排泄和代谢出来的各种有机物质，如树木、农作物、藻类，以及更广义上的有机废弃物。生物质能指太阳能以化学能形式储存在生物质中的能量形式，即以生物质为载体的能量，因此生物质能源直接或间接地来源于绿色植物的光合作用，是目前唯一一种可再生的碳源。通过热化学、生物化学等技术途径可以转化生物质形成多种高品位的液体和气体燃料。此外，生物质利用过程中排放的二氧化碳，可以通过光合作用循环形成新的生物质，不会造成化石能源利用出现的“温室效应”，因此生物质也被称为“碳中性”的能源。

生物质是唯一可以制备固体燃料、液体燃料、燃气和电力等多种高品位能源及高品位化学品、实现化石能源全替代的可再生能源，也是后化石时代唯一的有机碳来源。生物质能的能源当量约占世界能源总量的14%，居第四位，仅次于煤炭、石油和天然气。但到目前为止，只有约4%的碳水化合物被人类食用或用于其他非食用目的。我国具有丰富的生物质资源，据中国工程院《可再生能源发展战略咨询报告》报道，我国目前每年可开发利用的生物质能源相当于12亿t的标准煤，占全国每年能源总消耗量的1/3左右，是水能的2倍和风能的3.5倍。

随着化石能源存储的日益减少和气候环境的不断恶化，生物质利用日益受到大家的关注，这一现象主要有以下原因：①生物质资源分布广泛，储量巨大，且可再生；②碳平衡，环境友好；③洁净性，生物质硫、氮含量较低，炭活性高，挥发组分高，灰分少，灰尘等排放量比化石燃料小得多；④通过适当的技术将生物质能转化为高品位能源以替代化石原料，减轻人类对化石燃料资源的过分依赖，有利于国家能源安全，降低温室气体的排放，符合可持续发展的战略要求。

5.1 生物质种类与分布

5.1.1 生物质种类

生物质种类繁多，分布广泛，有多种方式可对其进行分类。

从生物学角度分，生物质可分为植物性和非植物性两类。植物性生物质指的是植物体以及人类利用植物体过程中产生的废弃物；非植物性生物质指的是动物及其排泄物，微生物体及其代谢物，人类在利用动物、微生物过程中产生的废弃物。

从原料的化学性质分，可以分为糖类生物质，如甘蔗、甜高粱等；淀粉类生物质，如甘薯、木薯等；油脂类生物质，如大豆、油菜等；纤维素类生物质，如农作物秸秆、林业三剩物（采伐剩余物、造材剩余物和加工剩余物）等。

从原料来源分，生物质主要可分为农业废物（包括薪柴、稻草、稻谷、粪便及其他植物性废弃物等），木材及森林工业废物，城市及工业有机废物，畜禽废物，水生植物以及能源作物等。其中能源作物指以能提供制取燃料原料或提供燃料油为目的的栽培植物。

生物质是由有机物和无机物两部分组成。无机物包括水和矿物质，无法用于生物质的利用和能量转化；有机物是生物质的主要组成部分，但有机物种类繁多，不易直接测定，一般对其进行元素分析和工业分析。不同种类生物质的元素分析见表 5.1。不同来源的生物质化学成分不尽相同，但主要元素均为碳、氢、氧、氮这 4 种元素，合计占生物质质量的 95%以上。其中碳元素含量最高，一般在 40wt%～50wt%，其次为氧，含量一般在 30wt%～40wt%，两者合计占 90wt%以上。硫的含量比较少，另还有少量钾和其他微量元素。

表 5.1　　不同种类生物质的元素分析

生物质*	C_{ad}/wt%	H_{ad}/wt%	O_{ad}/wt%	N_{ad}/wt%	S_{ad}/wt%
木材类	46.0～52.0	5.8～7.5	39.0～51.5	0～0.5	0～0.5
农作物类（秸秆等）	38.0～46.2	4.0～7.0	34.5～50.0	0.5～0.8	0～0.2
动物粪便	34.5～45.5	4.3～5.5	21.3～31.0	0.9～2.8	0～0.6
水生植物（藻类等）	44.5～53.0	6.4～7.5	28.5～46.0	3.0～8.1	0～0.5

*　生物质样品为空气干燥基 ad。

根据生物质工业分析还可将生物质组分具体分为水分（W）、灰分（A）、挥发分（V）、固定碳（FC）、和热值（HV）。不同种类生物质的工业分析见表 5.2。固定碳是燃料中以单质形式存在的碳，燃点很高，需要在较高温度下才能着火燃烧，所以燃料中固定碳的含量越高，燃料越难燃烧，着火燃烧温度也就越高。生物质的固定碳为 10wt%～20wt%，远小于煤（45wt%～90wt%）。挥发分与燃料中有机质的组成和性质密切相关，是用于反映燃料特性最好也是最方便的指标之一。生物质的挥发分一般在 60wt%～75wt%之间。生物质中的灰分是指生物质中所有可燃物在一定温度下（850℃左右）完全燃烧以及其中的矿物质在空气中经过一系列分解、化合等复杂反应后所剩余的残渣，主要由 CaO、K_2O、Na_2O、MgO、SiO_2、Fe_2O_3 和 P_2O_5 等组成。大部分生物质的热值范围在 11～22MJ/kg，远低于煤炭（29MJ/kg），石油（42MJ/kg）和天然气（55MJ/kg）。生物质的平均能量密度较低，热值约相当于标准煤的一半左右。大部分生物质原料比煤更易点燃、气化和热解，也更容易发生热化学反应，可用于热值更高燃料的生产。

5.1.2　全球生物质资源分布

生物质能的开发利用已经受到世界各国的高度重视，并成为重要的国家战略资源。世界全部生物质存量约为 1.9 万亿 t，陆地与海洋合计平均最低更替率为 11 年，可以计算出

表 5.2　　不同种类生物质的工业分析

生物质*	固碳$_{ad}$/wt%	挥发分$_{ad}$/wt%	灰分$_{ad}$/wt%	水分$_{ad}$/wt%	低位热值/(MJ/kg)
木材类	19.0～21.5	71.5～74.5	0.5～1.6	4.0～8.0	18.5～21.5
农作物类（秸秆等）	15.0～19.5	61.5～71.8	2.4～16.4	4.3～8.6	14.2～17.8
动物粪便	10.0～20.0	65.0～72.0	15.0～22.0	—	11.0～17.0
水生植物（藻类等）	15.0～20.0	65.0～70.0	1.0～5.0	5.0～8.0	15.0～21.0

* 生物质样品为空气干燥基 ad。

每年新产生的生物质约为 1700 亿 t，折算成标准煤 850 亿 t 或油当量 600 亿 t，约相当于 2007 年全球一次能源供应总量的 5 倍。全球生物质能资源量见表 5.3。根据国际组织国际能源署（IEA）的定义，生物质分为固体生物质、木炭、城市固体废物、生物液体燃料和沼气等。固体生物质（指作为燃料直接燃烧或转化为其他形式后燃烧的生物质，包括农作物秸秆、薪柴、木材废弃物，也包括木炭）是世界产量最大的可再生资源，占世界一次能源产量的 10.4%，占可再生能源的 77.4%。

表 5.3　　全球生物质能资源量

类型	面积/($\times 10^6 km^2$)	初级生产量/(亿 t/年)	平均生物量/(kg/m^2)	生物质存量/亿 t	最低更替率/年
森林	51.3	761.0	33.200	17029.0	23.82
草原	37.7	240.1	3.008	1134.0	4.72
耕地	14.0	91.0	1.000	140.0	1.54
河、海	363.0	138.9	0.008	29.2	1.94
沼泽	2.0	40.0	15.000	300.0	7.50
沙漠和冰原	42.0	16.9	0.311	130.8	7.23
合计	510.0	1702.8	3.680	18772.9	7.79

注　草原与草地数据为推测值；生产率、生产量、生物量及存量都以干碳计算。

国际组织国际能源署（IEA）在《2018 年世界能源展望》中给出全球一次能源需求总量，如图 5.1 所示。全球能源需求中生物质能源在 2017 年达到了 1384.4Mteo，占总能源需求的 9.91%。美国生物质资源十分丰富，是世界上开发利用生物质能最早的国家之一。截至 2015 年底，生物质能已经成为美国可再生能源的主要来源，占全国能源供给量的 3%。2015 年欧盟可再生能源消费总量达 1.52 亿 t 石油当量，占能源消费总量的 10%，占终端能源消费总量的 12.4%。其中生物质能源消费总量达 1.18 亿 t 石油当量，约占可再生能源消费总量的 77.6%，占欧盟所有能源消费总量的 8%，因此发展生物能源对于确保欧盟能源安全至关重要。假定在现今全球各国应对气候变化政策不变的情况下，预计到 2040 年生物质能的需求量将达到 1850.6 百万 t（Mteo）。

5.1.3　中国生物质资源分布

我国是一个农业大国，生物质资源种类繁多，农林类生物质资源丰富，主要包括农业废弃物及农林产品加工业废弃物、薪柴、人畜粪便、城镇生活垃圾等。农业废弃物主要是来源于我国生产的各种主要基本粮食作物在收获和加工这些作物之后将会剩余和产生各种

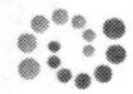

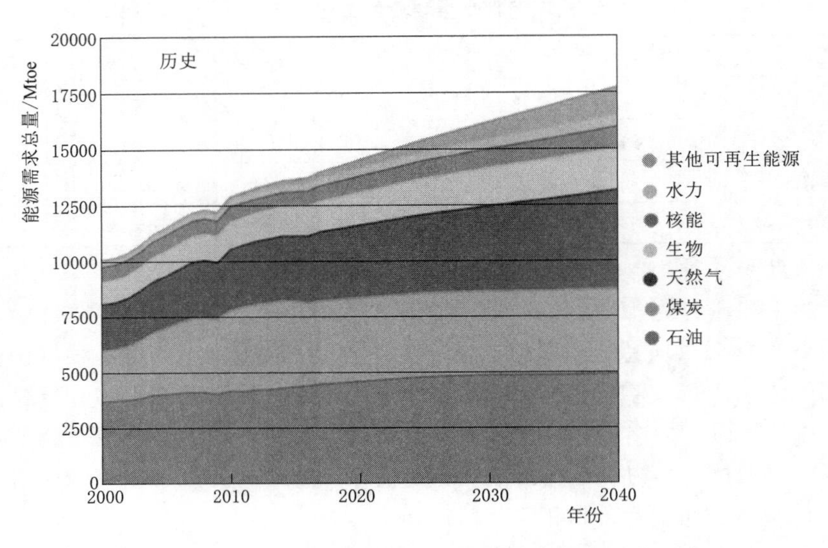

图 5.1　全球一次能源需求总量（根据现今的能源政策形式下）

残留物和副产物。根据我国农产品产量测算，每年的秸秆资源总量约 6.8 亿 t，可获得量约 5 亿 t。据农业部《农业生物质能发展规划》，2015 年我国农作物秸秆产量达到 9 亿 t。根据常见农作物谷草比（表 5.4）和《中国能源统计年鉴 2012》我国主要农作物秸秆总量（表 5.5），分析历年的秸秆组成可以发现，稻谷、小麦和玉米秸秆的产量最高，也即我国的农作物秸秆资源组成主要是稻谷秸秆、小麦秸秆和玉米秸秆。

表 5.4　　常见农作物谷草比

作物种类	谷草比	作物种类	谷草比	作物种类	谷草比
稻谷	1	薯类	0.5	花生	2
小麦	1.4	豆类	1.5	糖类	0.1
玉米	2	棉花	3	麻类	1

表 5.5　　我国历年主要农作物秸秆产量及总量　　单位：万 t

年份	稻谷	小麦	玉米	薯类	豆类	棉花	花生	秸秆总量
2005	18058.8	13642.3	27873.1	1734.3	3236.5	1714.3	2868.3	70183.3
2006	18171.8	15185.2	30320.6	1350.6	3005.6	2259.8	2577.4	74006.1
2007	18603.4	15301.7	30460.1	1403.9	2580.2	2287.1	2605.5	74533.5
2008	19189.6	15745	33182.8	1490.1	3064.9	2247.6	2857.2	79181.7
2009	19510.3	16116.1	32794.7	1497.7	5790.9	1913.0	2941.6	81830.8
2010	19576.1	16125.3	35449.1	1557.1	5689.6	1788.3	3128.8	84547.0
2011	20100.1	16436.1	38556.2	1636.5	5725.2	1979.4	3209.3	88924.0
2012	20423.6	16943.2	41122.8	1646.2	2595.8	2050.8	3338.4	89495.4

我国农作物秸秆资源分布非常不均匀，2012 年我国秸秆分布如图 5.2 所示。可以看出，农作物秸秆产量最高的省份是河南、山东和黑龙江，而最少的省份是西藏和青海。中国的农业废弃物主要分布中国中东部包括：河南、山东、黑龙江、吉林和河北省。虽然农业废弃物的生物质资源很大，但其利用受到严重的限制。据统计，大约 23%的农业废弃物用于饲料、4%用于工业材料、0.5%用于沼气，而在使用过程中还伴随着效率较低或浪费的情况。此外 37%的农业废弃物由农民用作燃料直接燃烧，在收集废弃物过程存在一定损失，约为 15%，而剩余的 20.5%被丢弃或直接在田间焚烧。总体上来看，我国秸秆资源中东部和东北地区资源量大，沿海、直辖市和西部地区资源量小。

除了农林类生物质资源，我国畜禽类粪便资源也十分丰富。我国养殖家畜的历史悠久。通常有两种喂养方法：一种是较为传统的天然饲养，适用于小型农场和家庭，或特定动物（绵羊、马和鸭等），其排泄物散落在草原和水池中；另一种是供大中型牲畜和家禽养殖场使用的集中饲养，通常在围栏中饲养牲畜，以便收集排泄物。这项工作只包括饲养在中型和大型农场的牛、猪、家禽、马、驴、骡子、兔子、绵羊和山羊等。过去 30 年来，我国超过 13 亿人口的食物消费发生了重大变化，由于对动物源性食品需求（包括牛奶和奶制品、水产品、禽蛋和肉类）的不断增长，工业畜禽生产越来越受欢迎，从而间接导致了动物粪便存量的提高。2016 年，我国集中式畜牧业产生的家禽粪便和牲畜粪便的总量粗略估计将分别达到 25 亿 t 和 32.5 亿 t。这些类型的肥料可以产生 1500 亿 m^3 和 1950 亿 m^3 的沼气（分别相当于 2.4 亿 t 和 3.1 亿 t 标准煤）。20 世纪 80 年代，我国畜禽粪便产生量为 6.9 亿 t，到 2010 年我国畜禽粪便排放总量已达到 19.00 亿 t。2015 年我国不同地区畜禽类粪便分布如图 5.3 所示。

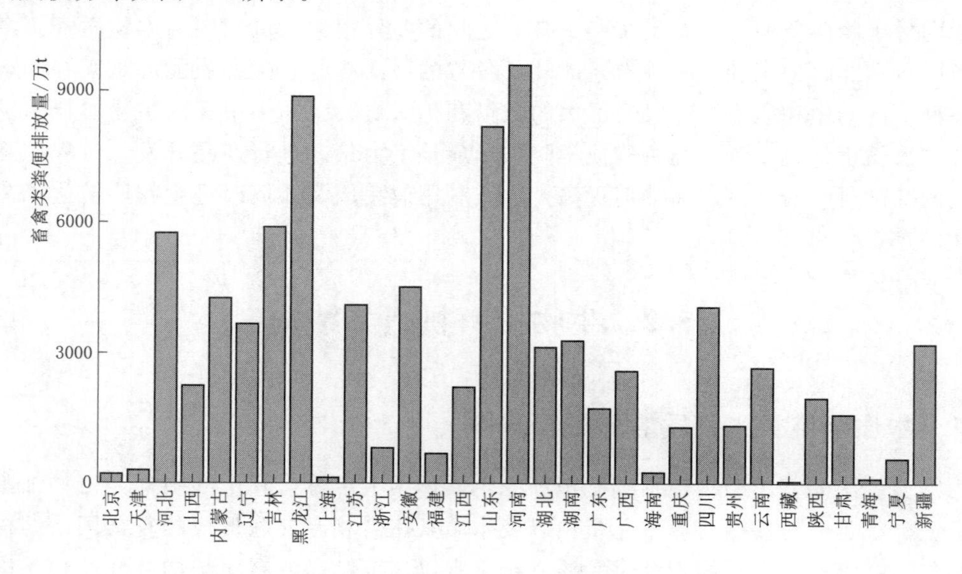

图 5.2　2012 年我国秸秆分布状况

废弃动植物油脂也是我国的一种重要的生物质资源，可分为生产性和生活性废弃油。生产性废弃油主要指工业生产中常见的柴油、汽油、机油和化工油脂等剩下的脚油渣；生活性废弃油主要指常见的植物油、动物油这两大剩余和排放的废弃油渣和泔水油。据统计

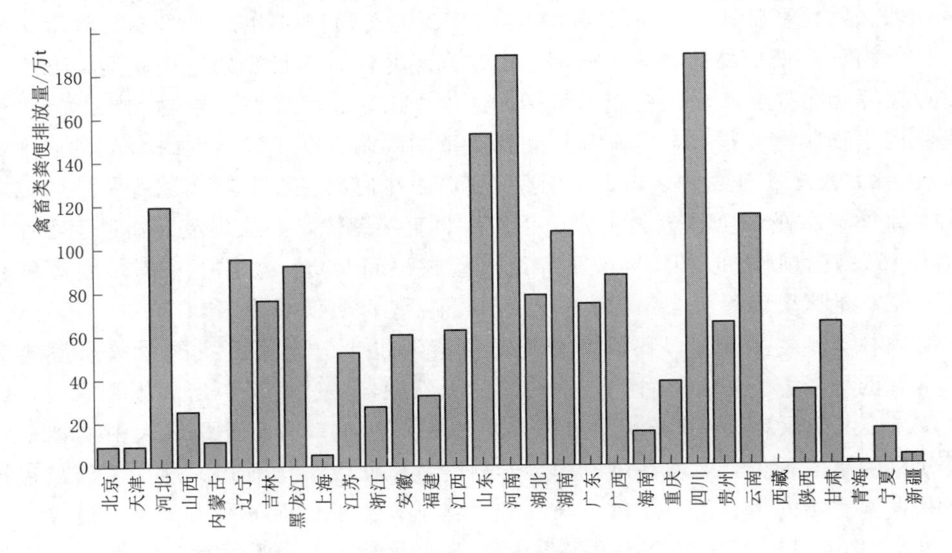

图5.3　不同地区禽畜类粪便分布

废弃油脂的量约占食用油消费总量的20%～30%。以我国年均消费食用油量为2100万t计，则每年产生废油400万～800万t，能够收集起来作为资源的废弃油脂量在400万t左右。另外，我国年产棉花约486万t，利用900万t的棉籽可年产160万t棉籽油，据估计全国可收集利用100万t棉籽油用做生物柴油。因此，全国可利用废弃油脂资源量约为500万t。

我国的生物质资源分布并不统一。各省之间的差异很大。可利用的生物质资源主要分布在西南、东北、山东和河南等省。此外，各省的一次能源和生物质能源是互补的。我国存在各种不同的生物质资源，具有巨大的数量和扩张机会。如今中国的生物质技术发展迅速，许多大城市都设立了研究机构或学院，形成技术力量，进行产品开发，过程控制和工程开发的基础科学研究。因而如何提高生物质利用效率以及如何改进生物质转化工艺成为了关注的焦点。

5.2　生物质有机组分结构

5.2.1　木质纤维类生物质的形态学结构

生物质细胞的基本结构包括细胞壁和原生质体两大部分，其中细胞壁为植物细胞外围的一层壁。细胞壁为多糖、糖基化蛋白以及木质素三者相互交联形成的复杂网络结构，其中多糖包括纤维素、半纤维素和果胶质。纤维素以高度结晶的有序结构微纤丝状态构成细胞壁骨架结构的内核。半纤维素通常具有丰富的分支结构，以非共价键的形式与纤维素紧密相连。木质素在木质化过程中形成，存在于细胞壁纤维素骨架架构和半纤维素之中，主要以共价键形式和半纤维素相连，具有加固木质化植物组织、增加植物茎干强度和减少微生物对植物侵害的作用。

细胞壁在合成过程中以片层形式沉积，随着沉积的过程逐渐形成不同的结构层次。图5.4所示为一种生物质细胞壁形态学结构。典型的细胞壁结构由3部分组成，由外到内分别为胞间层（intercellular layer 或 middle lamella），初生壁（primary wall）和细胞质膜（plasma membrane，又称为次生壁），其中次生壁有时又分为外层（S_1）、中层（S_2）和内层（S_3）。胞间层形成最早，为细胞分裂时由果胶质组成的细胞板，将两个子细胞隔开，较薄，基本为两个细胞共有。胞间层通常和初生壁结合在一起，主要含果胶质和木质素，而纤维素含量则较少。在细胞成熟时，胞间层会高度的木质化。初生壁是细胞壁的最终形式，很多细胞只有初生壁。初生壁中多糖含量高达90%，主要为纤维素、半纤维素和果胶质，其中纤维素在细胞膜上合成并定向的交织成网状，而包裹在纤维素骨架之上的半纤维素和果胶质在高尔基体中合成。纤维素形成细胞壁的骨架，半纤维素连接纤维素及非纤维素多聚体，而果胶则为细胞壁作结构支撑。初生壁一般质地柔软，不会木质化，但在老化组织中会存在不同程度的木质化。次生壁主要存在于某些特化的细胞中，如纤维细胞和维管束的木质细胞等，形成于初生壁内侧，次生壁的合成会形成高度木质化的细胞壁结构。不同类型及组织的细胞的次生壁，其成分各有不同，一般来说含较多的纤维素、半纤维素和木质素。

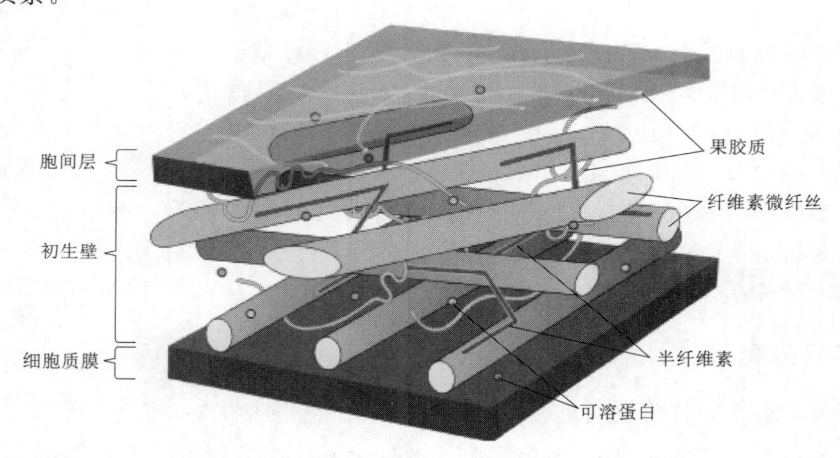

图5.4　生物质细胞壁的形态学结构

一般而言，生物质主要由纤维素、半纤维素和木质素三大组分以及少量的灰分和抽提物构成。不同生物质在不同的生长时期，所含的三大组分比例是不一样的。通常来说，典型的生物质三者含量为：35wt%～50wt%的纤维素，20wt%～30wt%的半纤维素和20wt%～30wt%的木质素。美国可再生能源实验室（NREL）给出了测定生物质中三大组分及抽提物等物质含量的标准方法。不同生物质中的三大组分构成见表5.6。

表5.6　　不同生物质中的三大组分的一般构成

生物质	木质素/wt%	纤维素/wt%	半纤维素/wt%
针叶木（软木）	27～30	35～40	25～30
阔叶木（硬木）	20～25	45～50	20～25
禾本科生物质（农作物）	15～20	33～40	20～25

5.2.2　纤维素

纤维素是植物细胞壁的主要成分，是自然界中含量最多的多糖。一般来说纤维素是三大组分中含量最多的组分，占植物界碳含量的 50wt%以上，木材中的纤维素含量约为 40wt%～50wt%，而棉花中的纤维素含量则接近 100wt%。纤维素一般是不纯的多相固体，常常伴生半纤维素和木质素。纤维素是造纸的主要原料，制浆工艺通过亚硫酸盐溶液或碱溶液蒸煮生物质以除去木质素，或通过乙醇溶液等有机溶液溶出木质素。

纤维素一般由 300～15000 个吡喃葡萄糖环通过 β-1，4-糖苷键连接而成，分子量 50000～2500000，是结构相对简单单一的线形高聚物，分子式为 $(C_6H_{10}O_5)n$。每个葡萄糖基环上均有 3 个羟基，其中 C_6 位为伯醇羟基，而 C_2 和 C_3 为仲醇羟基，可发生氧化、酯化、醚化和接枝共聚等反应。由于纤维素葡萄糖基环上极性很强的—OH 基团中的氢原子，和另一基团上电负性很强的氧原子上的孤对电子很容易相互吸引，纤维素大分子之间、纤维素和水分子之间、纤维素大分子内部形成了大量的氢键。图 5.5 为纤维素基本结构，其两端的化学结构有所不同。其中的一端含一个 D-吡喃葡萄糖单元，其中的端头碳原子形成了糖苷键连接，而另一端的 D-吡喃葡萄糖单元中的端头碳原子则是自由的。在纤维素的研究中，确定三维结构中纤维素的相对方向是研究的主要问题之一。常温下，纤维素不溶于水、乙醇、乙醚等有机溶剂。由于分子间存在大量氢键，纤维素在低温时较稳定，但超过 150℃时会由于脱水而逐渐焦化。在较强的无机酸作用下，纤维素会水解为生成葡萄糖等产物。

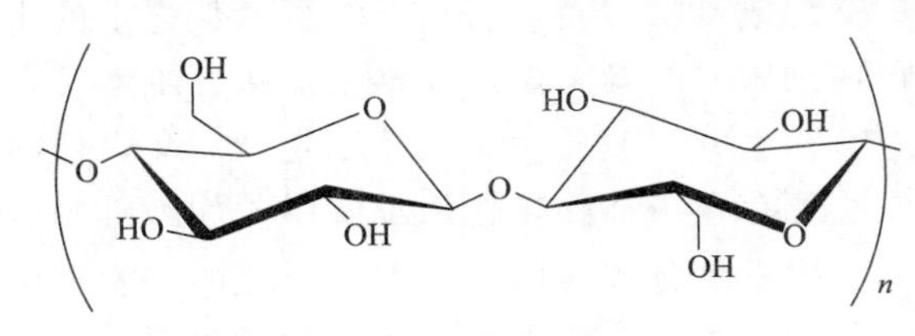

图 5.5　纤维素基本结构

5.2.3　半纤维素

半纤维素一般指除纤维素和果胶物质以外，溶于碱的细胞壁多聚糖类物质。半纤维素这一名词最早由 E. Schulze 于 1891 年提出，当时认为这些聚糖是纤维素的前驱物。现在，半纤维素一般指细胞壁中除纤维素外的非淀粉类多聚糖，即部分文献中所指的 polyoses。

半纤维素结构复杂，不同来源的半纤维素成分各不相同，由不同的单糖糖基通过糖苷键连接，其主要糖基有五碳糖（β-D-木糖、α-L-阿拉伯糖）、六碳糖（β-D-葡萄糖、α-D-半乳糖、β-D-甘露糖等）和糖醛酸（α-D-葡萄糖醛酸，α-D-4-O 甲基-葡萄糖醛酸和 α-D-半乳糖醛酸），图 5.6 为几种半纤维素基本单元化学结构。半纤维素以非共价键连接在一起，附着于纤维素微纤丝的表面，并通过氢键与微纤丝交联成复杂的网格。天然的半纤维素为非结晶态，分子量低，且多分枝，平均聚合度通常在 80～100 之间。这些性质决定了半纤维素的化学稳定性及热稳定性比纤维素弱。

半纤维素从结构上一般可分为聚木糖，聚甘露糖，聚木糖葡萄糖和聚混合 β-葡萄糖四大类。不同生物质中所含的半纤维素量不同，而且半纤维素所含的单糖种类及其含量也各有不同。一般来说，针叶木有较高的甘露糖和半乳糖，阔叶木含较多的部分乙酰化的酸性木聚糖，禾本科植物则以 β-D-吡喃木糖为主链，其主链常常有分支与其他配糖单元

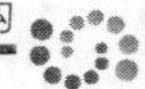

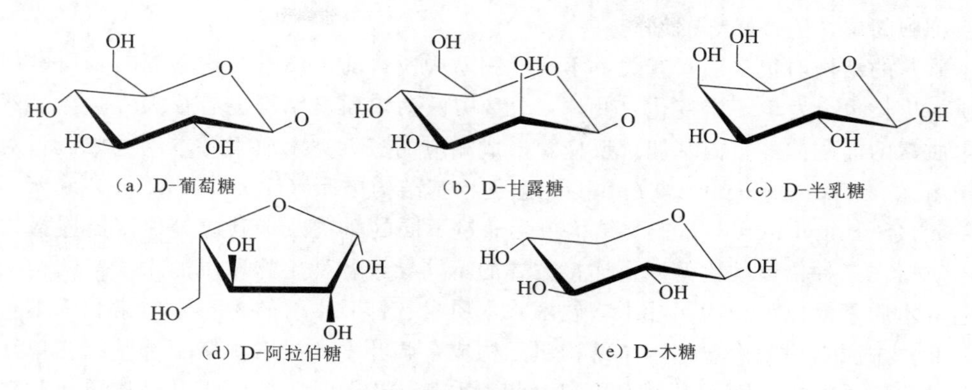

图 5.6 几种半纤维素的基本单元

连接。

木聚糖主要由木糖构成，单木糖中仅有木糖，而聚木糖中则还包括聚葡萄糖醛酸木糖、聚阿拉伯糖葡萄糖醛酸木糖、聚葡萄糖醛酸阿拉伯糖木糖、聚阿拉伯糖木糖和复合杂聚糖等。聚糖的平均聚合度与生物质来源和分离方法有关，一般在 100～200 之间。阔叶木中的半纤维素主要是聚 4-O-甲基-D-葡萄糖醛酸-D-木糖，一般每十个木糖含有一个糖醛酸基支链。阔叶木木聚糖中的很多 C_2 和 C_3 位上的 OH 基都被乙酰化。相比较而言，针叶木聚糖中则几乎不含乙酰基，而有较多由阿拉伯呋喃糖单元组成的支链通过 α-(1-3)-糖苷键与主链相连接。禾本科植物的木聚糖中，大多含阿拉伯糖-4-O-甲基葡萄糖醛酸木糖以及半乳糖单元，竹材中除阿拉伯糖-4-O-甲基葡萄糖醛酸木糖外，还有乙酰化的半乳糖单元及 4-O-甲基葡萄糖醛酸单元的存在，因而有学者将竹材中木聚糖定为介于针叶木木聚糖和阔叶木木聚糖之间的木聚糖。

聚甘露糖主要存在于针叶木中，一般可占 20%～25%，而在阔叶木中则仅为 3%～5%。聚甘露糖以葡萄糖和甘露糖通过 β-(1-4) 链接构成非均聚合物的主链，因此也可称为葡萄糖甘露糖。阔叶木聚甘露糖中的侧链较少，而针叶木聚甘露糖中含有较多的乙酰基和半乳糖等支链。阔叶木甘露糖中，甘露糖与葡萄糖的比例约为 (1.5～2)：1，其中桦木中达到 1：1，糖枫木中的比例则高达 2.3：1。针叶木甘露糖中，甘露糖与葡萄糖的比例约为 3：1。针叶木中半乳糖的含量与分离方法有很大关系，水溶性聚甘露糖的三大组分比例为 3：1：1（甘露糖：葡萄糖：半乳糖），而碱液提取的聚甘露糖中三大组分比例则为 3：1：0.2（甘露糖：葡萄糖：半乳糖）。聚甘露糖的平均聚合度为 60～70。

5.2.4 木质素

木质素是主要由三类苯基丙烷类结构单元（愈创木酚结构单元、紫丁香结构单元、对羟基苯结构单元）通过醚键及碳碳键连接形成的复杂高分子酚类聚合物，具备多种活性官能团，是制备能源原料、精细化学品、建材等多种工业品的优良原料。木质素大多分布于木质部的管状分子和纤维、厚壁细胞、厚角细胞、特定类型表皮细胞的次生细胞壁中。一般而言，胞间层的木质素浓度最高，细胞内部浓度较小，次生壁内层浓度则又较高。木质素与半纤维素作为细胞间质，填充于细胞壁的微纤维中，加固细胞壁的强度；木质素还可存在于细胞间层，连接相邻的细胞。

木质素的结构与很多因素有关，不同生物质中所含的木质素结构不同。木质素结构随生物质的生长也会发生一定变化。此外，分离方法对木质素结构也有很大影响。天然木质素由木质素的前驱体经自由基偶合反应，形成相应的三大类木质素基本结构单元：对羟基苯结构单元（Hydroxy - phenyl lignin）、愈创木基结构单元（Guaiacyl lignin）和紫丁香基结构单元（Syringyl lignin）。三类结构单元通过不同的醚键及碳碳键等连接键连接构成大分子木质素，三种单体的比例以及连接方式的不同导致各种生物质中的木质素结构千差万别。通常木质素大致可分为阔叶木（硬木）木质素、针叶木（软木）木质素和禾本科木质素。针叶木木质素一般由愈创木基结构单元构成，阔叶木木质素由紫丁香基结构单元和愈创木基结构单元构成，而禾本科木质则由紫丁香基结构单元、愈创木基结构单元和对羟基苯结构单元构成。图 5.7 为木质素中的三类结构单元及一种典型的木质素化学结构。

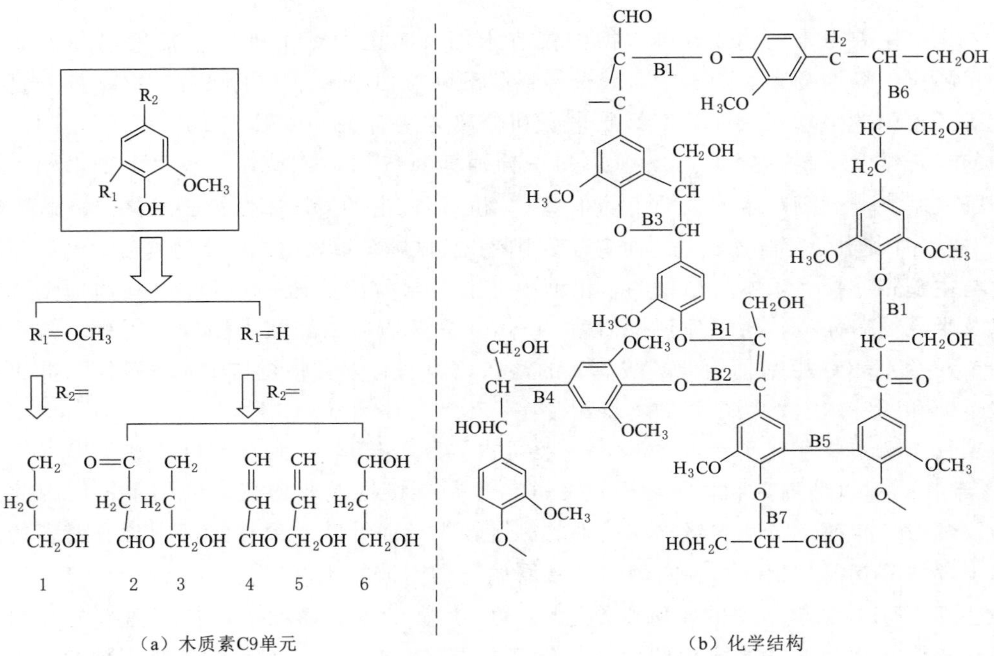

（a）木质素C9单元　　（b）化学结构

图 5.7　木质素 C9 单元及其化学结构

木质素中含有丰富的甲氧基、羟基、羰基等官能团，其分布与生物质的来源种类有关，此外分离方法等也会对获得的木质素官能团分布有所影响。甲氧基一般较为稳定，即使在 500℃的高温裂解产物中，甲氧基的断裂也较少，因而有学者采用 500℃的闪速裂解来快速判断木质素中的三类结构单元比例。木质素中的羟基分为存在于结构单元侧链上的脂肪族醇羟基和酚羟基两种。脂肪族羰基分布于侧链端头，有共轭羰基和非共轭羰基两种，在分离过程中，部分羰基会氧化生成羧基。

三类结构单元通过连接键连接形成大分子的木质素，常见的连接键有醚键和碳碳键。一般来说，木质素中最多的连接键为 β - O - 4 连接键，其分布随生物质来源不同而不同，但多数在 40%以上，在山毛榉木中达到 65%。β - O - 4 键的解离能较小，在木质素的分离过程中（尤其是酸处理或碱处理过程中）常常发生水解，造成获得的木质素中该连接键分布较少，木质素的分子量也相应地较低。碳碳键方面，β-5和β-β键较多。

原本的木质素不溶于水和任何溶剂，但通常在制备过程中，木质素都经历了或多或少的物理性质改变，因而溶解性也各有不同。木质素在溶剂中是否溶解与溶剂的溶解性参数和氢键形成能力有关。木质素中酚羟基和羧基的存在使得其在强碱溶液中能够溶解。有机木质素可溶于二氧六环、吡啶、甲醇、乙醇和丙酮的水溶液中。碱木质素溶解于碱溶液，而酸木质素则几乎不溶于所有的溶剂。木质素在低温下性质较稳定，但随着温度的升高，木质素开始分解，在200℃时即可发生弱醚键的断裂。

5.3 生物质原料收储运和压缩成型

5.3.1 农作物废弃秸秆的收储运体系

1. 秸秆收集体系

生物质原料主要来源于农作物秸秆、农产品加工业的副产品、城镇生活垃圾及林业废弃物等。农产品加工业的副产品和林业废弃物主要来源于加工厂，数量多且产地相对集中，便于使用机械化手段进行收集。虽然我国拥有非常丰富的农作物秸秆资源，但由于地域辽阔、自然村分散、土地承包制、农作物品种多、换种期较短、小农经营、农业机械化水平低等原因，一直以来，原料收集困难、收集率低、成本高，农作物秸秆收集成为生物质燃料加工生产工程中的“瓶颈”，制约着生物质的大范围大规模收集利用。农作物秸秆的收集主要是将田间收获粮食后的废弃秸秆，在保持其最佳使用价值的情况下，使用经济高效的收集方法和设备进行收集，再将收集好的秸秆通过交通工具运输至生产企业，进行规模化的加工生产。我国农作物秸秆主要分为黄色秸秆和灰色秸秆，主要以玉米秸秆、小麦秸秆、大豆秸秆和棉花秸秆为主，其中黄色秸秆体积大、密度小，易采取打捆的方式收集，而灰色秸秆木质化程度高、密度大，易采取切碎的方式收集。

随着现代化农业的发展，结合当地实际田间地形，我国秸秆收集方法逐渐由人工收集方式向采用打捆机、联合收割机、集捆机等设备收集方式转变。目前，我国有内蒙古宝昌牧业机械厂研发的方形打捆机，收集后草捆规格（长×宽×高）为（0.6～1.2）m×0.46m×0.36m，草捆质量15～25kg，适宜我国农田规模；黑龙江省牧机所研制的卧式秸秆打包压缩机，草捆规格（长×宽×高）为0.32m×0.32m×0.7m，草捆质量约25kg。打捆后的秸秆占地少、堆放方便、易于运输。

2. 农作物废弃秸秆的储存方式

我国农作物废弃秸秆出主要有以下四种储存方法：开放式储存法、覆盖式存储法、仓库式存储法和厌氧式存储法。开放式储存法是指将生物质原料直接暴露于露天环境中储存，不对原料进行覆盖。这种方法成本最低，节约人力和物资，但是受天气环境影响十分严重，遇到雨天会损耗部分原料。因此，需要在在合适的时节选用开放式储存方法。覆盖式存储法即在生物质堆垛的顶部覆盖一层防紫外线的聚乙烯织物或者塑料膜等，可以防止雨季时多余的水分进入存储堆或者日晒造成的生物质原料损耗。仓库式存储法是将生物质原料存储在仓库等常设性结构中。在仓库中进行存储将大大有助于减少水分渗入生物质堆垛，也能在原料堆的顶部达到自然通风（覆盖式存储在堆垛的顶端形成了一道蒸汽屏障，会阻碍水蒸气的自然散发），令成捆的生物质原料脱去水气。厌氧式存储法也叫青贮法，需要将生物质装入密封的塑料装置中以减少其暴露在氧气中的可能性，从而降低其有氧呼吸率，减少干物质损耗。厌氧存储法已在含水分的青绿饲草的保存中广泛使用。

这 4 种存储方式各有其优劣之处。从成本的角度分析，开放式成本进行存储成本最低，且之后不存在一系列的维护费。而覆盖式、仓库式存储则需要较高的费用进行初始投资，并且在投入使用后为了保证存储效果和延长使用年限，仍会产生维护成本。厌氧法对堆放点的建设和条件要求并不高，但是有特定的辅助设备协助操作，作业成本较高。从原料损耗的角度分析，开放式存储的损耗率是最高的，其次是覆盖式存储、厌氧式和仓库式存储。所以在进行原料储存时，需要综合地权衡存储的投资成本和存储效果。

3. 农作物废弃秸秆的运输模式

我国农业生产以家庭承包为主，户均种植面积小，作物秸秆分布分散；同时由于秸秆密度低，体积大，收获季节性强，秸秆收集、储存和运输成为制约其大规模利用的主要瓶颈。因此，如何建立合理、高效的秸秆收储运体系是秸秆生物质能产业发展必须首先解决的关键问题。经过多年的探索实践，我国秸秆收储运系统已经有了一定的发展基础，主要有分散型和集中型两种模式，两种模式的特点和适用范围见表 5.7。

表 5.7　　国内两种典型秸秆收储运模式分析

	分散型收储运模式		集中型收储运模式	
	公司＋散户	公司＋经纪人	公司＋基地	公司＋收储运公司
特点	农户送到公司，供应时间短	经纪人组织收购后，供应时间长	农场签订供应协议，储运成本低	收储运公司收储供应，体系完整、供应稳定
适用范围	需求量小、距离近的企业，如秸秆气化	距离远需求量大的企业，如秸秆发电厂	消耗量小企业，如秸秆气化、固化等	消耗量大企业如大型生物质秸秆发电厂等
优点	农户存储运输，降低投资、减少成本		供应量大、稳定，技术设备先进，利用率高	
缺点	管理松散、价格不稳，适用于量大、竞争少的地区		需占地、防雨、防火等，维护和管理成本高	

（1）分散型收储运模式。分散型收储运模式以农户、专业户或秸秆经纪人为主体，把分散的秸秆收集后直接提供给企业，可以分为“公司＋散户”型和“公司＋经纪人”型等两种形式。“公司＋散户”型是一种由分散农户和公司协作收集秸秆的模式。农户在田地里收割、装运秸秆至公司即可，由公司对秸秆进行晾晒、储存，保管和运输等。这种模式中，由于我国农户多数采取多季种植，农户们会在相对聚集的时间内将秸秆运至公司，因而供应期集中，所以仅适用于需求量小且离田地距离近的公司企业。“公司＋经纪人”型是一种由秸秆经纪人和公司协作收集秸秆的模式。由秸秆经纪人把分散农户组织起来，统一协调管理，为企业提供稳定的秸秆原料供应。秸秆经纪人的存在使得秸秆供应时间大大延长，也便于企业资金的流转，适用于需求量大的公司和企业。然而，由于农作物秸秆属于量大轻泡物品，晾晒、存储需要占用大量空闲地方，采用分散型收储运模式，将收储运分散问题转移到广大农村和农户来解决，将收晒储存问题化整为零解决。公司企业不需投

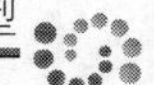

资建设收储运系统，大大降低了企业的投资、管理和维护成本。但这种模式的缺点是企业的原料供应在很大程度上受制于秸秆经纪人，而秸秆经纪人不隶属于任何组织，管理相对松散。随着企业数量的增加和规模的扩大，秸秆需求量增加，企业之间存在原料竞争，秸秆经纪人为了追求最大利润，会随机抬高收购价，或将秸秆送到其他竞争性企业，而发电企业为了确保原料的常年供应，不得不抬高收购价，致使原料成本大幅度增加，甚至面临因原料缺乏而停产的危机。

（2）集中型收储运模式。集中型收储运模式以专业秸秆收储运公司或农场为主体，负责原料的收集、晾晒、储存、保管和运输等任务，并按照企业的要求，对农户或秸秆经纪人交售秸秆的质量把关，然后统一打捆、堆垛、存储，可以分为“公司＋基地”集中型和“公司＋收储运公司”集中型等两种形式。“公司＋基地”集中型即由公司与农场签订协议，由农场进行秸秆原料的收集、晾晒、储存、保管和运输等任务。这样可以一定程度上降低储运成本，提高原料质量。适用于需求量较小的公司。另外一种“公司＋收储运公司”集中型，即集约型秸秆收储运模式，主要以专业秸秆收储运公司为主体，按照企业规定的统一质量标准负责原料的收集、晾晒、储存、保管、运输等任务。秸秆收储公司，一般是以乡镇为中心，按照一定储量规模，在一定区域范围内，分散设立一个或若干个秸秆收储点，形成一个收储网络系统，调控秸秆收储量并按企业原料使用需求，及时、保质、保量运送秸秆到厂。秸秆收储公司对秸秆实行分散收集、统一储运管理。以现有农户或秸秆经纪人作为秸秆的主要收集者，将秸秆收集、晾晒后，按照收储公司的要求统一运送到秸秆收储点进行储存、保管。采用集中型收储运模式，秸秆收储运公司需要建设大型秸秆收储站，占用土地多，还要进行防雨、防潮、防火和防雷等设施建设，并需投入大量人力、物力进行日常维护和管理，一次性投资较大，折旧费用和财务费用等固定成本较高。但秸秆发电企业通过与收储公司签订供货合同，使秸秆的供应变成企业法人之间的商业活动，从根本上解决了秸秆供应的随意性和风险，能够确保秸秆原料的长期稳定供应。而且秸秆收储公司采用先进的设备和技术对秸秆原料进行质检、粉碎、打捆等，确保秸秆质量，提高了秸秆利用效率。随着秸秆的规模化利用和市场需求的增加，集中型模式将成为主要发展方向。

4. 国内外生物质原料收储运现状及存在问题

（1）国外现状。国外大多国家拥有者土地多、人口少、一季作物、收获期长等特点，有着充足的生物质原料收集时间，且现代化农业体系较为健全，多采用机械化设备进行收集和运输。例如，丹麦在20世纪90年代秸秆以焚烧处理为主，后经政府立法控制，将废弃秸秆用作生物发电。企业与农场主签订多年的供销合同，协商采购价格，保证秸秆的稳定持续供应，建立了较为成熟的生物质原料收储运体系。

目前，国外的秸秆原料的收储运多采用现代化农业机械设备，由机械设备进行收割、打包、存储、运输。多采用200马力以上的收割机进行收集，工作效率高，每小时可收集20余包。收集设备先进、自动化程度高、设备事故率低，多采用世界知名品牌：凯思、纽荷兰、克拉斯等。收集设备控制秸秆长度在15cm左右，并将收集好的设备进行干燥晾晒，控制水分在14％～18％，随后存放于自然通风的仓库中。由于国外的农业化种植较为集中，地势简单，多由农场主或代理公司使用大型卡车进行运输，一次可输运约20捆秸秆。建立了收集—打包—储运—输运的科学产业链条。

(2) 国内现状与存在问题。我国是农业大国，有着大量的农业废弃物秸秆，但在生物质原料的收储运体系建立上尚处于起步阶段，存在不科学、不充分、资源浪费和环境污染等问题。近些年，在政府的引导下，多数省份也逐步形成了以经纪人或专业收储运公司为载体的收储运体系。由于我国种植面积大且分散，主要以分散型收储运模式为主导，农户或经纪人将秸秆交由生物质企业，然后统一打捆、存储交由生物质企业。江苏省在生物质收储运体系的建立上初步形成了以经纪人分散型、合作社专业型、规模化企业自营型的3种典型收储运模式，并且政府对于年收储量大于5000t的企业给予一定奖励。目前，国内的秸秆原料收集采用人工和机械相结合的方法，但由于地理环境和单次需处理秸秆量的限制，多以60马力的小型打捆收割机为主，这种打捆机草捆质量15～25kg，便于搬运、存放和运输，适于我国田间和个体农户、经纪人使用。我国的秸秆收获时间短，农户多采用室外储存的方法，在交由经纪人或公司，统一运输至各个储存点集中储存，由于储存地点对于环境有着一定要求，成本较高，国家对每个储存点给予一定补助。

由于我国农村道路条件较差、原料分散、单次原料运输量小，打捆后的秸秆一般采用平板车和中小型卡车运输。当前国内秸秆收储运体系主要存在以下问题：

1）农业机械化程度低。由于我国现代化农业起步较晚、地理情况复杂、种植分散，我国的农作物秸秆收割捆绑机目前仍处于中试阶段，尚未研发出一台适合我国种植模式和土地情况的秸秆收割捆绑机。我国现有的收割机存在易缠绕、易堵塞、捆绑不齐等问题，且对于杆径较高较粗的玉米和高粱秸秆难以收集。对于大部分个体农户，目前仍采用人工收集，工作效率低、收集成本较高。

2）同种原料种植密度低。我国土地实行包产到户的模式，各农户种植作物不一，难以进行统一收集，大多依靠农户个人进行收集，耗时耗力，作业工程量大。因此，很多农户仍然采取直接焚烧还田的处理办法。

3）收集时间紧促且难以控制。我国大部分地区农作物种植多采取多季种植，换种期较短，为腾地换种下一季作物，必须要在较短的时间内完成收集。此外，在收集过程中还会受到天气的影响，秸秆的存储要求含水量较低，需要在收集后晾晒到一定湿度才可以打捆储存，如遇到阴雨天将会耽误收集时间，拖延下一季作物的种植。

4）产业链条不完善。我国的秸秆尚未形成完整的国家政策机制，对于秸秆的收集尚未建立稳定的价格体系，农户和经纪人收集意愿不强。此外，由于我国种植区域面积大、范围广，不确定因素较多，收集仍以人工为主，收集储存成本高，难以统一收集、储存和运输秸秆。

5.3.2 生物质压缩成型

1. 生物质成型机理

生物质规模化利用受收集、储存和运输成本的制约，压缩成型不仅可以降低储运成本，而且可以改善生物质的燃烧特性。生物质压缩成型是指将分散的、不规则的生物质原料通过机械加压的方法制备成具有固定形状的高密度固体燃料的过程，该高密度固体燃料称为生物质成型燃料。根据《生物质固体成型燃料技术条件》(NY/T 1878—2010)，直径或横截面尺寸小于等于 25mm 的成型燃料被定义为颗粒状成型燃料，大于 25mm 的成型燃料则被归为棒（块）状燃料，如图 5.8 所示。

（a）颗粒状成型燃料　　（b）棒（块）状成型燃料

图 5.8 颗粒状和棒（块）状生物质成型燃料

松散的生物质可以通过两种方式压缩为成型燃料，一种是在黏结剂的作用下成型，另一种是通过加热原料使其自身产生黏性并被压缩成型。添加黏结剂改善了原料的成型性能，降低了设备的功率损耗，但成型制品在运输和存储过程中易发生开裂，且黏结剂对其燃烧特性往往会产生不利影响，妨碍了该成型方式的大规模应用，目前生产中主要采用第二种成型方式，即热压成型工艺。

生物质成型机理为：在外界压力和温度作用下，松散的生物质颗粒之所以能黏结在一起形成一个整体，应归功于固体架桥（Solid bridge）、机械镶嵌（Mechanical interlocking）和分子间力（Intermolecular force）三者的共同作用，如图 5.9 所示在压缩过程中，通过化学反应、烧结、黏结剂的凝固、熔融物质的固化、溶解态物质的结晶等作用均可形成架桥作用。范德华静电力对颗粒间的黏结作用的影响是很微弱的，通常发生在微细颗粒

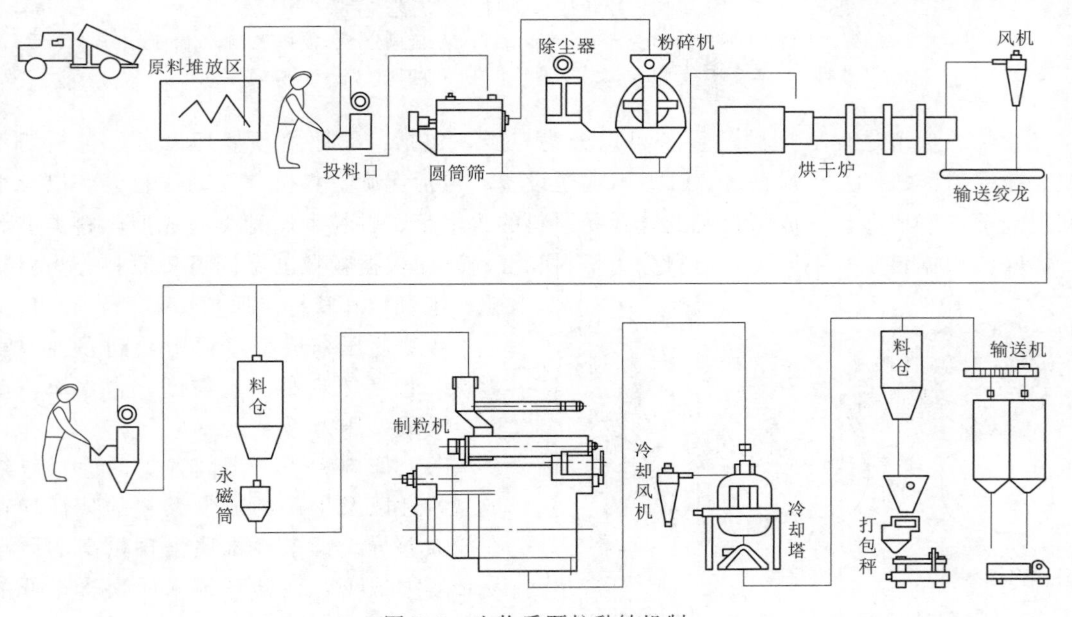

图 5.9 生物质颗粒黏结机制

之间。纤维状、片状或块状颗粒之间也可以通过镶嵌和折叠黏结在一起，颗粒间的镶嵌可以提高成型燃料的机械强度，用以克服压缩后弹性恢复产生的破坏力。

固体架桥作为生物质热压成型的最主要作用力，致使其产生的原因主要是生物质所含的木质素、蛋白质等天然黏结剂受热后所发挥的黏结作用。生物质的三大组分中的木质素是被认为是生物质自身所含的最好黏结剂，当温度达到 70～110℃时它开始软化，黏合力增加，当温度升高到 140～180℃时开始熔融而富有黏性。在压缩成型过程中，木质素在温度与压力的共同作用下发挥黏结剂作用，将生物质颗粒结合到一起，提高了成型燃料的结合强度和耐久性。

2. 生物质成型工艺

将松散的生物质加工成成型燃料需要经过一系列的步骤。生物质成型燃料的生产工艺流程需要根据原料种类、特性、成型方式以及生产规模等来具体确定。图 5.10 和图 5.11 分别为棒状成型燃料和颗粒状成型燃料生产所采用的工艺流程。

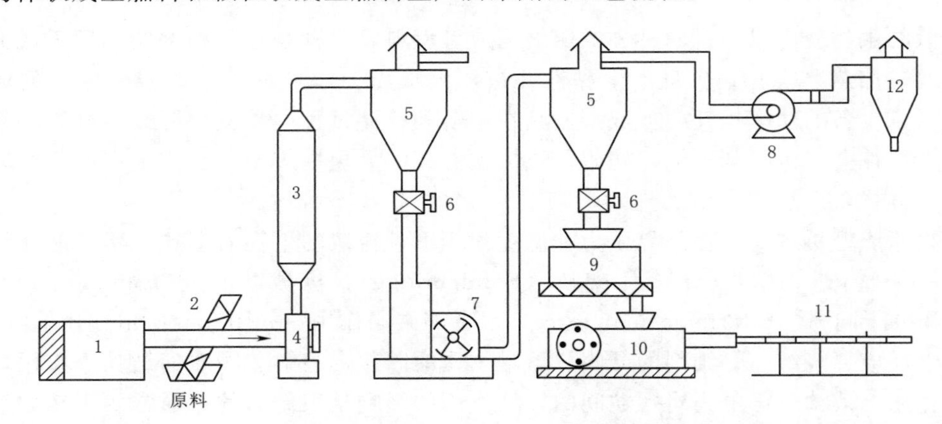

图 5.10　棒状成型燃料生产工艺流程

1—热风炉；2—螺旋上料机；3—干燥仓；4—涡轮研磨机；5—旋风分离器；6—气闸；7—锤式粉碎机；8—风机；9—中间料仓；10—成型机；11—冷却槽；12—旋风除尘器

生物质成型过程所用到的设备可以分为三类，包括：①原料预处理设备，包括切割机、粉碎研磨机以及干燥系统；②原料输送设备，包括螺旋上料机、气动输料设备以及中间料仓等；③成型机。成型设备的选择受原料的含水率、颗粒度、种类、成型燃料类型等的影响。根据含水率不同可将原料分为干料和湿料，而根据颗粒度不同可将原料分为粗颗粒、细颗粒和长杆状原料。

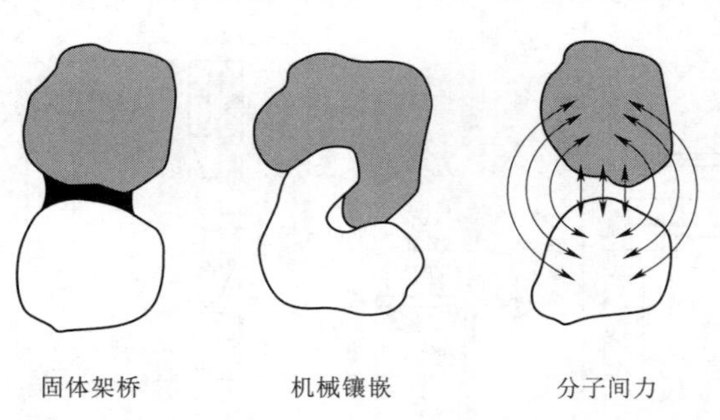

图 5.11　颗粒状成型燃料生产工艺流程

生物质压缩成型过程中受到多种因素影响，包括原料种类、粒度、含水率、温度以及成型压力等。

(1) 原料种类。不同种类的原料压缩成型特性以及生产的成型燃料的特性均存在较大差异。锯末等木质素含量高的原料易于压缩成型，而秸秆等木质素含量低的原料则相对不易成型。同时，不同原料生

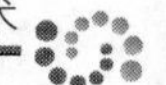

产出的成型燃料在燃烧性能方面也有差别。比如原料的灰分含量，以及灰分中二氧化硅、氧化钠和氧化钾等碱性化合物的含量直接影响燃料的结渣特性。通常灰分含量高于4%易产生结渣问题。

（2）原料粒度。不同类型的成型机对原料的粒度要求有差别。螺旋挤压成型方式适合加工粒度为6～8mm，且含有10%～20%小于4目颗粒的粉末状原料。当原料的颗粒度小于1mm时，就不适宜采用螺旋挤压成型了，因为此时原料变得过于蓬松而使流动性变差，影响进料。活塞冲压成型方式则要求原料有较大的尺寸和较长的纤维，原料粒度小反而容易产生颗粒脱落现象。采用秸秆为原料时，当原料长度为10～50mm时都能达到好的成型效果。颗粒燃料的生产一般要求原料的粒度在2mm以下。

（3）原料含水率。在生物质压缩成型过程中需要对原料的含水率加以重点控制。原料的含水率过高或者过低都会使生物质不能很好地成型。螺旋挤压成型机一般情况下要求原料的含水率控制在8%～10%。活塞冲压成型机能适应较高的含水率，适宜的原料含水率为10%～15%。相比较而言，颗粒燃料成型机适合更高含水率的原料，一般要求原料的含水率在15%～25%。

（4）温度。加热的主要作用：①使木质素软化熔融起到黏结剂的作用；②使原料的颗粒变软，从而更容易被压缩成型；③可以使成型燃料表面炭化，炭化层能阻碍成型燃料吸收水分，提高燃料的存放时间。加热温度应控制在300℃以下，超过这个温度生物质就会发生裂解反应。螺旋挤压成型机要求成型套筒的温度控制在280～290℃。活塞冲压成型要求成型套筒的温度控制在160℃左右。而对于颗粒燃料成型机，由于在成型过程中原料与成型部件之间摩擦产生的热量可以满足要求，所以不需对原料进行加热，而且有时为了控制温度还需要对成型部件进行冷却。

（5）成型压力。压力是满足生物质材料压缩成型最基本的条件，只有施加足够的压力，原料才能够被压缩成型，能够使生物质压缩成型的压强一般需要10～30MPa。有外部加热设施时压强需要10MPa左右，否则需要28MPa左右。当压力较小时，成型燃料密度随压力增大而增大的幅度较大，而当压力超过一定值后，成型燃料的密度增加幅度就显著下降，所以在满足生物质成型性能后，不宜再过度增加压力。

5.4 生物质能热转化和利用技术

5.4.1 生物质燃烧技术

照亮人类文明的第一把火来自生物质的燃烧利用。先秦法家代表人物韩非在其所著《韩非子·五蠹》一书中记载："民食果蓏蚌蛤，腥臊恶臭而伤害腹胃，民多疾病。有圣人作，钻燧取火，以化腥臊，而民悦之"。可见，钻木取火的发现使人类的生存状况大幅改善，生物质燃烧是推动人类文明进步和社会发展的重要动力。在相当长的一段时间中，生物质燃烧是人类获取能量的主要方式。是生物质大规模高效洁净利用途径中最成熟、最简便可行的方式之一。此外，生物质燃烧技术成熟、易于规模化生产，是一种主流的生物质热化学转化工艺，其核心是利用高温燃烧过程将生物质中的化学能转化为热能并加以利用。其中，生物质直接燃烧技术和固体成型颗粒燃烧技术是两种常见的技术，在炊事、供暖等民用领域和锅炉燃烧、发电等工业领域中已经有较大规模的应用。2020年，我国生物质发电并网装机容量预计达到15GW的水平，年发电量可达90000GW·h，是一种重要的能源组成部分。生物质燃烧技术适合我国当代国情，其推广应用对于推动我国生物质技术的发展、保护环境与改善生态、提高农民生活水平等具有重要的作用。

1. 生物质燃烧原理

燃烧是可燃物质从预热（受热）到着火的历程。简单可燃性气体在助燃介质中可直接点燃，氧化产生的热量使燃烧持续下去；复杂气体要经过受热、分解才能开始燃烧；可燃液体只有在一定的温度下产生出足够量的蒸气时才能被点燃；可燃固体的燃烧则需要经过预热、熔化、蒸发或分解等过程才能被点燃。生物质作为典型的固体燃料，主要是农林废弃物（如秸秆、锯末、甘蔗渣、稻糠等），和化石燃料截然不同。生物质燃料在空气中的燃烧过程，可以分为4个阶段。

（1）预热干燥阶段。生物质燃料被加热，温度逐渐升高，生物质颗粒表面缝隙间的水被逐渐蒸发出来，燃料被干燥。燃料的水分越多，干燥所消耗热量越多。

（2）挥发分析出并着火阶段。当生物质燃料继续被加热，温度升高到一定值后，燃料中的挥发分析出，同时生成焦炭（剩余的固态部分）。不同的生物质燃料，开始析出挥发分的温度不同。随着温度继续提高，挥发分与氧的化学反应速度加快。当达到一定温度时，挥发分就着火燃烧，此时的温度称生物质的着火温度。

挥发分析出的过程就是有机物的分解过程。高分子有机化合物的分子链被打破，并在高温下发生裂解反应，析出分子量较小的挥发分，同时生成固定碳。反应过程生成的中间产物种类非常庞杂。挥发分的析出除造成生物质燃料质量消耗外，还将使生物质燃料的化学结构、孔隙结构发生变化。

某一时刻，若燃烧所需的空气量充分，挥发分的质量 m_{vol} 变化为

$$K=\frac{\mathrm{d}m_{vol}}{\mathrm{d}\tau}=k_v f(\varphi)(m_{vol}-\eta_c m_{vol,0})S \tag{5.1}$$

根据阿伦尼乌斯方程，析出速度 k_v 为

$$k_v=A_v\exp\left(-\frac{E_v}{RT_v}\right) \tag{5.2}$$

式中 φ——燃料孔隙率，服从正态分布；

$f(\varphi)$——一个与孔隙率有关的函数；

$m_{vol,0}$——初始挥发分的质量，kg；

η_c——挥发分转化为固定碳的转化率；

S——生物质燃料的表面积，m^2；

E_v——活化能，kJ/mol；

A_v——指前因子，s^{-1}；

T_v——反应温度，K。

可以看出，燃料的孔隙率越大，剩余挥发分越多，燃料温度越高，挥发分越容易析出；燃料散开的程度越大，表面积越大，挥发分越容易析出。

(3) 燃烧阶段。包括挥发分和焦炭的燃烧。从生物质中析出的挥发分，包围着焦炭，而且它还容易燃烧。因此，达到着火温度后，挥发分首先燃烧，放出大量的热量，同时加热焦炭，为焦炭燃烧提供温度条件。当挥发分基本燃烧完了后，焦炭才能接触到氧气，同时也达到了着火温度，焦炭开始着火，这时需要大量的氧气，以满足焦炭燃烧的需要，这样就能放出大量热量，使温度急剧上升，以保证燃烧反应所需要的温度条件。

(4) 燃尽阶段。这个阶段主要是残余的焦炭最后燃尽，成为灰渣。因为残余的焦炭常被灰分和烟气所包围，空气很难与之接触，故燃尽阶段的燃烧反应进行得十分缓慢，容易造成不完全燃烧损失。

2. 生物质燃烧方式

在实际燃烧应用中，生物质燃烧方式一般可分为层燃燃烧、流化床燃烧和悬浮燃烧三种形式。

(1) 层燃燃烧。层燃燃烧是指将燃料置于固定或移动的炉排上，形成均匀的、有一定厚度的料层，空气从炉排底部通入，通过燃料层进行燃烧反应。采用层燃技术开发生物质能，锅炉结构简单、操作方便，投资与运行费用都相对较低，由于锅炉的炉排面积较大，炉排速度可以调整，并且炉膛容积有足够的悬浮空间，能延长生物质在炉内燃烧的停留时间，有利于生物质燃料的完全燃烧。但生物质燃料的挥发分析出速度很快，燃烧时需要补充大量的空气，如不及时将燃料与空气充分混合，会造成空气供给量不足，难以保证生物质燃料的充分燃烧，从而影响锅炉的燃烧效率。

(2) 流化床燃烧。流化床燃烧是指将较小的生物质颗粒加入燃烧室床层上，在通过布置在炉底的布风板送出的高速气流作用下，形成流态化翻滚的悬浮层进行流化燃烧的过程。流化床锅炉对生物质燃料的适应性较好，负荷调节范围较大，床内颗粒扰动剧烈，传热和传质工况十分优越，有利于高温烟气、空气与燃料的混合充分，为高水分、低热值的生物质燃料提供极佳的着火条件，同时由于燃料在床内停留时间较长，可以确保生物质燃料的完全燃烧，从而提高生物质锅炉的效率。此外，流化床锅炉能够较好地维持生物质在低温下稳定燃烧，并且减少了燃烧过程 NO_x 及 SO_2 等有害气体的生成，具有显著的经济效益和环保效益。但是，流化床燃烧时，为维持一定的流化速度和温度，锅炉风机的耗电较大，运行费用也相对较高。

(3) 悬浮燃烧。悬浮燃烧是指生物质燃料以粉状、雾状或气态随同空气经燃烧器喷入锅炉炉膛，在悬浮状态下进行燃烧的方式。由于对颗粒尺寸、含水率等物料特性要求较高，更加适合于生物质与煤混合燃烧。表 5.8 总结了不同生物质燃烧技术的优缺点和适用领域。

3. 生物质燃烧影响因素

生物质燃烧是一个受众多工艺因素影响的复杂热化学反应体系。要想实现充分燃烧，则需要确保其温度、空气量和固体混合、反应时间和空间等诸多要素的有效配合。具体影响因素如下：

表5.8　　不同生物质燃烧技术的优缺点和适用领域的总结

燃烧技术		优　点	缺　点
层燃燃烧	下饲式	√小于6MW，系统投资低；连续进料，进料控制简便； √良好的定量给料，低负荷运行时污染物排放量低	◆仅适用于低灰分含量和高灰分熔点的生物质燃料（如木材）； ◆对燃料颗粒尺寸要求较高，缺乏灵活性
	炉排技术	√小于20MW，系统投资低； √运行成本低； √烟气含尘浓度低； √与流化床相比，对灰分结渣的敏感性低	◆不能使用木材和草本燃料的混合燃料； ◆需要特殊技术减排 NO_x； ◆过量空气系数高，效率低； ◆燃烧状态没有流化床均匀； ◆低负荷运行时，难以实现低污染物排放
流化床燃烧	鼓泡流化床	√燃烧室内无移动部件； √分阶段配风，降低了 NO_x 排放量； √燃料的含水量和种类具有灵活性； √低过量空气系数，提高了效率且减少了烟气流量	◆投资高，仅应用于20MW以上系统； ◆运行成本高； ◆燃料颗粒尺寸的灵活性低（<80mm）； ◆烟气除尘量高； ◆低负荷运行时需要专门技术； ◆对灰分结渣中度敏感； ◆流化床中换热管中度腐蚀
	循环流化床	√燃烧室内无移动部件； √分阶段配风，降低 NO_x 排放量； √燃烧状态均匀； √强扰动，传热系数高； √燃料含水量和种类具有灵活性； √易于使用添加剂； √低过量空气系数，提高了效率且减少了烟气流量	◆投资高，仅应用于30MW以上系统； ◆运行成本高； ◆燃料颗粒尺寸的灵活性低（<40mm）； ◆烟气除尘量高； ◆低负荷运行需要副床； ◆对灰分结渣高度敏感； ◆床料在灰分中损失； ◆流化床中换热管中度腐蚀
悬浮燃烧		√过量空气系数高，效率高； √高效的分阶段配风和良好混合，大幅度降低 NO_x 排放； √良好的进料控制，可快速改变负荷	◆限制燃料颗粒尺寸（<10～20mm）； ◆耐火材料损害速率较快； ◆需要额外的辅助燃烧器

（1）生物质燃料特性。我国的生物质燃料主要由木质纤维原料及秸秆等农林废弃物组成这决定了其组成元素完全不同于煤炭的组成元素。由于自身组成的特性，生物质燃料的体积较大、形状不规则、热值较低、含水量和含灰量较大。为了确保生物质燃烧设备实现高效、经济和安全的运行，需要利用压缩成型技术来将生物质燃料加工成一定尺寸和形状、热值稳定的成型生物质燃料，这样不仅可以有效地确保燃料的及时供给，而且还可能确保生物质设备燃料的高效性和充分性。因固体颗粒反应一般在其表面进行，因而生物质燃料颗粒的表面积越大，对燃烧反应的进行越有利。颗粒尺寸与其表面积呈反比，所以，应尽量减小生物质燃料颗粒的尺寸，才能提高其燃烧反应效率。

（2）炉膛温度。炉膛温度是影响生物质燃料燃烧最直接的因素，在充分考虑焦炭结渣问题的前提下，必须最大限度地提高炉膛的温度，才能促进生物质燃料燃烧的反应速率。在生物质燃料燃烧过程中，由于吸热只能从灶膛内壁及火焰的辐射中获得，这就需要根据生物质燃料自身特点采取不同的燃烧设备，从而有效地确保炉膛内壁的温度保持在稳定的

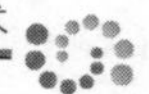

水平，减少炉膛内结渣。在生物质燃料的燃烧过程中，即使不能完全燃烧，但只要有足够的空气并经过一定的时间，也能使灶膛的放热强度达到要求。所以，在燃烧过程中循环引入一定量烟气，通过吸热反应来使灶膛温度下降，以防灶膛焦炭结渣。

（3）空气量。燃烧反应的进程决定于燃料与空气的供给。燃烧反应会由于空气量供给太少，而使燃料燃烧不完全，进而造成燃料浪费；但空气供给太多，过量的空气将所吸收的热量白白带走，致使燃烧温度降低，燃烧也会相应地变为不稳定。所以，空气量需要控制在最佳范围，故空气过量系数的稳定性是保障燃烧过程稳定的前提条件。

（4）反应时间。生物质燃料的燃烧也属于化学反应范畴，所以其燃烧要经过一定的时间才能结束。充足的反应时间也是生物质燃料完成燃烧反应的重要因素之一。

（5）水分、灰分含量。燃烧反应属于放热反应，而水分蒸发恰好会强烈地吸收热量，生物质燃料的燃烧过程属于自维持型燃烧，所以其水分含量不应超过70%，若超过，则需借助辅助燃料助燃。因燃料中的灰分不可燃，因此生物质燃料灰分含量越高，其热值和燃烧温度越低。在燃烧过程中内层未燃烧的燃料可能会被灰分包裹，进而使燃料燃烧速度降低，同时灶膛温度达到一定高度时，高灰分含量定会增加熔化量，所以应采取合理的措施，使燃料完全燃烧，同时减少对燃烧炉膛的腐蚀。

（6）气固混合比。在燃烧进行时，要有一定的氧扩散到燃料颗粒表面，在燃料燃烧反应的进行过程当中，其内层的灰分会慢慢暴露出来，进而包裹没有燃烧完全的炭。所以在燃烧过程中应不时搅动来保证合理的气固混合比，才能使灰分剥落并暴露出没有燃烧完全的炭，最终使燃料进行充分的燃烧。

综上，在生物质燃料在燃烧时，需要根据不同生物质燃料的燃烧机理，探索不同类型的燃烧技术并研发相应的燃烧设备，以便于提高生物质燃料的燃烧效率。这样才能有效地确保燃烧设备具有高效性和经济性，充分的发挥出生物质燃料的特性。

5.4.2 生物质气化技术

气化是指将固体或液体燃料转化为气体燃料的热化学过程。生物质气化是以生物质为原料，在空气、氧气、水蒸气或它们的混合气等气氛下，在高温（800～1000℃）下，通过热解、氧化、还原、变换等多个热化学反应将固态生物质转化为含有CO、H_2、CH_4、C_mH_n等可燃气。气化可将生物燃料中的化学能转移到可燃气中，转换效率可达70%～90%，是一种高效率的转换方式。在美国，生物质气化技术已具有很大的规模，生物质转化的清洁能源已达到全国能源消的4%。日本在生物质利用技术方面所获得的专利已占世界生物质发明专利的一半，其中生物质气化能源利用方面的领域占了81%。同时，发展中国家也陆续展开相关研究，孟加拉国建成的下吸收气化装置已投入运行，马来西亚逐渐使用固定床气化设备进行发电。我国由中国科学院广州能源所设计开发的流化床气化发电系统，使用木屑的1MW流化床发电系统已经投入商业运行，并取得了较好的效益。

1. 生物质气化原理

生物质气化过程复杂，包括挥发分的析出、焦炭的氧化、还原以及水煤气变换等多个反应。对于不同的气化装置、工艺流程、反应条件和气化剂种类，反应过程不尽相同，不过从宏观上都分为干燥、热解、还原和氧化4个反应阶段。

(1) 预热干燥阶段。在气化炉的最上层为干燥区，从气化炉顶部加入的生物质物料直接进入到干燥区，湿物料受热升温水分蒸发析出，生物质脱水干燥。干燥区的温度为100～250℃。干燥区的产物为干物料和水蒸气，水蒸气随着燃气排出气化炉，而干物料则进入热解区。

(2) 热解反应阶段。在氧化区和还原区生成的热气体，在上行过程中经过热解层，将生物质加热，生物质受热发生热解反应。在反应过程中，大部分的挥发分从固体生物质中挥发析出。热解需要热量，温度集中在400～600℃。热解反应方程式为

$$CH_{1.4}O_{0.6} \longrightarrow 0.64C + 0.44H_2 + 0.15H_2O + 0.17CO + 0.13CO_2 + 0.005CH_4 \tag{5.3}$$

热解区主要产物有C、H_2、H_2O、CO、CO_2、CH_4、焦油及其他烃类物质等，这些热气体继续上升，进入到干燥区，而热解焦炭则向下移动，进入还原区。

(3) 还原反应阶段。在还原区主要发生的是热解炭与下部燃烧区来的CO_2、H_2O、H_2等发生还原反应生成可燃气体。由于还原反应是吸热反应，还原区的温度相对燃烧区也有一定的降低，为700～900℃。主要方程式如下：

1) 二氧化碳还原反应时

$$C + CO_2 \longrightarrow 2CO \quad \Delta H = 162\text{kJ} \tag{5.4}$$

此反应是强烈的吸热反应，因此高温有利于CO的形成，一般气化炉内的还原温度在800℃以上。

2) 水蒸气的还原反应时

$$C + H_2O(g) \longrightarrow CO + H_2 \quad \Delta H = 118.628\text{kJ} \tag{5.5}$$

$$C + 2H_2O(g) \longrightarrow CO_2 + 2H_2 \quad \Delta H = 90.17\text{kJ} \tag{5.6}$$

这两个反应都是吸热反应，温度增加有利于反应的进行。但温度对炭与水蒸气生成CO和CO_2的反应的影响程度不同，温度较低时有利于CO_2的生成，而温度较高时有利于CO的形成。

3) 甲烷生成反应。甲烷的一部分来源于生物质挥发分的热分解和二次裂解，另一部分主要是炭或碳氧化物与H_2的反应结果。具体反应为

$$C + 2H_2 \longrightarrow CH_4 \quad \Delta H = -75\text{kJ} \tag{5.7}$$

$$CO + 3H_2 \longrightarrow CH_4 + H_2O \quad \Delta H = -206\text{kJ} \tag{5.8}$$

$$CO_2 + 4H_2 \longrightarrow CH_4 + 2H_2O \quad \Delta H = 118.628\text{kJ} \tag{5.9}$$

甲烷化反应式可以看出生成甲烷的反应使得反应体系的体积减小，因此高压有利于甲烷化反应的进行。此外，碳和水蒸气直接生成甲烷也是甲烷的来源之一。

$$2C + 2H_2O \longrightarrow CH_4 + CO_2 \quad \Delta H = -15.32\text{kJ/mol} \tag{5.10}$$

4) 一氧化碳变换反应。气化阶段生成的CO与水蒸气的反应，是制取H_2的重要反应，是提供甲烷化反应所需H_2的基本反应。提高温度有利于提高生成H_2的正向反应速度，通常反应温度高于900℃，即

$$CO + H_2O \longrightarrow CO_2 + H_2 \quad \Delta H = 41.17\text{kJ} \tag{5.11}$$

(4) 氧化反应阶段。气化剂（空气）由气化炉的底部进入，在经过灰渣层时与高温灰渣进行换交热，被加热的热气体进入气化炉底部与炽热的炭发生燃烧反应，生成CO_2，同时放出热量。由于是限氧燃烧，O_2的供给是不充分的，因而不完全燃烧反应同时发生，生成一

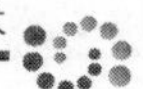

氧化碳，也放出热量。在氧化区，温度较高，可达1000～1200℃，主要反应方程式为

$$C+O_2 \longrightarrow CO_2 \quad \Delta H=-408.8kJ \tag{5.12}$$

$$2C+O_2 \longrightarrow 2CO \quad \Delta H=-246.44kJ \tag{5.13}$$

在氧化区进行的均为燃烧反应，并放出大量热量，也正是这部分反应热为还原区的还原反应、物料的裂解和干燥提供了热量。

在氧化区中生成的热气体（CO和CO_2）进入气化炉的还原区进行还原反应，而燃烧后的则进入下部的灰室排出。通常把氧化区及还原区合起来称作气化区，气化反应主要在这里进行；而裂解区及干燥区则统称为燃料准备区或叫做燃料预处理区。这里的反应是按照干馏的原理进行的，其热载体来自气化区的热气体。实际上，在气化炉内截然分为几个区的情况并不如此，通常，一个区可以局部地渗入另一个区，因此所述过程有一部分是可以互相交错进行的。而在流化床气化炉中更加无法界定这些过程的分布区域。气化过程实际上总是兼有原料的干燥、裂解过程。气体产物中总是掺杂有燃料的干馏裂解产物，如焦油、醋酸、低温干馏气体等。所以在气化炉出口，产出气体成分主要为CO、CO_2、H_2、CH_4、焦油及少量其他烃类，还有水蒸气及少量灰分。

2. 生物质气化方式

生物质气化过程中常用的气化剂包括空气、氧气、水蒸气。根据气化剂的不同，生物质气化方式可以分为空气气化、氧气气化、水蒸气气化、水蒸气—氧气混合气化。

(1) 空气气化方式是空气作为气化剂的气化过程，空气中的氧气与生物质中的可燃组分进行氧化反应，产生可燃气，反应过程中放出的热量为气化反应的其他过程即热分解与还原过程提供所需的热量，整个气化过程是一个自供热系统。因空气含79%的氮气，它不参加气化反应，却稀释了燃气中可燃组分的含量，因此气化气中氮气含量高达50%左右，与氧气做气化剂相比，降低了产气的热值。由于空气可以任意取得，空气气化过程又不需外供热源，所以，空气气化是所有气化过程中最简单也最易实现的形式，因而这种气化技术应用较普遍。

(2) 氧气气化方式是指向生物质燃料提供一定氧气，使之进行氧化还原反应，产生可燃气，由于没有惰性气体氮气，在与空气气化相同的当量比下，反应温度提高，反应速率加快，反应器容积减小，热效率提高，气化气热值提高一倍以上。在与空气气化相同反应温度下，耗氧量减少，因而也提高了气体质量。氧气气化的气体产生物热值与城市煤气相当。在该反应中应控制氧气供给量，既保证生物质全部反应所需要的热量，又不能使生物质同过量的氧反应生成过多的二氧化碳。

(3) 水蒸气气化方式是指水蒸气同高温下的生物质发生反应，它不仅包括水蒸气—碳的还原反应，尚有CO与水蒸气的变换反应等各种甲烷化合反应以及生物质在气化炉内的热分解反应等，其主要气化反应是吸热反应过程，因此，水蒸气气化的热源来自外部热源及蒸汽本身热源。

(4) 水蒸气—氧气混合气化方式是指空气（氧气）和水蒸气同时作为气化剂的气化过程。从理论上分析，空气（或氧气）—水蒸气气化是比单用空气或单用水蒸气都优越的气化方法。一方面，它是自供热系统，不需要复杂的外供热源；另一方面，气化所需要的一部分氧气可由水蒸气提供，减少了空气（或氧气）消耗量，并生成更多的H_2及碳氢化合物，特别是在有催化剂存在的条件下，CO变成CO_2反应的进行，降低了气体中CO的含量，使气体燃料更适合于用作城市燃气。表5.1显示不同的气化剂的气体产物特性。

3. 生物质气化评价参数

气化反应是一个非常复杂的热化学过程，这个过程受很多因素的影响，例如当量比ER、蒸汽与生物质比例（S/B）、反应温度、反应压力、物料特性、气化设备结构等。不同的气化条件，气化产物组成也会不同。

（1）当量比。当量比（ER）指自供热气化系统中、单位生物质在气化过程所消耗的空气（氧气）量与完全燃烧所需要的理论空气（氧气）量之比，是气化的重要控制参数。

（2）气体产率。气体产率是指单位质量的原料气化后所产生气体燃料在标准状态下的体积。

（3）气体热值。气体热值是指单位体积气体燃料完全燃烧所释放的热量。气体燃料的低位热值简化计算公式为

$$Q_v = 126CO + 108H_2 + 359CH_4 + 665C_nH_m \tag{5.14}$$

式中 Q_v——气体热值，kJ/m^3；

CO、H_2、CH_4——该气体在气化气中的体积分数；

C_nH_m——不饱和碳氢化合物C_2与C_3的总和。

（4）气化效率。气化效率是指生物质气化后生成气体的总热量与气化原料的总热量之比，它是衡量气化过程的主要指标，即

$$\eta = \frac{Q_1 \cdot \eta_d}{Q} \tag{5.15}$$

式中 η——气化效率，%；

Q_1——冷气体热值，kJ/m^3；

η_d——干冷气体产率，m^3/kJ；

Q——原料热值，kJ/kg。

（5）热效率。热效率为生成物的总热量与气化系统总耗热量之比。

（6）碳转化率。碳转化率是指生物质原料中的碳转化为气体燃料中的碳的份额，即气体中含碳量与原料中含碳量之比。它是衡量气化效果的指标之一。

$$\eta_c = \frac{12CO_2 + CO\% + CH_4\% + 2.5C_nH_m\%}{22.4 \times (298/273)} G_v \tag{5.16}$$

式中 η_c——碳转化率，%；

CO、CH_4、C_nH_m——CO气体、CH_4气体以及C_nH_m在气化气中的体积分数；

G_v——气体产率。

5.4.3 生物质热解技术

生物质热解是指在无氧或缺氧条件下，通过强热流输入打断生物质结构中的化学键，将生物质大分子转化成不可凝的小分子气体（Biogas）、可冷凝的挥发性组分——生物油（Bio-oil）以及固体产物生物炭（Biochar）的降解技术。目前，生物质热解的一般工艺流程主要由物料的预处理、热解过程和产物分离等3个主要步骤组成。在热解过程中，

通过控制热解过程的工况条件（如热解速率、温度、压力和停留时间等），可以改变气、液、固三相产物的组成比例，从而得到不同的热解产品。相对应地，以这些降解产物为导向，热解又可以具体分为热解炭化、热解液化和热解气化。

热解技术具有原料适应性强和转化效率高等优点，能够以较低的成本、连续化的生产工艺，将常规方法难以处理的低能量密度的生物质转化为高能量密度的气、液、固三相产物，减少了生物质的体积，便于储存和运输。此外，热解技术在生物质的高值化利用方面也显示出巨大的潜力。通过热解转化，生物质能快速转化为生物质基平台化学品、生物质基材料和生物质燃料等高附加值产品。例如，在木材的快速热解过程中，挥发性中间体在加热区停留时间较短，产生的有机液体中富含具有较高附加值的芳香族化合物，可通过分离提纯制备成应用广泛的化工原料和医药中间体；又如，快速热解产生的生物油还可以经过进一步的精炼提质制备成高品质的液体燃料，可以在一定程度上取代传统的化石能源。

生物质热解产物与反应工况密切相关，根据热解温度、加热速率和停留时间等反应工况的差异可将其细分为慢速热解、常规热解、快速热解和闪速热解等，各工艺类型的具体差异见表5.9。其中，慢速热解又称为干馏工艺或传统热解，其较低的加热速率使热解过程十分有利于固相产物——生物炭的生成，因此也常被称为热解炭化，该技术的应用已有超过千年的历史。

（1）慢速热解，又称为干馏工艺或传统热解，其较低的加热速率使热解过程十分有利于固相产物——生物炭的形成，固此也常被称为热解炭化，该技术的应用已有超过千年的历史。

（2）常规热解，通常是指热解温度在400～600℃之间，加热速率为0.1～1℃/s的“中速”热解技术。中速热解指粗物料或细磨的物料可以混合物的形式进料，物料可以使用几厘米到微米级的颗粒，产物以生物油为主，如条件合适，生物油产率可达70%以上，将生物质超过80%的能量转移至热解产物中。

表5.9　生物质热解主要工艺类型及其产物分布

工艺类型	反应工况			主要产物分布		
	停留时间	升温速率/(℃/s)	一般温度/℃	生物油/%	生物炭/%	热解气/%
慢速热解	数小时或数天	<0.5	<400	30	35	35
常规热解	5～30min	0.1～1	400～600	50	25	25
快速热解	0.5～5s	>100	500～800	75	12	13
闪速热解	<0.5s	>1000	500～800	>75	<12	<13

（3）快速热解，是一种使生物质有机高聚物分子在隔绝空气的条件下迅速断裂为短链分子，使焦炭和气体降到最低限度，高效制备生物油的热化学转化技术。于20世纪70年代首次被提出。区别于常规热解，快速热解是一种在超高加热速率（通常超过100℃/s）、超短产物停留时间（通常0.5～5.0s）及适中裂解温度下的热解过程。该过程可以将原料最大限度直接地转化为生物油，所得生物油可直接作为燃料使用，也可精炼成化石燃料的替代物。与常规的热解工艺相比，快速热解液化的必备特征包括：①较高的加热速率和传热速率，因此通常要求进料粒度较细；②气相反应温度约500℃，蒸汽停留时间通常少于

2s；③对热解蒸汽采取骤冷处理。此外，快速热解处理时间比绝大多数的其他生物质转化过程更短，操作更为简单，可高效生产液体燃料和化学药品，并节约大量的成本。快速热解主要产物为液相和气相产物，即生物油和不可凝气体。相比于燃烧，热解过程的 NO_x 和 SO_x 排放较少。

特别地，当升温速率超过 1000℃/s 时，该技术被称为闪速热解。

1. 生物质热解过程

生物质热解是一个多相化学反应的复杂过程：①热量通过外部热源以对流和辐射的方式传递给物料使其温度升高；②构成生物质的聚合物将裂解成更小、更具挥发性的气体分子，同时伴随着内部自由水分的蒸发、内部压力升高，挥发性气体将通过颗粒的微孔逸出进入气相；③挥发分在逸出过程中，会与未热解的物料较低温之间会对流传热；④传热的结果使得部分挥发分冷凝形成焦油；⑤裂解过程总是导致碳元素的剩余，以炭的形式留在颗粒内，挥发性气体与炭的相互作用会导致二次热解或自催化反应的进行。对于不同的气化装置、工艺流程、反应条件和气化剂种类，反应过程不尽相同，不过根据温度区间从宏观上可以将热解过程分为干燥、预热解、固体产物分解和残碳分解 4 个反应阶段。

(1) 预加热和干燥阶段：生物质料被加热到 100～130℃的范围，燃料的内在水分全部蒸发。

(2) 预热解阶段：生物燃料温度上升至 150℃左右时，干燥过程结束，温度升至 150～300℃时，化学组成开始发生变化，不稳定成分分解成二氧化碳、一氧化碳及少量乙酸等，标志着热解反应的开始。

(3) 固体产物分解阶段：温度升至 300～600℃范围时，生物燃料发生复杂的化学反应，大量挥发分析出，是热解的主要阶段。生成的液体产物有构成热解油的有机液体和水，气体产物主要有一氧化碳、二氧化碳、甲烷、氢气等。气体产物率随着温度的升高不断增加。

(4) 残碳分解阶段：温度继续升高，C—O 键、C—C 键进一步断裂，深层的挥发物质继续向外层扩散，残碳质量下降并逐渐趋于稳定，同时一次热解油也进行着多种多样的二次裂解反应。

2. 生物质组分热解机理

(1) 纤维素热解机理。纤维素在木质纤维生物质中的含量占 40%～50%，是生物质中最重要的组分，其热解行为很大程度上决定了生物质热解的整体行为特性。相较于半纤维素和木质素，纤维素具有结构简单，不同原料间化学特性差异小等特点。目前被广泛认可的纤维素热解反应路径如图 5.12 所示为：纤维素热解首先经“活性纤维素”中间态初步解聚形成相对分子质量较低的脱水低聚糖；然后，低聚糖分解形成 D—吡喃葡萄糖，并进一步分解为左旋葡聚糖单体（LG），左旋葡萄糖进一步脱水形成左旋葡萄糖酮（LGO），或开环生成呋喃类化合物及其他小分子酮醛类物质；此外，伴随着热解构过程的进行，还产生 CO、CO_2 及烯烃等小分子气体，并形成一定质量的生物炭。

纤维素快速热解产物成分种类较多，产物主要为不冷凝气体（CO、CO_2 等）、多种脱水糖类物质、小分子含氧化合物以及生物炭。在这些热解产物中，以液相产物分布最为复杂，主要含：①醛、酮等小分子产物，包括丙酮（A）、羟基丙酮（HA）和羟基乙

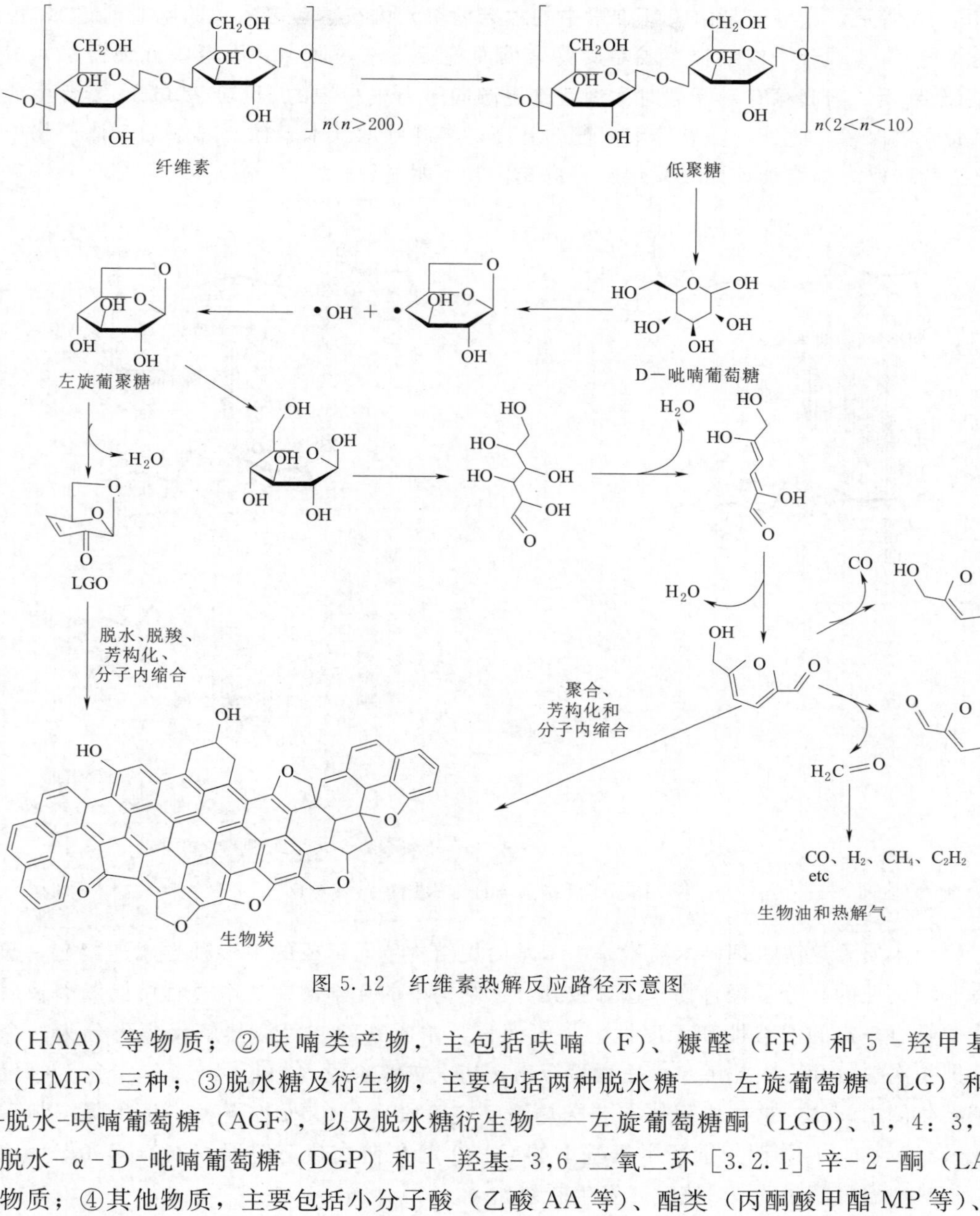

图 5.12 纤维素热解反应路径示意图

醛（HAA）等物质；②呋喃类产物，主包括呋喃（F）、糠醛（FF）和 5 -羟甲基糠醛（HMF）三种；③脱水糖及衍生物，主要包括两种脱水糖——左旋葡萄糖（LG）和 1，6 -脱水-呋喃葡萄糖（AGF），以及脱水糖衍生物——左旋葡萄糖酮（LGO）、1，4：3，6 -二脱水- α - D -吡喃葡萄糖（DGP）和 1 -羟基- 3,6 -二氧二环［3.2.1］辛- 2 -酮（LAC）等物质；④其他物质，主要包括小分子酸（乙酸 AA 等）、酯类（丙酮酸甲酯 MP 等）、醇类以及烃类物质。

（2）半纤维素热解机理。相比纤维素，半纤维素的结构显得复杂无序，组分本身呈现无定形和多分枝的无序复杂结构，且在不同生物质中的结构中存在明显差异。通常认为，半纤维素对整个生物质细胞壁的稳定性具有重要的作用的，但其热稳定性较低。根据非等温热解反应过程可知，半纤维素的热解反应主要分为 3 个阶段：分别是在低温段（200～300℃）对应挥发分的生成和高温段（300～500℃）对应焦炭的生成。不同于纤维素的热解，半纤维素热解除生成一定量的脱水木糖外，还可生成中性木糖单糖，其产率约为 5%，如图 5.13 所示，这可能是由于纤维素中的六碳糖单元可在糖苷键断裂的同时通过 C_6 位上的羟基与 C_1 实现分子内结合生成左旋葡聚糖而稳定下来，而半纤维素中五碳糖单元由于没有 C_6 基团，因此糖苷键断裂时木糖残基更倾向于与气相中的 H^+ 或者 OH^- 结合生成中性糖的形式保留。此外，随着热解温度的升高，半纤维素（木聚糖）热解的气体产物中二氧化碳的产率大幅增加，而一氧化碳含量变化并不明显。

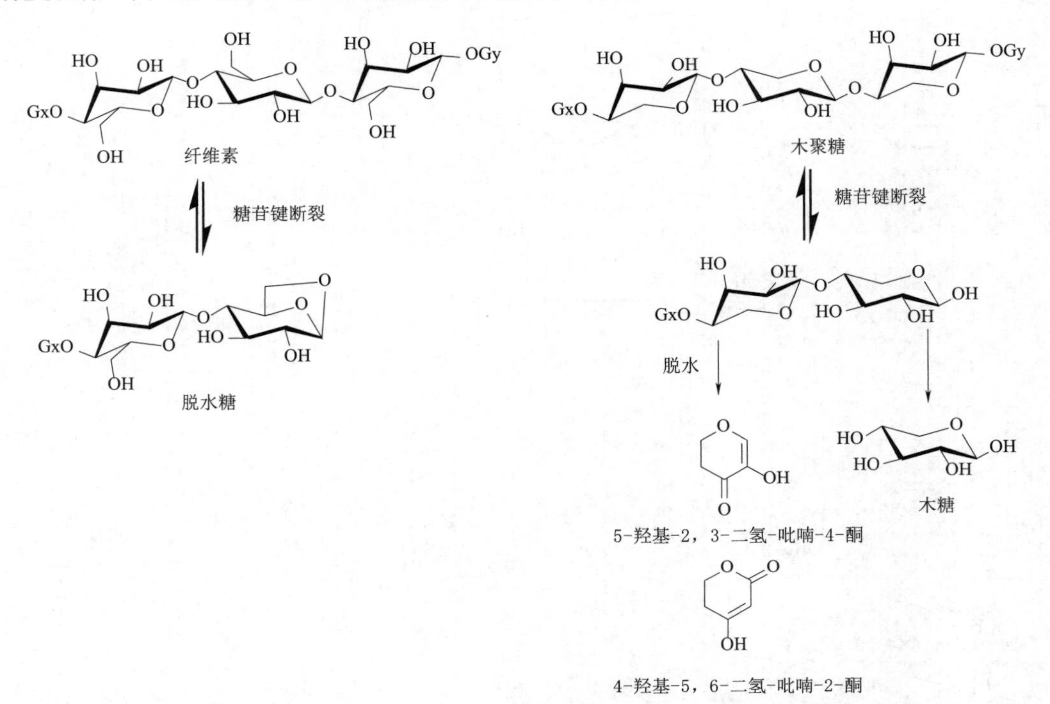

图 5.13　半纤维素与纤维素热解路径对比

（3）木质素热解机理。木质素是由苯基丙烷结构单元组成的由多种方式连接在一起的具有非均一性的高分子聚合物。这导致其分子结构中的化学键在热解过程中的断裂及后续反应中具有一定的偶然性和无序性。一般而言，木质素的非等温热解反应可分为两个阶段，即初次热解和二次热解。木质素聚合物在初次热解阶段（200～400℃）分解为挥发性的和碳化的中间体，这些中间体在二次热解反应阶段（>400℃）进一步发生降解与重组生成最终产物。木质素芳香环甲氧基上的 C—O 键在初次热解阶段（200～400℃）较稳定，当热解温度超过 450℃该键才发生断裂。

1）初次热解反应。初次热解阶段，木质素的 α-芳基醚和 β-芳基醚键的断裂在木质素解聚过程中起着重要的作用。两种最经典的 β-芳基醚键的协同反应机理分别为六元环协同逆一烯反应机理和 Maccoll 消除反应机理。以最简单的木质素模型物 PPE（苯乙基苯基醚）为例，这两种协同反应机理的初次活化能分别为 62～68kcal/mol 和 56～58kcal/mol；相应的实验研究表明：C—O 键的均裂发生在高温条件下（>1000℃），而协同逆一烯反应和 Maccoll 消除反应在低温下更容易发生（<600℃）。

2）二次热解反应。木质素热解过程的二次降解是相对初次热解而言的，两者之间的

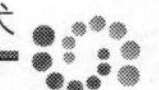

界限温度一般在400～500℃。二次降解反应是初次热解生成的初级产物或中间产物的再次降解反应，如侧链结构的再次断裂、芳香环上的甲氧基上变化等。初次热解产物侧链上的C—C键发生断裂导致单体得率的增加；反应产物烷基侧链从不饱和状态转化成饱和的烷基侧链（如甲基、乙基、丙基和羟丙基等）和没有取代基的类型。甲氧基的变化导致愈创木酚类（或紫丁香酚类）迅速转化成儿茶酚类（或焦倍酚类）产物和临—甲酚类（或临二甲基酚类）产物，或者酚类产物。

3）结焦和缩聚。生物质大分子在热解的过程中不可避免地会生成数量可观的固体残焦，这是一个让很多从事生物质热解研究者感到困惑的难题。较高的焦炭含量，使热解油产率一直无法提高，严重限制了生物质热解制油的效率。

3. *热解影响因素*

由于生物质组分的多样性、异质性和有限的热稳定性，以及热解过程中各组分相互作用，生物质热解非常复杂。热解过程中，生物质会经历一级和二级反应，涉及复杂的传热传质过程。这些反应的反应顺序、反应速率和产率取决于加热速率、温度、预处理和催化等因素。其中温度、加热速率和停留时间是热解过程的3个关键参数。研究反应和影响参数对于实现目标产物高收率以及避免副反应至关重要。热解过程中影响产物分布的主要可控因素包括原料组成、原料制备和工艺参数等。慢速、中速和快速热解都受不同程度的影响，但不同热解过程之间各因素的重要性及其变化对产物收率与分布的影响有所不同。

（1）生物质原料特性的影响。实际生产中的生物质通常由三大天然高分子材料（纤维素、半纤维素和木质素）、提取物（通常是较小的有机分子或聚合物）和一部分无机矿物组成。它们以不同比例存在于不同类型生物质中，影响热解过程和产物分布。此外，生物质原料的含水量、粒径大小等物理特性也会对热解过程产生不同程度的影响。

首先，生物质的种类不同，三大素含量分布不同，从而热解产物也会不同。纤维素热解时会产生大量的挥发分和部分焦炭；半纤维素没有结晶区，其热解过程主要生成生物油和不可凝挥发分，而生物油产量较少；木质素热解也会产生挥发分，但其焦炭产量远高于碳水化合物（纤维素和半纤维素）的热解焦炭。此外，化学结构上的差异也表现为生物质的元素分布不同。理论上，生物质的H/C比值越大，越易于生成轻质芳烃或气态烷烃；O/C比值大也会有利于气态挥发物的形成。生物质原料中的矿物质通常保留在炭中，被称为灰分。灰分会直接影响炭收率，生物质中矿物质（尤其是碱金属）对热解反应有催化作用，在某些情况下可以提高炭收率。

其次，根据反应条件不同，水分含量会对热解产物收率产生不同的影响。在一定压力下进行热解反应时，水分增加会系统地提高炭收率。快速热解通常需要干燥进料，温度上升速度不受水蒸发的限制，而慢速热解对水分的耐受性更高。在所有热解过程中，水也是一种产物，通常与液体产物中其他可冷凝蒸汽一起被收集。反应中水分会影响炭的特性，可用于调节生物质热解以生产活性炭。

原料粒径对生物质热解过程的影响主要表现在传热方面，生物质原料粒度的变化会影响其内部的温度分布。生物质是热的不良导体，粒径较大的物料比粒径较小物料的传热能力差，在热解过程中会造成传热困难。热解升温过程中，原料粒径大时其内部升温缓慢，使其长时间处于低温区，导致内外的温差较大，原料内部的热量较低使得其分解不充分，热解产生的挥发分来不及扩散将发生二次裂解反应，使得生物炭得率较高，生物油得率较低。此外，较大的颗粒还会限制初级蒸汽从热焦炭颗粒中脱离的速率，从而增加二次焦化反应的范围，产生更多的焦炭。综上，进料粒度会显著影响炭收率和液体收率之间的平衡。因此，在以焦炭为目标产物的热解工艺中选择较大的颗粒是有益的，而在快速热解中优选小颗粒以最大化液体产率。

（2）热解温度。温度是热解过程最重要的影响因素，是热解反应动力学的主要控制变量。热解温度影响着热解的最终产物分布和产率，即使是相同原料，热解温度不同，最终产物的组成也存在很大差异。反应温度在生物质快速热裂解中起着主导性的作用。当快速热裂解的主要产物为气体时，整个反应所需的活化能最高；当反应主要产物为炭时，反应所需的活化能最低；而产物主要为生物油时，则介于前两者之间。多数研究表明：当热解温度较低时（约300℃以下），热解产物中炭的比重最大；随着热解温度的不断提高，热解产物中生物质油的比重先增加后降低；随着温度的不断升高，生物油发生二次热解生成更多的不可凝气体。温度对挥发性组分（生物油和气体）产率的影响较为复杂。通常在400～600℃时，随着热解温度的升高，生物油的产率呈现先增大后减小的趋势。在无其他外加因素影响的条件下，热解生物油产率最大值介于400～500℃。

（3）气体流速和压力。在生物质热解过程中会形成大量蒸汽，这些初级蒸汽产物和热炭之间存在二次焦炭反应。通过反应器的气体流速影响初级蒸汽与热炭之间的接触时间，从而影响二次焦炭的形成。低流量有利于焦炭收率，是慢速热解的首选，高流量用于快速热解，可在形成蒸汽后立即排出有机蒸汽，最大程度减少副反应。压力具有相似的作用。较高的压力会增加焦炭颗粒内部和表面的蒸汽活度，促进二次焦炭的形成。相反，在真空下热解产生的焦炭很少，而液体产率较高。在较高压力和低流速下，反应放热更大，这是因为二次焦炭反应的程度更高。

（4）加热速率。加热速率在生物质热解中起着重要作用，是定义生物质热解类型（快速、中速和慢速热解）的基本参数。理论上，升温速率越大，热解程度越快，达到相同热解程度所需时间越短。较快的升温速率有利于物料挥发分的析出，可得到更多的生物油。此外，升温速度较快可以有效避免热解次级反应（副反应）的发生，这些次级反应会降低液体产率，使混合物更复杂，聚合度更高，黏度更高。

（5）停留时间。反应停留时间也是影响生物质热解过程的重要参数。停留时间一般指气相停留时间，即生物质热解过程中一次反应所产生的挥发分在反应器中的停留时间。气相滞留时间主要影响生物油的得率。一方面，热解产生的可凝挥发分能进一步发生二次裂解，生成CH_4、CO、CO_2和H_2等不可凝气体，导致可凝挥发分减少。在反应器中，滞留时间越长，挥发分发生二次裂解反应的程度越大，生物油的产率越低；另一方面，物料内部的热解产物在转移到外部的过程中受到原料孔隙率与产物动力黏度的影响，也会进一步裂解，导致生物油产率下降。缩短热解气在反应器内的停留时间，不仅减少了二次反应，还有助于热解气相产物脱离颗粒表面，提高生物油产率和品质。因此，为了获得最大的生物油产率，生物质一次裂解所产生的气相产物应迅速转移出反应器进行冷凝以防止生物油大分子的二次裂解。最佳的气相滞留时间受生物质原料种类，反应装置，升温速率等工艺条件的影响。通常蒸汽停留时间为几秒，以获得最佳的生物油产率。但由于颗粒表面

传热困难，在非常短的停留时间内，生物质难以完全转化。

5.5 生物质生化转化技术

5.5.1 乙醇发酵制备技术

乙醇，俗称酒精，结构式为CH_3CH_2OH，是最常见的一元醇。乙醇可作为有机溶剂和燃料，在有机合成、国防化工、医疗卫生、食品工业、工农业生产中都有广泛的用途。乙醇最大的用途是作为车用替代液体燃料，其具有可再生、抗爆性能好、无毒且对环境友好等特点，得到了各国政府及能源企业的高度重视。目前，学术界将燃料乙醇分为三类，第1代的粮食乙醇、第1.5代的非粮乙醇和第2代的纤维素乙醇，可统称为生物质乙醇。第1代和第1.5代燃料乙醇技术，都是以糖质和淀粉质作物为原料，区别在于第1代主要以玉米、小麦等粮食为原料，第1.5代则是非粮原料，如木薯、甘蔗、甜高粱等。第2代燃料乙醇技术主要以木质纤维素为原料，如农作物秸秆、林业加工废料、甘蔗渣及城市垃圾中所含的废弃生物质等。

1. 生物质乙醇工艺流程

（1）糖质和淀粉质作物为原料。以糖质和淀粉质作物为原料发酵制备乙醇是目前世界上应用最多的生物质制备乙醇方法。其工艺流程一般分为5个阶段，即液化、糖化、发酵、蒸馏、脱水。不同国家根据本国农作物品种结构，采用不同的生产原料，例如美国主要采用玉米，巴西主要采用甘蔗，而我国则主要采用玉米、木薯及小麦等淀粉质原料。如图5.14所示为以玉米为淀粉原料生产燃料乙醇工艺路线图。玉米原料送入预处理单元进行除杂、粉碎、调浆等操作制备粉浆。粉浆送至液化糖化，在液化酶及糖化酶作用下得到糖化醪，降温后的糖化醪送至发酵单元，得到成熟醪，继而送至精馏脱水单元，脱去杂质，浓缩得到共沸乙醇。共沸乙醇蒸汽再经过分子筛脱水最后得到酒精浓度大于99%的燃料乙醇产品。

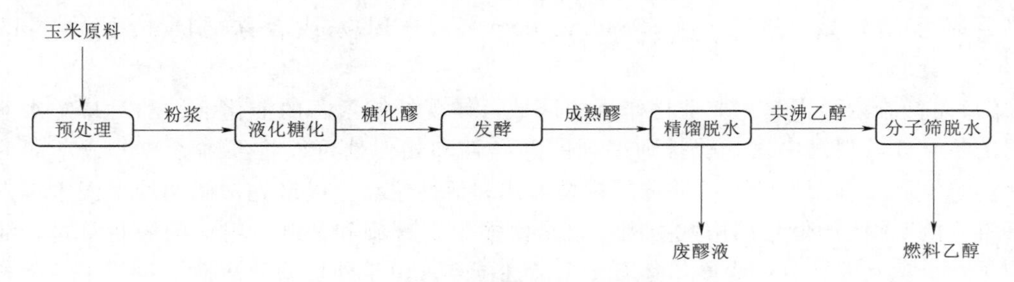

图5.14 玉米燃料乙醇生产工艺路线图

目前，以糖质和淀粉质作物为原料发酵制备乙醇工艺，在我国已经具有了一定的产业规模，主要生产企业包括吉林燃料乙醇有限公司、中粮生化能源（肇东）有限公司、河南天冠企业集团有限公司、广西中粮生物质能源有限公司等。但此生产路线也存在着一定的问题，容易受天气等不可抗拒因素的影响，当粮食减产时，就要适当降低燃料乙醇的产量，利用其他原料补充乙醇生产以稳定产品供应。长期看，以淀粉及糖类原料生产燃料乙

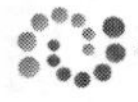

醇都存在着确保稳定供应的问题。

（2）纤维素类原料。纤维素类生物质是地球上最丰富的可再生资源，以其作为原料生产生物乙醇最具发展前景。相比淀粉和糖类原料制备乙醇，纤维素原料制备乙醇具有原料来源广泛、资源丰富、符合绿色环保要求等，利用现代化生物技术手段开发以纤维素类生物质为原料的生物能源，已成为国家能源战略的重要内容。纤维素类生物质原料主要由纤维素、半纤维素和木质素构成。与第 1 代技术相比，第 2 代燃料乙醇技术首先要进行预处理，即脱去木质素，增加原料的疏松性以增加各种酶与纤维素的接触，提高酶效率。待原料分解为可发酵糖类后，再进入发酵、蒸馏和脱水。图 5.15 为纤维素原料乙醇生产技术工艺路线图。纤维素原料首先经过物理法、化学法、物理化学法、生物法等预处理过程除去纤维素原料中部分或全部木质素，打破其致密结构。处理后的纤维素原料经过纤维素酶、β-葡萄糖苷酶、木聚糖酶等多种酶系水解制备含有葡萄糖和木糖等微生物可发酵糖的酶解液，再通过酿酒酒母等微生物将葡萄糖、木糖等代谢发酵得到乙醇成熟醪，成熟醪通过精馏脱水及分子筛脱水处理得到燃料乙醇产品。

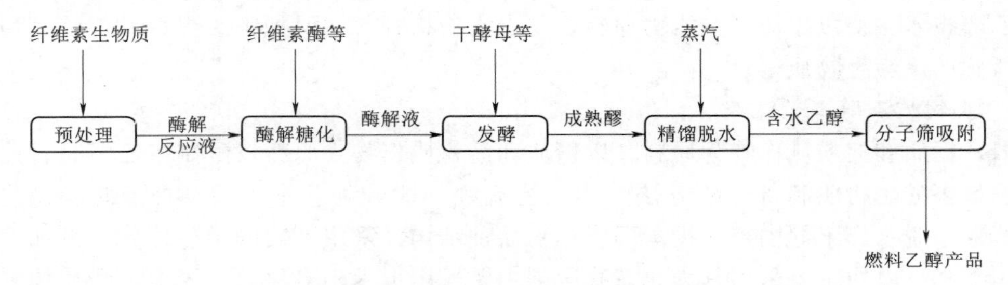

图 5.15　纤维素原料乙醇生产技术工艺路线图

2. 纤维素酶的结构及其作用方式

产生纤维素酶的微生物多种多样，不同微生物产生的纤维素酶分子结构也不相同，纤维素酶结构的多样性与其作用的底物也有一定关系，而且纤维素本身也既有结晶区又有无定形区。但大多数纤维素酶均包含有三个功能区：催化结构域（catalytic domains，CD）、纤维素结合结构域（cellulose—bonding domains，CBD）或者称 carbohydrate binding module、连接肽。

CD 是纤维素酶中起主要催化作用的区域，体现纤维素酶的催化活性和对特定水溶性底物的特异性。根据中氨基酸排列序列的差异性和相似性可以将纤维素酶分成不同的家族，同一家族具有相似的氨基酸分子折叠方式和活性位点。以最先被阐明的里氏木霉来源的纤维素酶 CBH 的催化结构域为例，它是由多个 α 螺旋和 β 链所组成的筒状结构，活性部位呈隧道状延伸至分子表面，具有 4 个活性位点。由于外切酶的活性部位位于一个长的环索（loop）结构所覆盖形成的隧道（tunnel）里面，从而限制了纤维素酶对底物的“可及”性；因此外切纤维素酶只能水解内切纤维素酶作用后的产物即单链纤维素分子，产生纤维二糖。而内切酶的活性部位位于一个开放的裂隙（cleft）中，对底物是充分“可及”的，可以“骑”在纤维素分子链的随机位点上，使其发生水解。

CBD 在纤维素酶降解纤维素的过程中也起着很重要的作用，它将纤维素酶固定在不溶性纤维素链上，使纤维素酶有机会靠近底物，但对于可溶性的纤维素衍生物以及无定形纤

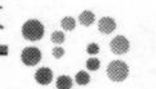

维素等作用不显著。大量的研究证明，纤维素酶之所以能够有效地降解结晶纤维素，产生纤维二糖，首先是利用CBD把纤维素酶吸附在结晶纤维素表面，然后单根葡聚糖链（纤维素）快速准确地进入CD中带底物结合和催化部位的“隧道”，纤维二糖被准确地从葡聚糖链上切割下来并被释放出来的同时，纤维素酶分子沿着葡聚糖链向前滑动2个葡萄糖单位。

连接肽在有着催化结构域和结合结构域的内切或外切纤维素酶中，起到连接CD和CBD的作用，使不同酶分子间比较容易形成较稳定的聚集体。连接肽对蛋白酶非常敏感，因此这一柔性肽链往往高度糖基化。虽然大量的研究成果使我们对纤维素酶的作用机制有了更深入的了解。但纤维素酶在底物上持续性运动，并打断分子链间氢键的动力来源仍然是个谜。纤维素酶这类经历亿万年进化而成的高效“分子机器”的作用机理值得研究者们进行更深入的研究。

5.5.2 生物质制沼气

沼气是生物质在厌氧条件下经微生物发酵而生成的一种以甲烷为主体的可燃性混合气体，其主要成分是甲烷和二氧化碳，通常情况下甲烷占60%左右，二氧化碳占40%左右，此外还有少量氢气、氮气、一氧化碳、硫化氢和氨气等。甲烷作为沼气的主要组成气体，是一种理想的气体燃料，与其他燃气相比，其抗爆性能较好，是一种很好的可再生清洁能源。随着环境污染和能源短缺问题的日益严重，沼气的发展越来越受到人们的广泛关注。

1. 沼气发酵基本原理

在自然界中，沼气形成于沼泽、湖泊、海洋深处等厌氧环境中。1776年，意大利物理学家沃尔塔最早对湖泊底部植物腐烂产生的气体中鉴定出了甲烷，由此揭开了对沼气深入研究的序幕。沼气发酵的实质是微生物进行物质代谢和能量代谢的一个生理过程。微生物在厌氧条件下将复杂有机物质进行分解，生成有机酸等小分子有机物进而最终生成甲烷等气体。目前关于厌氧发酵生产沼气的原理主要包括有两阶段、三阶段和四阶段等不同的理论；其中，Zeikus在1979年提出的厌氧消化四阶段理论得到了比较广泛的认可，如图5.16所示。厌氧消化的具体如下：

（1）第一阶段为水解阶段。不溶性的高分子复杂有机物在各种微生物胞外水解酶（如淀粉酶、纤维素酶、蛋白酶、脂肪酶等）的作用下，转化为简单的可溶性小分子有机物，主要涉及蛋白类化合物、脂肪化合物和碳水化合物的水解过程，其产物主要是氨基酸、单糖、甘油和高级脂肪酸等可溶于水的小分子物质。

（2）第二阶段为产酸阶段（酸化阶段）。产酸发酵微生物在同化水解阶段产生的小分子有机物进行细胞增殖的同时，生成以挥发性脂肪酸和醇为主要组分的产物挥发性脂肪酸（VFA）、醇类、以乳酸为主的有机酸以及氨、氢气、二氧化碳和硫化氢等。

（3）第三阶段为产氢产乙酸阶段。专性厌氧的产氢、产乙酸菌将产酸阶段产生的两个碳以上的脂肪酸、芳香族酸和醇转化为乙酸、水和二氧化碳；同时同型乙酸菌可将二氧化碳和水合成乙酸。

（4）第四阶段为产甲烷阶段。该阶段甲烷通过两种途径生成：一是在二氧化碳存在的

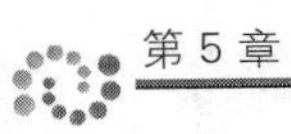

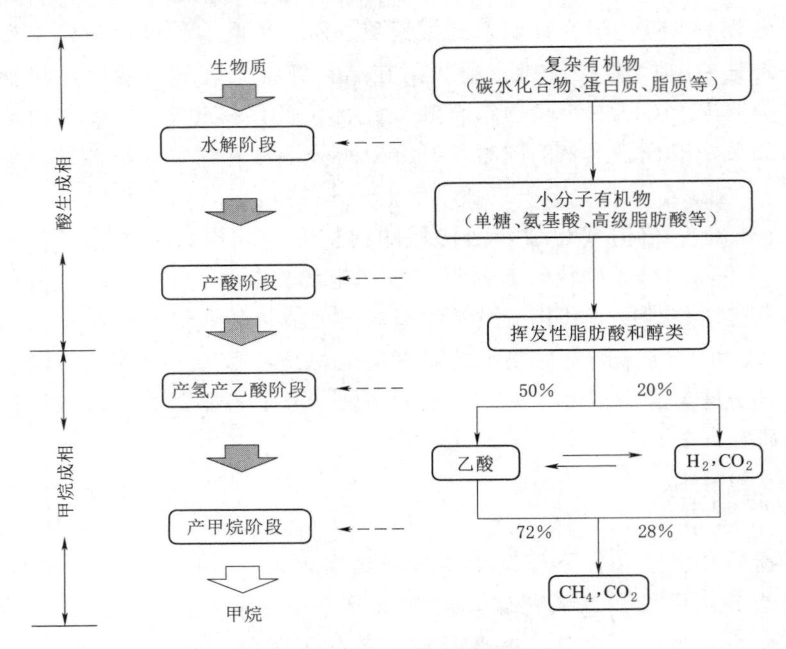

图 5.16　沼气发酵四阶段学说

条件下，利用氢气生成甲烷；二是在二氧化碳不足的情况下，降解乙酸盐生成甲烷。在这两种途径中，产甲烷菌将乙酸、氢气、碳酸、甲酸和甲醇等最终转化为甲烷、二氧化碳。在一般的厌氧消化反应中，约 70% 的甲烷由乙酸分解而来，30% 由氢气还原二氧化碳而来。

随着对厌氧微生物研究的不断深入，人们对厌氧消化生物学过程的认识也在不断深化。虽然厌氧发酵过程被人为分为不同阶段，但是在实际发酵过程中，每个阶段之间并没有明显的界限，有时候是同时进行的；另外，每个阶段都由独特的微生物菌群主导，各类菌群的代谢存在着密切的联系。在厌氧消化过程中系统内不同主导菌群的交替、物质和能量变化、pH 变化等各个因素是一个相互制约、相互依赖的动态平衡过程。

2. 沼气发酵工艺简介

沼气发酵的基本流程如图 5.17 所示。沼气发酵工艺是指沼气发酵从配料入池到产出沼气的一系列操作步骤、过程和所控制的条件。

按照沼气发酵温度、进料方式、装置类型以及作用方式等也可以把沼气发酵工艺分为几种类型。表 5.10 中列出了根据不同的分类依据对于沼气发酵工艺的分类。根据发酵温度的不同，沼气发酵的工艺可以分为常温、中温和高温发酵，其中中温发酵是最为常用的沼气发酵工艺方式，沼气产量稳定，转化效率较高；根据进料方式的不同，沼气发酵工艺可以分为批量发酵、半连续发酵和连续发酵；根据发酵装置的类型可以分为常规发酵和高效发酵，通过固定或者截留活性污泥，能够进一步提升发酵的效率；基于沼气发酵的产酸产沼气代谢过程和反应器级数，可将发酵工艺分为混合发酵和二步发酵。在混合发酵中，水解、产酸和产沼气在一个反应器中完成，具有工艺简单、操作容易、投资相对较低、工程技术相对成熟等诸多优点，从而在生物燃气发酵过程中得到了极为广泛的应用。混合发

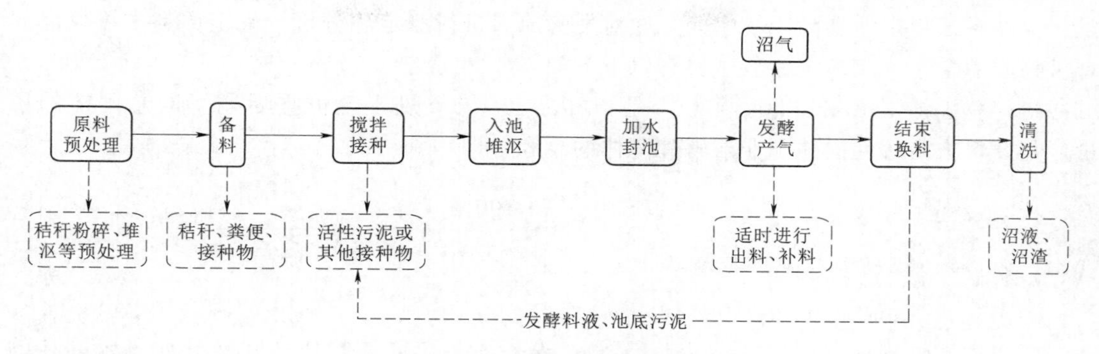

图 5.17　沼气发酵基本流程

酵的最大缺点就是工艺必须兼顾不同菌群，从而导致过程效率较低，同时产酸菌代谢较快，容易引起酸积累，系统的抗冲击性能较差。而二步发酵是把发酵过程中产酸阶段和产气阶段分开在不同的装置中进行，有利于高分子有机废水和有机废物的处理，有机质转化效率高。在产酸反应器中，产沼气菌处于休眠或半休眠状态，产沼气反应器则通过长的停留时间培养产沼气优势菌群，从而分开强化产酸和产沼气过程，提高效率和稳定性。二步发酵可以在两个反应器中设置不同的温度，高温下强化水解过程，灭活致病菌，中温稳定产气。

表 5.10　　沼气发酵的工艺类型分类

分类依据	工艺类型	主要特征
发酵温度	常温发酵	发酵温度随气温的变化而变化（10～30℃）；沼气产气量不稳定，转化效率较低
	中温发酵	发酵温度为 33～38℃，沼气产量稳定，转化效率较高
	高温发酵	发酵温度 50～60℃，有机质分解速度快，适用于有机废物及高浓度有机废水的处理
进料方式	批量发酵	一批料经过一段时间的发酵后，重新换入新料，可以观察发酵产气的全过程，但是不能均衡产气
	半连续发酵	正常的沼气发酵，当产气量降低时开始少进料，然后定期的补料和出料，能均衡产气，适用性较强
	连续发酵	沼气发酵正常运转后，按照固定的负荷量连续进料或者进料间隔较短，能够均衡产气，运转效率高
装置类型	常规发酵	装置内没有固定或者截留活性污泥的措施，运转效率的提高受限
	高效发酵	装置内有固定或者截留活性污泥的措施，产气率、转化效果、滞留期等都较好
作用方式	混合发酵	沼气发酵的产酸阶段和产气阶段在同一个装置中进行，工艺简单、操作容易、投资相对较低、工程技术相对成熟
	二步发酵	产酸阶段和产气阶段分别在两个装置中进行，有利于高分子有机废水和有机废物的处理，有机质转化效率高，但是单位有机质的产气效率较低

3. 厌氧发酵原料测定参数

沼气发酵原料十分广泛和丰富，农林业废弃物，家畜家禽粪便，农业、工业产品的废水、废物（如豆制品废水、酒糟、糖厂的废渣废液等），以及自然界的植物、动物等几乎所有的生物质资源都可以作为沼气生产的原料。在厌氧发酵过程中，为了保证原料的充足、提高系统稳定性和高产气率等，须对发酵原料进行测定和分析，确定原料中可发酵的有机物质的含量，其测定参数主要有以下方面：

(1) 总固体（total solid，TS），是指样品在105℃烘干至恒重后剩下的总固体的质量。是原料中溶解性固体和非溶解性固体的总和，即

$$TS=\frac{W_{干}}{W_{S}}\times 100\% \tag{5.17}$$

式中　$W_{干}$——样品中总固体质量；

W_{S}——样品质量。

(2) 挥发性固体（volatile solid，VS），是指原料总固体物质去除灰分后剩余固体的质量。其测定方法是将总固体样品在500～600℃灼烧1h后，总固体减去剩余固体的所得的差值。剩余固体物质的质量就是灰分的总量。

$$VS=\frac{W_{干}-W_{灰}}{W_{干}}\times 100\% \tag{5.18}$$

式中　$W_{干}$——样品中总固体质量；

$W_{灰}$——样品灰分质量。

(3) 生化需氧量（biochemical oxygen demand，BOD），是指在一定温度和时间下，微生物分解存在于水中的可生化降解有机物所进行的生物化学反应过程中所消耗的溶解氧的数量，一般以mg/L表示。通常会采用在20℃下，经5天培养后所消耗的溶解氧量（BOD_5）来表示，相应地还有BOD_{10}、BOD_{20}。

(4) 化学需氧量（chemical oxygen demand，COD），是指在一定条件下，溶液中有机物质与强氧化剂（如重铬酸钾、高锰酸钾）反应过程中所消耗的溶解氧的数量，一般用单位mg/L表示。

(5) 碳氮比（常用符号C/N表示），是指有机物中碳的总含量与氮的总含量的比值。由于碳源和氮源在微生物生长过程中十分重要，研究人员针对碳氮比、碳源和氮源浓度对沼气发酵的影响方面作了大量的研究。碳氮比过高发酵前期容易酸化，过低则会导致可溶性氨大量生产，两者都会导致发酵失败；一般情况下，原料的碳氮比介于15～30：1即可正常发酵。

沼气发酵所使用的原料种类十分广泛，不同原料的组分差异很大，进而导致不同的产气特性；即使同一种原料在不同的发酵条件下，其产气特性也不尽相同。因此，在沼气发酵时，除了测定原料的性能参数，还需要根据经验数据，对该原料的产气特性进行评估，为高效的沼气发酵生产提供更好的科学依据。

原料的产气特性评估主要有原料产气率、料液产气率、池容产气率3种评估方法。原料产气率是指单位质量原料在整个发酵过程中的产气量，一般以m^3/kg为单位进行表示；料液产气率是指单位体积的发酵料液每天产生的沼气的量，其表示单位为$m^3/(m^3\cdot d)$；池容产气率是指沼气池（反应器）单位容积每天产生的沼气的量，一般以$m^3/(m^3\cdot d)$为单位进行表示。

4. *沼气发酵影响参数*

在日常沼气的发酵过程中，要使得沼气发酵正常进行，获得较好的产气效果，就需要

创造适宜沼气发酵微生物进行正常生命活动的基本工艺条件。而对于沼气发酵进行条件控制则主要从以下方面进行：

（1）严格的厌氧环境。微生物发酵分解有机物，如果在好氧环境下产生 CO_2；如果是在厌氧环境下就产生沼气。在沼气发酵过程中，产沼气细菌显著的特点就是在严格的厌氧条件下生存和繁殖，有机物被沼气微生物分解成简单的有机酸等物质。尤其是在产气阶段的产沼气细菌不仅不需要氧气，而且氧气的存在会对产沼气细菌具有显著地毒害作用。因此，沼气发酵过程中必须创造严格的厌氧环境条件。

沼气池中原来存在的空气以及在装料时带入的一些空气对沼气发酵的危害并不大，虽然产沼气菌的生长和繁殖需要严格的厌氧环境，但是在有氧环境中生长即使受到抑制也并不会死亡。因此，只要沼气池不漏气，原本存在的空气以及装料时带入的空气很快会被一些好氧菌和兼性菌消耗掉，从而继续为产沼气菌创造良好的厌氧环境。因此，在沼气发酵启动以及整个发酵过程中不需要添加氧气，沼气池也应该严格密封。

（2）温度条件。产沼气发酵微生物只有在一定的温度下才能进行生长繁殖，进行正常的代谢活动。一般来说，产沼气菌在10～65℃的范围内都能够进行正常的生长活动，产生沼气。在一定的合适温度范围内（15～40℃），随着温度的增高，微生物的代谢会加快，分解原料的速率也会得到相应的提高，产气量和产气率都会相应的增高。

不同的产沼气细菌都具有其对应的最适宜沼气发酵温度，因此，通常沼气发酵对于温度的划分也可以分为高温发酵（50～60℃）、中温发酵（33～38℃）以及常温发酵（10～30℃）。在我国大多数地区，沼气池基本都建于地下，大都采用常温发酵，因此沼气池内的料液温度受到气温和地温的影响较大，随着一年四季温度的变化，产气率也有较大的区别。冬天相对池温度较低，产气率较低；而在夏天池温较高，则产气率也会相应提高。但是，产气量并不会受发酵温度的影响，在合适的发酵温度范围内，一定量的发酵原料的产气总量基本上是不会变的。这也就是说，通过改变发酵的温度并不能提升发酵原料的分解利用率，只是能够相对提高沼气发酵的速率。而一般情况下，沼气发酵温度发生突然剧烈变化，对沼气的产量则会有明显的影响。

（3）原料和营养处理。充足和适宜的发酵原料是沼气发酵的物质基础。在沼气发酵过程中，各种微生物通过吸收营养成分，用来提供自身生长繁殖和新陈代谢所需要的能量。产沼气微生物需要从原料中吸取的主要营养物质为碳元素（C）、氮元素（N）以及无机盐等。一般来说，碳元素主要来自于碳水化合物，是细菌进行生命活动的主要物质能量来源；氮元素主要来自蛋白质、亚硝酸盐以及氨类等无机盐类，是构成细胞的主要成分。沼气发酵菌对于碳元素和氮元素的营养需求需要维持在一个合适的C/N比例，一般来说在（20～30）∶1的情况下就可以正常的进行发酵。

自然界中可以作为沼气发酵原料的有机物质相当丰富，除了矿物质和木质素外，几乎所有的有机物都可以作为沼气发酵的原料，例如人畜粪便、作物秸秆、青草、含有机物质丰富的废水以及农业废弃物等。由于不同的发酵原料中的C/N比例并不相同，因此为了满足产沼气微生物对于碳元素和氮元素的需求，在投料时需要注意对于不同的发酵原料进行合理搭配、综合投料，才能实现原料转化为沼气效率的最大化。

（4）合适的酸碱度。沼气发酵正常进行时，通常都是在微碱性环境下。产沼气微生物细胞内细胞质的pH一般呈现为中性，同时细胞的自我酸碱度调节功能，也能保持环境中的pH呈中性。所以，一般情况下，沼气发酵细菌可以在较为宽泛的pH范围内进行，一般在6.0～8.0范围内都可以保持发酵的进行，而最佳pH范围为7.0～7.2。通常来说，当沼气发酵消化器内料液pH高于8.5或者低于6时，就会对沼气发酵产生一定的抑制作用，因为过酸或者过碱都会的开始产气的时间持续很长，甚至导致不产沼气的现象。因此，为了顺利地进行沼气发酵、提高沼气产气量，必须调节好启动时pH，调节为7.5为最佳状态。在发酵过程中，除了初次投料时投入过多易产有机酸的原料，导致发酵液酸化时需要调节pH外，一般不需要进行额外的调节。在正常情况下，沼气发酵过程中的pH变化是一个自然平衡的过程，具有自行调节能力。即使是利用一些含有大量有机酸的原料进行沼气发酵时，原料进行消化器后有机酸会很快被利用，而且随着氨化作用的进行，产生的氨气溶于水能够中和多余的有机酸，使得pH回升。

（5）搅拌。在沼气发酵过程中，如果对于沼气池进行搅拌能够有效提高产气速率和处理效率，因此，搅拌对于沼气发酵过程具有重要的作用。搅拌的目的在于似的消化器内原料的温度分布均匀，使得微生物和发酵原料充分接触，加快发酵速率，提升产气量，并且破坏浮渣层，有利于排出产生的气体。在日常管理中，可以根据发酵的规模大小来采用不同的搅拌方式。

1）机械搅拌。机械搅拌器可以安装在沼气池液面以下，如果料液浓度较高，则安装位置要相对偏下。机械搅拌一般适用于小型沼气池。

2）液体搅拌。使用人工或者泵使得沼气池内的料液循环流动，从而达到搅拌的目的。

3）气体搅拌。将沼气池产生的沼气加压后从沼气池底部冲入，利用产生的气流从而达到搅拌的目的。液体搅拌和气体搅拌一般比较适用于中、大型的沼气工程中。

（6）其他条件。除了上述的5种发酵控制条件外，也有一些其他发酵条件需要被考虑和控制。例如针对不同规模的发酵池的干物质浓度以及有机物负荷量需要进行合理的规划、发酵过程中压力的合理范围调控、促进剂以及抑制剂的合理添加以及接种物的浓度选择等。通过将影响沼气发酵效率的一系列因素进行合理的优化和调控，才能提高原料的利用转化效率，提升产沼气率和产沼气量，从根本上进一步降低沼气发酵的成本。

5.6　生物质能发电技术

5.6.1　生物质能发电概述

生物质能发电主要利用农业、林业和工业废弃物、甚至城市垃圾为原料，进行农林废弃物直接燃烧发电、生物质混合燃烧发电、生物质气化发电、垃圾发电、沼气发电等。近年来，国内外能源、电力供求日趋紧张，作为可再生能源的生物质能越来越突显出其必要性。

1988年，丹麦诞生了世界上第一座秸秆生物燃烧发电厂，由丹麦BWE公司设计制造，装机容量5MW。如今丹麦已有130家秸秆发电厂。靠新兴替代能源，丹麦由石油进口国一跃成为石油出口国。瑞典的生物质能源利用率已占其能源消费总量的16%左

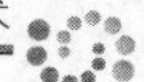

右。芬兰本国没有化石燃料资源，因而生物质发电量占本国发电量的11%，居世界第一位。

许多国家都制定了相应的计划，如日本的“阳光计划”、美国的“能源农场”、印度的“绿色能源工厂”等，都是把生物质能秸秆发电技术作为21世纪发展可再生能源战略的重点工程。

在我国，从1990年以来，中央和各地方政府出台了一系列法律法规，从不同层面，采取不同措施来支持包括生物质能利用的可再生能源的发展。《可再生能源“十三五”规划》（发改能源〔2016〕2619号）中明确表示，稳步发展生物质发电，在做好选址和落实环保措施的前提下，结合新型城镇化建设进程，重点在具备资源条件的地级市及部分县城，稳步发展城镇生活垃圾焚烧发电，截至2020年，全国生物质发电总装机容量达到2952万kW，年发电量超过1000亿kW·h。其中垃圾焚烧发电装机容量占比51.9%，农林生物质发电装机容量占比45.1%，沼气发电装机容量占比3%。

5.6.2　生物质能发电形式

1. 直接燃烧发电

生物质直接燃烧发电，就是直接以经过处理的生物质为燃料，而不需转换为其他形式的燃料，用生物质燃烧所释放的热量在锅炉中生产高压过热蒸气，通过推动汽轮机的涡轮做功，驱动发电机发电。

生物质直接燃烧发电的原理和发电过程与常规的火力发电是一样的，所用的设备也没有本质区别。

直接燃烧发电是最简单，最直接的生物质能发电方法。最常见的生物质原料是农作物的秸秆、薪炭木材和一些农林作物的其他废弃物。由于生物质质地松散、能量密度较低，其燃烧效率和发热量都不如化石燃料，而且原料需要特殊处理，因此设备投资较高，效率较低。为了提高热效率，可以考虑采取各种回热、再热措施和联合循环方式。生物质直接燃烧发电流程图如图5.18所示。

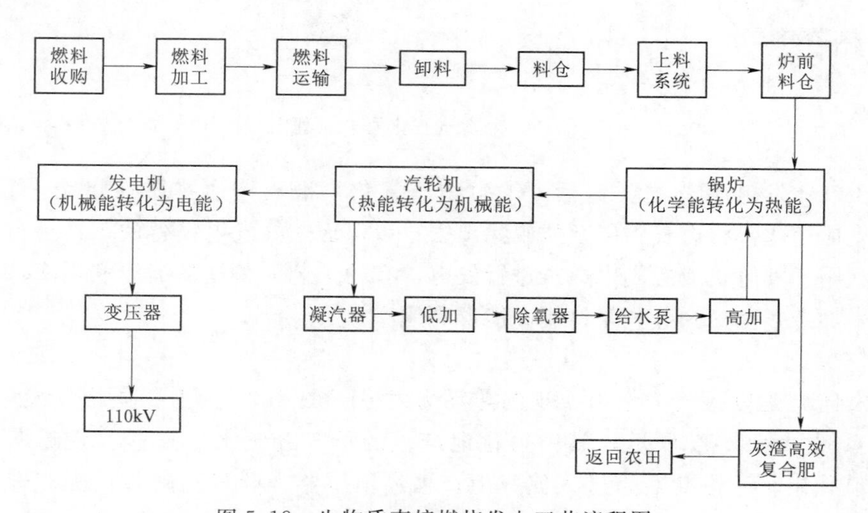

图5.18　生物质直接燃烧发电工艺流程图

2. 生物质能气化发电

生物质气化以生物质为原料，以氧气（游离氧、结合氧）、空气、水蒸气、水蒸气—氧气混合气或氢气为气化剂，在高温不完全燃烧条件下，使生物质中分子量较高的有机碳氢化合物发生链裂解并与气化剂发生复杂的热化学反应而产生分子量较低的 CO、H_2、CH_4 等可燃性气体过程。

气化过程和常见的燃烧过程的区别在于燃烧过程提供充足的空气或氧气，使原料充分燃烧，其目的是直接获取热量，燃烧的产物是 CO_2 和 H_2O 等不再可燃烧的烟气。而气化过程只供给热化学反应所需的那部分氧气，而尽可能将能量保留在反应后得到的可燃气体中，气化后的产物为含氢（H_2）、一氧化碳（CO）和低分子烃类的可燃气体。

生物质经气化产生的可燃气，可广泛用于炊事、采暖和作物烘干，还可以用作内燃机、热汽机等动力装置的燃料，输出电力或动力。在我国，尤其是农村地区，具有广阔的应用前景。

生物质气化发电的基本原理是把生物质转化为可燃气，再利用可燃气推动燃气发电设备进行发电。生物质气化发电原理如图 5.19 所示。

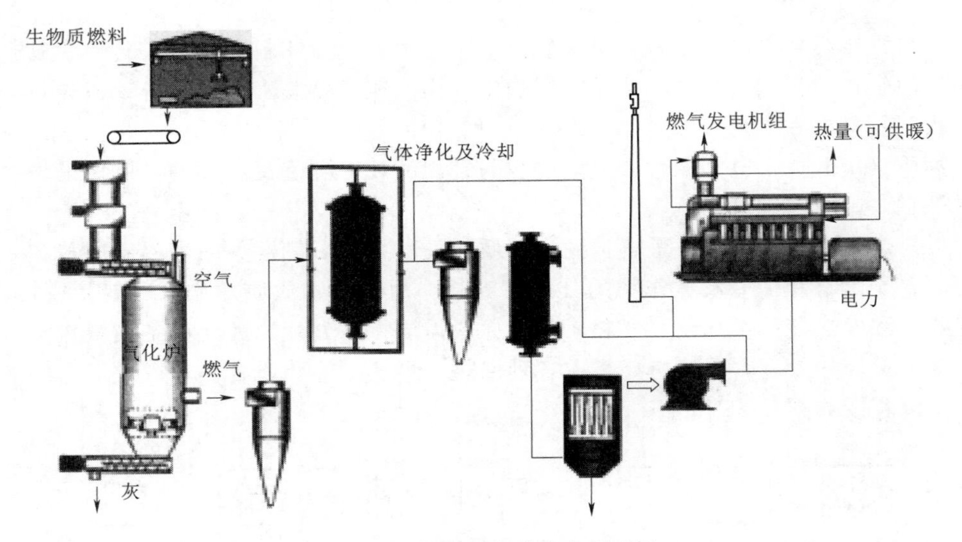

图 5.19　生物质气化发电原理图

生物质气化发电工艺主要包括：①生物质气化，把固体生物质转化比为气体燃料；②将燃料气体净化，将燃气中的杂质脱除出去；以保证燃气发电设备的正常运行；③可燃气发电，利用燃气轮机或燃气内燃机进行发电，有的工艺为了提高能源利用率，燃气轮机发电之后增加余热锅炉和蒸汽轮机提高能源利用率。

3. 沼气发电

沼气发电就是以沼气为燃料实现的热动力发电。图 5.20 为生物质沼气发电示意图。沼气发电系统如图 5.21 所示，其中消化池产生的沼气经气水分离器、脱硫塔（除去硫化氢及二氧化碳等）净化后，进入储气柜；再经稳压器（调节气流和气压）进入沼气发电机，驱动沼气发电机发电。发电机排出的废气和冷却水携带的废热经热交换器回收，作为消化池料液加温热源或其他热源再加以利用。发电机发出的电经控制设备送出。

沼气发动机与普通柴油发动机一样。工作循环也包括进气、压缩、燃烧膨胀收功和排气4个基本过程。

发动机排出的余热占燃烧热量的65%～75%，通过废气热交换器等装置回收利用，机组的能量利用率可达65%以上。废热回收装置所回收的余热可用于消化池料液升温或采暖。

纯甲烷的发热量为34000kJ/m^3，沼气的发热量为20800～23600kJ/m^3，即1m^3沼气完全燃烧后，能产生相当于0.7kg无烟煤提供的

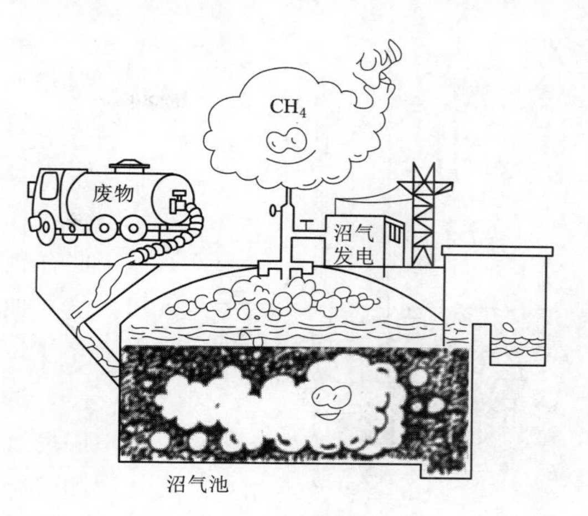

图5.20 沼气发电示意图

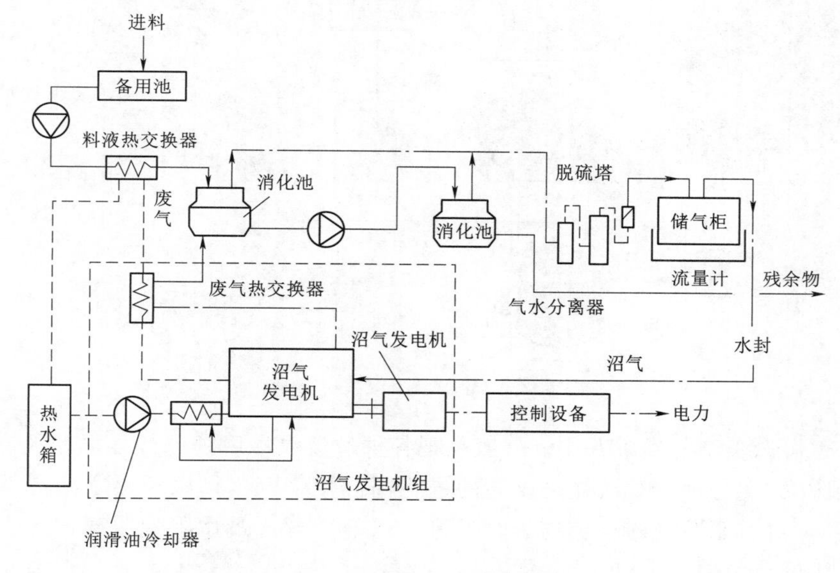

图5.21 沼气发电系统流程图

热量。沼气除发电外可以用于家庭应用。生物质沼气家用示意图如图5.22所示。图5.23为畜禽场的禽畜粪便+农作物下料的沼气发电工程。

4. 垃圾发电

垃圾发电主要是从有机废弃物中获取热量用于发电。从垃圾中获取热量主要有两种方式：一是垃圾经过分类处理后，直接在特制的焚烧炉内燃烧；二是填埋垃圾在密闭的环境中发酵产生沼气，再将沼气燃烧。垃圾焚烧，可以使其体积大幅度减小，并转换为无害物质。被焚烧废物的体积和质量可减少90%以上。

垃圾焚烧发电，既可以有效解决垃圾污染问题，又可以实现能源再生，作为处理垃圾最为快捷和最有效的技术方法，近年来在国内外得到了广泛应用。

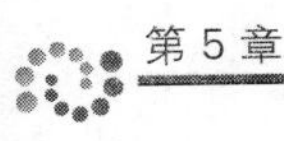

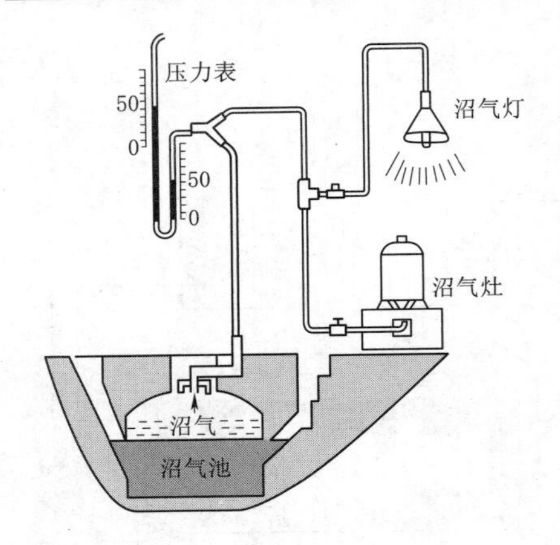

图 5.22　沼气家用示意图

这种方式从原理上看似容易，但实际的生产流程却并不简单。首先要对垃圾进行品质控制，这是垃圾焚烧的关键。一般都要经过较为严格的分选，凡有毒有害垃圾、无机的建筑垃圾和工业垃圾都不能进入。符合规格的垃圾卸入巨大的封闭式垃圾储存池。垃圾储存池内始终保持负压，巨大的风机将池中的“臭气”抽出，送入焚烧炉内。然后将垃圾送入焚烧炉，并使垃圾和空气充分接触，有效燃烧。

焚烧垃圾需要利用特殊的垃圾焚烧设备，有垃圾层燃焚烧系统、流化床式焚烧系统、旋转筒式焚烧炉和熔融焚烧炉等。

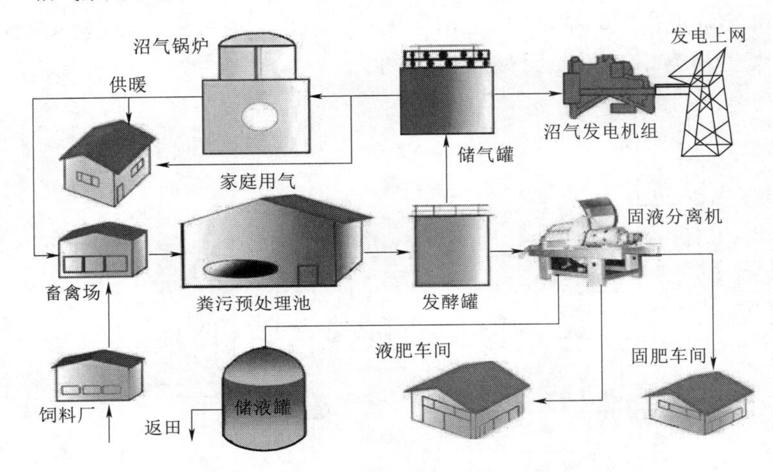

图 5.23　畜禽场沼气发电工程

当然，也可以焚烧与发酵并用。一般是把各种垃圾收集后，进行分类处理，垃圾焚烧发电原理如图 5.24 所示。对燃烧值较高的进行高温焚烧（也彻底消灭了病源性生物和腐蚀性有机物），对不能燃烧的有机物进行发酵、厌氧处理，最后干燥脱硫，产生沼气再燃烧。燃烧产生的热量用于发电。

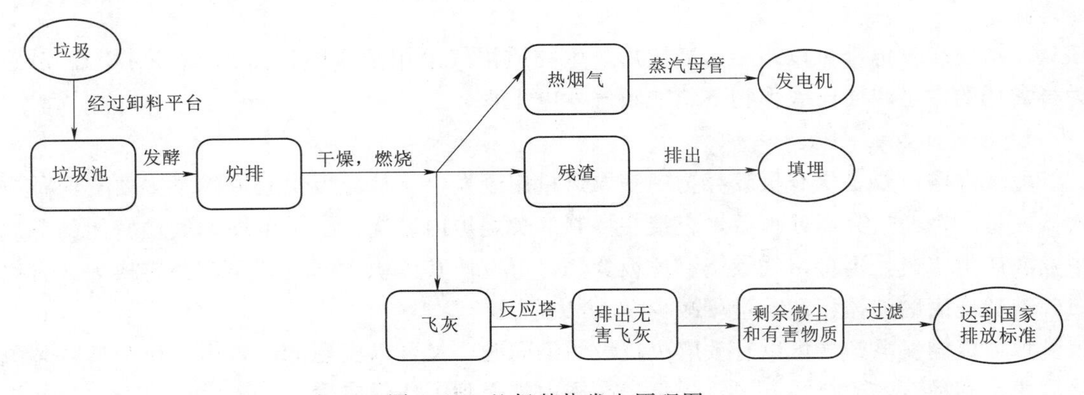

图 5.24　垃圾焚烧发电原理图

5.7　生物质能应用现状及前景

5.7.1　国内外生物质能应用现状

目前，世界上技术较为成熟、实现规模化开发利用的生物质能利用方式主要包括生物质发电、生物液体燃料、沼气和生物质成型燃料等。

自从 1981 年 8 月在内罗毕召开联合国新能源和可再生能源会议以来，许多国家对能源、环境和生态问题越来越重视，特别是利用现代新能源技术和新材料来开发包括生物质能在内的新能源，备受各国关注。目前，生物质能的技术研究和开发利用已成为世界重大热门课题之一，许多国家都制定了相应的开发研究计划，如日本的阳光计划、印度的绿色能源工程、巴西的酒精能源计划等，其中生物质能源的开发利用都占有相当大的比重。现在，国外有许多生物质能利用技术与设备已达到了商业化应用的程度，实现了规模化产业经营。

美国生物质能利用占一次能源消耗总量的 4%左右。用生物质能发电总装机容量已超过 10000MW，单机容量达 10～25MW；纽约的斯塔藤垃圾处理站投资 20000 万美元，采用湿法处理垃圾，回收沼气，用于发电，同时生产肥料；开发出利用纤维素废料生产酒精技术，建立了 1MW 的稻壳发电示范工程，年产酒精 2500t；STM 公司是美国通用汽车公司发展斯特林发动机技术的专业公司，研制出的 STM4—120 发动机被美国能源部评价为世界上最先进的斯特林发动机，可与沼气技术或生物质气化技术相结合，构成 50kW 左右的村级生物质能发电系统；普林斯顿大学能源与环境中心，在研制以生物质燃气为燃料，发电功率为 200kW 的小型燃料电池/燃气轮机发电系统。

巴西生物质能在巴西能源利用量中约占 25%，其中薪柴和甘蔗占生物质能的 50%～60%，其余是农业废弃物。巴西是乙醇燃料开发应用最有特色的国家，实施了世界上规模最大的乙醇开发计划（原料主要是甘蔗、木薯等），目前乙醇燃料已占该国汽车燃料消费量的 50%以上。

欧洲是生物质能开发利用非常活跃的地区，新技术不断出现，并且在较多的国家得以应用。1991 年，在瑞典瓦那茂兴建了世界上第一座生物质气化燃气轮机/发电机—汽轮机/发电机联合发电厂，净发电量 6MW·h，净供热量 9MW，系统总效率达 80%以上；该国家用催化裂解法处理生物质燃气中的焦油水平处于世界领先地位。在芬兰有世界上第一个以泥炭为原料用气化合成氨的方法来生产化肥的厂家。近十多年来，欧共体开展了将木料气化合成甲醇的研制工作，先后已有数个示范厂，德国已广泛应用含 1%～3%甲醇的混合汽油供汽车使用，在法国、捷克、瑞典、西班牙、苏联等国家，都在开发应用甲醇和乙醇的液体燃料。在荷兰、英国、比利时、希腊、葡萄牙等国家，开展了用生物质热解法制取生物油的研究，生物油经改性后可作液体燃料。

欧洲有的国家，还利用植物油作燃料的开发和研究，英国在研究应用基因技术改良油菜品种，以期提高产量，并使菜子中的脂肪酸碳链由 18 个碳原子缩短到 8 个左右，获得优质菜子燃油；瑞典在研究用适当配比菜籽油和甲醇的方法，获得生物柴油。

我国生物质能源的发展一直是在"改善农村能源"的观念和框架下运作，较早地起步于农村户用沼气，以后在秸秆气化上部署了试点。近两年，生物质能源在中国受到越来越多的关注，生物质能源利用取得了很大的成绩。沼气工程建设初见成效。截至2005年年底，全国共建成3764座大中型沼气池，形成了每年约3.41亿m^3沼气的生产能力，年处理有机废弃物和污水1.2亿t，沼气利用量达到80亿m^3。截至2015年年底，我国农村沼气用户4193.3万户，建成沼气工程110975处，年产沼气22.25亿m^3。生物质能源发电迈出了重要步伐，发电装机容量达200万kW液体生物质燃料生产取得明显进展，全国燃料乙醇生产能力达到102万t，已在河南等9个省的车用燃料中推广使用乙醇汽油。

5.7.2　生物质能利用前景

地球上每年植物光合作用固定的碳达2×10^{11}t，含能量达3×10^{21}J，因此每年通过光合作用存储在植物上的太阳能，相当于全世界每年耗能量的10倍。生物质遍布世界各地，其蕴藏量极大。虽然不同国家单位面积生物质的产量差异很大，但地球上每个国国家都有某种形式的生物质。生物质为人类提供了基本燃料，生物质能是热能的来源，作为一种能够进行物质生产的可再生能源正日益受到世界各国的青睐和重视，发展生物质能源对于缓解能源危机、保护国家安全等都有着极其重要的意义。

(1) 解决"三农"问题。"三农"问题是我国社会经济生活中急需解决的一大问题，也是我国能否实现经济发展和全面建设小康社会的关键性问题。促进生物质能的开发利用不但有利于加快新农村特别是贫困地区和少数民族地区的发展，而且有利于发展循环经济，实现经济、社会和环境保护的可持续发展。

由于我国农村人口众多，生物质资源不集中且资源浪费严重，因此大力发展沼气池、生物质成型燃料、生物液体燃料以及生物质发电等生物质能技术，不但能解决农村资源的浪费以及资源利用效率低等问题，而且有利于改善农村环境卫生和居住区生活条件，增加农村就业机会，提高农民收入，推动农村城镇化建设，振兴农村经济。

(2) 减少环境污染、保护生态环境。在我国各种主要的能源当中，煤炭占据着主导地位，同时，煤炭的大量使用也给当地、地区和全球的环境造成了严重的污染。生物质利用技术可使畜禽粪便、秸秆类木质纤维素转化为沼气、燃料乙醇或其他产品，既有利于根治"畜牧公害"和"秸秆问题"，又能缓解农村能源短缺的问题。

(3) 保证国家能源安全。传统的矿物质能源是当今社会发展和进步的发动机，目前全球总能耗的75%来自煤炭、石油、天然气等。但是，矿物能源是有限的。预计到2050年可能要达到50亿t标准煤以上。因此，开发利用生物质能已成为解决我国能源问题的战略选择。

近年来，我国加速能源结构调整，积极推进生物质能源开发利用，生物质发电、生物质燃气、生物质液体燃料等重点领域蓬勃发展。我国陆续突破了厌氧发酵过程微生物调控、沼气工业化利用、秸秆类资源高效生物降解、高值化转化为液体燃料等关键技术，建立了兆瓦级沿气发电、万吨级生物柴油、千吨级纤维素乙醇及气化合成燃料示范工程。

习　题

1. 与其他可再生能源相比，生物质能有哪些优点？

2. 生物质的组成组分有哪些？其占比范围是多少？

3. 简述纤维素、半纤维素和木质素的结构特点。

4. 生物质热解、气化和燃烧转化机理有哪些异同？

5. 生物质燃烧主要分几个阶段，每个阶段的特点是什么？

6. 列举生物质热解过程的主要工艺及其影响因素。

7. 简述生物乙醇的原料类型及各自的工艺流程。

8. 简述生物质沼气发酵的基本原理和生物质沼气发酵过程的影响因素。

9. 生物质能发电都有哪些形式？

参 考 文 献

[1] 刘荣厚. 生物质能工程 [M]. 北京：化学工业出版社，2009.

[2] 胡常伟，李建梅，祝良芳，童冬梅，李丹. 生物质转化利用 [M]. 北京：科学出版社，2019.

[3] 肖睿，程军，呼和涛力，姜岷，李文志. 生物质利用原理与技术 [M]. 北京：中国电力出版社，2021.

[4] 朱永强. 新能源与分布式发电技术 [M]. 北京：北京大学出版社，2016.

[5] 李家坤. 新能源发电技术 [M]. 北京：中国水利水电出版社，2019.

第 6 章　水力发电应用技术

水力资源作为一种清洁的可再生资源，在利用的过程中还可多次循环重复利用，对人类生活以及世界经济发展都具有一定经济价值。在世界范围内，水力资源分布广泛，但是全世界不到30％的水力资源得到了利用开发，尚未开发利用的水力资源大部分位于发展中国家。

6.1　水 力 概 况

6.1.1　水能简介

水能是一种绿色、清洁的可再生能源，是指水体动能、势能、压力能等能量资源。水力资源是以上形式存在于水体中的能量资源，又称水能资源。广义的水力资源包括河流水能、潮汐水能、波浪能、海流能等能量资源。在自然状态下，水力资源的能量被用来克服水流阻力、冲刷河床和海岸、输送泥沙和漂浮物等。人类通过水力发电工程开发利用，可以将水的势能和动能转换成电能进行水力发电。

6.1.2　水力发电的发展与资源分布

1. 世界水力发电的发展

1878 年法国建成世界第一座水电站。19 世纪 90 年代起，水力发电在北美、欧洲许多国家受到重视，利用山区湍急河流、跌水、瀑布等优良地形位置修建了一批数十至数千千瓦的水电站。进入 20 世纪以后，由于长距离输电技术的发展，使边远地区的水力资源逐步得到开发利用，并向城市及用电中心供电。20 世纪 30 年代起水电建设的速度和规模有了更快和更大的发展，由于筑坝、机械、电气等科学技术的进步，已能在十分复杂的自然条件下修各种类型和不同规模的水力发电工程。在当前条件下，水力发电具有技术成熟、开发经济、调度灵活、清洁低碳、安全可靠等优点，并可兼顾灌溉、防洪、航运等社会效益，世界各国均将水力发电作为能源发展与基础设施建设的优先选择。近年来全球水力发电量持续增长，2019 年全球水力发电量为 4222.2TW・h，较 2018 年增加了 50.81TW・h；2020 年全球水力发电量达 4296.8TW・h，较 2019 年增加了 74.6TW・h。近年全球水力发电量变化情况如图 6.1 所示。

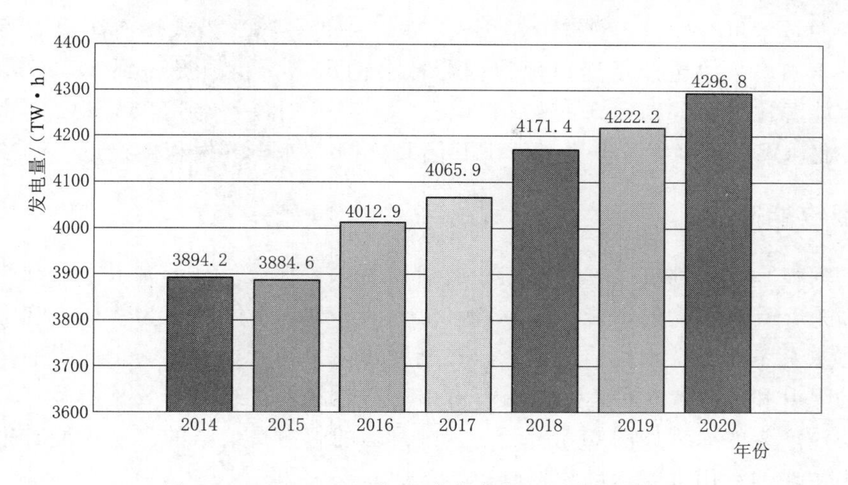

图 6.1　2014—2020 年全球水力发电量变化柱状图

2. 世界水能资源

全世界的水能资源在理论上约为 34 万亿 kW/年，其中以现有的技术可以开发利用的水能资源约为 14 万亿 kW/年，在理论上占据水能蕴藏量的 41%。而目前已经开发利用的水能资源仅有 2.1 万亿 kW/年，只占了能够开发利用的水能资源的 15%以及水能资源理论蕴藏量的 6.2%。可以说，人类开发利用的水能资源实际上只占水能资源总量的一小部分。换句话说，无论是在世界上还是在中国，水能资源的开发前景都是巨大的。

受地理环境和气候条件影响，全球水能资源分布很不均匀。从技术可开发量分布来看，亚洲占比为 50%，南美洲 18%，北美洲 14%，非洲 9%、欧洲 8%和大洋洲 1%。

表 6.1　　**部分国家可开发的水能资源量**　　单位：亿 kW

序　号	国　家	可开发水能资源	序　号	国　家	可开发水能资源
1	中国	5.4	3	加拿大	1.63
2	巴西	2.13	4	美国	1.467

3. 中国水能资源

中国常规能源（其中水能资源为可再生能源、按技术可开发量使用 100 年计算）的剩余可采总储量的构成为：原煤 61.6%、水力 35.4%、原油 1.4%、天然气 1.6%。水能资源仅次于煤炭，居十分重要的战略地位。我国范围内蕴藏的水能资源量居世界第一位，但是也存在水能资源分布不均的问题。我国西部 12 个省（自治区、直辖市）的水能资源约占全国总量的 80%，特别是西南地区云、贵、川、渝、藏 5 个省（自治区、直辖市）就占 2/3。水能资源富集于金沙江、雅砻江、大渡河、澜沧江、乌江、长江上游、南盘江、红水河、黄河上游、湘西、闽浙赣、东北、黄河北干流以及怒江等水电能源基地，其总装机容量约 3 亿 kW，占全国技术可开发量的 45.5%左右。

全球水电开发程度按照年均发电量计算，约占技术可开发量的 27.3%。分地区看，欧洲、北美洲国家水电开发程度较高，增长潜力有限。我国水能资源的技术可开发量为 5.42 亿 kW，经济可开发量约 4 亿 kW。在除我国外的 64 个“一带一路”沿线国家中，18 个国家的水能资源技术可开发量为45710亿kW，占“一带一路”沿线所有国家总可开发量的92.7%。基于《巴黎协定》承诺以及对国际社会的承诺，我国提出到2020年与2030年时，可再生能源比重将分别达到15%和20%。基于这一目标，到2035年我国水电装机容量将达到7亿kW，水电年发电量为2.1万亿kW·h，水电开发程度接近70%。

6.1.3　潮汐能简介

在海湾河口，每天都可以见到涨潮和退潮如图6.2所示。早上海水上涨称为潮，大量海水汹涌而来，具有很大的动能的同时，水位逐渐升高，动能转化为势能。晚上海水退去称为汐，海水奔腾而归，水位陆续下降，势能又转化为动能。潮汐这个词指的是海平面相对于陆地的上升和下降，这种运动是由万有引力产生的，且绝大多数是由月亮和太阳的引力产生的潮汐产生的原理如图6.3所示，其中月球的引力是最强的。潮汐能有很多的利用方式，其中主要的利用方式是潮汐发电。

图6.2　潮涨潮落

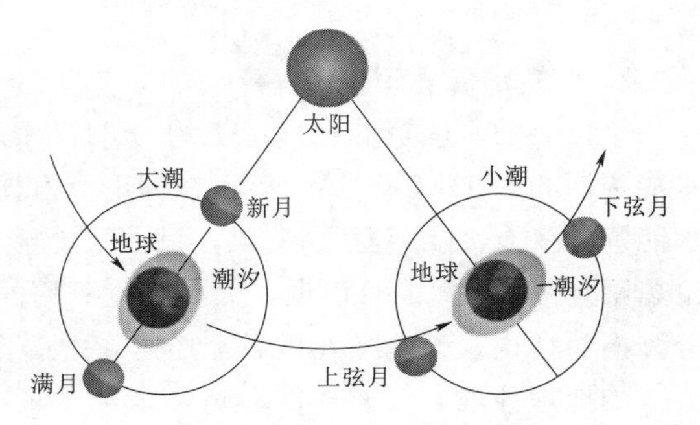

图6.3　潮汐产生的原理

6.1.4　潮汐发电的发展与资源分布

1. 世界潮汐发电的发展

潮汐发电在国内外发展很快。欧洲各国拥有浩瀚的海洋和漫长的海岸线，因而有大量、稳定的潮汐资源，在开发利用潮汐方面一直走在世界的前列。1967年，世界上第一座潮汐发电试验电站在法国朗斯建成，装机24台，总容量240MW，利用潮差8m，与加拿大安纳波利斯潮汐电站、摩尔曼斯克的基斯拉雅潮汐电站并称为世界三大著名潮汐电站，现今世界上最大的潮汐电站为2011年投入生产的韩国西洼湖潮汐电站，如图6.4所示，其装机容量为25.4万kW，年发电量5.5亿kW·h，据韩国政府介绍，西洼湖潮汐电站建成后，每年将取代约86万桶进口原油，而且会明显改善西洼湖的水质。同时，2011年韩国可再生能源的份额将从1.4%增加到5%。我国从20世纪60年代至今，已建成潮汐电站9座，装机总容量为1120kW。我国潮汐资源相当丰富，据统

图6.4　世界上最大的潮汐电站韩国西洼湖潮汐电站

计，我国可开发的潮汐发电装机容量达 21580MW（2158 万 kW），年发电量约为 619 亿 kW·h。我国潮汐发电量仅次于法国、加拿大，位居世界第三。

2. 世界潮汐资源

全世界潮汐能的理论蕴藏量约为 3×10^9kW。当然，这些能源不可能全部利用，在技术上允许利用的潮汐能约 1.9×10^8kW，世界各国潮汐电站情况如图 6.5 所示。我国海岸线曲折，全长约 1.8×10^4km，沿海还有 6000 多个大小岛屿，组成 1.4×10^4km 的海岸线，漫长的海岸蕴藏着十分丰富的潮汐能资源。我国潮汐能的理论蕴藏量达 1.1×10^8kW，其中浙江、福建两省蕴藏量最大，约占全国的 80.9%。

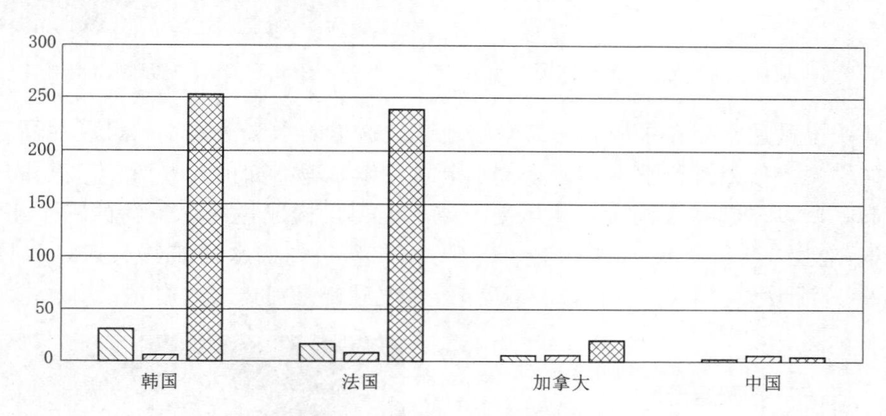

图 6.5 世界各国潮汐电站情况

▧ —库区面积/km²；▨ —平均潮差/m；▩ —装机容量/MW

6.2 水 力 发 电

6.2.1 水电站的类型

基于开发方式、工作水头和负载性质，水电站可大致分为不同的类别。基于水电站的开发方式可分为坝式水电站、引水式水电站、混合式水电站和抽水蓄能水电站。在工作水头的情况下，水电站可进一步细分为低水头水电站、中水头水电站和高水头水电站。关于负载的性质，水电站可分为基本负荷水电站和峰值负荷水电站。本书以水电站开发方式为标准进行分类介绍。

（1）坝式水电站。坝式水电站是在河流上拦截河流并筑坝，形成高水位发电水头的水电站。根据厂房与大坝的相对位置，主要有坝后式、河床式，其他还有坝内式、厂房顶部溢流式、岸边式和地下式。

坝后式水电站工作原理图如图 6.6 所示。坝后式水电站一般建在河流中上游山区峡谷地段，单独筑坝且坝身高、水位高，厂房建在大坝后面，不承受水压。坝后式水电站的特点是引用流量大，电站规模大，综合效益高。我国的向家坝（图 6.7）、三门峡、刘家峡、白山、丹江口、龙江水电站等都是坝后式水电站。

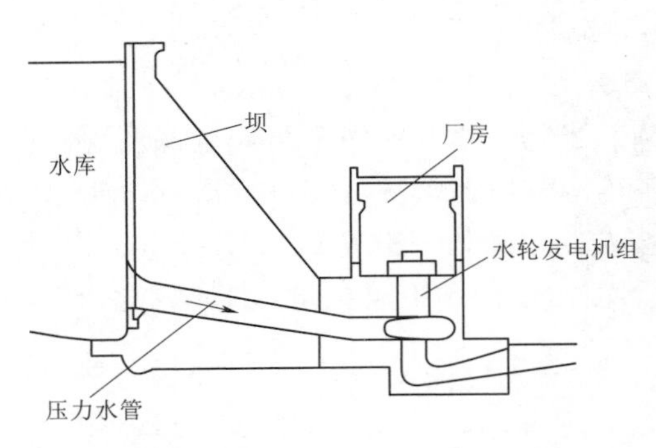

图 6.6　坝后式水电站工作原理图

图 6.7　四川向家坝水电站

河床式水电站通常建在平原上河床平缓地区。这里的水头落差小，可利用所建拦河坝来抬高水位、集中落差进行发电。河床式水电站工作原理图如图 6.8 所示。其中厂房和大坝建在一起，所以要起挡水作用，并承受上游水压力，构成拦河建筑物的一个组成部分。河床式水电站的特点是水头低（小于 30.00～40.00m），挡水建筑物较长。我国的葛洲坝（图 6.9）、沙坡头、下坊、白竹洲和西津等水电站都是河床式水电站。

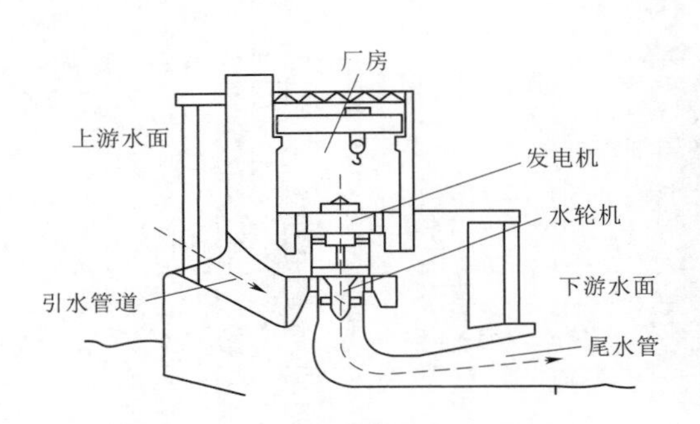

图 6.8　河床式水电站工作原理图

图 6.9　湖北葛洲坝水电站

（2）引水式水电站。引水式水电站是建在河流坡降较陡、落差比较集中的河段，利用坡降平缓的引水建筑物而与天然河道形成落差以形成发电水头的水电站。引水式水电站的特点是水头较高（最高达 1020.00m），流量小，无水库调节流量，综合利用价值低，电站规模小。根据引水道的水力条件，引水式水电站可分为无压（图 6.10）和有压（图 6.12）两种类型。世界上的引水式水电站有奥地利赖瑟克山水电站、挪威考伯尔夫水电站等，我国的引水式水电站有苏巴姑水电站、波波娜水电站（图 6.11）、齐热哈塔尔水电站（图 6.13）等。

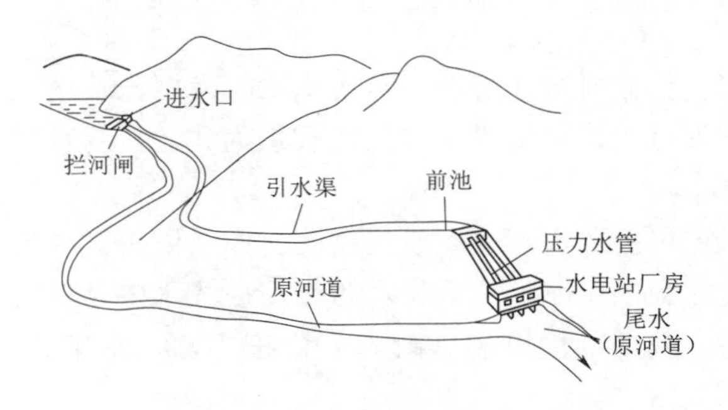

图 6.10　无压引水式水电站工作原理图

（3）混合式水电站。混合式水电站是由挡水建筑物和引水系统共同形成发电水头的水电站。发电水头的一部分由拦河闸坝的壅高水位获得；另一部分由引水道的集中落差获得。混合式水电站通常兼有坝式水电站和引水式水电站的工程特点，具有较好的综合利用效益。我国的狮子滩（图 6.14）、流溪河、古田溪一级等水电站为混合式水电站。

图 6.11　新疆波波娜水电站

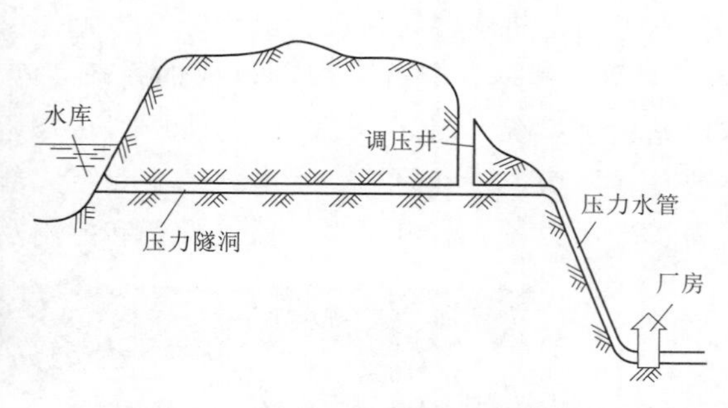

图 6.12　有压引水式水电站工作原理图

图 6.13　新疆齐热哈塔尔水电站

图 6.14　重庆狮子滩水电站

（4）抽水蓄能电站。抽水蓄能电站是一座具有上下水库的水电站，它利用电力系统中负荷低谷时多余的电能，将下水库的水抽到上水库，以势能的形式储存能量，必要时从上水库向下水库放水发电。抽水蓄能电站的工作原理如图 6.15 所示。将电网负荷低时的多余电能，转变为电网高峰时期的高价值电能。我国有广蓄一期、北京十三陵、浙江天荒坪（图 6.16）等大型抽水蓄能电站。

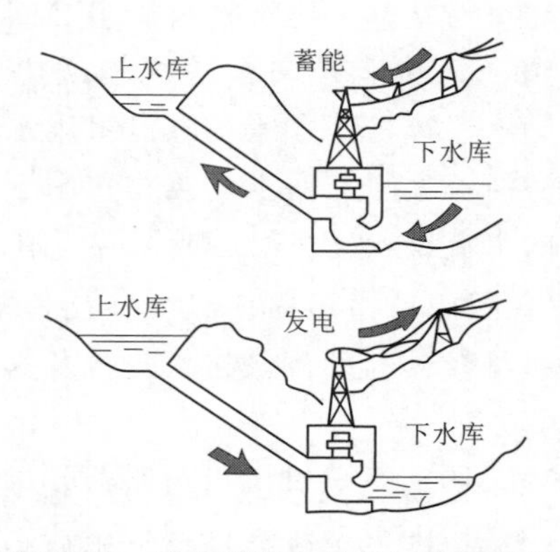

图 6.15　抽水蓄能电站的工作原理图

图 6.16　浙江天荒坪抽水蓄能电站

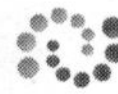

6.2.2　水电站结构

水电站是将水能转化为电能的综合性工程设施。典型的三峡水利枢纽工程示意图如图6.17所示。其是一个由三部分组成的系统，包括挡水建筑物和泄水建筑物组成的水库、水电站引水系统（图6.18）、水电站厂房（图6.19）。机电设备则安装在各种建筑物上，主要是在厂房内及其附近。水电站的主要组成部分包括水工建筑物、水力机械设备、电气设备、变电设备、配电设备、输电设备和控制及辅助设备等。

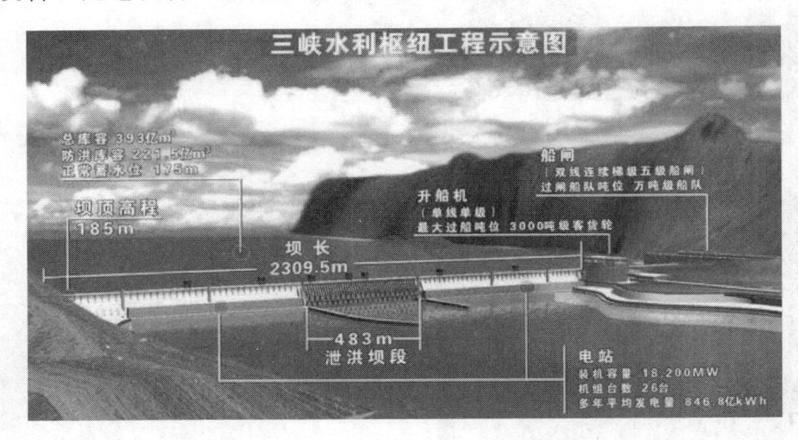

图6.17　三峡水利枢纽工程示意图

（1）水工建筑物。水工建筑物包含挡水建筑物、泄水建筑物、进水建筑物、引水和尾水建筑物、平水建筑物等。挡水建筑物的功能主要有拦截河流、集中落差、形成水库，最常见的建筑物是大坝、水闸挡水等。泄水建筑物用以宣泄洪水，或放水供下游灌溉、航运、降低水库水位等。引水建筑物是取水建筑物与机组之间的输水管道，其功能是向水轮机输送电力和水。尾水建筑物是水轮发电机组尾水出口与下游河道之间的输水建筑物，用于将发电后的水流排入尾水河道或下游河道。

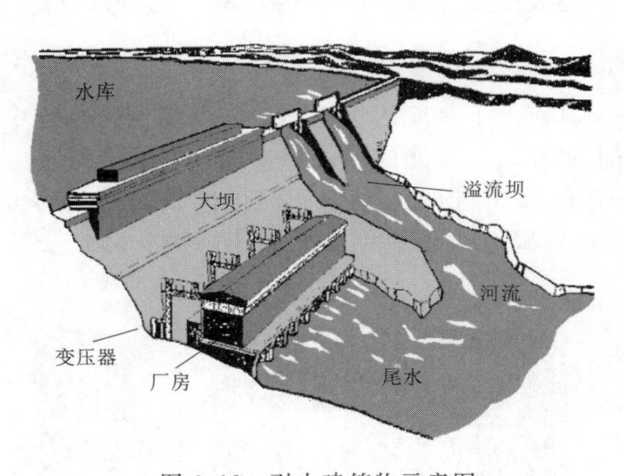

图6.18　引水建筑物示意图

（2）水力机械设备。其中：金属结构及起重设备有闸门、拦污栅、清污机及其轨道、液压式启闭机、卷扬式启闭机、门式启闭机等；水力机械及其辅助设备有水轮机及其调速器、主阀及其油压装置；其他设备有主辅桥机、电梯等。

（3）电气设备。其中：一次设备有发电机及其励磁系统、发电机出口断路器、母线或高压电缆、主变压器、GIS组合电器或户外开关站、中低压配电系统、厂用变压器、柴油发电机组、接地和避雷器、中低压电缆、照明等；二次设备有保护系统、监控系统、辅机控制系统、直流系统、通信系统、工业电视系统、消防系统等。

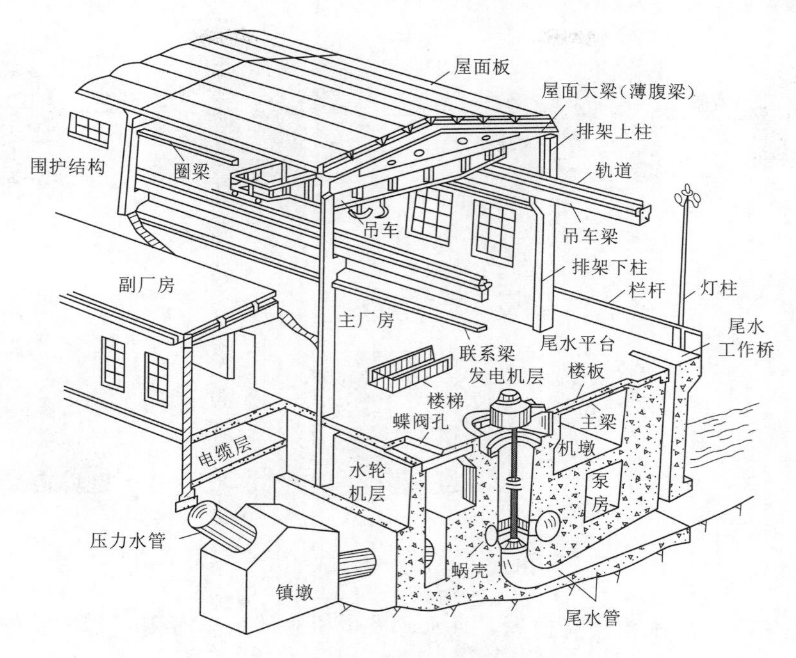

图 6.19　水电站厂房结构示意图

(4) 辅助设备。具体包括技术供水系统、排水系统、气系统、油系统、主阀或快速闸门及其操作设备等。

6.2.3　水电站发电原理

江河水流一泻千里，蕴藏着巨大能量。水力发电就是利用河川、湖泊等位于高处具有势能的水流至低处，将其中的势能转换成水轮机的动能，依靠流水量及落差来转动水轮机。再藉水轮机为原动机，推动发电机产生电能。但河流自然落差一般沿河流逐渐形成，在较短距离内水流自然落差较低，需通过适当的工程措施，人工提高落差，也就是将分散的自然落差集中，形成可利用的水头。

因此水电站的发电原理就是在天然的河流上，修建水工建筑物，集中水头，然后通过引水道将高位的水引导到低位置的水轮机，使水能转变为旋转机械能，带动与水轮机同轴的发电机发电，从而实现从水能到电能的转换。发电机发出的电再通过输电线路送往用户，实现整个水力从发电到用电的过程。水力发电原理如图 6.20 所示。

(1) 水电站的出力。水电站在某时刻输出的功率，称为水电站在该时刻的出力。从理论上说，水电站的出力与水轮机的引用流量成正比。同时，水电站上、下游的高程差越大，水电站的输出功率越大。水电站的理论出力公式为

$$N_t=\frac{\rho g V H_g}{t}=\rho g Q H_g=9.81QH_g \tag{6.1}$$

式中　Q——水轮机的引用流量，m^3/s；

H_g——水电站上、下游的高程差，称为水电站的毛水头，m；

N_t——水电站的理论出力，kW。

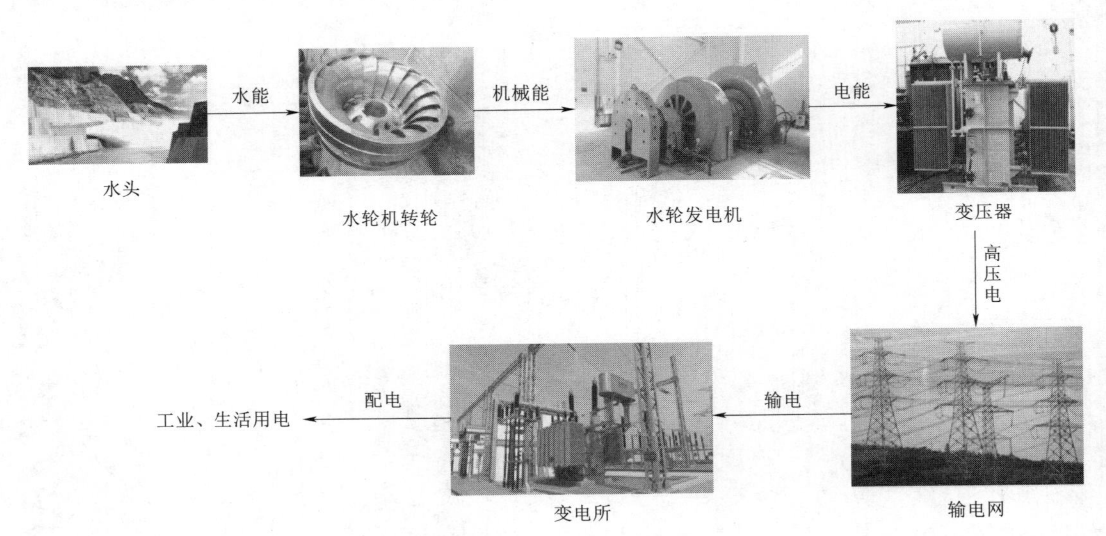

图 6.20　水力发电原理图

然而，在实际中，水头会有损失，且水轮发电机组的效率有限，水电站的实际出力公式为

$$N = 9.81Q(H_\sigma - \Delta h)\eta = 9.81QH\eta = KQH \tag{6.2}$$

式中　N——实际出力，kW；

H——水轮机的工作水头，m；

Δh——水头损失，m；

η——水轮发电机组的总效率，%；

K——水电站的出力系数，对于大中型水电站，可取 $K=8.0 \sim 8.5$；对于小型水电站，一般取 $K=6.5 \sim 8.0$。

(2) 水电站的装机容量及流量。水电站装机容量是水电站全部水轮发电机组额定容量（即发电机铭牌出力）之和，是水电站在标准功率因数条件下能发出的最大出力。其计算公式为

$$W = SH \times (0.3 \sim 0.5) \tag{6.3}$$

式中　W——水电站装机容量，kW；

S——集雨面积，m^2；

H——水头，m。

流量是指某一过水断面单位时间内通过的水量，水电站流量计算为

$$Q = \frac{W}{0.8H} \tag{6.4}$$

式中　Q——水电站流量，m^3/s；

W——装机容量，kW；

H——水头，m。

(3) 水电站发电量。水电站发电量是指水电站在一定时段内生产的电能，即从水电站

发电机母线送出的电量的总和，即为水电站出力与时间的乘积，即

$$E=\int_{t_1}^{t_2}N\mathrm{d}t \quad 或 \quad E=\sum_{t_1}^{t_2}\overline{N}\Delta t \tag{6.5}$$

式中 E——水电站发电量，kW·h。

计算时段 Δt 可以取常数。无调节或日调节可取为 24h，对于季调节或年调节水库，时段可以取一旬或一个月，即 243h 或 730h，对于多年调节水库，时段可以取一个月或更长。在不同的时期需要对水电站的出力和发电量进行计算。

6.3 潮 汐 发 电

6.3.1 潮汐电站的类型

由于潮汐电站在发电时储水库的水位和海洋的水位都是变化的（海水由储水库流出，水位下降，同时，海洋水位也因潮汐的作用而变化）。因此，潮汐电站是在变功况下工作的，水轮发电机组和电站系统的设计要考虑变功况，低水头、大流量以及防海水腐蚀等因素，远比常规的水电站复杂，效率也低于常规水电站。潮汐电站按照运行方式和对设备要求的不同，可以分成单库单向型、单库双向型和双库单向型三种类型。

(1) 单库单向型电站。这种发电站仅建造 1 个水库调节进出水量，来满足发电要求如图 6.21 所示。一般在连接海湾的河口修建水坝使河口内形成水库。在涨潮时使海水进入水库；落潮时则让海水通过大坝里的涡轮电机向海湾泄水，从而发电。这种电站修建容易，但不能连续发电。

(2) 单库双向型电站。单库双向式潮汐能发电站与单库单向式潮汐能发电站一样，也只有一个水库，但不管是潮涨还是落潮均在发电如图 6.22 所示。涨潮时外海水位要高于水库水位，落潮时水库水位要高于外海水位。通过控制，在使内外水位差大于水轮发电机所需要的最小水头时才能发电。若保证涨潮，落潮均能发电，一是采用双向水轮发电机组，以适应涨潮，落潮时相反的水流方向；二是建造适用于水流变向的流通结构。

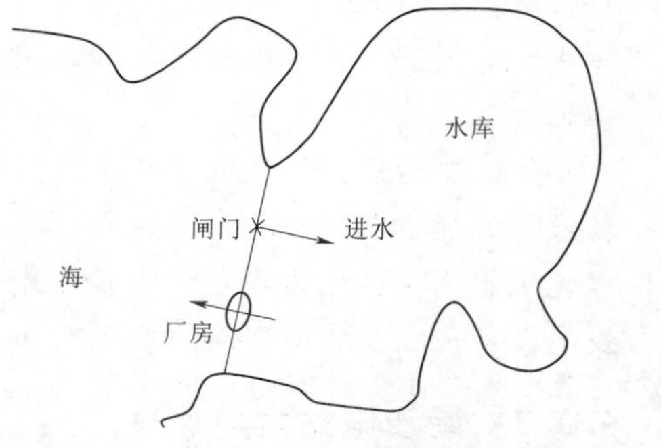

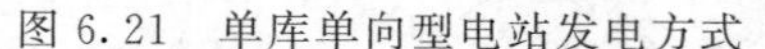
图 6.21 单库单向型电站发电方式

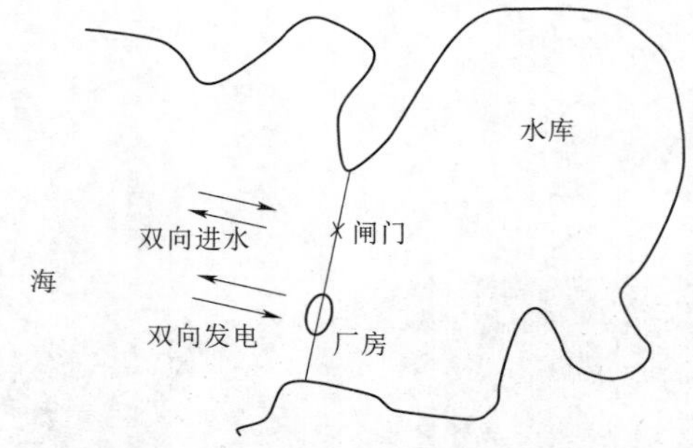

图 6.22 单库双向型电站发电方式

(3) 双库（高、低库）单向型电站。这种潮汐发电方式需要建造毗邻水库，一个水库设进水阀，仅在潮水位比水库内水位高时引水进库；另一个水库设泄水阀，仅在潮水位比库

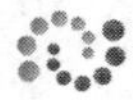

内水位低时泄水出库，如图6.23所示。这样，前一个水库的水位始终较后一个水库的水位高。故前者称为高位水库，后者称为低位水库，高位水库和低位水库之间终日保持着水位差，水轮发电机组放置于两水库之间的隔坝内，水流即可终日通过水轮发电机组不断地发电。

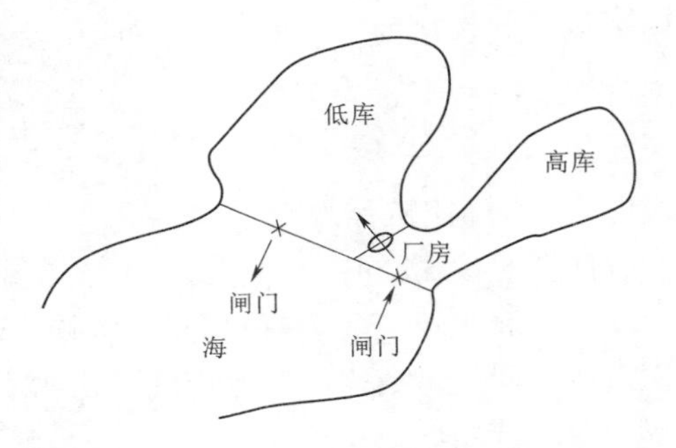

图6.23 双库（高、低库）单向型电站发电方式

6.3.2 潮汐电站结构

潮汐电站一般建在三角洲、河口、海滩或者其他受潮影响的海水延展地带处，最好选在出海口狭窄的海湾上，这样只需要修建一个短的大坝，就可以围住很多海水，成为一个大水库。潮汐电站主要由拦水堤坝、水闸及引水渠道、发电厂房三部分组成。有通航要求的潮汐电站还应该设置船闸。

(1) 拦水堤坝。潮汐拦河坝是一种类似水坝的结构，用于从因潮汐力而进出海湾或河流的大量水流中获取能量。潮汐拦河坝不像传统的大坝那样在一侧筑坝，潮汐拦河坝允许水在涨潮时流入海湾或河流，并在退潮时释放水。这是通过在潮汐周期的关键时刻测量潮汐流量和控制闸门来完成的。涡轮机放置在这些水闸处，以在水流入和流出时捕获能量。提取潮汐能的拦河坝方法包括在受潮汐流影响的海湾或河流上建造拦河坝。当水流入和流出河口盆地、海湾或河流时，安装在拦河坝上的涡轮机产生电力。这些系统类似于产生静压头或压头（水压高度）的水坝。当盆地或泻湖外的水位相对于内部水位发生变化时，涡轮机就能够发电。拦河坝的基本要素是沉箱、堤坝、水闸、涡轮机和船闸。水闸、涡轮机和船闸安装在沉箱（非常大的混凝土块）中。堤坝将没有沉箱密封的盆地密封起来。适用于潮汐能的闸门有翻板闸门、垂直上升闸门、径向闸门和上升扇形闸门。法国朗斯潮汐发电站的拦河水坝如图6.24所示。

(2) 水闸及引水渠道。闸门及引水渠道的主要作用是控制水位和进出水的流量，为水轮发电机组提供合适的水流。水闸还可以加速潮水涨落时水库内外水位差的形成，从而缩短电站的停机时间，增加发电量，还可以在洪涝和涨潮期间加速水库水量的外排，控制水库水位，让水库能快速恢复正常的蓄水状态。

图6.24 法国朗斯潮汐发电站拦河水坝

(3) 发电厂房。发电厂房是将潮汐能转换为电能的核心部分，主要设备包括以水轮机组为主体的发电设备和输配电线路。发电设备一般安装在坝体的水下部分。

6.3.3 潮汐电站发电原理

因为电能的使用方便、输送容易以及利用率高等一系列的优点，目前的潮汐能主要用于潮汐发电。潮汐发电就是利用海

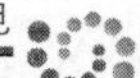

水涨落及其所造成的水位差、动能来推动水轮机，再经过水轮机带动发电机发电。一般的水力发电的水流方向是单向的，而潮汐发电则不同。从能量转换的角度来说，潮汐发电首先是把潮汐的动能和位能通过水轮机转变成机械能，然后由水轮机带动发电机，把机械能转变为电能。如果建筑一条大坝，把靠海的河口或海湾隔开，造成一个天然的水库，在大坝中间留一个缺口，并在缺口中安装上水轮发电机组，那么在涨潮时，海水从大海通过缺口流进水库，冲击水轮机旋转，从而带动发电机发电；而在落潮时，海水又从水库通过缺口流入大海，又可以从相反的方向打动发电机组发电。这样，海水一涨一落，电站就可源源不断地发电，潮汐发电的原理如图 6.25 所示。

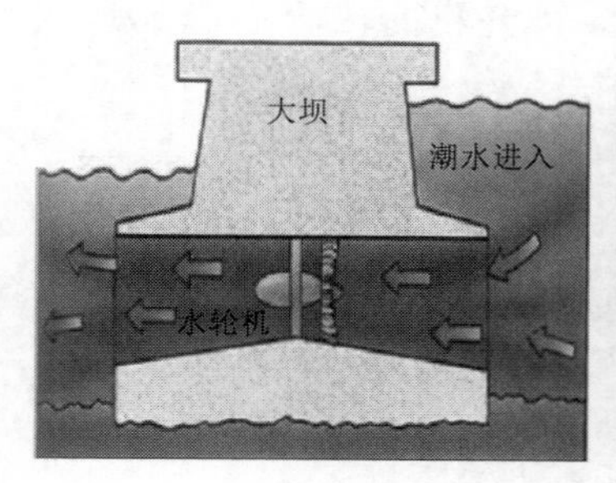

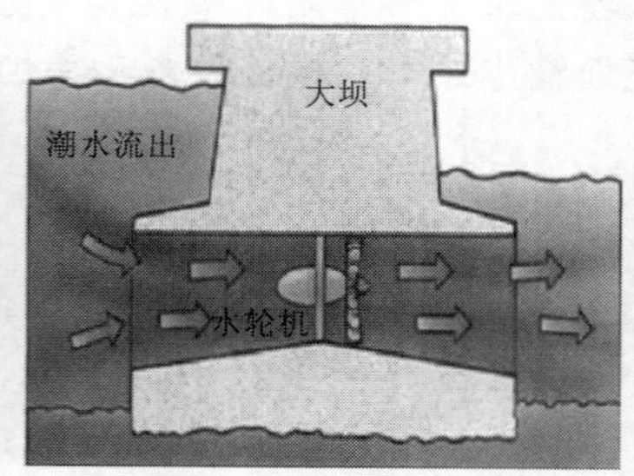

图 6.25 潮汐发电的原理

潮汐能的大小直接与潮差有关，潮差越大，能量就越大，由于深海大洋中的潮差一般较小，因此，潮汐能的利用主要集中在湖差较大的浅海，海湾和河口区。潮汐能的能量与潮量和潮差成正比。或者说，与潮差的平方和水库的面积成正比。在潮差较大的海湾入口或河口筑堤构成水库，在坝内或坝侧安装水轮发电机组，利用堤坝两侧潮汐涨落的水位差来驱动水轮发电机组发电。潮汐电站的实际装机容量和发电量，一般用一下经验公式计算：

（1）单向潮汐电站装机容量及年发电量。单向潮汐电站采用涨潮充水、落潮发电的单库单向运行开发方式，单水库潮汐电站只筑 1 道堤坝和 1 个水库，仅在涨潮（或落潮）时发电。其装机容量和年发电量的计算为

$$P=200\times H^2S \tag{6.6}$$

$$E=0.4\times10^6\times H^2S \tag{6.7}$$

式中 P——装机容量；

E——年发电量；

H——平均潮差，m；

S——水口面积，m^2。

（2）双向潮汐电站装机容量及年发电量。双向潮汐电站有单库双向潮汐电站和双库双向潮汐电站。单库双向潮汐电站使用一座水库，但它可以在高潮和低潮时发电，只是在水库内外水位相同的平潮时不能发电，极大地提高了潮汐能的利用率。双库双向潮汐电站有两个相邻的水库用于使一个水库在涨潮时进水，另一个在落潮时放水，能实现全日连续发电。双向潮汐电站的装机容量和年发电量的计算为

$$P=200\times H^2 S \tag{6.8}$$

$$E=0.55\times 10^6\times H^2 S \tag{6.9}$$

式中　P——装机容量；

E——年发电量；

H——平均潮差，m；

S——水口面积，m^2。

(3) 水轮机的发电功率。

水轮机是把水流的能量转换为旋转机械能的动力机械，它属于流体机械中的透平机械。水流经过水轮机时，将水能转换成机械能，水轮机的转轴又带动发电机的转子，将机械能转换成电能而输出。水轮机的发电功率为

$$n_{11}=\frac{nD}{\sqrt{H}} \tag{6.10}$$

$$Q_{11}=\frac{Q}{D^2\sqrt{H}} \tag{6.11}$$

$$n=\frac{2\times 60\times f}{p} \tag{6.12}$$

式中　n_{11}——模型的单位速度；

n——涡轮的速度；

D——转子直径；

H——涡轮的头部直径；

f——发电机产生电压的频率；

p——发电机绕组极点数；

Q_{11}——模型的单位流量；

Q——涡轮的流量。

n_{11} 关系式可以改写为

$$H=\left(\frac{nD}{n_{11}}\right)^2 \tag{6.13}$$

然后，将得到的 H 关系与式 (6.11) 结合，得到 Q 方程为

$$Q=Q_{11}D^2\sqrt{H} \tag{6.14}$$

潮汐能电站的发电量可计算为

$$P=\eta\rho g HQ \tag{6.15}$$

Kaplan 型水轮机在不同的水头、水流量和水轮机转速工况下均具有较高的效率。因此，这种类型的涡轮机被广泛应用于潮汐电站。低水头水轮机（如 Kaplan 型水轮机）的发电功率可根据潮汐发电方式下海平面与水库水位的差水头计算得出

$$P=\eta_T\eta_G\rho g(H_R-H_{TD})q_T \tag{6.16}$$

式中　η_T，η_G——涡轮和发电机的效率；

ρ——海水密度，$\rho=1025kg/m^3$；

g——重力加速度，$g=9.8m/s^2$；

H_R，H_{TD}——水库水位和潮汐或海平面；

q_T——通过涡轮的流量，m^3/s。

通过对不同厂家生产的各种 Kaplan 涡轮在不同水头和流量工况下的效率曲线分析得出

$$\eta_T=\left[1-\left(\alpha\left|1-\beta\frac{q_T}{q_{Tn}}\right|^{\gamma}\right)\right]\delta \tag{6.17}$$

式中　q_{Tn}——通过水轮机的标称流量，m^3/s，取 $q_{Tn}=68m^3/s$；

α，β，γ，δ——无因次参数，取 $\alpha=3.5$、$\beta=1.333$、$\gamma=6$、$\delta=0.905$。

通过涡轮的水流量可以计算出

$$q_T=\frac{\pi}{4}(D_{hip}^2-D_{hub}^2)v_f \tag{6.18}$$

式中　D_{hip}，D_{hub}——涡轮尖端和涡轮轮毂的直径，通常取 $D_{hip}=3.72m$，$D_{hub}=1.64m$。

通过涡轮的水流速度的关系可以得到

$$v_f=\sqrt{2g(H_R-H_{TD})} \tag{6.19}$$

洪水状态下，海水通过无水闸输送到水库的流量可计算为

$$q_S=H_RW_S\sqrt{\frac{2g(H_{TD}-H_R)}{1-\frac{H_R}{H_{TD}}}} \tag{6.20}$$

式中　W_S——水闸总宽度。

在潮汐能电站的其他运行模式中，该方程易于修正。例如，在洪水发生模式下，在海平面高于水库水位的洪水状态下发电，故式（6.16）中的（H_R-H_{TD}）替换为（$H_{TD}-H_R$）。

6.4 电站实例

6.4.1 中国三大水电站

水力发电的历史可以追溯到 1878 年，第一台水轮（发电）机在英国运行，成功地点亮了英格兰诺森伯兰乡村小屋的一盏电灯，在此之后的 20 年里，水力发电有了突飞猛进的发展。20 世纪 80 年代末，世界上一些工业发达国家，如瑞士和法国的水能资源已几近全部开发。我国最早建成的水电站是云南省昆明市郊的石龙坝水电站，电站于 1910 年 7 月开工，1912 年 4 月发电，最初装机容量为 480kW。在最近 30 年里，巴西和中国已逐渐发展成为世界水电行业的领导者。世界十大水电站中中国占有 5 座，巴西有 2 座，加拿大有 1 座，委内瑞拉有 1 座。其中中国有 3 座水电站年发电量排名世界前五，见表 6.2。

（1）三峡水电站。三峡水电站如图 6.26 所示，即长江三峡水利枢纽工程，简称为三峡工程。三峡水电站位于中国湖北省宜昌市的长江西陵峡段，与下游的葛洲坝水电站构成梯级水电站。该工程于 1992 年获得全国人民代表大会批准，并于 1994 年正式开工，2003 年 6 月 1 日下午开始蓄水发电，2009 年全部完工。三峡大坝为混凝土重力坝，长 2335m，

表6.2　　世界水电站年发电量排名

排名	发电站	年发电量/(亿kW·h)	排名	发电站	年发电量/(亿kW·h)
1	三峡水电站	约988	4	白鹤滩水电站	602.4
2	伊泰普水电站	约900	5	古里水电站	510
3	溪洛渡水电站	约640			

底宽115m，顶宽40m，高程185.00m，正常蓄水位175.00m。三峡水电站的机组布置在坝后。共安装32台70万kW水轮发电机组，其中左岸14台，右岸12台，地下6台。此外，还有2台5万kW的电源机组，总装机容量为2250万kW，是第二名和第五名的总和，远远超过世界第二的巴西伊泰普水电站。在发电量方面，三峡工程不仅相当于20世纪最后10年年均发电量的48%，而且相当于每年减少原煤消耗5000万t，减少形成全球温室效应的二氧化碳排放量1亿t以上，减少产生酸雨的二氧化硫100万～200万t，并减少大量烟尘、废水和废渣。

电站的发电效益体现在：①支持华中、华东和广东地区的发展；②有利于全国电力联网；③能创造可观的经济效益；④具有显著的增值效应；⑤具有重大的环境效益。

（2）溪洛渡水电站。溪洛渡水电站是一座混凝土双曲拱坝，位于四川和云南交界处的金沙江上，是国家“西电东送”骨干工程，如图6.27所示。该项目以发电为主，具有防洪、防沙、改善上游航运条件等综合效益，并可为下游电站进行梯级补偿。该电站主要向华东和华中地区供电，同时满足四川和云南省的电力需求。它于2005年底开工，2007年截流，2009年3月大坝主体工程混凝土浇筑开工，2014年6月所有机组全部投产。水库坝顶高程610.00m，最大坝高285.50m，坝顶中心线弧长698.09m。左右岸布置地下厂房，分别安装单机容量77万kW的水轮发电机组9台，总装机容量1386万kW，年发电量571亿～640亿kW·h，仅次于三峡水电站和巴西伊泰普水电站，在世界在建和已建电站中排名第三。

图6.26　湖北三峡水电站

图6.27　溪洛渡水电站

溪洛渡水电站是实施国家“西电东送”战略的骨干电源，使“西电东送”有一个较高的起点，也是长江防洪体系的重要组成部分，能够带动金沙江两岸川、滇贫困地区的经济发展。

（3）白鹤滩水电站。白鹤滩水电站位于四川省宁南县和云南省巧家县。是金沙江下游干流梯级开发的第二座梯级水电站，如图6.28所示。具有发电、防洪、拦沙、改善下游

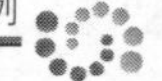

溪洛渡、向家坝、三峡、葛洲坝等梯级电站的供电质量、发展库区通航等综合效益。电站主体工程计划2013年正式开工，2018年首批机组投产，2022年竣工。电站建成后，将成为继三峡电站之后中国第二大水电站。水库正常蓄水位825m，相应库容206亿m^3，拦河坝为混凝土双曲拱坝，坝高289m，坝顶高834m，坝顶宽13m，最大底宽72m。地下厂房共有16台机组，初始装机容量1600万kW，年均发电量602.4亿kW·h。

图6.28 白鹤滩水电站

白鹤滩库区涉及四川、云南两省6县（区）1个产业园区，库区经济较为落后，各县较丰富的矿产资源、水能资源、动植物资源、旅游资源等当地优势资源未得到充分开发利用，资源优势未能良好地转化为产业优势和经济优势。电站建设将促进地方经济社会发展和移民群众脱贫致富，是我国经济新常态下实现稳增长、调结构、惠民生的重要举措。

6.4.2 中国潮汐电站

潮汐发电在国内外发展很快。欧洲各国拥有浩瀚的海洋和漫长的海岸线，因而有大量、稳定的潮汐资源，在开发利用潮汐方面一直走在世界的前列。1967年，世界上第一座潮汐发电试验电站在法国朗斯建成，装机24台，总容量240TW，利用潮差8m。

（1）江夏潮汐发电站。江夏潮汐发电站是中国最大的潮汐发电站，也是世界第四大潮汐发电站。潮汐发电站位于乐清湾末端江夏港，属于高潮差区。平均潮差5.08m，最高潮差8.39m，如图6.29所示，坝址江夏港长9km，河口宽686m。港口面积5.12km^2，占地面积占总面积的30%。在正常蓄水位下，流域容量为$5.14\times10^6m^3$。电站主要由大坝、水闸、厂房、船闸等组成。大坝为黏土心墙堆石坝，长度670m，最大高度15.5m。水闸为闸门，每个孔有5个4m宽的孔，位于大坝和发电厂房之间。厂房为挡水建筑物，全长56.9m，宽25m，高25.2m，共6台机组。

江夏潮汐发电站安装了6台贯流式水轮机，2～5号发电机组有6种运行模式，包括正向和反向发电、排空和停机，与2～5号机组相比，1号机组和6号机组的发电效率得到了提高，加上了前向和后向水泵系统。抽水系统可以加速蓄水位的控制过程，提高电站的灵活性和效率。经过30多年的运行实践，该机组运行稳定，达到了预期目标。每个发电机组都采用了阴极电流保护，防止金属侵蚀和海洋生物生长。除了发电，江夏潮汐发电站还为填海、水产养殖和运输业提供了好处。通过江夏潮汐发电站的建设，促进了潮汐能开发技术的发展，推广了海洋能源的利用。江夏实验潮汐发电站已被指定为中国环境保护和可再生能源的社会实践基地。

（2）海山潮汐发电站。海山潮汐发电站因其独特的连接盆地潮汐发电站而闻名于世，其特点是一个高盆地和一个低盆地，在这两个盆地之间有一个发电站，通过从高到低盆地的水流发电。海山潮汐发电站如图6.30所示，位于乐清湾茅岩岛南端，平均潮差为

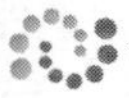

图 6.29　江厦潮汐发电站

4.87m。海山潮汐发电站为双流域单向电站，装机容量为150kW。该站于1975年底建成。后来，增加了一个带有管状涡轮机和水泵的小型水库，形成了一个小型储能电站。当潮汐发电站关闭时，储能电站可以调节和提高电力的稳定性。海山潮汐发电站由高低水池、进水闸、泄水闸、控制闸门、发电厂房和其他结构组成。1987年接入国家电网后，该电站每月发电27～30天，每天发电20.5～22.1h，年发电量为2.8×10^{5}kW·h。1997年，发电机组更新为年发电量为3.8×10^{5}kW·h。海山潮汐发电站包含双流域、单向发电机组，可在涨潮和低潮期间运行。1994年，海山潮汐发电站获得联合国技术信息促进系统颁发的“科学创新之星”奖，2011年，海山潮汐发电站被列为浙江省重点文物保护单位，欢迎游客和科研人员参观。

图 6.30　海山潮汐发电站

习　题

一、填空题

1. 水电站产生电能的过程是有能水流通过水轮机，将________转变________，水轮机又带动水轮发电机转动，再将________转变成________。

2. 就集中落差形成水头的措施而言，水能资源的开发方式可分为________、________和________三种基本方式，此外，还有开发利用海洋潮汐水能的________。

3. 坝式水电站常包括________和________两种开发方式。

4. 按照潮水涨落的周期，潮汐可分为________、________和________三种类型。

5. 潮汐电站是综合的建设工程，主要由________、________和________三部分组成。

二、选择题

1. 单库双向潮汐电站每昼夜发电（　　）次。

A. 1　　B. 4　　C. 2　　D. 8

2. 当水电站压力管道的管径较大、水头不高时，通常采用的主阀是（　　）。

A. 蝴蝶阀　　B. 闸阀　　C. 球阀　　D. 其他

三、分析题

1. 水电站厂房有哪些基本类型？它们的特点是什么？

2. 潮汐能发电站建造在海边，利用海水的涨潮与落潮来发电，具有一些与内河发电站不同的什么特点？

参　考　文　献

[1] Førsund F R. Hydropower economics [M]. Springer，2007.

[2] 任海波，钟杰，彭梁，赖浩. 我国水力发电的历史与发展 [J]. 南方农机，2019，50 (2)：225.

[3] 樊启祥，汪志林，吴关叶. 金沙江白鹤滩水电站工程建设的重大作用 [J]. 水力发电，2018，44 (6)：1-6，12.

[4] 姚国寿. 巨龙舞动金沙江——解读溪洛渡水电站 [J]. 四川水力发电，2006，25 (1)：103-108.

[5] 梅爱冰. 从电力效应看三峡工程与社会经济发展 [J]. 中国集体经济，2011 (3)：35-36.

[6] Majumder M，Soumya G. Decision making algorithms for hydro-power plant location [M]. Springer，2013.

[7] 顾永和，席静，王静，梁斌. 水能资源利用技术的研究综述 [J]. 山东化工，2019，48 (1)：53.

[8] 刘邦凡，栗俊杰，王玲玉. 我国潮汐能发电的研究与发展 [J]. 水电与新能源，2018，32 (11)：1-6.

[9] 旷玉芬，师光飞，陈胜. 潮汐能、波浪能发电专利技术综述 [J]. 河南科技，2017 (1)：133-134.

[10] 石洪源，郭佩芳. 我国潮汐能开发利用前景展望 [J]. 海岸工程，2012，31 (1)：72-80.

[11] Zhang L X，Tang S J，Hao Y，et al. Integrated emergy and economic evaluation of a case tidal power plant in China [J]. Journal of Cleaner Production，2018，182：38-45.

[12] Li Y，Pan D Z. The ebb and flow of tidal barrage development in Zhejiang Province，China [J]. Renewable and Sustainable Energy Reviews，2017，80：380-389.

[13] Boretti A. Trends in tidal power development [C]. EDP Sciences，2020，173：01003.

第 7 章　地热能利用技术

7.1　地热能概述

7.1.1　地球的构造

地球本身就是一座巨大的天然储热库。所谓地热能就是地球内部蕴藏的热能。有关地球内部的知识是从地球表面的直接观察及钻井的岩样和火山喷发、地震等资料推断而得到的。

根据现在的认识，地球的构成是这样的：在约厚 2800km 的铁—镁硅酸盐地幔上有一薄层（厚约 30km）铝—硅酸盐地壳；地幔下面是液态铁-镍地核，其内还含有一个固态的内核。在 6～70km 厚的表层地壳和地幔之间有个分界面，通常称为莫霍不连续面。莫霍界面会反射地震波。从地表到深 100～200km 为刚性较大的岩石团。由于地球内圈和外圈之间存在较大的温度梯度，所以其间有黏性物质不断循环。大洋壳层厚 6～10km，由玄武岩构成，大洋壳层会延伸到大陆壳层下面。大陆壳层则是由密度较小的钠钾铝-硅酸盐的花岗石组成，典型厚度约为 35km，但是在造山地带其厚度可能达 70km。地壳和地幔最简单的模型如图 7.1 所示。

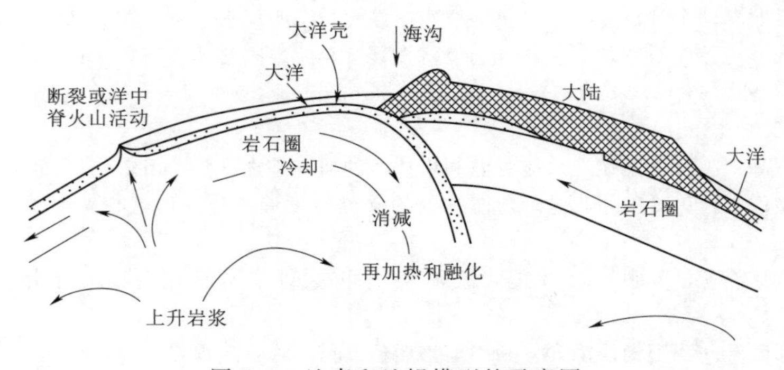

图 7.1　地壳和地幔模型的示意图

地壳好像一个“筏”放在刚性岩石圈上，岩石圈又漂浮在黏性物质构成的软流圈上。由于软流圈中的对流作用，会使大陆壳“筏”向各个方向移动，从而会导致某一大陆板块与其他大陆板块或大洋板块碰撞或分离。它们就是造成火山喷发、造山运动、地震等地质活动的原因。在图 7.1 中的箭头表示了板块和岩石圈的运动及其下面黏性物质的热对流。

对于地球而言，从地壳到地幔再到地核其温度是逐步增高的，如图 7.2 所示。从地表向地球内部，温度逐渐上升。地表的温度为 1100～1300℃，到了地核的温度达到 2000～5000℃。我国华北平原某一个钻井钻到 1000m 时，温度为 46.8℃；钻到 2100m 时，温度升高到 84.5℃；另一钻井，深达 5000m，井底温度为 180℃。在距地面 25～50km 的地球深处，温度为 200～1000℃；到了地球中心处（距地球表面 6370km），其温度可高达 4500℃左右。

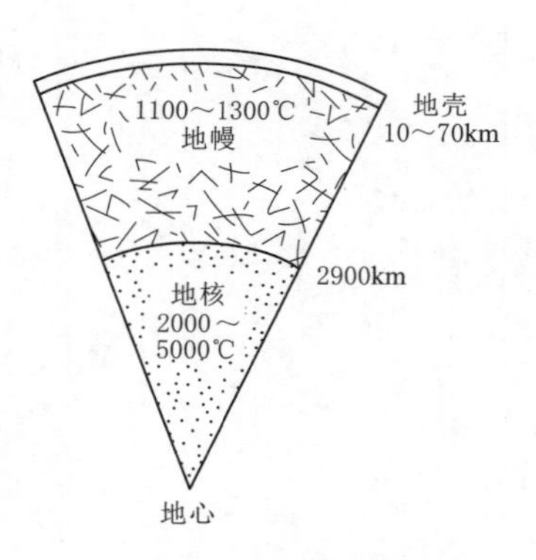

图 7.2 地球内部温度分布

通常地幔中的对流把热能从地球内部传到近地壳的表面地区，在那里热能可能绝热储存达百万年之久。虽然这里储热区的深度已大大超过了钻探技术所能达到的深度，但由于地壳表层中含有游离水，这些水有可能将热储区的热能带到地表附近，或穿出地面而形成温泉，特别在所谓地质活动区更是如此。那么地球内部高温是怎样形成的？这些热量又是从哪里来的呢？

地球内部有些元素的原子核很不稳定，无需外界作用就能释放出粒子或射线，同时释放能量。这样的元素被称为放射性元素，这种变化过程称为衰变。放射性元素的衰变是原子核能的释放过程。高速粒子的动能与辐射能在与其他物质的磁撞过程中转变为热能。放射性元素有铀 238、铀 235、钍 232 和钾 40 等，集中分布在地壳及地幔顶部，而且大多数存在于花岗岩中。虽然这些放射性元素的数量很少，但是它们衰变时释放的能量是相当巨大的，地球物理学家普遍认为，地球内部的热量主要来源于地球内部放射性元素的衰变。除此之外，地球内热的来源还有潮汐摩擦热、化学反应热等，不过所占比例都不大。

7.1.2 地热资源

1. 地热资源的分布

地热资源是指能够为人类经济开发和利用的地热能、地热流体及其有用组分。全球地热资源的分布很不平衡，但有一定的规律。

从全球地质构造观点来看，大于 150℃的高温地热资源带主要出现在地壳表层各大板块的边缘，即分布在地壳活动的地带，如板块的碰撞带、板块开裂部位和现代裂谷带。小于 150℃的中、低温地热资源则分布于板块内部的活动断裂带、断陷谷和坳陷盆地。在地质板块的交接处形成的地热资源丰富的地热带，称为板间地热带。特点是热源温度高，多由火山或岩浆造成。环球性的板间地热带有 4 个，其位置与地质板块构造的关系如图 7.3 所示。

全球性的地热带主要有：

（1）环太平洋地热带。环太平洋地热带是世界最大的太平洋板块与美洲、欧亚、印度板块的碰撞边界。世界许多著名的地热田，如美国的盖瑟尔斯、长谷、罗斯福；墨西哥的塞罗、普列托；新西兰的怀腊开；中国的台湾马槽；日本的松川、大岳等均在这一带。

（2）地中海—喜马拉雅地热带。它是欧亚板块与非洲板块和印度板块的碰撞边界。世界第一座地热发电站意大利的拉德瑞罗地热田就位于这个地热带中。中国的西藏羊八井及

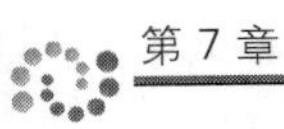

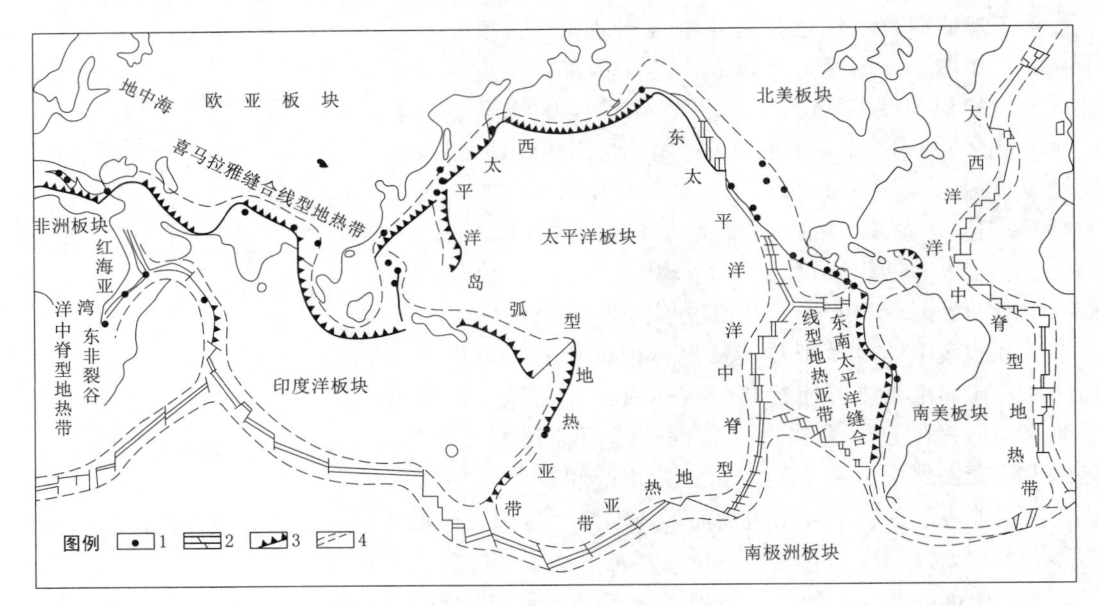

图 7.3 环球地热带的分布与板块构造的关系

1—高温地热田；2—增生的板块边界：洋脊扩张带、大陆裂谷及转换断层；3—俯冲消亡的板块边界：深海沟—火山岛弧界面、海沟—火山弧大陆边缘界面及大陆与大陆碰撞的界面；4—环球地热带

云南腾冲地热田也在这个地热带中。

(3) 大西洋中脊地热带。这是大西洋海洋板块开裂部位。冰岛的克拉弗拉、纳马菲亚尔和亚速尔群岛等一些地热田就位于这个地热带。

(4) 红海—亚丁湾—东非裂谷地热带。它包括吉布提、埃塞俄比亚、肯尼亚等国的地热田。

(5) 中亚地热带。它是欧亚交接和中亚细亚的地热带，包括俄罗斯、哈萨克斯坦、乌兹别克斯坦和我国新疆地区的地热田。

总之，地热资源的分布与板块构造有密切的联系，板块构造运动对全球地热带的分布规律和活动控制有明显作用。高温地热资源一般分布在板块边缘，归属为板块边缘地热资源，而中低温地热资源一般分布在板块内部，归属为板块内部地热资源；两者在活动强度、热源、性质、热流值、地热表显示、流体水化学等特征方面都有着显著差异。除了在板块边界部位形成地壳高热流区而出现高温地热田外，在板块内部靠近板块边界部位，在一定地质条件下也可形成相对的高热流区。其热流值大于大陆平均热流值 $61MW/m^2$，而达到 $71\sim84MW/m^2$。低温和中温地热与板内的一些活动性深断裂和沉积盆地的发育和演化有关。板块内部地热资源是指远离各大板块边界的板块内部地壳隆起区—褶皱山系、山间盆地和沉降区—中新生带沉积盆地内广泛发育的板块内部低温地热活动，同时，也包括少部分在板块内部热点、热柱处形成的板块内高温地热活动。板块内部地热活动不呈带状分布，与地震活动无伴生性关系，其热源受喷发和岩浆侵入控制。按形成的大地构造环境，可分为断裂型和沉积盆地型。断裂型指沿地壳隆起区包括古老褶皱山系、山间盆地构造断裂带展布的、常呈条带状分布的温泉密集带，中国东南沿海地热资源属于此种类型。

沉积盆地型广泛分布于世界各地，指沿地壳沉降区（主要为中新生代沉积盆地）基底或盖层内构造断裂带展布的地热带或大型自流热水盆地，中国的华北盆地、四川盆地、江汉盆地均属此类。

据估计，在地壳表层10km的范围内，地热资源达2.6×10^{25}J，相当于4.6×10^{14}t标准煤，即超过世界技术和经济力量可采煤储量含热量的70000倍。全球各地区的地热资源估计见表7.1。

表7.1　全球各地区地热资源估计（百万吨石油当量）

地区	温度				
	<100℃	100～150℃	150～250℃	>250℃	总计
北美	160	23	5.9	0.4	189
拉丁美洲	130	27	28	0.5	186
西欧	44	4.8	0.8	0.01	49.6
东欧和独联体	160	5.8	1.5	0.11	167
中东和北非	42	2.1	0.5	0.1	44.7
撒哈拉以南非洲	110	7.4	2	0.1	119
太平洋地区	71	6.2	4	0.2	81.2
中国	62	13	3.3	0.2	78.3
中亚和南亚	88	5	0.6	0.04	93.6
总计	870	95	47	1.7	1000

我国地处全球欧亚板块的东南边缘，在东部和南部与太平洋板块和印度洋板块连接，是地热资源丰富的国家之一，全国地热资源潜力接近全球的8%。据估算，我国深度2000m以内的地热资源所含的热能相当于2500万亿t标准煤，初步估计可以开发其中的500亿t。

我国地热资源主要分三类，包括：①高温对流型地热资源，主要分布在滇藏及台湾地区，其中适用于发电的高温地热资源较少，主要分布在藏南、川西、滇西地区，可装机潜力约为600万kW；②中低温对流型地热资源，主要分布在东南沿海地区包括广东、海南、广西，以及江西、湖南和浙江等地；③中低温传导型地热资源，主要埋藏在华北、松辽、苏北、四川、鄂尔多斯等地的大中型沉积盆地之中。

2. 地热资源的类型

地热资源有很多分类方式，如可根据其储存形式、温度高低、热传递方式来进行分类。地质学上常根据地热的储存形式，将地热资源分为蒸汽型、热水型、干热岩型、地压型、岩浆型五大类。

（1）蒸汽型。蒸汽型地热田是最理想的地热资源，它是指以温度较高的干蒸汽或过热蒸汽形式存在的地下储热。形成这种地热田要有特殊的地质结构，即储热流体上部被大片蒸汽覆盖，而蒸汽又被不透水的岩层封闭包围。这种地热资源最容易开发，可直接送入汽轮机组发电，可惜蒸汽田很少，仅占已探明地热资源的0.5%。

(2) 热水型。热水型地热资源是指以热水形式存在的地热田，地壳深层的静压力很大，水的沸点很高。即使温度高达300℃，水也仍然呈液态。温热水若上升，会因压力减小而沸腾，产生饱和蒸汽，开采或自然喷发时往往连同喷出，这就是所谓的“湿蒸汽”。

热水型地热资源，按温度可分为高温（高于150℃）、中温（90～150℃）和低温（90℃以下）3类。高温型一般有强烈的地表热显示，如高温间歇喷泉、沸泉、沸泥塘、喷气孔等。我国藏、滇一带的地热具有这种特点。个别地区的地热资源温度可高达422℃，如意大利的那不勒斯地热田。

(3) 干热岩型。干热岩是指地层深处普遍存在的没有水或蒸汽的热岩石，其温度范围很广，为150～650℃。干热岩的储量十分丰富，比蒸汽、热水和地压型资源大得多。目前大多数国家都把这种资源作为地热开发的重点研究目标。

(4) 地压型。地压型地热资源是埋藏在深为2～3km的沉积岩中的高盐分热水，被不透水的页岩包围。由于沉积物的不断形成和下沉，地层受到的压力越来越大，可达几十兆帕，温度处在150～260℃范围内。地压型地热资源是在钻探石油时发现的，往往和油气资源同时开发。地压水中溶有甲烷等碳氢化合物，形成有价值的副产品。

(5) 岩浆型。岩浆型地热资源是指蕴藏在地层更深处处于黏弹性状态或完全熔融状态的高温熔岩。火山喷发时常把这种岩浆带至地面。岩浆型资源据估计约占已探明地热资源的40%。其温度为600～1500℃，大多埋在目前钻探还比较困难的地层中。

上述5类地热资源中，应用最广的是热水型和蒸汽型地热资源。

7.2　地热资源的利用方式

7.2.1　地热的利用发展

人类很早以前就开始利用地热能，如利用温泉沐浴、医疗，利用地下热水取暖、建造农作物温室、水产养殖及烘干谷物等。有一定规模的地热开发是从意大利人利用地热资源提取硼酸开始的。早在1812年拉得瑞罗人就将矿化的地热泉水引到大锅中，用木材蒸干，然后从残渣中提取硼酸，这种生产方式持续了150多年，直到1969年才停止生产。后来，为了取得高温蒸汽拉得瑞罗出现了第一批蒸汽井，从井中喷出的天然蒸汽既可当作热源能量，又增加了硼砂的来源。到了20世纪中叶，较大规模的开发利用开始于盛行起来。目前已广泛应用工业加工、民用采暖和洗浴、医疗、农业温室、农田灌溉、土地加温、水产养殖、畜禽饲养等各个方面。

中国也是研究和开发利用地热资源最早的国家之一。有“天下第一温泉”之称的陕西华清池温泉，早在西周时期就已被发现，那时称为“星辰汤”，至今已有3000多年的历史。东周时代，有人利用地下热水洗浴治病、灌溉农田。文献有“有病厉兮，温泉治焉”的记载，《水经注》中记述了用温泉种稻越冬，一年三熟的经验。还有人从热水或热汽中提取硫黄和其他有用物质。

1995年我国利用的地热总容量达到191.5万kW，居世界第一。

2010年年底我国浅层地温能供暖（制冷）面1.4亿m^2，地热供暖面积达到3500万m^2，高温地热发电总装机容量24MW，洗浴和种植使用地热热量约合50万t标准煤；各类地热热能总贡献量合计500万t标准煤。我国目前包括洗浴、保健、养殖、采暖等在内的地热直接利用总容量约为8898MW，年产能达7628kJ，占据世界首位。

地热能的利用可分为地热发电和直接利用两大类。对于不同温度的地热流体可能利用的范围如下：

当温度为200～400℃，直接发电及综合利用。

当温度为150～200℃，双循环发电、制冷、工业干燥、工业热加工。

当温度为100～150℃，双循环发电、供暖、制冷、工业干燥、脱水加工、回收盐类、罐头食品。

当温度为50～100℃，供暖、温室、家庭用热水、工业干燥。

当温度为20～50℃，沐浴、水产养殖、饲养牲畜、土壤加温、脱水加工。

为提高地热利用率，现在许多国家采用梯级开发和综合利用的办法，如热电联产联供、热电冷三联产、先供暖后养殖等。不同温度地热的利用途径见表7.2。

表7.2　不同温度地热的利用途径

温度分级		温度范围/℃	主要用途
高温		≥150	发电、烘干、制冷
中温		90～150	发电、烘干、采暖、工业利用
低温	热水	60～90	采暖、医疗
	温热水	40～60	采暖、医疗、洗浴、温室
	温水	25～40	农灌、养殖、土壤加温

7.2.2　地热的直接利用

直接利用是当前国内外地热能开发的主要形式，常见的利用形式有地热供暖、地热农业、浴用医疗和地热发电。

1. 地热供暖

（1）直接供暖。直接供暖是将地下抽出的热水直接供到供热系统之中，可分暖气、地板采暖和风机盘管形式。直接供暖的优点是不要换热器、供水管网简单、热损失小、造价低。但因地热水矿化度高，通常在1000mg/L以上，水中含有硫酸根、氯离子等，对金属有严重的腐蚀作用，如不采取防腐措施将很快使管道、阀门、提水泵及水表等损坏。因此，目前只有少部分矿化度较低的地热井采用暖气形式直接供暖。近年来，有地板采暖形式直供供暖出现。地板采暖是地热流经埋在地板下的非金属管线发热使建筑物变暖。埋在地下的非金属管道材料为交联聚丙烯等，抗老化、不腐蚀，且地板采暖通过的热水温度一般为30～50℃。由于散热合理，具有较好的采暖效果，特别适合于水温不高的浅地热利用。

（2）间接供暖。间接供暖是将抽出的地下热水通过抗腐蚀性较好的热交换器与自来水热交换后，供到暖气系统中，降低温度后的地热水再回灌到地下（要求采取双井回灌系统)。这是目前普遍采用的地热供暖方式。这种方案暖气系统中流的是自来水，对管道腐蚀作用大大减少，但因增加了换热器，换热器一般由耐腐蚀的金属钛板制成，造价较高，从而增加了设备费用，换热器造成的热量损失大约为5%。

此外，利用地热给工厂供热，如用作干燥谷物和食品的热源，用作硅藻土生产、木材、造纸、制革、纺织、酿酒、制糖等生产过程的热源也是大有前途的。目前，世界上最大两家地热应用工厂就是冰岛的硅藻土厂和新西兰的纸浆加工厂。

我国利用地热供暖和供热水发展也非常迅速，在京津地区和西安已成为地热利用中最普遍的方式。

2. 地热农业

在农业生产上，地热能可用于温室育苗、栽培作物、养殖禽畜和鱼类等。例如，地处高纬度的冰岛不仅以地热温室种植蔬菜、水果、花卉和香蕉，近年来又栽培了咖啡、橡胶等热带经济作物。当地热水符合渔业水质标准低矿化度要求，温度为30～45℃时，可用于水产养殖。主要养殖罗非鱼、鲤鱼、草鱼、鳗鱼、牛蛙、青虾及河蟹等。在28℃水温下可加速鱼的育肥，提高鱼的出产率。此外，利用地热给沼气池加温，可以提高沼气的产量。

3. 浴用医疗

在浴用医疗方面，人们早就用地热矿泉水医治皮肤病和关节炎等，不少国家还设有专供沐浴医疗用的温泉。地下热水产出于地下深部的地球化学环境，在较高温度、压力条件下，热水中溶解了丰富的矿物质，如偏硅酸、片硼酸、硫化氢、氡、镭和氟等成分，通常构成医疗矿水，具有珍贵的医疗价值。

地热水资源在我国最早的开发利用就是医疗保健。比较著名的是西安的华清池。华清池早在西周时期已开始使用，秦代建离宫别馆成为沐浴、治病的场所；唐太宗贞观十八年建汤泉宫；唐太宗天宝六年命名为华清宫。目前，随着人民生活水平得到提高，人们开始追求健康低碳生活，我国很多地区根据当地地热资源优势，建起了集医疗保健、洗浴、休闲娱乐、旅游观光于一体的温泉度假村，取得了良好的社会和经济效益。这类对地热资源的综合利用方式代表着地热资源的主要开发利用方向。

地热能利用的环保及供给优势体现在：①地热能属于清洁、可再生新能源，其利用对环境无污染；②与太阳能与风能具有随机性和波动性相比，地热能的优势在于其产出稳定，全年可利用时长可达8000h以上，远高于太阳能和风能的2200h左右；③地热能资源储量大，应用广泛，与传统能源石油、煤炭、天然气和新能源中的太阳能和风能相比，对于区域发展和国家能源安全有重要意义。

7.3 地 热 发 电

7.3.1 地热发电的现状

地热发电是地热资源利用的最重要的利用形式，也是技术含量最高的。根据热能梯级利用原理，高温地热流体应首先应用于发电。

 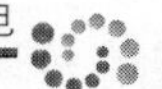

地热发电是利用地下热水和蒸汽为动力源的一种新型发电技术。其基本原理与火力发电类似，也是根据能量转换原理，首先把地热能转换为机械能，再把机械能转换为电能。

1904 年，意大利人拉德瑞罗利用地热进行发电，并创建了世界上第一座地热蒸汽发电站，装机容量为 250kW。20 世纪 60 年代以来，由于石油、煤炭等各种能源的大量消耗，美国、新西兰、意大利等国又对地热能重视起来，相继建成了一批地热电站，总计约有 150 座、装机总容量达 350 万 kW。

到 20 世纪 80 年代末，全世界运行的地热电站，其发电功率每年已超过 500 万 kW，1995 年达到 680 万 kW，年增长率为 16%。2010 年，全球地热发电功率为 10715MW，平均利用系数为 72%。全世界共有 27 个国家利用地热发电，绝大部分分布在美洲和亚洲，分别占总装机容量的 39.9%和 35.1%。截至 2010 年 1 月，利用地热发电最多的是美国，装机总容量为 315 万 kW，年发电量约为 150 亿 kW·h。墨西哥利用地热发电在世界上处于先进地位。

2008 年，墨西哥地热发电设备容量是 95 万 kW，地热发电占总发电量的比例为 3.3%。菲律宾是世界第二大地热能源开发大国。2008 年，菲律宾地热发电设备容量是 200 万 kW，地热能源占其总能源产出的 17%。截至 2013 年，菲律宾总装机容量达到 1884MW，成为仅次于美国的世界第二大地热发电生产商。日本约有 100 座活火山，地热资源储量排在印尼、美国之后居世界第三位，换算成发电能力超过 2000 万 kW，相当于 15 座原子能发电厂。但由于投资建设的高成本和地热分布的分散性，日本的地热电站发展停滞不前。在全世界地热发电排名中，日本仅位列第六。目前，全球已有 28 个国家建有地热电站，总装机容量达 10715MW；而直接利用地热能的国家达到了 78 个，折合装机容量为 50583MW。我国的地热发电装机容量为 25MW，直接利用为 8898MW，其中，我国的地热直接利用规模已处在世界第一位。

2010 年我国地热发电的总装机容量为 29MW，发电量居世界第 18 位。我国地热资源利用虽然占据世界首位，但在我国能源结构中不足 0.5%，地热发电也仅占世界地热发电的 0.35%。

目前，我国地热发电主要集中在西南地区，其中又以西藏地区为代表。除西藏地区外，2020 年在山西大同天镇县发现了约 160℃的高温水热型资源，并于 2021 年初成功投产 1 台 300kW 和 1 台 280kW 模块式双工质地热发电机组。2020 年，国家发布《关于加快推进可再生能源发电补贴项目清单审核有关工作的通知》，通知指出将地热发电项目纳入补贴清单，在此利好政策及双碳目标背景下，地热发电必将迎来一轮新的快速发展期，为实现双碳目标做出重要贡献。

7.3.2 地热发电的原理

地热发电的基本原理与常规的火力发电是相似的，都是用高温高压的蒸汽驱动汽轮机（将热能转换为机械能），带动发电机发电。不同的是，火电厂是利用煤炭、石油、天然气等化石燃料燃烧时所产生的热量，在锅炉中把水加热成高温高压蒸汽。而地热发电不需要消耗燃料，而是直接利用地热蒸汽或利用由地热能加热其他工作流体所产生的蒸气。地热发电的过程，就是先把地热能转换为机械能，再把机械能转换为电能的过程。

要利用地下热能，首先需要有“载热体”把地下热能带到地面上来。目前能够被地热电站利用的载热体，主要是地下的天然蒸汽和热水。火电厂所用的工作流体是纯水蒸气，而地热发电所用的工作流体要么是地热蒸汽（含有硫化氢、氡气等气态杂质，这些物质通常是不允许排放到大气中的），要么是低沸点的液体工质（如异丁烷、氟利昂）经地热加热后所形成的蒸汽，一般也不能直接排放。

此外，地热电站的蒸汽温度要比火电厂锅炉出来的蒸汽温度低得多，因而地热蒸汽经涡轮机的转换效率较低，一般只有10%左右（火电厂涡轮机的能量转换效率一般为35%～40%），也就是说，三倍的地热蒸汽流才能产生与火电厂的蒸汽流对等的能量输出。因而地热发电的整体热效率低。

地热发电一般要求地热流体的温度在150℃甚至200℃以上，这时具有相对较高的热换效率，因而发电成本较低，经济性较好。在缺乏高温地热资源的地区，中低温（如100℃以下）的地热水也可以用来发电，只是经济性较差。

由于地热能源温度和压力低，地热发电一般采用低参数小容量机组。经过发电利用的地热流都将重新被注入地下。这样做既能保持地下水位不变，还可以在后续的循环中再从地下取回更多的热量。

按照载热体的类型、温度、压力和其他特性，地热发电方式主要是蒸汽型地热发电和热水型（含水汽混合的情况）地热发电两大类。此外，全流发电系统和干热岩发电系统也在研究中。

7.3.3　蒸汽型地热发电系统

蒸汽型地热发电系统也称为干蒸汽发电系统，是地热发电中最简单的类型，主要分为背压式和凝汽式两种蒸汽发电系统。

1. 背压式汽轮机发电系统

利用地热蒸汽推动汽轮机运转，产生电能。本系统技术成熟、运行安全可靠，是地热发电的主要形式。西藏羊八井地热电站采用的便是这种形式。最简单的地热蒸汽发电系统又称为背压式汽轮机发电系统，如图7.4所示。其工作原理是将干蒸汽从生产井引出，首先在分离器中加以净化，分离所含的固体杂质，再把蒸汽送入汽轮机做功，驱动发电机发电。做功后的蒸汽，可直接排入大气，也可用于工业生产中的加热过程。这种系统多用于地热蒸汽不凝结性气体含量高的场合，或者需要用于工农业生产和生活上的热电联供。

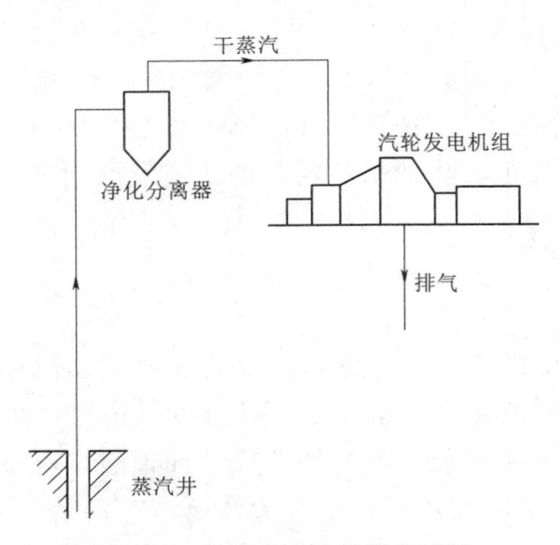

图7.4　背压式汽轮机发电系统

2. 凝汽式汽轮机发电系统

为提高机组出力和发电效率，一般采用另一种地热蒸汽发电系统，即凝汽式汽轮机发电系统，如图7.5所示。该系统中使用混合式凝汽器，而冷凝器使用循环冷却水冷凝汽轮机的排气并采用抽气的方式维持真空，这使得地热蒸汽在

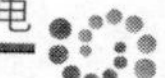

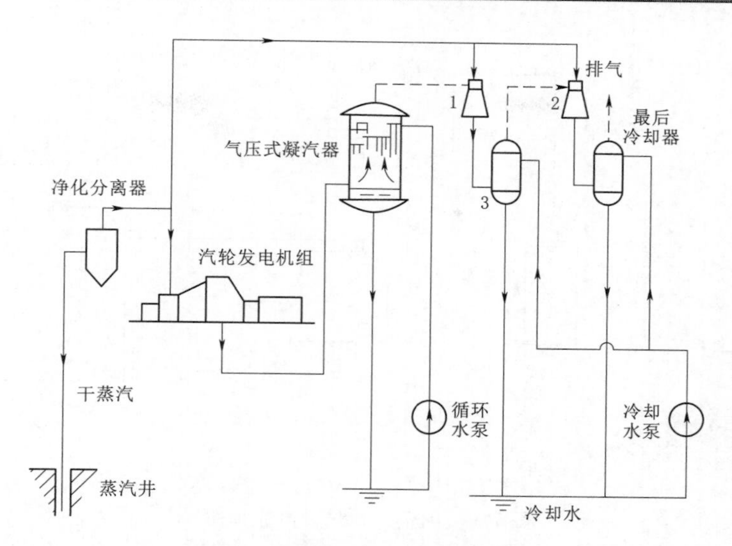

图 7.5 凝汽式汽轮机发电系统

1—一级汽器；2—二级汽器；3—中间冷却器

汽轮机中能膨胀到很低的压力，做出更多的功。

7.3.4 热水型地热发电系统

热水型地热发电是利用地热水或湿蒸汽经过闪蒸器或汽水分离器分离出饱和蒸汽去驱动汽轮机工作的方式，是地热发电的主要方式。

热水型地热发电系统包括闪蒸式地热发电系统和双循环地热发电系统两种系统。

1. 闪蒸式地热发电系统

闪蒸式地热发电系统也称扩容式地热发电系统，它是将地热井口来的地热水，先送到闪蒸器中进行降压闪蒸（或称扩容）使其产生部分蒸汽，再引入到常规汽轮机做功发电。汽轮机排出的蒸汽在混合式冷凝器内冷凝成水。送往冷却塔，分离器中剩下的含盐水排入环境或打入地下，或引入第二级低压闪蒸分离器中，分离出低压蒸汽引入汽轮机的中部某一胀阀做功。用这种方法产生蒸汽来发电就叫做闪蒸式地热发电。由于世界上高温地热田大部分属湿蒸汽地热田，从地热井产出的是高温的汽、水混合物，故必须先进行汽水分离，然后蒸汽进入汽轮机做功发电，而分离出来的热水去作直接热利用或回灌。因此，相当于干蒸汽发电的凝汽式机组在地热井与汽轮机之间增加了汽、水分离装置，其发电原理图如图 7.6 所示。

闪蒸式地热发电系统又可以分为单级闪蒸和多级闪蒸。单级闪蒸发电是世界目前地热发电的主流型，其占世界地热发电总装机容量的 41%。单级闪蒸发电的流程如图 7.7 所示。来自生产井的热水首先进入闪蒸器，如图 7.7（a）所示，闪蒸器内维持着比地热水饱和压力还要低的压力，使得地热水降压闪蒸并将产生的低压蒸汽送往汽轮机膨胀做功，闪蒸后的水排入回灌井。如果地热井口是湿蒸汽，如图 7.7（b）所示，则先进入汽水分离器，分离出的蒸汽送往汽轮机做功，分离后的水排入回灌井。

多级闪蒸与单级闪蒸的不同之处是：地热水先进入一级闪蒸器，产生的蒸汽进入汽轮

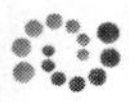

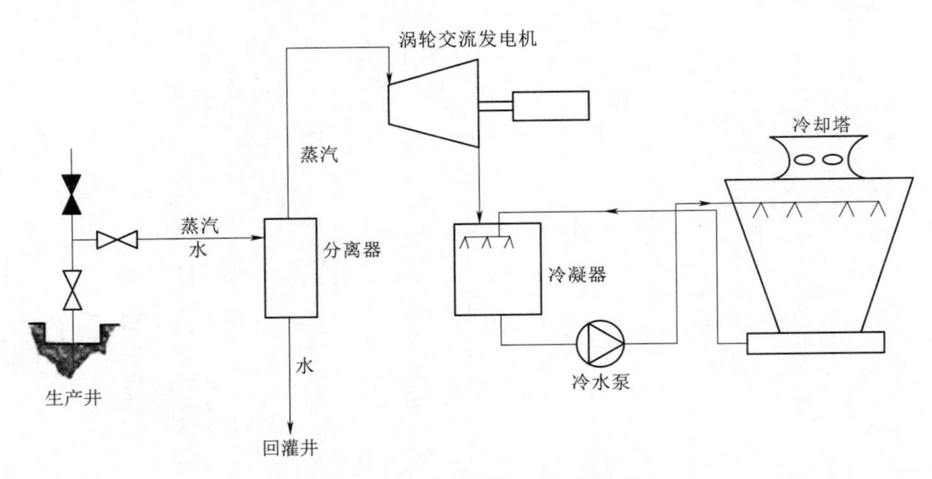

图 7.6　闪蒸式地热发电原理图

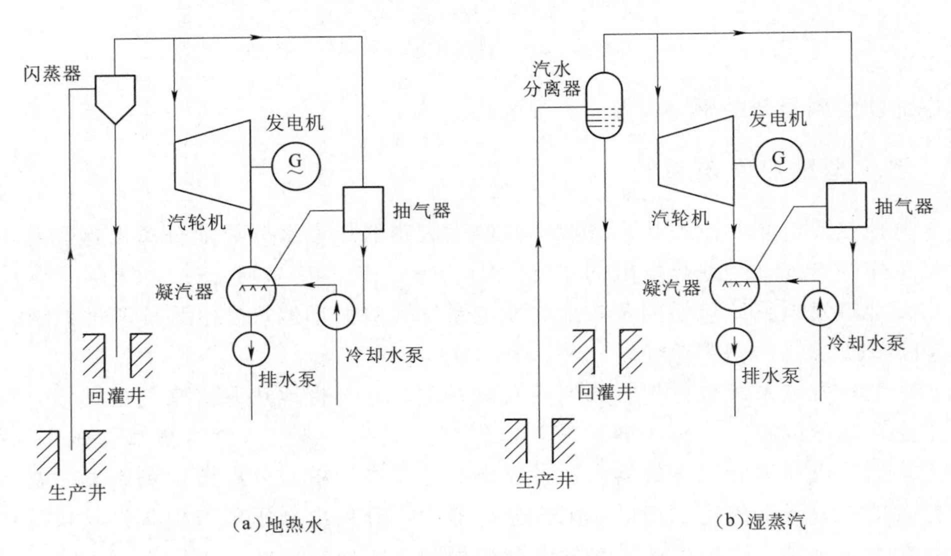

图 7.7　单级闪蒸发电流程图

机高压缸，从一级闪蒸器出来的热水进入二级闪蒸器，产生的二次闪蒸蒸汽进入汽轮机的中压缸做功。

闪蒸式地热发电系统采用汽水混合物或地热水进行发电，循环效率略低于干蒸汽发电技术，一级闪蒸系统循环效率为12%～15%，二级闪蒸系统为15%～20%。西藏羊八井地热电站的3～9号机组主要采用双级闪蒸式发电技术。

目前，闪蒸式发电技术已在地热发电领域得到广泛应用，尤其是中高温地热田。例如肯尼亚政府2012年2月20日宣布，将投资120亿美元，建设6座地热电站，主要是采用闪蒸式地热发电机组。

2. 双工质地热发电系统

双工质地热发电方法也称低沸点工质法或双循环法，是利用地下热水来加热某种低沸点工质，使其产生具有较高压力的蒸气并送入汽轮机工作，如图 7.8 所示。

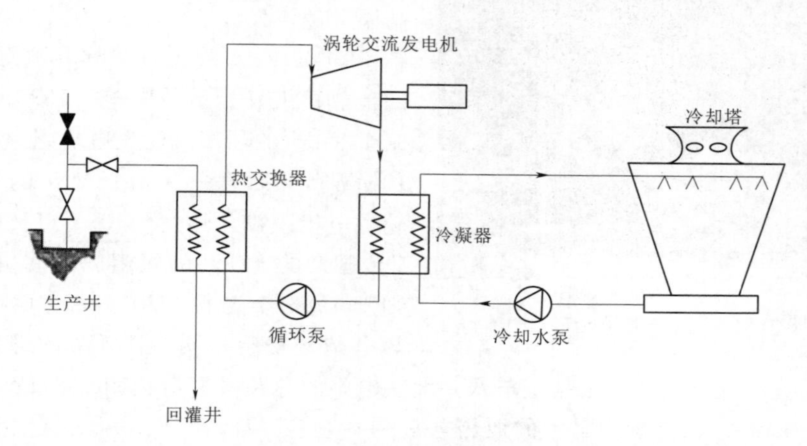

图 7.8 双工质地热发电系统

双工质发电常用的低沸点工质，多为碳氢化合物或碳氟化合物，如异丁烷（常压下沸点－11.7℃）、正丁烷（－0.5℃）、（丙烷－42.17℃）和各种氟利昂，以及异丁烷和异戊烷等的混合物。一般为了满足环保要求，尽可能不用含氟的工质。

双工质地热发电系统有如下优点：

（1）低沸点工质的蒸汽比体积比闪蒸系统减压扩体积后的蒸汽比体积小得多，而汽轮机的几何尺寸主要取决于末级叶轮和排汽管的尺寸（它取决于工质的体积流量），因此双工质发电系统的管道和汽轮机尺寸都十分紧凑，造价也低。

（2）地下热水与低沸点工质在蒸发器内是间接换热，地热水并不直接参加热力过程，所以汽轮机内避免了地热水中气、固杂质所导致的腐蚀问题。

（3）可以适应各种不同化学类型的地下热水。

（4）能利用温度较低的地热水。

但低沸点工质导热性比水差，价格较高，来源有限，有些还有易燃、易爆、有毒、不稳定、对金属有腐蚀等特性，对双工质发电系统的发展有一定影响。

地热双工质发电关键设备是低沸点工质汽轮机。与常规利用水蒸气的汽轮机相比，低沸点工质汽轮机不能泄漏，低沸点工质汽轮机排汽须冷凝成液体。地热双工质发电机组的单机容量相对较小，而设备的体积相对较大。地热双工质发电机组的发展趋势是核心动力设备汽轮机和发电机一体化。

按照循环方式不同，地热双工质发电有朗肯循环和卡琳娜循环两种发电方式。

地热双工质发电占世界地热发电总装机容量的 11%，绝大部分是朗肯循环发电。

7.3.5 地热电站实例

1. 地热发电

（1）羊八井地热电站。羊八井地热田位于我国西藏拉萨市西北当雄县境内，海拔 4300.00m，是世界上海拔最高的地热电站，如图 7.9 所示。地热田面积为 35.64km^2，其中宜于发电的高温热水区面积为 5.6km^2，是我国正在开发利用的最大湿蒸汽田。羊八井

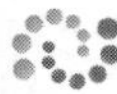

图 7.9　羊八井地热电站

地热电站利用羊八井地热田的125～160℃中高温湿蒸汽发电。

1977年10月1日羊八井地热电站1MW的地热机组开始运行发电。1985年又安装了3台3MW的国产汽轮发电机组，装机容量达10MW。此后第一台3.18MW的日本进口汽轮发电机组投入运行，1991年又陆续安装了4台国产的3MW的机组。1MW的地热机组则于1986年退役。2009—2010年羊八井地热电站又安装了两台1MW的螺杆膨胀机进行地热全流发电。截至2012年年底羊八井地热电站的总装机容量达26.18MW，累计发电量为28.2亿kW・h，是国内最大的地热电站。

羊八井地热电站采用双级闪蒸、凝汽式汽轮发电机组系统，热力系统主要由地热生产井、汽水分离器、一级和二级闪蒸器、凝汽式汽轮机、混合式凝汽器、射水抽气器、回灌池及泵组等设备组成，地热电站热力系统如图7.10所示。地热井的湿蒸汽（汽水混合物）经井口汽水分离器，分离后的地热蒸汽和地热水分别经热网汽，水母管输送至厂房一级闪蒸器，闪蒸蒸发的一次蒸汽进入汽轮机组推动叶片做功；一级闪蒸器的排水进入二级闪蒸器，闪蒸蒸发的二次蒸汽进入汽轮机组与一次蒸汽排汽混合后推动叶片做功，二级闪蒸器的排水通过回灌系统加压回灌至热储。机组单机额定功率为3MW，额定转速为3000r/min；主蒸汽压力为0.42MPa，主蒸汽温度为145℃；一次进汽压力为0.17MPa，温度为118℃；流量为22.5t/h；二次进汽压力为0.05MPa，温度为102℃，流量为22.5t/h；排汽压力为0.008MPa；回灌温度为50℃，压力为1.3MPa。每吨地热水可发电7kW・h，热电转换效率为9%。

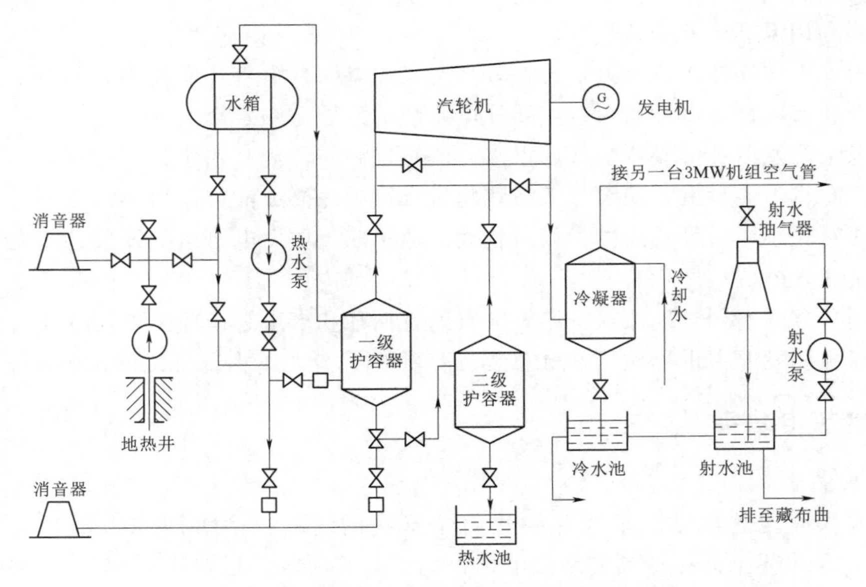

图 7.10　羊八井地热电站的热力系统简图

（2）唐古纳地热电站。菲律宾国家石油公司的能源开发公司拥有1202MW地热发电装机容量，占全国地热发电60%的份额，主要运作莱特岛世界最大的唐古纳湿蒸汽地热田，唐古纳地热电站总装机容量为708MW，分为5个厂区，其中的马利博格厂是世界上最大的湿蒸汽地热电站，总装机容量232.5MW；而马席奥厂是世界最大的双工质地热电站，总装机容量为125MW，利用奥玛特的双工质发电机组群，排列出巨大阵容，如图7.11所示。

双工质地热发电可以利用温度和压力稍低的地热流体来发电，但它有地热流体和有机工质两套管线系统，故全套设备占地面积较大，现场管线纵横，如图7.12是唐古纳马席奥厂区的管线系统。

图7.11 马席奥厂全景

图7.12 马席奥厂区的管线系统

2. 地热—太阳能联合发电

地热—太阳能联合发电是同时利用地热能和太阳能，联合起来进行发电，它兼有两者的优点，互补不足，提高总体收益。

（1）光伏—地热联合。光伏发电与地热发电可以构成松散的联合，它们各自发电，互不干涉，地热电力承担电网的基础负荷，同时接纳间歇性和波动性的太阳能电力上网。

我国西藏羊八井地热电站就是典型案例，1977年开始发电的羊八井地热电站，至1991年发展为24.18MW规模，作为藏中电网的主力之一为拉萨供电。依靠地热电力的基础负荷和西藏丰富的太阳能资源热发电，于2005年在羊八井建成了100kW光伏发电站，并入藏中电网。羊八井的光伏发电站至2010年扩建成10MW规模，联合到地热发电的输送，迄今运行良好。

（2）热发电—地热联合。光热发电与地热发电的系统联合，又称为浓缩太阳能与地热联合发电，它弥补了光热发电和地热发电的不足之处，联合发电的效益超过两者单独发电的总和。浓缩太阳能与地热联合发电可以简化太阳能热发电过程，取消蓄热系统，共用发电系统，它在现有的地热电站加一套浓缩太阳能集热装，加热去矿化水（蒸馏水）的循环，经热交换器加热地热发电系统中的热流体，提高发电效益，如图7.13所示。

美国内华达州斯蒂尔沃特电站是世界第一个地热—光伏发电联合电站，1989年安装过14台0.9MW的双工质地热发电机，总装机容量为12.6MW，21世纪初退役了。

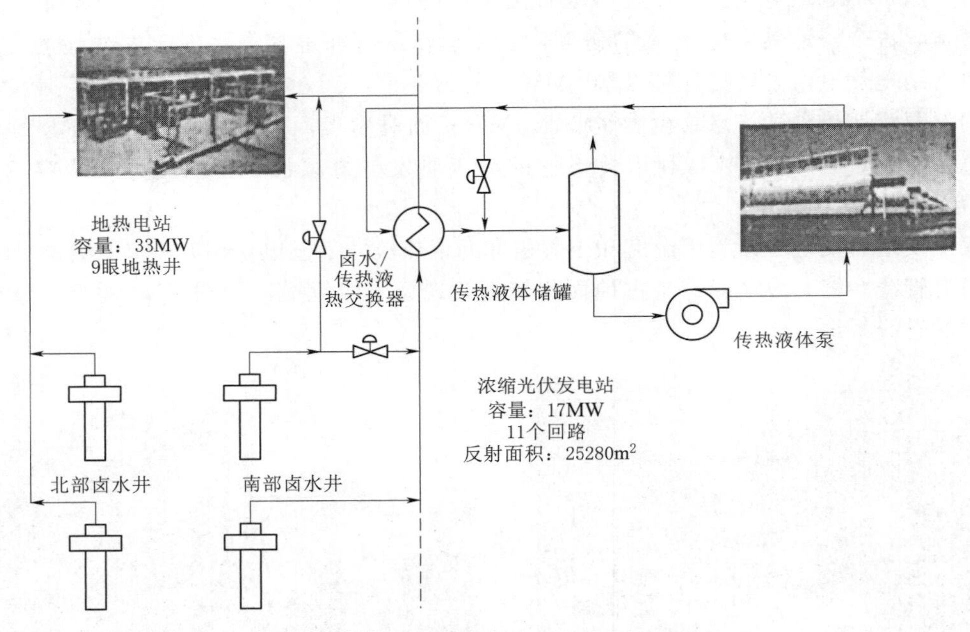

图 7.13　太阳能与地热联合发电流程图

图 7.14　斯蒂尔沃特地热—光伏发电联合电站（2015）

2009 年，新安装了 4 台 12MW 的双工质地热发电机，总装机容量为 48MW，年生产电力 3138GW·h，即年利用率 74.5%，承担基础负荷。2009 年，利用电站周围的荒地，安装了 24MW 的光伏电站，建成了地热发电与光伏发电的联合电站，2015 年它又改建成地热—光伏发电联合电站如图 7.14 所示。电力组电站增加了抛物面槽式聚光器场一个，由 11 个回路组成，反射面积总计 25280m^2，其浓缩太阳能辐射 75 倍，总汇集 17MW 热功率，可发电 2MW。由 9 眼地热井服务于地热发电，当前装机容量为 33MW。

7.3.6　地热发电的优点及存在的问题

1. 地热发电的优点

利用地热能来进行发电其好处很多，主要集中在：①建造电站的投资少，通常低于水电站；②发电成本比火电、核电及水电都低；③发电设备的利用时间较长（90%）；④地热能比较干净，不会污染环境；⑤发电用过的蒸汽和热水，还可以再加以利用，如取暖、洗浴、医疗、化工生产等。

2. 地热发电存在的问题

（1）地热资源量的勘探。在地热发电项目开发中，地热流体参数及地热田储量的勘探成为决定地热田发电的关键因素。需要大力发展地热勘探技术，快速、高效地探明地热温度、流量及热田的地热总储量，为地热发电打下坚实的基础。

(2) 结垢。地热水的总含盐量为0.1%～4%，主要的矿物种类有碳酸钙、二氧化硅、硅酸盐等。碳酸钙和二氧化硅的沉淀对工质的压力和温度特别敏感，在发电做功过程中，地热水的温度和压力均会发生很大变化，进而影响到各种矿物质的溶解度，导致矿物质从水中析出产生沉淀结垢。如在井管内结垢，会影响地热流体的采量，加大管道内的流动阻力，进而增加能耗；如换热表面结垢，则会增加传热阻力；垢层破损处还会造成垢下腐蚀。需要加强对地热水化学成分的监测，防止因结垢造成地热井或发电设备失效。

(3) 腐蚀。地热流体中含有许多化学物质，其中主要的腐蚀介质包括溶解氧（O_2）、H^+、Cr、H、S、CO、NH、和SO_4，再加上流体的温度、流速、压力等因素的影响，地热流体对各种金属表面都会产生不同程度的腐蚀，直接影响设备的使用寿命。随着发电系统工质压力的下降，水中的腐蚀性气体大量析出，腐蚀严重的部位多集中于负压系统，其次是汽封片、冷油器、阀门等，腐蚀速度最快的是射水泵叶轮、轴套和密封圈。需要采用专项防腐措施，保证发电设备的安全、高效运行。

7.4 地热在农业中的应用

7.4.1 地热温室

我国很多地区的地热资源丰富，将地热资源用于建成地热温室，会大幅降低温室运行的成本。北京、天津等地已建成、单体达3万m^2的地热温室，兼有自动控制系统，已达到世界先进水平间。

1. 温室的主要性能指标

(1) 透光性。温室是采光建筑，因而透光率是评价温室透光性能的一项最基本指标。透光率是指透进温室内的光照量与室外光照量的百分比。一般，连栋塑料温室的透光率在50%～60%，玻璃温室的透光率在60%～70%，日光温室的透光率可达到70%以上。

(2) 保温性。加温耗能是温室冬季运行的主要障碍。提高温室的保温性能，降低能耗，是提高温室生产效益的最直接手段。温室的保温比是衡量温室保温性能的一项基本指标。保温比越大，说明温室的保温性能越好。

(3) 耐久性。温室建设必须要考虑其耐久性。温室耐久性受温室材料耐老化性能、温室主体结构的承载能力等因素的影响。透光材料的耐久性除了自身的强度外，还表现在材料透光率随着时间的延长而不断衰减，而透光率的衰减程度是影响透光材料使用寿命的决定性因素。一般钢结构温室使用寿命在15年以上。要求设计风、雪荷载用25年一遇最大荷载；竹木结构简易温室使用寿命5～10年，设计风、雪荷载用15年一遇最大荷载。表7.3列出了常用的温室覆盖材料的性能参数。

表 7.3　　三种覆盖材料的性能比较

性能参数	材料名称		
	单层玻璃	塑料板	塑料薄膜
厚度/mm	4	10（中空）	0.1～0.2
透光率/%	88～92	79～81	85～90
传热系数/[W/(m^2·K)]	5.6	3.2	6.5～7.0
密度/(kg/m^3)	10	2.2	很轻
寿命/年	>10	≥10	≤5

2. 温室的热负荷

温室是生产型建筑，其供热系统能够在室外设计温度下保证室内需要的温度，以维持温室内植物的正常生长。热负荷计算是设计温室供暖系统的基础，也是选择散热设备和供热设备的重要依据，它直接影响系统的初投资和温室生产的正常运行。温室的热负荷计算方法也是套用建筑物供暖的计算方法，但也有些不同之处。植物生长需要持续地与太阳光进行光合作用，因此太阳辐射给温室的热量要比常规建筑的太阳辐射热量大得多；植物在进行光合作用时需要消耗热量：植物生长过程中土壤和作物表面水分蒸发也需要消耗热量。为了保证植物的正常生长，温室热负荷计算所取的相关设计参数，也与常规建筑供暖系统有所不同。

（1）温室主要设计参数。

1）室外计算温度。它是当地气候的主要参数之一。考虑温室是为了提供给作物生长一个最适合的温度，若直接取用民用建筑设计手册中“采用历年不保证5天的日平均温度”，势必会导致温室热负荷偏小，每年会有若干天不能满足维持室内设计温度。农作物冻伤或冻死，从而造成无可挽回的经济损失。因而在温室热负荷计算时，可取一定安全系数。

2）太阳辐射。太阳辐射是影响室内温度的重要因素，也是植物生长的主要生命源泉。不同地区，一年之内的光照时间是不同的。太阳辐射对温室设计非常重要。影响覆盖材料的选择，决定是否需要人工光源和供热系统布置等。

3）风。风的主要参数是周期、风速和风向。风的这些因素将影响温室结构材料选择、温室的方位、供热系统的热负荷、温室窗户的开设位置等。

4）雪。会影响温室结构（坪、顶和框架）材料的强度计算和尺寸选择，覆盖材料也要有较好的保温性能。若积雪厚度可能很大，还应考虑融雪设施。

5）室内温度。温室供暖系统不同于民用建筑，温室供暖是为了保证作物的正常生长而配备的，不同作物或同科作物的不同生长期对环境温度的要求都是不同的，温室室内设计温度应由作物种类、栽培方式和管理条件确定。表7.4为温室内几种典型作物最适宜的温度范围，由于白天和夜间的适宜温度有很大差异，因此室内设计温度应取最大热负荷时所对应的生长适宜温度。对于室外昼夜温差大的地区，应以夜间适宜温度作为室内设计温度。如采用变温管理，则应取变温管理中后半夜抑制呼吸作用的适宜温度作为室内设计温度。对于室外温度温差很小的地区，还应以白天的适宜温度作为室内设计温度，对最大供暖负荷进行校核。

表 7.4 温室内几种典型作物最适宜的温度范围

种类	发芽期	幼苗期		采收期	
		白天	夜间	白天	夜间
黄瓜	25～28	25～28	13～15	25～28	15～19
番茄	28～30	25～28	15～17	25～28	20
茄子	30～35	27～30	≥17	27～30	20
甜椒	30～32	25～28	15～18	25～28	15

6）光。温室内作物的光合作用需要光照，其主要靠日光，除了用自然光源，还可以根据自然光的情况，利用人工光源替代阳光以增加光照。

7）相对湿度。植物正常生长要求的空气相对湿度是不同的，一般为 20%～80%。在冬季控制室内空气相对湿度最简单的方法就是引入室外冷空气并加热它，这一加热过程冷空气就会吸收室内空气中的水蒸气，然后随同被加热的冷空气一起排到室外。显然，这一过程是以增加能耗为代价的。

8）二氧化碳。二氧化碳和水是植物进行光合作用的基本元素。但在相对封闭的温室空气中二氧化碳含量是有限的。在种植密度高的温室中，植物在光合作用过程中会大量消耗空气中的二氧化碳，使温室内空气中的二氧化碳浓度低于室外空气中的浓度。国内外试验证明，提高室内二氧化碳的浓度能够大幅度提高作物产量。增加温室内二氧化碳最简单的方法就是通风换气，这也与热负荷有直接关系。

（2）热负荷计算。

1）围护结构基本耗热量 Q_j 的计算为

$$Q_j = KF(t_n - t_w)a \tag{7.1}$$

式中 K——围护结构的传热系数，W/(m^2·℃)，可参考相关设计手册选取；

F——围护结构的散热面积，m^2；

t_n——室内空气计算温度，℃；

t_w——室外计算温度，℃；

a——温差修正系数，可根据供暖设计手册查取。

2）附加耗热量 Q_1。温室的耗热量还与它所处的地理位置、高度、朝向及风速等有关，这些附加耗热量均按基本耗热量的百分数计，具体数据可查阅相关设计手册选取。考虑附加后，某面围护结构的传热耗热量为

$$Q_1 = Q_j \beta_j \beta_f \beta \tag{7.2}$$

式中 β_j——结构形式修正系数，根据温室结构不同系数在 1.00～1.08 间选取；

β_f——风力修正系数，在 1.00～1.16 间选取，β 为朝向、风速、高度等其他修正系数。

3）通风耗热量 Q_2。在冬季为了防止温室内相对湿度过大和防止二氧化碳浓度过低，需要进行通风。冬季温室一般不进行全面通风，仅靠温室缝隙渗透来实现通风即可。温室通风耗热量热损失的计算为

$$Q_2 = nV\rho c_p(t_n - t_w) \tag{7.3}$$

式中 n——温室小时换气次数，次/h，不同结构温室换气次数在0.6～4.0间选取；

V——温室建筑容积，m^3；

ρ——空气密度，kg/m^3；

c_p——干空气比定压热容，kJ/(kg·℃)，取 $c_p=1.003$。

4）水分蒸发消耗的热量 Q_3 为

$$Q_3=rmF \tag{7.4}$$

式中 r——水的汽化潜热，kJ/kg；

m——蒸发的水分质量，$kg/(m^2 \cdot s)$；

F——温室面积，m^2。

综上，温室的总热负荷为

$$\sum Q=(Q_1+Q_2+Q_3)(1+\beta_g)(1+\beta_p) \tag{7.5}$$

式中 β_g——从地面导出的热量系数，取 $\beta_g=5\%\sim10\%$；

β_p——植物光合作用的热量系数，取 $\beta_p=2\%$。

3. 地热温室利用

温室供热系统主要有热风供热系统和热水供热系统两种形式。热风供热系统采用热风炉将温室内回风加热，通过风管送出，在风管壁面上有规律地开设许多小孔，使之较为均匀地送至温室的每个位置；热水供热系统则采用管道和散热设施（如散热器、地埋管等）。研究指出，虽然维持制定室温所需两种供热系统提供的能耗基本一致，但两者散热方面仍存在较大差异。在温室设计中，应根据不同作物类型及室内环境的设计要求等选择供暖方式。

任何供热系统均离不开热源，可用于温室供热的热源也很多，如传统化石燃料、电能、太阳能、地热以及工业余热等。利用地热供热能够有效地降低温室生产成本，经济效益和环保效益良好，特别适宜在有地热资源的地区广泛推广。地热温室发展也经历由简易型、永久型至高档型的发展。图7.15所示为半坡塑料薄膜地热温室和现代化玻璃地热温室。

（a）半坡塑料薄膜地热温室

（b）现代化琉璃地热温室

图7.15 半坡塑料薄膜地热温室和现代化玻璃地热温室

4. 地热能温室案例——北京国际鲜花港

2009年落成的北京国际鲜花港如图7.16所示，是北京市规格较高的兼具花卉文化创意、旅游休闲功能的综合型花卉产业园区，园区22万 m^2 的花卉种植温室，所用能源全部来自地下150m至2800m的地热层，所有的采暖终端设备都埋在智能温室的地下，通过地板散热为苗床加温，这也是国内首次在农业设施上大规模自主开发地热新能源的项目。园区供暖系统主要由4眼地热井、1917眼土壤源换热孔、33眼水源井和1座能源中心组成。其中地热井深度2800m，单井出水量约每天1500m^3。水温在45℃左右，土壤源换热孔的孔深150m；水源井深度为100m。采用地热能源，比燃气锅炉节省1/2以上的能量，运行费用为普通中央空调的50%～60%。数据显示，摒弃了燃煤锅炉供暖的北京国际鲜花港采用清洁能源系统—地源热泵系统，每年可节煤3800万t，每年每平方米运行费用仅53元。

图7.16 北京国际鲜花港

该园区采用“地源热泵、水源热泵、地热梯级利用结合燃气锅炉调峰”的优化组合供暖技术，打造出了国内最大的地热能农业设施系统，是新能源开发利用与产业优化升级有机结合的精品工程。

7.4.2 地热养殖

1. 地热水产养殖

温度是影响鱼类新陈代谢的重要因素。温度不同，新陈代谢的强度不同，在非适性温度条件下，其新陈代谢强度明显下降；当水温达到越冬温度，鱼类新陈代谢下降至最低点，其体重因为消耗大量能量而下降。普通鱼类在一年中真正在最合适体温环境下的时间相当少，这是造成鱼类等经济动物养殖周期过长的原因。

如果鱼类都采用工厂养殖，在品种、饲料不变的情况下，只需将水温调节到适宜的温度，其养殖周期必将大大缩短。因此，发展地热设施渔业的重点是建立人工控制小气候的温度，使鱼类能在最合适的温度下快速成长。表7.5中列出了不同品种鱼类的适宜温度。

表7.5 不同品种鱼类的适宜温度 单位：℃

品　种	生存水温	最适水温	繁殖温度
罗非鱼	16～40	24～30	＞20
石斑鱼	22～30	24～28	25
淡水鲳	12～35	24～32	27～30
白鳗	15～36	23～30	25～30
鳜鱼	0～30	—	22～30
鲫鱼	10～32	—	17

利用地热水进行水产养殖主要是为了解决鱼类的越冬问题，解决鱼、虾类等名贵水产的亲体保种、种苗早繁及冬季养殖问题。与天然水相比，利用地热水冬季养殖是一种省能源、易掌握的有效途径。特别对于高纬度寒冷地区水产的养殖、越冬来说，提高和稳定水

温是至关重要的。近几年来，华北地区在利用地热水进行罗非鱼及对虾、罗氏沼虾的亲本保种、苗种越冬，均取得了可喜进展。地热养殖在保护不耐低温的亲鱼和鱼种安全过冬、提早产卵和孵化方面更显示出它的优越性。

地热水中含氧量都比较低，而溶解氧是生物生长的必要条件，养殖水体的溶解氧应保持在4mg/L，否则容易引起鱼类窒息死亡。最好的办法是向水体中充氧，并派专人不断监测水体中溶解氧的含量，使其保持在较高的水平。

需要注意的是，我国地热水中氟的含量都比较高，一般在0.5～17mg/L之间，最高达24mg/L。个别地区开采的地热水中镉、砷、酚的含量也比较高，超出了我国渔业水质标准容许的浓度。鱼和其他生物有机体一样，在生长发育的过程中，能够直接从环境介质中摄取化学物质，由于生物富集的作用，鱼体内有害化学物质的浓度增高，以至于超过环境中的浓度和食物卫生标准，通过食物链间接危害人体健康。因此，利用地热养鱼必须考虑地热水质符合渔业养殖标准，但对于地热水的含氟量可忽视。北京地热水含氟量大多在5.2～10.2mg/L，经对用此地热水养殖的罗非鱼等检测，氟超标发现在鱼骨中，而鱼肉的含氟量是合格的，人类食鱼不吃鱼骨，因此不受影响。

我国20世纪70年代就开始地热水产养殖，北方养殖罗非鱼作为市场新品种，只要池水温度适宜，用喷水循环作增氧措施，每亩水面年产成鱼2万kg如图7.17所示，比传统家鱼的露天池养每亩年产100kg，猛增100倍。我国南方福建、广东等地利用温泉养殖白鳗，出口日本，创造外汇。还有湖北英山等地利用温泉养鳖，也比冷水养殖显著增产。这类设施相对简陋，技术含量低，投资少，在贫困和边远地区仍可作为利用热脱贫致富的一条出路。

进入21世纪以来，我国地热水产养殖技术和设施均较以前大幅进步，许多规模化的养殖场不断形成，还建立了渔业养殖高科技园、渔业工程技术研究中心等机构，有的养殖高产品种供市场需求，有的养殖名贵品种提升产值，有的养殖观赏品种供旅游休闲如图7.18所示。

图7.17　我国地热工厂养殖图

图7.18　现代大型地热水产养殖厅

2. 地热孵化

地热孵化与其他人工孵化相比，改变了热源，取消了箱内鼓风，孵化过程有所创新，地热孵化的主要技术环节是水温水量、孵化前试水试温，升温入孵，节流调温、水盘散湿、定时不定位翻蛋、落盘更温和照蛋检胚。

随着家禽业的发展和农场规模的不断扩大，大型孵化机的需求量日益增加。目前我国投入使用的万枚孵化机均以电为能源，这不仅能耗大，而且不利于广大农村和边远地区使用。近年来，由于能源紧缺状况加剧和地热资源的开发利用，以地热为热源的孵化机日益受到人们的重视，电孵化和地热孵化的原理都是用加热器提供孵化机内需要的温度，保持鸡蛋在最适宜孵化的环境温度（37.8℃），胚蛋在此温度下经过21天孵化发育成为雏鸡。

同电孵化相比，地热孵化有以下优点：

（1）节省电力，合理利用了低品位能源。

（2）减少了采用电加热器加热时对胚蛋热辐射的影响。

（3）地热水水温较低（一般为50～80℃），孵化机内的温度较易控制。

地热孵化基本工艺：

（1）试温入孵。入孵前，检查各系统是否正常，之后升温，待一切正常后入孵，入孵时种蛋用甲醛和高锰酸钾进行消毒。

（2）翻蛋。地热孵化每2h翻蛋一次，角度为+45°，其作用是使胚胎受温均匀，防止其与壳膜黏连，保证胎位及发有正常。

（3）照蛋。定期照蛋，以便检出无精蛋、中死蛋，做到“看胎施温”。

（4）出鸡。出鸡在孵化的第21天进行，待绝大部分雏鸡绒毛平松时，将雏鸡检出，分出雌雄，并进行扫摊清理，检出弱雏、毛蛋，分别清点记数。

习　题

1. 按照地热的储存形式地热资源分为哪些？
2. 地热的利用形式有哪些？
3. 简述地热发电的原理。
4. 简述地热发电的类型。
5. 分析地热发电的优缺点。
6. 简述地热在农业中的利用方式。

参 考 文 献

[1] 黄素逸，龙妍，林一歆．新能源发电技术［M］．北京：中国电力出版社，2017.

[2] 惠晶，颜文旭，许德智，樊启高．新能源发电与控制技术［M］．北京：机械工业出版社，2018.

[3] 于少娟，刘立群，贾燕冰．新能源开发与应用［M］．北京：电子工业出版社，2014.

[4] 朱永强，尹忠东．新能源与分布式发电技术［M］．北京：北京大学出版社，2016.

[5] 李家坤．新能源发电技术［M］．北京：中国水利水电出版社，2019.

[6] 郑克棪，潘小平，马凤景，等．地热利用技术［M］．北京：中国电力出版社，2018.

[7] 张加蓉，高嵩，朱桥，吴东梅．“双碳”目标背景下我国地热发电现状及技术［J］．电气技术与经济，2021（6）：40-44.

[8] 王永真，杨柳，张超，蒋勃，张靖，刘宇炫，赵军．中国地热发电发展现状与面临的挑战［J］．国际石油经济，2019，27（1）：95-100.

[9] 陈从磊，徐孝轩．全球地热发电现状及展望［J］．太阳能，2015（1）：6-10.

[10] 汪集暘，马伟斌，龚宇烈，等．地热利用技术［M］．北京：化学工业出版社，2005.

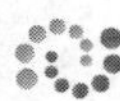

［11］　多吉，等．我国地热资源开发利用战略研究［R］．北京：中国工程院，2014．
［12］　何满潮，李春华，朱家玲，等．中国中低焓地热工程技术［M］．北京：科学出版社，2004．
［13］　蔡义汉．地热直接利用［M］．天津：天津大学出版社，2004．
［14］　朱家玲．地热能开发与应用技术［M］．北京：化学工业出版社，2006．

第 8 章　分布式发电与微电网

可再生能源发电是非常具有发展前景的发电技术，但其具有间歇性、随机性、发电输出不可控的特点，随着社会对能源与电力供应的质量与安全可靠性要求越来越高，大电网由于自身的缺陷对可再生能源发电已经不能满足要求，采用分布式发电供能技术能够有效缓解可再生能源发电大规模集中应用的困难，提高能源利用效率。

8.1　分布式发电的定义及特点

分布式发电概念是由美国在 1978 年作为法规公布并予以推广，然后逐渐被其他国家所接受。国际大型电力系统委员会（CIGRE）将“分布式发电”定义为非经规划的或中央调度型的电力生产方式，通常与配电网连接，一般发电规模约 50～100MW。分布式发电（distributed generation，DG）装置通常具有小型模块化、分散式特点，直接布置在配电网或分布在负荷附近。具有输电损失小，热电适应性好，能源利用效率高、环境污染小，可持续发展等特点。其系统设备类型主要包括燃用化石燃料的内燃机、微型燃汽轮机及太阳能发电、光伏电池、光热发电、风力发电、生物质能发电以及燃料电池发电等。分布式发电可以根据用户需求的不同，大致分为电力单工方式、热电联产方式或热电冷联供三种方式。小容量分布式装置可以就近安放在一个建筑物附近，直接为用户提供所需电力，所产生的热冷量可通过建筑内的管道输送至终端用户。大容量分布式装置，发电一般直接输送至电网，而热量则通过管网输送给各类用户。分布式发电装置所需燃料来源十分广泛，不但有传统的化石能源，如天然气热电冷三联供，还有新能源，如太阳能光伏式分布式发电和燃料电池发电等。

1. 分布式发电的概念

分布式发电（DG）是指用户所在地附近，不以大规模远距离输送电力为目的，所生产的电力除用户自用和就近利用外，多余电量送入当地配电网的发电设施、发电系统或有力输出的综合梯级利用多联供系统。包括接入电网电压一般在 10～35kW 的风能、太阳能和其他可再生能源发电。包括但不限于与建筑结合的用户侧光伏发电技术、分散并网型风力发电技术、光热发电技术、配电侧智能电网技术和与大电网相对独立运行的发输电区域微电网技术等等。具有小型、分散、就地接入、就近利用、自发自用、多余电量配电侧上网的特点。光伏发电的许多特点非常适用于分布式发电的应用。

分布式发电应遵循因地制宜、清洁高效、分散布局、就近利用的原则，充分利用当地可再生资源和综合利用资源，替代和减少化石能源消费。

分布式发电的优势在于可以充分开发利用各种可用的分散存在的能源，包括本地可方便获取的化石类燃料和可再生能源，并提高能源的利用效率。有助于促进能源的可持续发展、改善环境并提高绿色能源的竞争力。

分布式电源通常接入中压或低压配电系统，并会对配电系统产生广泛而深远的影响。传统的配电系统被设计成仅具有分配电能到末端用户的功能，而未来配电系统有望演变成一种功率交换媒体，即它能收集电力并把它们传送到任何地方，同时分配它们。因此将来它可能不是一个“配电系统”而是一个“电力交换系统（power delivery system）”。分布式发电具有分散、随机变动等特点，大量的分布式电源的接入，将对配电系统的安全稳定运行产生极大的影响。

传统的配电系统分析方法，如潮流计算、状态估计、可靠性评估、故障分析、供电恢复等，都会因程度不同地受到分布式发电的影响而需要改进和完善。

总而言之，分布式发电技术主要包括燃汽轮机/内燃机/微型燃气轮机、燃料电池、太阳能发电（光伏发电、光热发电）、风力发电、生物质能发电，以及分布式发电的储能技术等。

2. 分布式发电的特点

分布式发电主要指由多个单一模块组合而成的发电设施。它的单一模块包括储存单元、发电单元以及控制单元等。为了更好地满足特定用户的需求，利用分布式发电可以专门为特定用户执行发电操作。这种模式与之前较为传统集中化模式相比，分布式发电装置不是集中在发电站内部，而是根据需要配置供电设施，在相应的区域内设置不同规格数量的分布式发电电源，不是设置在发电站附近，而是设置在生活区域附近的配电网等。更有利于区域内电力的自我控制，并能做到分配调整的效果，在一定程度上节约了特殊情况下各个用电区域的电量，降低了电力运输成本，确保了用电设备的安全性和可靠性。

由于分布式发电技术是根据人们对电力需求进行设计的，因此改善了集中式发电的灵活性，提高了发电效率和稳定性。但是，分布式发电技术也存在一些缺点，这种技术供电设备容量小，更适合特定地区供电，或者作为集中式发电网络的补充。当前我国分布式发电的运行模式主要有单网和并网两种，孤网模式可以不与其他电网相连，根据自身需要进行改变，充分保证了发电方式的灵活性；而对于并网模式，是通过与现有电力系统相连，以保障人们对电力的需求，因此灵活性较低。

分布式电源接入配电网时，除基本要求外，还需满足一些其他要求，主要包括对配电网事故情况下的响应要求、电能质量方面的要求、控制和保护方面的要求等。

（1）分布式电源接入配电网时有以下基本要求：

1）与配电网并网时，可按系统能接受的恒定功率因数或恒定无功功率输出的方式运行。

公共连接点（point of common coupling，PCC）处的电压调节不应由分布式电源承担，该点的电压调节应由电网企业来负责，除非与电网企业达成专门的协议。

2）采用同期或准同期装置与配电网并网时，不应造成电压过大的波动。

3）分布式电源的接地方案及相应的保护应与配电网原有的接地方式相协调。

4）容量达到一定大小（如几百千伏安至1MVA）的分布式电源，应将其连接处的有功功率、无功功率的输出量和连接状态等信息传送给配电网的控制调度中心。

5）分布式发电应配备继电器，以使其能够检测何时应与电力系统解列，并在条件允许时以孤岛方式运行。

（2）分布式发电的电能质量主要应考虑以下问题：

1）供电的短暂中断。当分布式电源作为主供电源的备用电源时，主供电源向备用电源的转移往往不是一种无缝切换，所以可能仍存在极短时间的电力中断。

2）电压调节。分布式电源可以提高配电馈线的电压调节能力，而且调节的速度可能比调节变压器分接头或投切电容器快。但是电网企业一般不希望分布式电源参与公共连接点的电压调节，因为分布式电源的启停往往受用户控制，若要承担PCC处的电压调节任务，一旦分布式电源停运，该点处的电压调节就成问题。

3）谐波问题。采用晶闸管和线路换相逆变器并网的分布式电源会产生谐波问题，但随着绝栅双极型晶体管（insulated gate bipolar transistor，IGBT）和电压源换相逆变器的增分布式发电与微电网技术多，谐波问题得到大大缓解。

4）电压暂降。分布式发电是否有助于减轻电压暂降，取决于其类型、安装位置以及容量的大小。

3. 分布式电源的并网标准

为了尽可能发挥分布式发电的优势，降低其并网带来的不利影响，同时也为保证分布式电源本身的正常运行，制定分布式发电的并网标准，使分布式电源按统一的并网标准并网发电显得尤为重要。为此，世界各国及标准化委员会纷纷制定相应的并网导则和规程。国际标准中获得最广泛认可的是《分布式电源与电力系统互连标准》（IEEE 1547—2003），于2003年由电气和电子工程师协会（institute of electrical and electronics engineers，IEEE）正式出版，并作为美国国家层面的标准。IEEE 1547规定了10MVA及以下分布式电源的并网技术和测试要求，涉及所有有关分布式电源互连的主要问题，包括电能质量、系统可靠性、系统保护、通信、安全标准、计量等。

IEEE 1547有7个子标准，包括：IEEE 1547.1规定了分布式电源接入电力系统的测试程序，于2005年7月颁布；IEEE 1547.2是IEEE 1547的应用指南，提供了有助于理解IEEE 1547的技术背景和实施细则，于2008年颁布；IEEE 1547.3是分布式电源接入电力系统的检测、信息交流与控制方面的规范，于2007年颁布，该标准促进了一个或多个分布式电源接入电网的协同工作能力，提出了检测、信息交流以及控制功能、参数与方法方面的规范；IEEE 1547.4规定了分布式电源独立运行系统设计、运行以及与电网连接的技术规范，该标准提供了分布式电源独立运行系统接入电网时的规范，包括与电网解列和重合闸的能力；IEEE 1547.5规定了容量大于10MVA的分布式电源并网的技术规范，提供了设计、施工、调试、验收、测试以及维护方面的要求；IEEE 1547.6是分布式电源接入配电二级网络时的技术规程，包括性能、运行、测试、安全以及维护方面的要求；IEEE 1547.7是研究分布式电源接入对配电网影响的方法。

加拿大在2003年7月制定了微电源的发展临时准则，这一准则着重基于逆变器的微电源，额定电压在600V以下。目前加拿大有两个主要的互连标准，包括《基于逆变器的微电源配电网互连》(C22.2No.257)和《分布式电力供应系统互连》(C22.3No.9)。澳大利亚商业理事会在2003年9月完成了全国电力市场微电源连接指南的编制，该指南提供了微电源连接到电网的过程和要求。日本于2001年制定了《分布式电源系统并网技术导则》(JEAG 9701—2001)。

欧洲机电标准化委员会讨论出台了公共低压配电网连接微小发电机的草案。英国已制定了连接新一代配电网络的技术指南，其贸易和工业部提出了在英国分布式发电连接到地方配网的指南。新西兰在2005年完成了基于逆变器的微电源标准AS 4777.1、AS 4777.2和AS 4777.3。

8.2　分布式发电对配电网的影响

8.2.1　分布式发电并网技术

1. 典型含分布式发电(DG)配电网结构

以辐射式配电网接入分布式电源为例，典型的含DG配电网结构如图8.1所示，由分布式发电单元、能量管理系统、储能设备、电源保护装置、隔离开关、不同类型的负荷及公共耦合点(PCC)接口组成。电源(光伏电池、风电机组、微型燃汽轮机、蓄电池等)安装在负荷附近，不仅为电路末端负荷提供电压支撑，还可减少线路损耗。

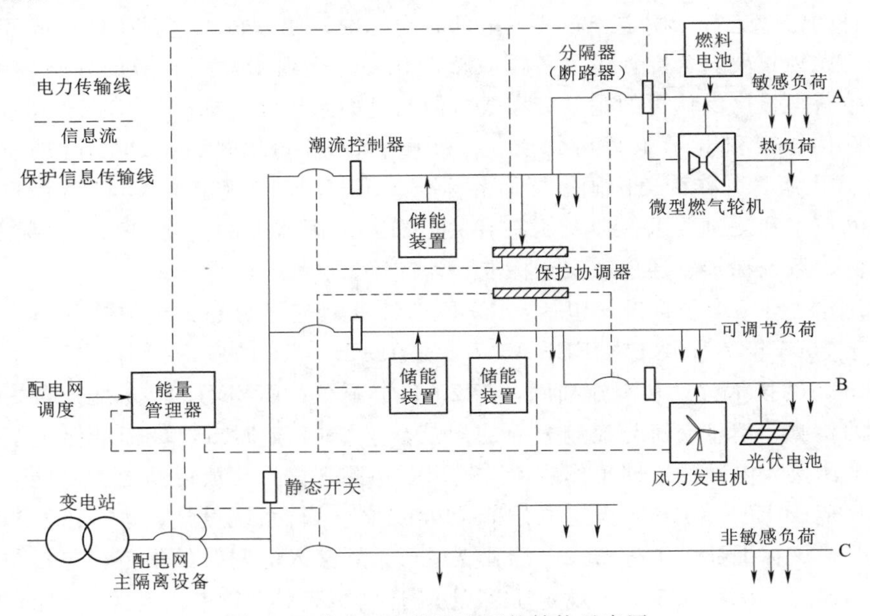

图8.1　接有DG的配电网的结构示意图

接有DG的配电网在能量管理系统的控制下，通过配备的保护协调器及潮流控制器，实现潮流控制、系统调压、馈线保护等功能。当外部电网因故障导致供电的可靠性和电能质量不能满足负荷要求时，配电网通过主隔离开关可以在PCC处断开与主网的电气连接，由DG和储能装置承担网内的全部负载；当外部电网恢复正常时，主隔离开关合闸，DG

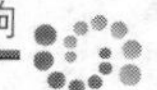

作为大电网的补充共同向负荷供电。通过有效的控制可实现两种运行模式之间平滑转换。

在传统的配电系统中，由于配电网结构是“闭环设计、开环运行”的特点，电网正常运行时负荷点仅由单一电源供电，且发电机组出力是有序可控的，潮流流向也是单向的。随着市场的放开以及分布式电源渗透率的提高，分布式电源占比将会越来越高，随之会对负荷预测、潮流分布、电源结构等带来了大量不确定性。在传统的配电网中，馈线由单一电源点供电，以辐射式供电方式为主；而 DG 接入配电网后，配电网变为一个多电源与多用户相连的网络，对电网的潮流分布、电能质量、继电保护等方面有着不可忽略的影响。

对于 DG 影响的评估问题，除了要求满足供电可靠性和电能质量，还需要综合考虑环境保护、设备利用率等多种因素，因此，分布式电源影响评估指标体系采用三层结构：第一层为目标层，为分布式电源影响评估体系；第二层为准则层或者规则层，包括可靠性、电能质量、继电保护、环保水平和效能变化等 5 个部分；第三层为方案层或措施层，是评估体系最底层，包括电压偏差、电压波动、谐波畸变率等各项具体指标。作为决策层的结果指标，准则层反映了分布式电源接入的影响程度；作为准则层的原因指标，方案层是具体到准则层的各项评估指标。

从本质上讲，分布式电源对配电网所带来的影响主要是由于 DG 的接入会使得配电网潮流流动方向发生改变，不再是单一流向。因此，分布式电源接入配电网主要影响系统可靠性、电能质量、继电保护。

2. 分布式发电影响的评估指标

(1) 可靠性方面的指标。可靠性方面选取用户平均停电次数、用户平均停电时间、供电可用率、停电缺供电量、平均停电缺供电量 5 项指标。

(2) 电能质量方面的指标。该项指标包括以下内容：

电压偏差：该指标指节点电压偏离额定电压的百分比。

电压波动：该指标指电压包络线上存在的有规律或随机的变化，相对最大电压波动。国家标准规定 10kV 电压等级所允许的电压波动范围为：1.25%～4%。

电压闪变：电压闪变指标由短时间的闪变指标 Pst 和长时间的闪变指标 Plt 组成。

(3) 继电保护方面的指标。该项指标包括以下内容：

保护拒动率：在统计时间范围内，DG 并网情况下继电保护拒动次数占保护设备拒动总次数的百分比。

保护误动率：在统计时间范围内，DG 并网情况下继电保护误动次数占保护设备误动总次数的百分比。

备自投投切失败率：在统计时间范围内，DG 并网情况下，变电站备自投投切失败次数占备自投投切失败总次数的百分比。

自动重合闸重合失败率：在统计时间范围内，DG 并网情况下，自动重合闸动作失败次数占自动重合闸动作失败总次数的百分比。

(4) 环保水平方面的指标。该项指标包括分布式电源发电量比重、分布式电源渗透率、分布式电源接纳能力和节能减排量。

分布式电源发电量比重 ψ 的计算为

$$\psi=\sum_{i=1}^{n}G_i/A \tag{8.1}$$

式中　G_i——统计时期内第 i 类DG并网发电量；

　　A——统计时期内地区配电网总供电量。

DG发电量所占比重越大，说明供电公司推动清洁能源发展的程度越大，节能减排效果越明显。

分布式电源渗透率的计算为

$$\text{DG渗透率}=\text{DG有功输出}/\text{配电网平均有功负荷}\times 100\% \tag{8.2}$$

DG渗透率越高对配电网系统的影响越为显著。

分布式电源接纳能力：DG的现有建设容量与配电网中DG最大消纳功率之比。

节能减排量：该指标是指DG并网发电后使火力发电厂减少 CO_2 气体排放量与发电总 CO_2 排放量的比例。

(5) 效能变化方面的指标。该项指标包括以下内容：

变压器负载率下降百分比：DG并网后对变电站变压器最大负载率降低百分比。

线路负载率下降百分比：DG并网后对线路最大负载率降低的平均百分比。

配电网线损变化百分比：在统计时期内，DG并网后配电网线损变化的百分比。

电压变化百分比：DG并网后，最大负荷时配电网最末端的电压变化百分比。

8.2.2　分布式发电对系统性能的影响

1. 对系统可靠性的影响

分布式发电的引入使得配电网发生了根本的变化。传统的方式是由中心电站发电进入电力系统，通过高压输电线进入地区配电网，然后分别向用户供电，这是一个辐射式的网络。而当大量的分布式电源进入配电网之后，就变成了一个遍布电源和用户互联的网络，对配电网的结构和运行都产生了重大影响。在配电网可靠性评估中，一个重要假设是电源能完全满足负荷的需求，然而对于含分布式电源系统中的一个孤岛来说，发电量并非总是满足该岛负荷的需求，系统会根据情况做出反应，切除部分负荷或者从该岛断开分布式电源。因此，如果把分布式电源当作传统电源处理，利用传统的可靠性模型来评估含分布式电源影响的配电网可靠性是不合适的，需要根据分布式电源参数及其自身的运行特点，进行可靠性研究。

分布式电源往往作为给用户提供电能的备用电源，在一定程度上可以提高供电可靠性，保障电力持续供应，并减少用户电费支出。同时，分布式发电装置在并入、断开电网时具有自主选择性，因此当主网系统发生故障时，分布式发电系统可以自助脱离电网进行孤岛运行。因此，DG对系统可靠性的影响要从两方面来看待。当DG作为配电网的备用电源时，在用电高峰期DG可以帮助消纳部分负荷，从而解决线路过载的问题。同时，若配电网发生故障，DG可以作为备用电源为负荷供电，从而减少了停电时间。当DG与配电网并网运行时，DG和配电网同时向用户供电，发生故障时，在一定的条件下可以形成孤岛运行，保证了供电的持续性。但是DG的不恰当接入也可能使系统的可靠性降低，一方面DG会引起继保装置的误动；另一方面DG本身出力具有随机性，容易造成谐波污染，并且DG也可能突发故障，因此过高的渗透率不利于保持系统的稳定性。同时，由于DG分散于用户侧，发生故障时电力抢修人员可能并不知道DG的存在，这就有可能发生

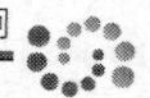

触电等危险事故。

应针对分布式发电自身的特点建立三种分布式电源可靠性模型。

(1) 看成配电网。看成配电网的可靠性模型，这种模型是假设的容量没有限制，因此不必考虑孤岛问题，当某段馈线发生故障时，将故障段隔离，其余与相连的部分可由重新供电。假设配电网出现故障情况下，孤岛内的分布式电源可以满足岛内全部负荷需要，通过开关操作将故障隔离后，与分布式电源相连的非故障部分的全部负荷都可以由分布式电源继续供电。这种模型对配网可靠性的提高很大，但由于过于理想化，实际应用价值不大。

(2) DG 看成额定容量的发电机组。这种模型是将 DG 等效成一个具有额定容量的发电机组。假设其容量保持不变，不必考虑其在特定时间段内功率的输出变化。但是由于其输出功率受到限制，必须采取措施对配网进行孤岛划分，以确保孤岛内电力的供需平衡运行稳定。该模型只能提高孤岛内负荷点的可靠性水平，而对于孤岛外负荷的可靠性指标没有影响。如微汽轮机组、燃料电池等。

(3) DG 看成随机的部分失效模型。这种模型主要是考虑风能和太阳能为动力的分布式电源。它们往往具有模块化的结构，由若干小的发电模块并列运行达到额定功率。任何一个或几个模块发生故障都将导致 DG 的输出功率降低，从而无法达到额定功率；再者由于这种 DG 的动力资源受环境的影响很大，其输出功率也将会有很大的波动，这与普通发电机组是完全不同的。针对 DG 出力不确定的特点，可采用这种部分失效模式的模型。将 DG 看成有多个运行状态的发电机，除了有全额运行和全额停运状态外，还有一个或若干个降额运行状态。由于受到各类随机因素的影响较大，输出功率的随机性也较大。模型需要考虑孤岛持续供电的概率问题，孤岛的形成、孤岛划分算法。

2. 对电能质量的影响

分布式电源配电网的电能质量问题主要包括分布式电源对配电网产生的作用，以及实际配网中的非理想电能对分布式电源的影响两个方面，从而造成配电网电能质量特性复杂多变。由于分布式电源类型众多，并网方式各不相同，各电源输出的电能质量也各有特点。分布式发电技术可谓是电力电子技术在电力系统上的典型应用。但大量电力电子装置并入电网会对电网带来了大量非线性负载，将会引起电能质量的问题，使得电压波形发生畸变，甚至谐波污染，DG 对电能质量的不利影响主要包含电压闪变和谐波污染两个方面。但是分布式电源对改善电能质量也有作用，当电网关联负载较大，分布式电源启动可以对电能质量起到补偿作用，从而保障电网正常运行。由于分布式电源在运营过程中会受到诸多外界不可控因素的影响，如输入能量变化及外界环境导致电网电压波动，分布式电源启停不受电网控制等，因此在并网之后会对电能质量造成一定影响，导致电网电压发生波动，不利于电网稳定运行。由于分布式发电系统的多样性、电源输出功率的间歇性和不确定性以及所采用的变流器控制手段的复杂性，含分布式电源配电网的电能质量呈现出许多新的特点，诸如高次谐波、间谐波、电压波动与闪变等问题，将随着分布式发电渗透率的升高逐渐凸显，对用电设备造成影响，甚至威胁电力系统的安全稳定。由于 DG 接入的影响，配电网电能质量出现了许多新的特性，不同的分布式电源对配电网产生的影响不尽相同，光伏电源接入会导致配电网电压波动以及谐波污染；风电机组接入后可能引起电压跌落；燃料电池会造成谐波污染并降低功率因数；同步机发电机可能带来闪变和频率波动问题；配电系统的三相电压不平衡，可能引起并网 DG 的逆变器受到影响，造成分布式电源输出的三次谐波电流显著增大等。

分布式电源并网以后，会对配电网电能质量造成影响，结合 DG 自身电能质量的典型问题，可以对电能质量问题展开以下分析：

（1）电压偏差。传统配电线路由变电站提供电能，电压沿着功率流向自线路首端向末端逐渐降低，DG 接到线路上为负载供电减小了对原本电网的电力需求，馈线传输功率下降，必然使得馈线上负荷节点的电压较原本电压被抬高，对于风电而言无功功率的变化也会造成馈线上各负荷节点的电压变化。含 DG 配网轻载运行时，线路节点的电压偏差可能超标。

（2）谐波。DG 对接入引起谐波畸变主要是由于并网时变流设备中开关原件的频繁开断，采用发电机并网的 DG 引起的谐波电流畸变程度并不大，在配网由 DG 引起谐波的分析中可不计其影响。而逆变器不同的工作模式会给电网注入不同频次与不同程度的谐波污染。为并网逆变设备配置相应的控制系统，配合适当策略，对逆变器的冗余容量合理利用起到滤波功能，从而改善谐波污染状况。

（3）电压波动。电压波动定义为电压均方根值的一系列相对快速变动或连续改变的现象。电压波动 d 为一系列电压均方根值变化中的相邻两个极值之差与标称电压的相对百分数，即

$$d=(U_{max}-U_{min})/U_N\times100\% \tag{8.3}$$

式中　U_{max}，U_{min}——电压最大值、最小值；

U_N——系统额定电压。

这里以 d 的大小作为电压波动的量度。为了区分电压波动和电压偏差，在国家电能质量标准中特别对电压的波动性给出了定义，即均方根值电压的变化速率不低于每秒 0.2%。电压变动发生的次数是分析电压均方根值变化特性的另一个重要指标。将单位时间内电压变动的次数称为电压变动频度，一般以时间的倒数作为频度的单位。

配网节点电压变化受线路上流动的功率影响，电压受 DG 影响产生波动的原因也主要是由于电源注入其中的功率不能保持稳定不变，总结各发电单元的特点，波动源于以下方面：不受控 DG 因能源与自然因素变化产生的波动、DG 不规律启停造成的波动、控制方式与优化策略造成的波动。

线路电压受影响波动的难易程度可由短路容量衡量，DG 接入点短路容量越大，受到干扰产生的电压波动的程度就越小，相反，若短路容量较小，接入点的电压很容易因功率波动而产生较大的波动。

DG 接入的配电网一般为 10kV 及以下的中低压配电网，其并网点的短路容量较高压网而言很小，因此更容易受到 DG 注入功率波动的影响。但 DG 为系统增加了一部分容量，加强了系统强度，如能配合适当的控制方式扬长避短，可以起到抑制区域配网电压波动的作用。

（4）三相不平衡。系统三相上负荷与电源配置不均、系统出现非对称故障都使配网三相不平衡，三相配置均匀的系统也无法避免供用过程的随机性造成三相不平衡。通常所说传统系统的供电侧不平衡主要是说线路端的问题，但随着 DG 渗透率的升高，单相并网源

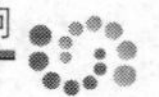

极易引起三相不平衡。同时，三相DG本身的三相功率不平衡，或者三相并网变流器的结构和参数不对称使本应三相平衡的功率出现不平衡，三相DG及其并网接口一旦发生不对称故障，也会造成所接入电力系统的事故性不平衡。考虑到配电网与传统大型发电机间电气距离较远，其三相平衡度受分布式可再生能源发电的影响更大。

3. 含分布式电源的配电网电能质量分析

为分析分布式电源接入后的配电网电能质量，建立含分布式电源的配电网简化等效模型，如图8.2所示，图中：S_N 为等效的外接系统；U_N 为根节点母线电压的额定值；配电网系统负荷、分布式电源的功率因数为 ϕ_1、ϕ_2，假设配电网节点 k 的负荷功率、并网的分布式电源功率分别为 $P_{L\cdot k}+jQ_{L\cdot k}$ 和 $P_{DG\cdot k}+jQ_{DG\cdot h}$，该系统节点的总数为 n；馈线 k 的等值阻抗大小为 R_k+jX_k，节点 k 的配变容量额定值为 $S_{NT\cdot k}$，其中有功和无功损耗的占比分别为 β_k、α_k 配电网总负荷功率和总分布式电源功率为

$$P_L=\sum_{k=0}^{n}P_{L\cdot k}=\beta S_{NT} \tag{8.4}$$

$$Q_L=\sum_{k=0}^{n}Q_{L\cdot k}=[\alpha+\tan(\arccos\phi_1)\beta]S_{NT} \tag{8.5}$$

$$Q_{DG}=\sum_{k=0}^{n}Q_{DG\cdot k}=\tan(\arccos\phi_2)P_{DG} \tag{8.6}$$

其中

$$P_{L\cdot k}=\beta_k S_{NT\cdot k} \tag{8.7}$$

$$Q_{L\cdot k}=\alpha_k S_{NT\cdot k}+\tan(\arccos\phi_1)Q_{L\cdot k} \tag{8.8}$$

$$Q_{DG\cdot k}=\tan(\arccos\phi_2)P_{DG\cdot k} \tag{8.9}$$

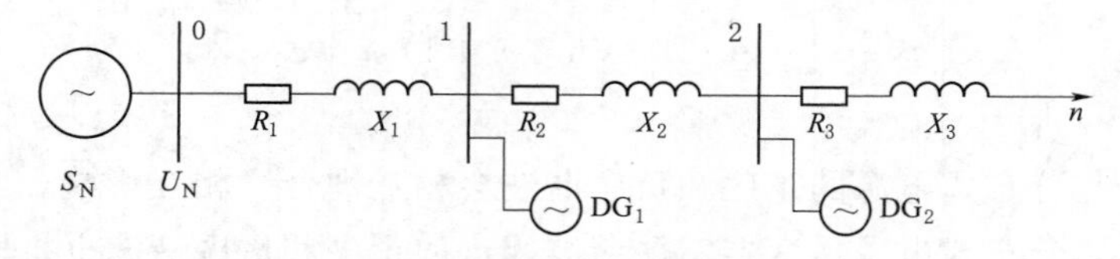

图8.2 配电网简化等效模型

当配电网无分布式电源并网时，即各节点的分布式电源功率均为0时，配电网节点 k 电压偏差计算表达式为

$$\Delta U_k\%=-\frac{\sum_{i=0}^{k}(R_i\sum_{k=i}^{n}P_{L\cdot k}+X_i\sum_{k=i}^{n}Q_{L\cdot k})}{U_N^2}\times 100\% \tag{8.10}$$

当该配电网有分布式电源并网时，分布式电源的有功与无功出力将使配电网的潮流大小发生改变，从而导致配电节点的电压偏差发生变化，分布式电源并网后节点 k 的电压偏差的计算为

$$\Delta U_k\%=-\left\{\frac{\sum_{i=0}^{k}(R_i\sum_{k=i}^{n}P_{L\cdot k}+X_i\sum_{k=i}^{n}Q_{L\cdot k})}{U_N^2}-\frac{\sum_{i=0}^{k}(R_i\sum_{k=i}^{n}P_{DG\cdot k}+X_i\sum_{k=i}^{n}Q_{DG\cdot k})}{U_N^2}\right\}\times 100\% \tag{8.11}$$

由分布式电源引起的节点 k 的电压波动大小为

$$d_{\mathrm{DGk}}\%=\frac{\sum_{i=0}^{k}(R_{ik}\sum_{i=k}^{n}P_{\mathrm{DG}\cdot k})}{\lambda U_{\mathrm{N}}^{2}}\times 100\% \tag{8.12}$$

式中：λ 为电源实际出力与额定值的比值。

将分布式电源等效成一个谐波电流源，则其向配电网系统注入的谐波电流表达式为

$$\dot{I}=\frac{Z_{\mathrm{eqlh}}}{Z_{\mathrm{eqsh}}+Z_{\mathrm{eqlh}}}*\dot{I}_{\mathrm{DGh}} \tag{8.13}$$

式中　Z_{eqsh}——配电网系统侧的等效谐波阻抗；

Z_{eqlh}——分布式电源接入点后的等效谐波阻抗。

分布式电源产生的谐波电流大部分通过配电网的主干线路流入公共系统，负荷节点流过的谐波电流较少，分布式电源并网点越靠近配电网线路的末端，并网点后的主干支路流过的谐波电流就越小。配电网本身也存在一定的谐波，其中低次谐波会进入分布式电源的控制系统，且分布式电源逆变装置的低次谐波也会进入到控制系统，而分布式电源的谐波特性主要与控制系统相关，以配电网中常见的5次、7次谐波为例，其旋转频率均为6倍的基频。因此，可得对含有谐波的配电网电压进行 $dq0$ 变换，即

$$\begin{bmatrix}u_{\mathrm{dm+}}\\u_{\mathrm{qm+}}\\u_{\mathrm{0m+}}\end{bmatrix}=A_{\mathrm{m+}}\begin{bmatrix}\cos[(m-1)\omega t+\varphi_{\mathrm{m+}}]\\\sin[(m-1)\omega t+\varphi_{\mathrm{m+}}]\\0\end{bmatrix} \tag{8.14}$$

$$\begin{bmatrix}u_{\mathrm{Adm-}}\\u_{\mathrm{Aqm-}}\\u_{\mathrm{A0m-}}\end{bmatrix}=A_{\mathrm{m-}}\begin{bmatrix}-\cos[(m+1)\omega t+\varphi_{\mathrm{m-}}]\\\sin[(m+1)\omega t+\varphi_{\mathrm{m-}}]\\0\end{bmatrix} \tag{8.15}$$

配电网本身与分布式电源的正序和负序谐波会相互耦合、相互影响，当配电网本身含有某低次谐波时，分布式电源逆变器零序谐波邻近的正序和负序谐波也将发生变化。

以某铝业有限公司光伏发电项目为例，该项目总光伏装机容量20MW，通过公线专变并网。根据计量自动化系统数据，如图8.3所示。2017年8月6日星期日12：00，工厂用电功率小，光伏发电功率大，导致A相电压升高至10.7kV，C相电压升高至10.8kV。A相电压临界越上限，C相电压越上限。并网点电压与光伏发电上网功率变化趋势一致，呈正相关。8：00—17：00工厂用电功率为0，光伏发电上网功率为正值，即光伏发电功率在满足自发自用的基础上，还有功率反送电网。12：00最大反送功率达1200kW，导致并网点电压升高越上限。供电公司在并网方案审查时，应充分考虑反送功率较大时的并网点电压升高问题，尽量选用大容量线路并网以提高并网点容量，以及降低反送功率较大时的电压升高幅度。如果电压升高幅度仍然较大，可以采用分布式多点并网的方案，以减小各并网点的并网容量来控制电压升高幅度。

8.2.3　分布式电源对配电网继电保护的影响

大多数传统配电网是采用“放射状”，分布式电源接入配电网之后，原有配电网的拓

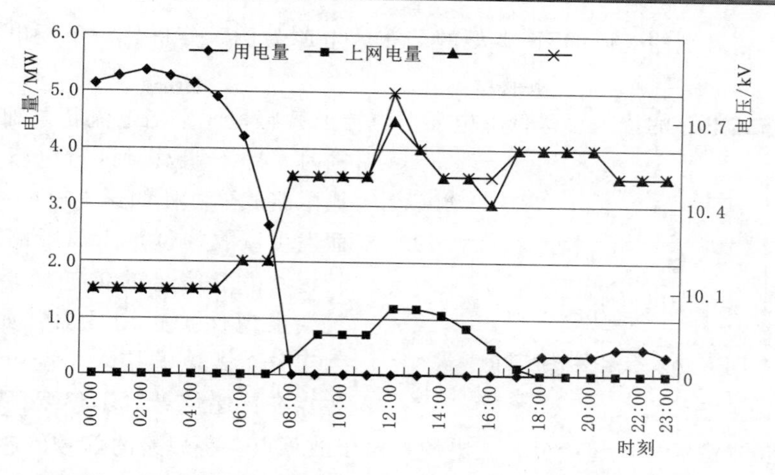

图 8.3 某铝业有限公司并网点电压与实时功率关系图

扑结构发生改变，由单电源辐射型网络变为多电源复杂网络，潮流流向不再单一从变电站母线流向负荷，原配电网的潮流必然会发生变化，从而对以往配电网结构设计的继电保护装置将产生影响。配电网继电保护能够保证在电网发生故障时故障点及时被隔离，在电力系统中起到安全保护作用，是确保电力系统安全稳定运行的重要组成部分。配电网中经常发生的故障以短路故障和断线故障为主，其中短路故障对配电网造成的影响最大。在配电网发生短路故障时，各处的继电保护装置要能正确区分被保护线路或设备是正常运行状态还是故障状态，是处在各自保护范围内还是保护范围外等信息。当配电网的架空传输线路或电气设备等被保护元件发生故障时，故障的出现会导致配电网中某些电气物理量与正常供电时明显不同，继电保护装置正是根据这些不同的电气物理量为判据来实现保护功能，这就是继电保护的基本原理。

由于分布式电源本身也会存在发生故障的可能性，当分布式电源介入电路系统后，需要对系统进行定期的检测维修。分布式电源任何的异常情况都会影响到系统整体的运行。另一方面，分布式电源的介入还会影响到电路本来的结构，电路系统结构的改变也会影响到各个支路的运行情况。分布式电源对于系统的影响会根据分布式电源的并网容量以及分布式电源在电网中所处的位置而定。当分布式电源的并网容量较小且该电路中接入的分布式电源数量不多时，分布式电源的接入对电网影响不大。当接入的分布式电源并网容量很大且电路中接入的分布式电源数量较多时，对于电网的影响较大。

当配电网中发生短路故障时，分布式电源向短路点提供短路电流，使得配电网中出现大小和方向都不确定的短路电流，严重影响原继电保护装置的判断，导致继电保护装置拒动或误动，甚至进一步扩大故障范围，严重危害电网安全。另外，通过原继电保护装置的错误动作很容易形成电力孤岛效应，这将严重危害电气设备，甚至危及人身安全。随着科学技术水平的不断提高，继电保护装置也在不断改进，以便其能够更好地服务于电力系统。但分布式发电系统对其产生的影响仍不可避免，分布式光伏电源对配电网保护的影响，主要包括：影响短路电流、对重合闸的影响、逆向潮流、孤岛运行。

1. 对电流保护的影响

配电网络中对于通过的电流有一定的要求，由于电源的并入点以及电量不同，所带来的影响也是千差万别的。以 DER 类型的分布式电源为例，分析其对于配电网络可能有以下影响：

（1）分布式电源的接入会降低继电器对电流的敏感程度。当电流超过配电网的承受范围时，也不能及时进行电流保护，容易造成电路故障。比如说配电网中出现了问题，而发生事故的位点距离断路器的位置又比较远，由于信息的传递需要较长的时间，就会出现保护拒动现象。如图 8.4 所示，由于分布式电源接入了配电网络，故障发生点在传递信号时不仅要面向系统内的总电源，还要同时将信号传递给分布式电源，由于故障点会将短路的信号传递给分布式电源 DER。使得通过 DER 的电流急剧增大，进而引起 PCC 处的电压出现异常。系统对于电流的敏感程度也会降低。不仅如此，继电器能够进行电流保护的实际范围也大大缩减。这一点通过公式也可以看出：

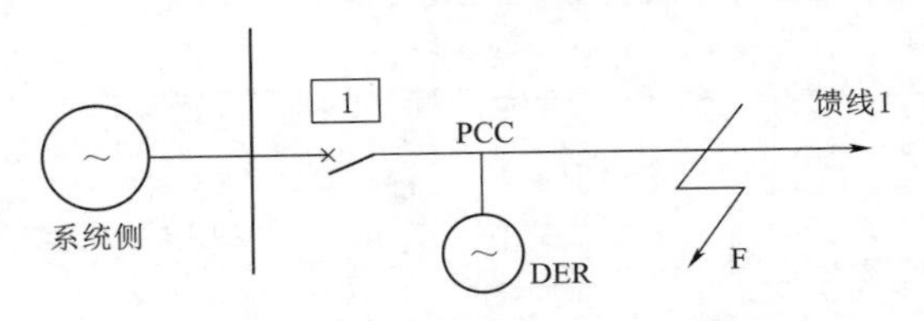

图 8.4　DER 接入引起保护拒动的情况

$$K=\frac{I_{sc}}{I_{set}} \tag{8.16}$$

式中　I_{set}——定值，不随配电网的结构而发生变化；

I_{sc}——电网在没有接入分布式电源的情况下，故障点处的短路电流值。

可见在接入电源后，继电器的电流保护灵敏系数有所降低。在这种情况下，出现保护拒动的几率会大大提升，更容易发生电路故障。

$$K=\frac{I_{sc}-I_{DER}}{I_{set}} \tag{8.17}$$

（2）导致本线路保护误动。除此之外，如果发生故障的线路周围设置了多条母线，且它们的距离很近，继电器可能会做出错误的保护动作，即很有可能出现保护误动现象，具体情况如图 8.5 所示。若电压为 10kV 的母线出现故障，在其周围接有 F2 和 F3 馈线，如果不接入分布式电源，保护系统将能够准确感受到出现电流故障的线路，而当配电网设置了分布式电源以后，保护系统对电流的敏感程度降低，在判断具体是那一条线路出现了故障时，很容易出现误判现象，造成保护误动。在进行定性定量的分析之后，总结出了配电网出现保护误动的前提条件，即

$$I_{DER}>I_{set} \tag{8.18}$$

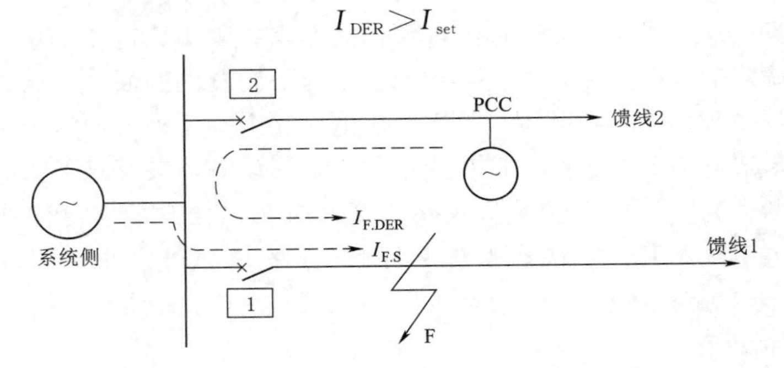

图 8.5　DER 引起保护误动的情况

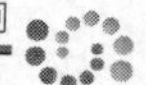

也就是说当DER提供的短路电流大于电流保护的整定值时就会出现电流保护误动。从式（8.18）中可以看出要想有效地解决电流保护误动这一问题，就要降低分布式电源的电容量。同时还应该搭配能够控制电流方向的电学元件，这样可以最大化降低保护误动出现的概率。

（3）超过断路器遮断容量，造成设备损坏。分布式电源有时会给整个电路带来难以修复的破坏，当分布式电源没有通过本馈线接入电网，而是通过母线等其他方式接入电路的情况下，会使短路电流急剧增大，甚至会超过断路器的额定电压，击穿断路器。如图8.6所示，在电路没有分布式电源的情况下，故障点出现的短路电流只流向系统电源，而当分布式电源接入以后，短路电流同时流向系统电源和分布式电源，由于电流的流向点有所增加，导致短路电流增大，从而影响故障点周围的线路。使其对于电流的敏感程度大幅度降低，不能对馈线末端故障实施保护。在保护对象的选择方面太过于单一，电流太大时还会损坏设备。这种故障发生的条件可以总结为

$$I_{br}<I_{sc}+I_{DER} \tag{8.19}$$

即断路器的最大开断电流小于故障点为系统和分布式电源提供的短路电流之和，要想避免此种现象的发生，可以考虑降低DER的容量，或者提高断路器的额定电流以及安装故障限流器。

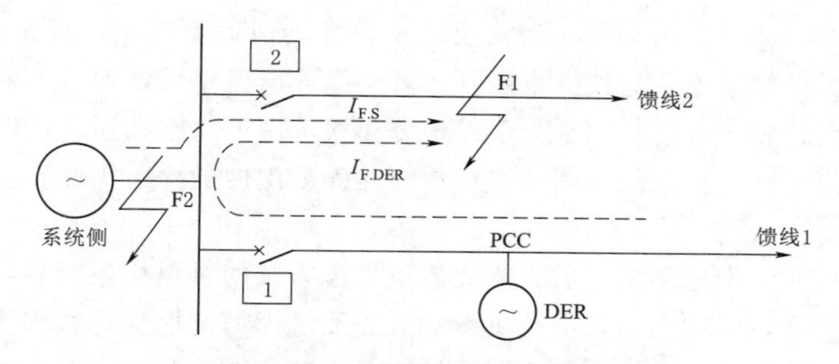

图8.6 DER造成断路器损坏的情况

2. 对自动重合闸的影响

为了控制电路的解锁与开锁，通常会在配电网架的继电保护装置中安装一个自动重合闸装置。为了达到最好的保护效果，通常都会安装在主馈线附近，这样当线路出现故障时，继电保护装置可以以最快的速度解决问题，然后恢复电路的正常供电。但是当分布式电源接入了线路以后，原来的网络架构已经受到了影响，结构的复杂使得自动重合闸装置的灵敏度有所降低，如果在发生故障时，电路没有及时断开，有可能造成电弧重燃，甚至会损坏自动重合闸装置。在接入了分布式电源的配电网中，由于故障点要同时向系统电源和分布式电源同时传递故障信号，在两个电源之间的母线就很有可能会出现故障，进而引起非同期重合闸现象。如果自动重合闸装置在工作时，分布式电源还处于异常工作状态，极有可能会发生非同期重合闸现象。这种故障对于整个配电网络都会带来巨大的损坏，当电网中接入了DER以后，如果短路电流在传递至系统电源与分布式电源之间时出现了问题，系统会采取保护动作来进行故障点的安全隔离。故障点与系统电源分开后，就只和分布式电源保持着一定的联系。短路电流一旦超出了分布式电源的承受范围。就会引起故障

点处的自动重合闸装置失灵，分布式电源也不能继续稳定地供给电流，使系统在局部处于异常工作状态。需手动操作重合闸来实现电路的断开与接通。手动操作的前提条件是系统电源与分布式电源的交流电电压刚好变化至同一相位。如果二者的电压相位不在同一点，即使相差的很小，也会造成电路事故。比如故障点处会再次进行电流保护，引起停电事故。如果电压引起的电流太过于强大，超出了系统的额定电压，就会对设备造成不同程度的影响，设备的使用年限会因此大大缩减，严重的时候可直接将设备击穿，为系统带来不可逆转的损坏。

当系统已经完成故障点处的断路操作时，在重新接通之前，必须要保证故障点处的电弧处于完全熄灭状态，否则在重新接通电路之后可能会引起电弧重新燃烧。除此之外还要保证短路之后，系统电源和分布式电源与故障点断开，否则的话，由于断路的故障点继续得到电流，电弧可能会重新燃烧。而且在持续供给故障点电流的情况下，是没有办法将电弧彻底熄灭的。如果自动重合闸装置在系统没有熄灭电弧的情况下就接通了电路，会导致系统中的电流瞬间增大，严重时会将整个装置击穿，引起更加严重的电路事故。因此要保证故障点与电源是处于断开状态的，这样才能彻底将电弧熄灭。

在分布式电源介入的配电网络系统中，要求自动重合闸装置迅速做出反应。最长反应时间为 0.5s，而反应需要的时间最少为 0.2s。因为时间的限制，使得自动重合闸装置内部结构变得很复杂，越复杂的结构，做出反应所需要的时间就越短。但是时间不能太短，否则的话，分布式电源来不及与故障点断开，就会造成电弧重燃，而且非同期重合闸对于电路也会造成很大程度的损坏。如果为了缩短分布式电源退出电路所需的时间而去人为熄灭电弧，将会大幅度地延长事故时间，造成更大时间范围内的停电事故，会给用户带来更多的不便。

分布式电源接入了配电网络以后，需要着重考虑系统的供电质量问题，也就是如何能够提高用户的满意度，因此当出现电路故障时，需要考虑如何能够尽快解决问题，如何能够提高自动重合闸装置的工作效率。为了能够配合自动重合闸装置，需要缩短分布式电源退出电路所需要的时间，否则就很容易造成非同期合闸，会给系统带来很严重的影响。

3. 对故障电流的影响

以 DG 接入中间母线对继电保护的影响为例说明。根据故障发生时相对于 DG 的位置，分三种情况进行讨论：

(1) 短路故障位于 DG 的上游。含 DG 的配电网结构如图 8.7 所示，分金属性故障与非金属性故障进行讨论。

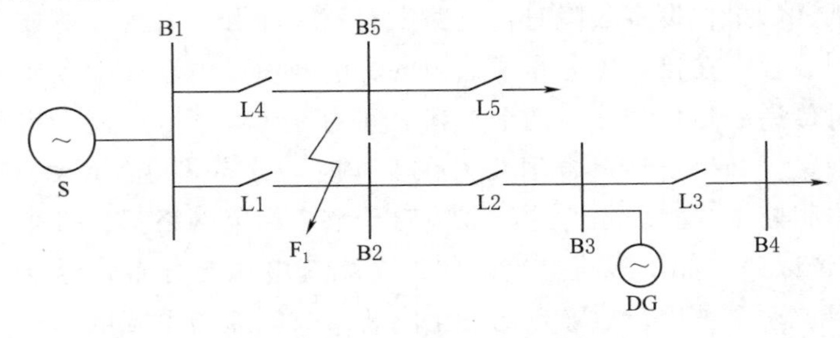

图 8.7　DG 接于中间母线拓扑结构图

1）金属性故障对L1保护的影响。若金属性故障发生在线路L2上的F_1处时，应用叠加原理，可以得到故障附加状态下的等效电路，如图8.8所示。

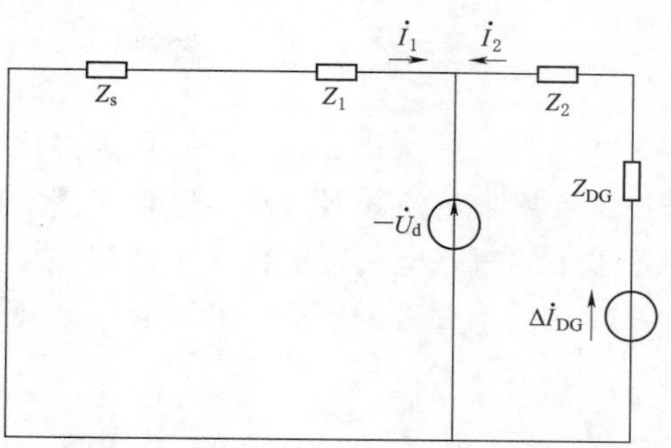

图8.8 DG接于中间母线故障附加状态下的等效电路

图中，Z_S是母线B1上游系统等效阻抗，Z_1是母线B1到短路点F_1之间的线路阻抗，Z_2是DG并网点到短路点F_1之间的线路阻抗，Z_{DG}为DG自身阻抗。U_d为短路点F_1处短路之前的电压。发生故障后，DG的故障助增电流可以等效为一个DG并网处的值为ΔI_{DG}的电流源。ΔI_{DG}的数值等于$\Delta I_{DG}=I_{FDG}-I_{DG}$，其中$I_{FDG}$为故障后DG发出的故障助增电流，$I_{DG}$为故障前DG在并网处的并网电流。DG并网前，由图8.8可得到流过$L1$保护电流I_1为

$$\dot{I}_1=\frac{\dot{U}_d}{Z_S+Z_1} \tag{8.20}$$

金属性故障时流过L1保护的电流I_1'：

$$\dot{I}_1=\frac{\dot{U}_d}{Z_S+Z_1} \tag{8.21}$$

从式（8.20）和式（8.21）可以得出，发生金属性故障时，DG并网对L1保护并没有影响，保护可以正确动作。

2）非金属性故障对L1保护的影响若非金属性故障发生在线路L1上的F_1处时，此时网络由两端供电，如图8.9所示。

应用叠加原理，可以得到故障附加状态下的等效电路，如图8.10所示。其中，Z_d是故障下的过渡阻抗，由于其存在，短路点F_1处电压不再等于零，其值应略大于0。DG并网前，由图8.10可得到流过L1保护电流$\dot{I}_1$为

$$\dot{I}_1=\frac{\dot{U}_d'}{Z_S+Z_1} \tag{8.22}$$

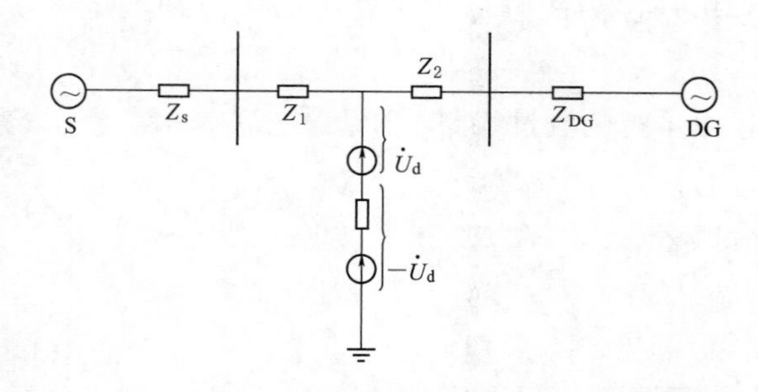

图8.9 DG接于中间母线发生非金属性故障图

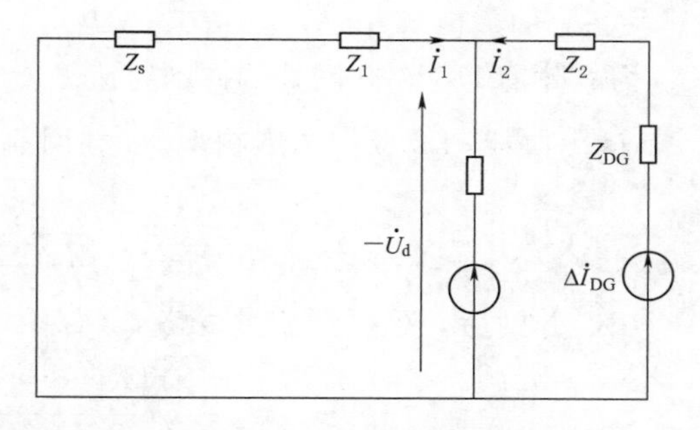

图8.10 DG接于中间母线故障附加状态下的等效电路

非金属性故障时流过 L1 保护的电流 $\dot{I}'_1$ 为

$$\dot{I}'_1=\frac{\dot{U}'_{\mathrm{d}}}{Z_{\mathrm{S}}+Z_1}-\frac{Z_{\mathrm{d}}}{Z_{\mathrm{S}}+Z_1+Z_{\mathrm{d}}}\Delta\dot{I}_{\mathrm{DG}} \tag{8.23}$$

从式（8.22）和式（8.23）可以得出，非金属性短路时，由于过渡阻抗的存在，继电保护装置采集电流相对减小，降低了保护的灵敏度。当过渡阻抗 Z_{d} 足够大时，L1 的保护装置采集的短路电流可能低于Ⅰ段的整定值，从而造成保护装置的拒动。

（2）短路故障位于 DG 的下游。若短路点 F_2 位于 DG 下游，讨论 DG 并网后发生金属性短路的情况，网络拓扑结构图如图 8.11 所示。

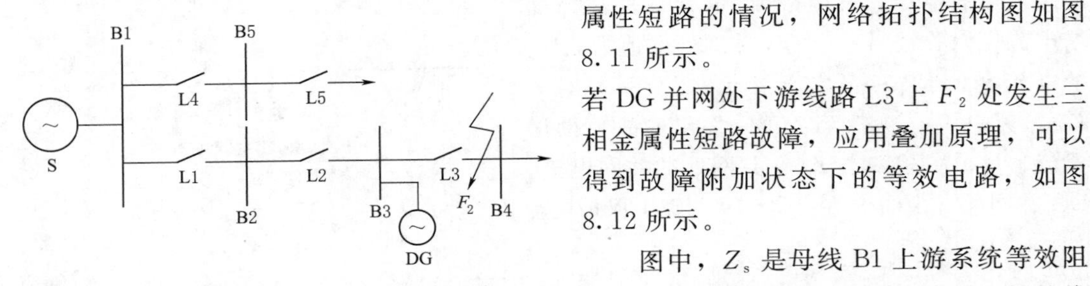

图 8.11　短路点 F_2 位于 DG 下游拓扑结构图

若 DG 并网处下游线路 L3 上 F_2 处发生三相金属性短路故障，应用叠加原理，可以得到故障附加状态下的等效电路，如图 8.12 所示。

图中，Z_{s} 是母线 B1 上游系统等效阻抗，$Z_{3\mathrm{f}}$ 是母线 $B3$ 到短路点 F_2 之间的线路阻抗，$Z_{4\mathrm{f}}$ 是母线 $B4$ 到短路点 F_2 之间的线路阻抗，Z_{12} 是母线 B1 到母线 B2 之间的线路阻抗，Z_{23} 是母线 B2 到母线 B3 之间的线路阻抗，Z_{DG} 为 DG 自身阻抗。$\dot{U}_{\mathrm{d}}$ 为短路点 F_2 处短路之前的电压。发生故障后，DG 的故障助增电流可以等效为一个 DG 并网处的值为 ΔI_{DG} 的电流源。

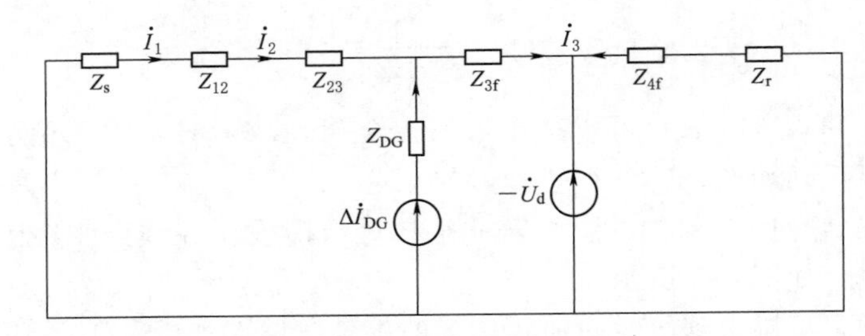

图 8.12　短路点 F_2 位于 DG 下游的等效电路

ΔI_{DG} 的数值等于 $\Delta I_{\mathrm{DG}}=I_{\mathrm{FDG}}-I_{\mathrm{DG}}$，其中 I_{FDG} 为故障后 DG 发出的故障助增电流，I_{DG} 为故障前 DG 在并网处的并网电流。

1）对线路 L2 保护的影响。DG 并网前，由可得到流过线路 L2 保护电流 $\dot{I}_2$ 为

$$\dot{I}_2=\frac{\dot{U}_{\mathrm{d}}}{Z_{\mathrm{S}}+Z_{12}+Z_{23}+Z_{3\mathrm{f}}} \tag{8.24}$$

DG 并网后，可得到流过线路 $L2$ 保护电流 $\dot{I}'_2$为

$$\dot{I}'_2=\frac{\dot{U}_{\mathrm{d}}}{Z_{\mathrm{S}}+Z_{12}+Z_{23}+Z_{3\mathrm{f}}}-\frac{Z_{3\mathrm{f}}}{Z_{\mathrm{S}}+Z_{12}+Z_{23}+Z_{3\mathrm{f}}}\Delta I_{\mathrm{DG}} \tag{8.25}$$

从式（8.24）和式（8.25）以得出：DG 并网后的电流相对并网之前减小，而且随着 DG 容量增大，短路点的 ΔI_{DG} 越大，DG 并网对上游产生的分流作用越大。短路点 F_2 发

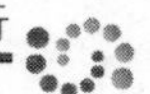

生短路时，当线路L3的保护由于主保护拒动或断路器故障无法动作时，应立即由远后备保护L2保护来切除故障。但是因为DG并网对上游产生的分流作用，促使L2保护采集短路电流降低，进而造成L2保护的灵敏度下降，若L2保护采集到的短路电流小于保护Ⅱ段的整定值，则会造成保护拒动。

2）对下游保护P3的影响。DG并网前，由可得到流过线路L3保护电流 $\dot{I}_3$，即

$$\dot{I}_3=\frac{\dot{U}_d}{Z_S+Z_{12}+Z_{23}+Z_{3f}} \tag{8.26}$$

DG并网后，可得到流过线路L3保护电流 $\dot{I}'_3$，即

$$\dot{I}'_3=\frac{\dot{U}_d}{Z_S+Z_{12}+Z_{23}+Z_{3f}}+\frac{Z_{3f}+Z_{12}+Z_{23}}{Z_S+Z_{12}+Z_{23}+Z_{3f}}\Delta\dot{I}_{DG} \tag{8.27}$$

从式（8.26）和式（8.27）可以得出：DG并网后的电流相对并网之前有所增加，灵敏度也有所增加，扩大了保护的范围。而且，随着DG容量的增加，增流作用反映的越显著。此时，保护范围可能增大到下级线路的Ⅰ段保护范围内，当有故障发生时，可能两段保护均会没有选择性的动作。

（3）短路故障位于DG的邻近馈线。若DG并网处线路的邻近馈线上发生了三相短路故障时，给出相应的网络拓扑结构图，如图8.13所示。当L4线路的首端 F_3 处发生三相短路故障时，DG产生的短路电流 $\dot{I}_d$ 就会经由L1保护和L2保护流向邻近馈线。但是，如果DG容量过大，经由L2保护的逆向短路电流有效值可能会比Ⅰ段整定值大，传统三段式电流保护没有安装方向元件的情况下，L2保护就会误动作。对于L4保护与L5保护，其受到的影响和DG并网点下游保护受到的影响基本一致，邻近短路时，短路电流将由系统电源S和DG共同产生，增大了L4保护与L5保护采集到的电流，扩大了其Ⅰ段保护的范围。

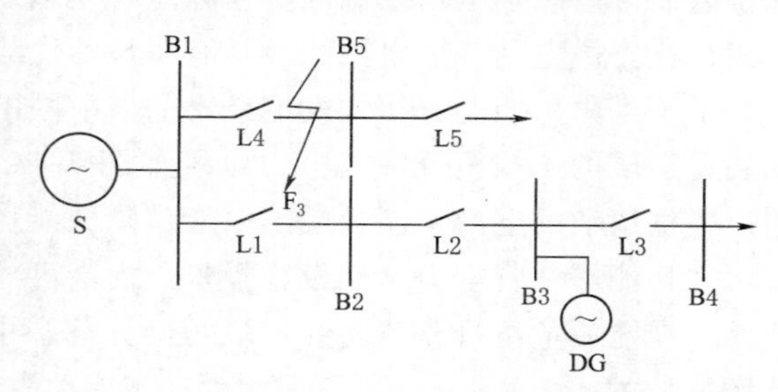

图8.13 短路点 F_2 位于DG邻接馈线拓扑结构图

8.3 微电网的控制与运行

8.3.1 微电网的提出

1. 微电网的定义

分布式发电的发展催生微电网的诞生。分布式发电可以减少电网总容量，改善电网的峰谷性能、提高供电可靠性，是大电网的有力补充和有效支撑。分布式发电成为电力系统重要的发展趋势之一。随着分布式发电渗透率不断增加，其本身存在的一些问题也显现出来。①分布式电源单机接入控制困难、成本高；②分布式电源相对大电网来说是一个不可控源，因此大系统往往采取限制、隔离的方式来处置分布式电源，以期减小其对大电网的

冲击；③目前配电网所具有无源辐射状的运行结构以及能量流动的单向、单路径特征，使得分布式发电必须以负荷形式并入和运行，即发电量必须小于安装地用户负荷，导致分布式发电能力在结构上就受到极大限制。随着新的技术的应用，尤其是电力电子技术和现代控制理论的发展，在21世纪初，美国学者提出了微电网的概念，微电网技术开始在美国、欧洲和日本得到广泛的研究。

微电网将额定功率为几十千瓦的发电单元——微源（MS）、负荷、储能装置及控制装置等结合，形成一个单一可控的单元，同时向用户供给电能和热能。基于微电网结构的电网调整能够方便大规模的分布式能源互联并接入中低压配电系统，提供了一种充分利用分布式能源发电单元的机制。

与传统的集中式能源系统相比，微电网接近负荷点，不需要建设大电网进行远距离输电，从而可以减少线损，节省输配电建设投资和运行费用；由于兼具发电、供热、制冷等多种服务功能，分布式能源可以有效地实现能源的梯级利用，达到更高的能源综合利用效率。如分布式电源能在暂态情况下自主运行，即在外部配电网上游部分出现扰动情况下，可以提高系统可靠性，同时可提高电网的安全性。另外，其黑启动功能可以使停电时间最短并能帮助外部电网重新恢复正常运行。微电网能以非集中程度更高的方式协调分布式电源，因而可以减轻电网控制的负担并能够完全发挥分布式电源的优势。与大电网单独供电方式相比，微电网与大电网结合具有明显的优势。

基于可再生能源分布式发电技术的微电网由可再生能源微电源、负荷、储能系统和控制装置组成的小规模分散式电力系统如图8.14所示。微电网作为大电网的补充，可以为用户提供清洁的电力、高品质的电能、降低能耗、减少对环境的污染，带来可观的经济效益，并且能够节省电力基础设施投资，提高可再生能源结构比重，解决无电地区人口供电问题。在能源危机日益严重和环境污染日益恶化的今天，微网技术从根本上改变了应对负荷增长的方式。

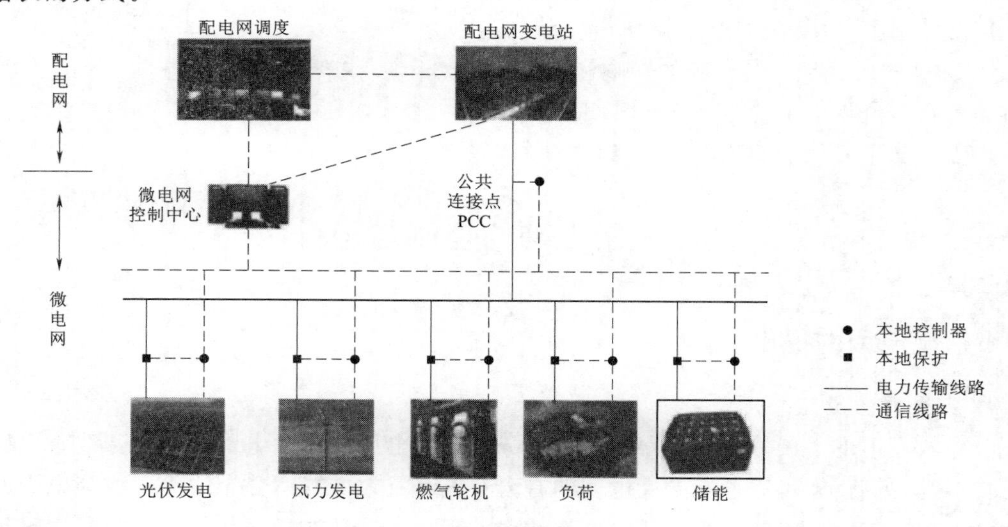

图8.14　微电网的组成及结构

2. 微电网的分类

根据微网中母线电能性质的不同，微网一般可以分为交流微电网、直流微电网、交直

流混合微电网。

(1) 直流微电网。直流微电网是指采用直流母线构成的微电网，其结构如图 8.15 所示。DG、储能装置、直流负荷通过变流装置接入直流母线，直流母线通过逆变装置接至交流负荷，直流微电网向直流负荷、交流负荷供电。

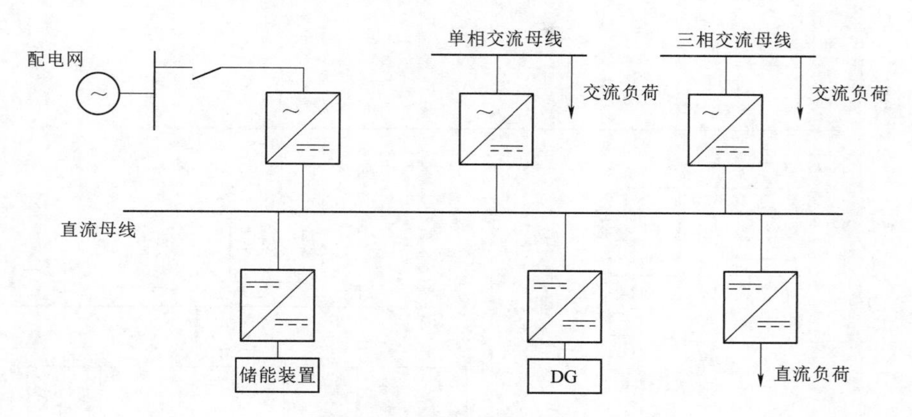

图 8.15 直流微电网结构

直流微电网的优点：由于 DG 控制只取决于直流电压，直流微电网的 DG 较易协同运行；DG 和负荷的波动由储能装置在直流侧补偿：与交流微电网比较，控制容易实现，不需要考虑各 DG 间同步问题，环流抑制更具有优势。

直流微电网的缺点：常用用电负荷为交流，需要通过逆变装置给交流用电负荷供电。

(2) 交流微电网。交流微电网是指采用交流母线构成的微电网，交流母线通过公共连接点 PCC 断路器控制，实现微电网并网运行与离网运行。交流微电网结构如图 8.16 所示，DG、储能装置通过逆变器接至交流母线。交流微电网是微电网的主要形式。

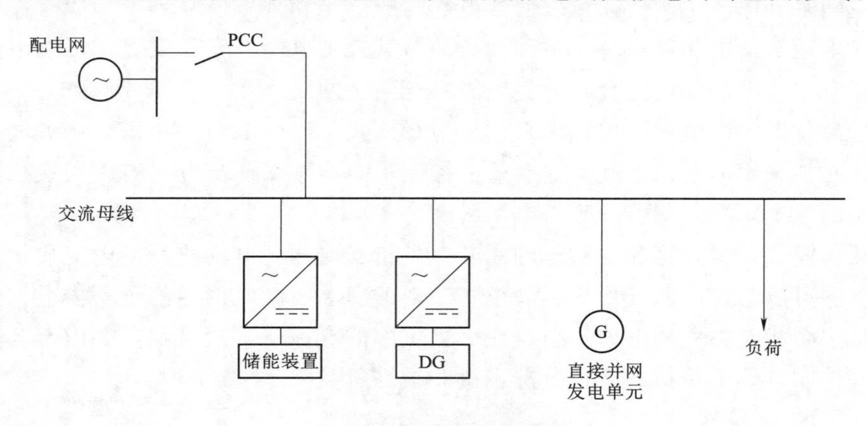

图 8.16 交流微电网结构

交流微电网的优点：采用交流母线与电网连接，符合交流用电情况，交流用电负荷不需专门的逆变装置。

交流微电网的缺点：微电网运行控制较难。

(3) 交直流混合微电网。交直流混合微电网是指采用交流母线和直流母线共同构成的微电网。为交直流混合微电网结构如图 8.17 所示，含有交流母线和直流母线，可以直接给交流负荷和直流负荷供电。整体上，交直流混合微电网是特殊电源接入交流母线，仍可以看成是交流微电网。

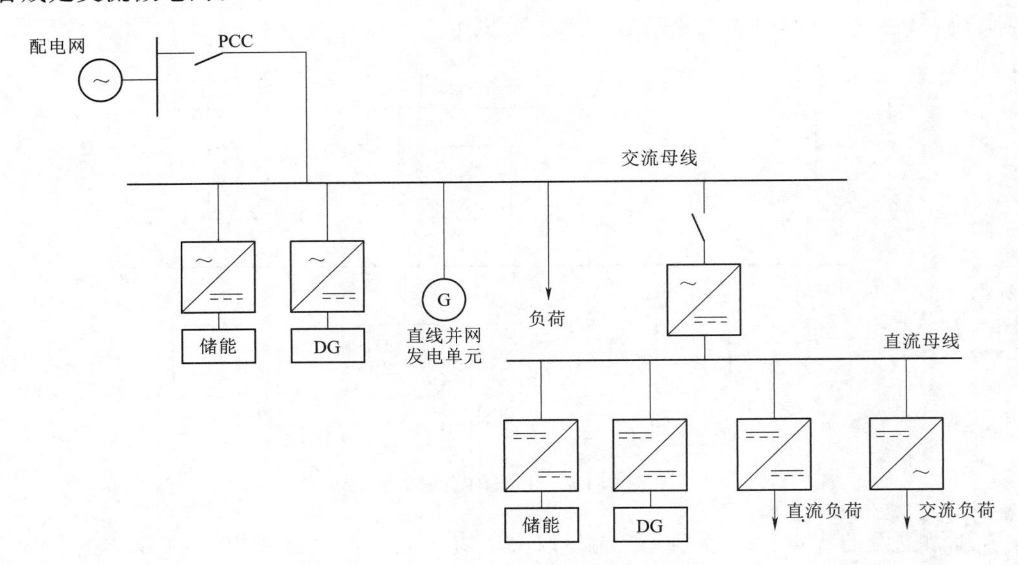

图 8.17　交直流混合微电网结构

3. 微电网的工作状态

微电网一般有以下运行状态：

（1）并网模式：微电网和公共电网相连。是指在正常情况下，微电网与常规电网并网运行时向电网提供多余的电能或由电网补充自身发电量的不足。微电网因负荷影响产生波动都是由主网来支撑，主网支撑可以使微电网内的电压和频率恢复到平稳状态。微电网电能无法支撑本地负荷电能需求时，主网会自动对其提供电能补充。反之，当微电网满足本地负荷后还有多余电能时，也会自动将电能补充给主网。

（2）过渡状态：微电网会根据需求切换运行模式。当微电网系统需要从孤岛和并网自由切换时，必须采用合理的控制器。有效的控制策略能够保证微电网自由切换孤岛或并网模式时系统的稳定，反之则会导致微电网跳闸。

（3）孤岛模式：微电网和公共电网断开。是指当检测到电网故障或电能质量不满足要求时，微电网可以与主网断开形成孤岛模式，由 DERs 向微电网内的负荷供电。微电网孤岛运行时是一个相对独立的电力系统。在失去主网的支撑下，微电网需要内部各分布式发电单元协调控制，调节负荷的合理分配平衡非线性负载。

8.3.2　智能微电网的控制策略

微电网控制应该做到能够基于本地信息对电网中的事件做出自主反应，例如，对于电压跌落、故障、停电等，发电机应当利用本地信息自动转到独立运行方式，而不是像传统方式由电网调度统一协调。微电网控制应当有以下控制策略：

（1）任意微源的接入不对系统造成影响。

(2) 平滑实现与电网的解并列。

(3) 有功、无功的独立控制。

(4) 具有校正电压跌落和系统不平衡的能力。

一般地,分布式电源都是通过电力电子接口与电网连接。对燃料电池发电、光伏电池发电以及蓄电池等,产生的是直流,经过 DC/AC 变换为 50Hz 的交流电;而风力发电,微型燃气轮机等通常先经过 AC/DC 变为直流,然后再经过 DC/AC 变换为工频交流电。因此电力电子技术尤其是逆变技术在分布式发电中占有很重要的地位。图 8.18 所示为逆变器接口分布式电源发电系统,图 8.18 (a) 是通过背靠背逆变器接口的交流分布式电源发电系统,图 8.18 (b) 是通过逆变器接口的直流分布式电源发电系统。主要部件包括能源部件、直流电容器、电压或电流型逆变器以及连接阻抗原件。

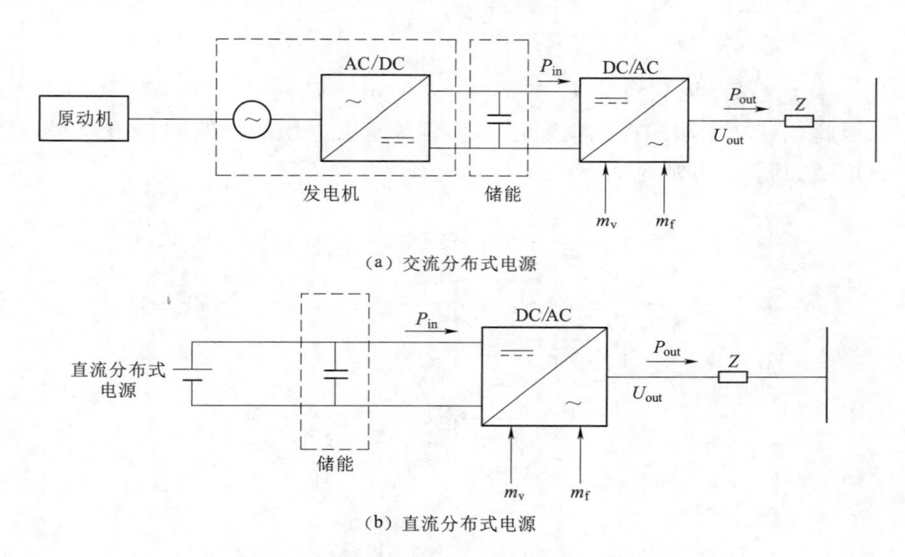

(a) 交流分布式电源

(b) 直流分布式电源

图 8.18 逆变器接口分布式电源发电系统

图 8.18 中,位于逆变器前的电容在暂态时可以提供电能,其作用相当于同步发电机转轴提供的旋转储能,维持暂态能量平衡,但是电容器能提供的能量要少得多。采用逆变器接口的分布式电源输出电压电流的频率由接口逆变器的控制策略决定,而其输出电压幅值由其直流侧电容电压幅值和接口逆变器的控制策略共同决定。所以,一个不同之处是分布式电源输出电压电流的频率变化和分布式电源原动机不存在直接关联,而是取决于接口逆变器的控制策略。这是逆变器接口系统与发电机直接并网系统的区别。另外一个不同之处在于电容的存储能量远少于旋转轴的旋转储能,这就是所谓的没有惯性,所以微电网中通常配备储能装置。因此,合理控制策略的选择对于逆变器接口分布式电源的正常运行至关重要。

为了简化建模过程,做一些假设:若直流电源为光伏电池,将它看作恒流源,若直流侧为燃料电池,将它看作恒压源。由于燃料电池、微型燃气轮机等电源的时间常数较大,在 10~200s 之间。当负载变化时电源功率输出不能及时增大或减小,因此直流侧电容器能够起到功率调节的作用,当电源发出功率大于负载功率时电容器充电,而当电源发出功

率小于负载功率时电容器放电，以平衡瞬时功率变化。有时电容器可以用蓄电池代替，但暂态稳定性不如电容器好。

对于采用电力电子逆变器的微电源，通常有有功—无功、有功—电压和电压—频率三种控制策略。

1. *有功—无功控制法*（PQ *控制法*）

逆变器作为微电源与交流电网之间的接口，最基本的功能就是控制输出的有功和无功功率。电压源逆变器能够控制输出的电压幅值和相角，而逆变器输出的电压相量与交流侧电压以及连接电感共同决定了直流侧到交流侧的有功和无功功率，即

$$P=\frac{UE}{\omega L}\cdot\sin(\delta_{V}-\delta_{E}) \tag{8.28}$$

$$Q=\frac{U^2}{\omega L}-\frac{UE}{\omega L}\cos(\delta_{v}-\delta_{E}) \tag{8.29}$$

当（$\delta_{v}-\delta_{E}$）足够小时，有功 P 主要由（$\delta_{v}-\delta_{E}$）决定，而无功功率 Q 主要由电压幅值决定。因此，有功无功的控制就简化为逆变器输出电压的幅值和相角控制。PQ 控制法的工作原理图如图 8.19 所示。

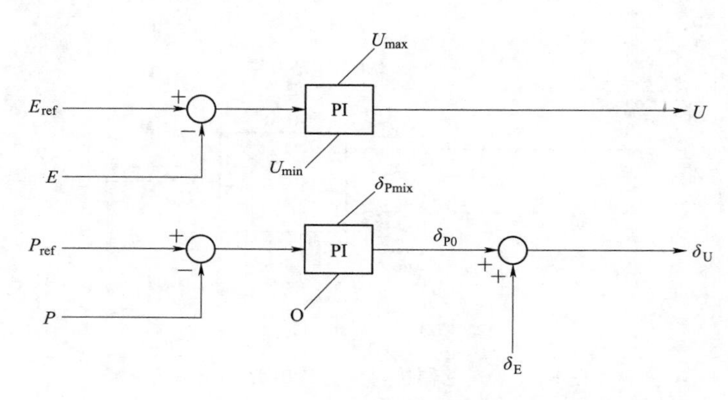

图 8.19　PQ 控制法工作原理图

P_{ref}、Q_{ref} 分别为有功、无功定值，分别与测量到的交流侧的有功、无功做差，经过 PI 调节器，分别控制逆变器的相角和幅值，从而达到控制输出有功和无功的目的。

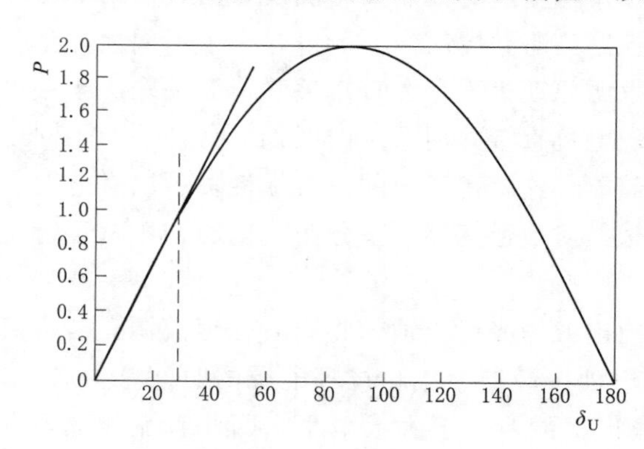

图 8.20　功角特性

连接电感的大小对控制也有很大的影响，根据图 8.20 的逆变电源输出的功角特性知道，为了保证功率与相角之间的线性关系，（$\delta_U-\delta_E$）最好小于 30°。一般地，连接电感=1～10mH。另外，微电源组成的系统的最大问题是没有“热备用”，对负载瞬时变化的响应速度慢。在传统电网中，发电机存在转动惯量，因此当负载增加时，转子可以降低转速从而使交流系统频率略微减小以满足初始时的功率平衡。

但是在逆变器接口的电网中，不存在转动惯量。如前所述，一种解决方案就是利用蓄电池来实现快负荷跟踪或者使用电容器来增强暂态稳定性。由于直流侧电容或蓄电池蓄能装置有相应的控制和保护来保证直流侧电压的稳定性并且能够迅速跟踪负荷功率变化，因此应将重点放在逆变器的控制上。

2. 有功—电压控制法（PV 控制法）

有功—电压控制法的原理框图如图 8.21 所示。

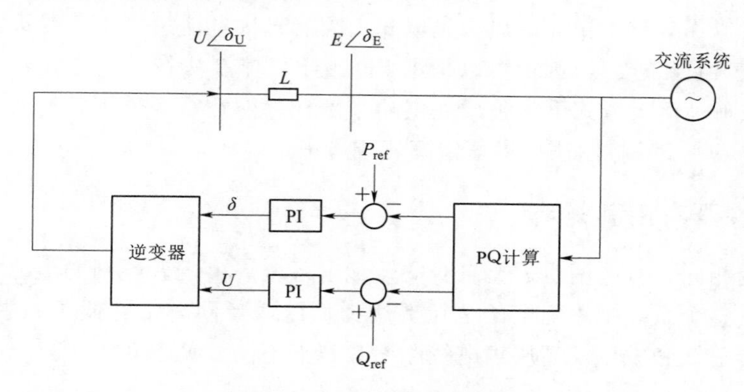

图 8.21 逆变器 PV 控制法

PV 控制法用来调节输出有功大小并且保持母线电压维持在一定的水平上。有功控制通过一个闭环控制，与前面的 PQ 控制法类似，电压调节是通过测量值与给定值的比较，然后通过 PV 调节器来控制逆变器的输入电压 U。

由最大电压和最小电压限制，两者分别对应无功需求的最大和最小值。其中直流侧与连接电感的问题与 PQ 控制里所述相同。

3. 电压—频率控制法（VF 控制法）

电压—频率控制法主要控制逆变器输出的电压和频率为给定值。由于微电网不仅要并网运行，而且也要求能够在孤岛运行模式下运行。在后一种模式下，必须至少有一个电源作为主电源来给整个孤立的微型电网提供电压和频率参考值，保证电压和频率水平。其中电压控制和前面的 PV 控制类似。频率控制通过测量值与给定工频值 50Hz 做差，然后同样需要经过 PI 调节器输出来控制逆变器相角。频率测量通过一阶锁相环实现，如图 8.22 所示。

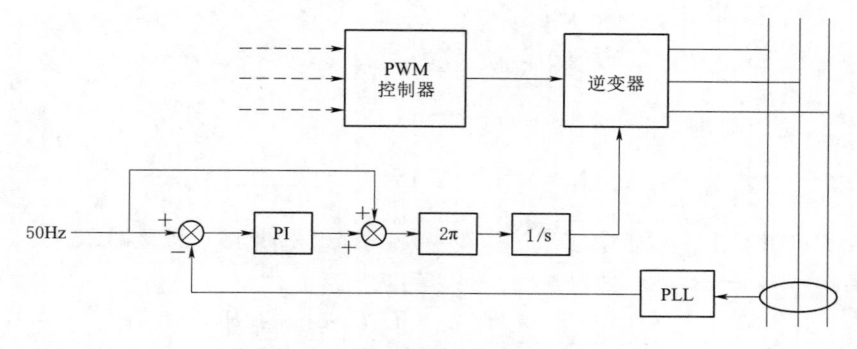

图 8.22 VF 控制的频率调节部分

4. 不同类型微电源的控制方法比较

PQ 控制法一般用于控制最大功率输出方式或者接入点的恒功率潮流运行；PV 控制法控制 DG 输出最大有功功率或者恒定有功，同时保证负载端电压恒定，而 VF 控制法控制 DG 输出以保证负载的电压和频率保持恒定。因此可以看出，VF 控制法对 DG 的要求最高，用于微电网孤岛运行时作为主发电单元提供参考电压和频率，要求微电源具有一定的容量，同时功率输出具有持久性和稳定性。一般，燃料电池、微型燃气轮机、柴油发电机、小水电等可以作为参考单元。风力发电和太阳能光伏电池发电由于受天气影响大，输出功率随机性较大且不连续，因而可以采用 PQ 或 PV 控制法在并网方式下运行，或者与参考 DG 配合在孤岛运行方式下为负载提供功率。在并网运行条件下，所有的 DG 根据控制要求采用 PQ 或者 PV 控制法提供恒定潮流或者恒定电压。

8.3.3　微电网基本控制策略

和传统电网相同，微电网也需要自身的输配电系统。由于微电网的电源相对电网范围来说距离较短，整个系统中输配电的电压等级为低压或者同时带有低压和中压两个等级。微电网的低压传输线和中压及高压输电线路参数特点不同，见表 8.1。

表 8.1　　电网线路典型阻抗参数

典　型　线　路	$R/(\Omega/\text{km})$	$X/(\Omega/\text{km})$	R/X
220V 低压 LJ～16 型线路	0.642	0.083	7.7
35kV 中压 LJ～120 型线路	0.161	0.190	0.85
110kV 高压 LGJ～400/50 型线路	0.060	0.191	0.31

由于微电网中分布式电源多采用电力电子装置并入微电网，且与负载相距很近，不需要远距离传输。因此，一些传统电力系统分析方法在应用于微电网之前，需要修正。举例来说，如图 8.23 所示。

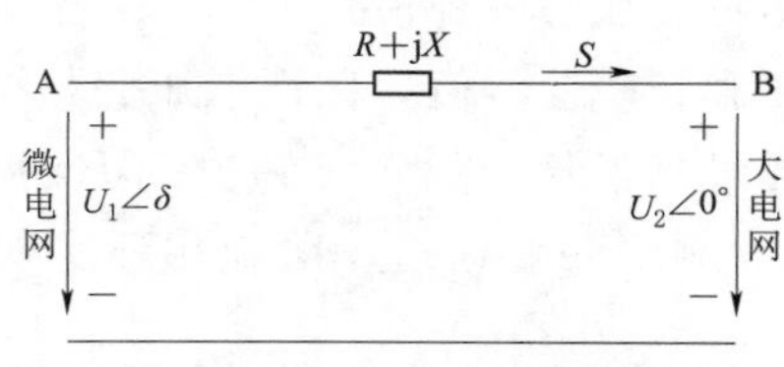

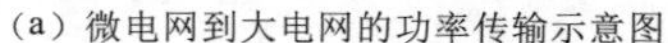
(a) 微电网到大电网的功率传输示意图

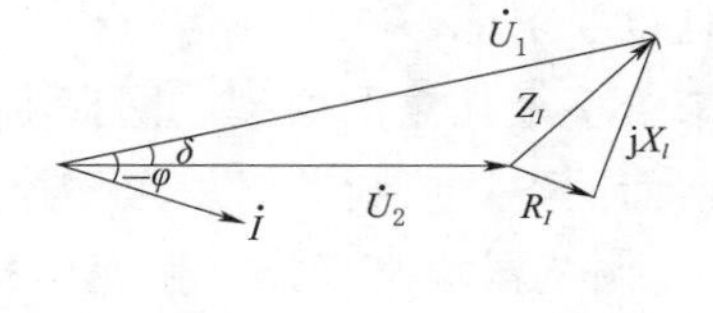

(b) 相位关系图

图 8.23　功率传输关系图

从图 8.23 可以得出，微电网输出复功率的表达式为

$$S=P+\mathrm{j}Q=U_2 I^*=U_2\left(\frac{U_1\angle\delta-U_2}{R+\mathrm{j}X}\right)^* \tag{8.30}$$

从表 8.1 可以看出，对于中高压传输线（$X\gg R$），电阻 R 可以忽略不计。若功率角 δ 很小，则 $\sin\delta\approx\delta$，$\cos\delta\approx1$。式（7.36）可以写成

$$S\approx U_2\left(\frac{(U_1-U_2)-\mathrm{j}U_1\delta}{-\mathrm{j}X}\right)=\frac{U_1U_2\delta}{X}+\mathrm{j}\,\frac{U_2(U_1-U_2)}{X} \tag{8.31}$$

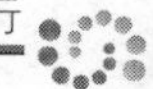

将实部与虚部分开，得

$$P \approx \frac{U_1 U_2}{X} \delta \tag{8.32}$$

$$Q \approx \frac{U_1 (U_1 - U_2)}{X} = \frac{U_2}{X} \Delta U \tag{8.33}$$

从式（8.32）、式（8.33）可以看出，在感性线路（$X \gg R$）和功率角 δ 很小的前提下，有功功率 P 主要取决于功率角 δ 及频率，而无功功率 Q 主要取决于电压降（$U_1 - U_2$）。

对于以低压为主的微电网，系统呈现阻性（$R \gg X$）。因此，上面的公式在这里不再适用，需要进行修正。仍然设 δ 很小，则 $\sin\delta \approx \delta$，$\cos\delta \approx 1$，式（8.31）可以写成

$$S \approx U_2 \left(\frac{(U_1 - U_2) - \mathrm{j} U_1 \delta}{R} \right) = \frac{U_2 (U_1 - U_2)}{R} - \mathrm{j} \frac{U_1 U_2 \delta}{R} \tag{8.34}$$

同样，将实部与虚部分开，得

$$P \approx \frac{U_2 (U_1 - U_2)}{R} = \frac{U_2}{R} \Delta U \tag{8.35}$$

$$Q \approx -\frac{U_1 U_2}{R} \delta \tag{8.36}$$

从式（8.35）、式（8.36）可以看出，在阻性线路（$R \gg X$）和功率角 δ 很小的前提下，有功功率 P 主要取决于电压降 $U_1 - U_2$。而无功功率 Q 主要取决于功率角 δ 及频率 f。因此，基于高压线路的频率下垂控制策略在基于低压线路的微电网中不再适用。

根据线路参数特性，低压、高压的功率传输表达式有所不同，从而下垂控制的表达式也有所不同。当线路阻抗中电抗远远大于电阻时，采用有功—频率和无功—电压控制方式；反之采用有功—电压和无功—频率控制反调差控制，见表 8.2。根据线路的阻抗特性，选择正确的下垂控制方式才能实现有功和无功的解耦控制。

表 8.2　两种下垂控制方式

输出阻抗	有功功率	无功功率	频率下垂	幅值下垂
$Z = jX$ ($\theta = 90°$)	$P \approx \frac{U_1 U_2}{X} \delta$	$Q \approx \frac{U_2}{X} \Delta U$	$f = f_0 - mP$	$U = U_0 - nQ$
$Z = R$ ($\theta = 0°$)	$P \approx \frac{U_2}{R} \Delta U$	$Q \approx -\frac{U_1 U_2}{R} \delta$	$f = f_0 + mQ$	$U = U_0 - nP$

反调差控制如图 8.24 所示。

8.3.4 微电网控制技术

8.3.4.1 微电网控制技术

微电网根据接入主电网的不同，分为并网型微电网和高渗透率独立微电网（主要是指常规电网辐射不到的地方，包括海岛、边远山区、农村等，采用柴油发电机组或燃气轮机构成主电网，分布式发电接入容量接近或超过主网配电系统）。并网型微电网由于主电网强，仅需稳态控制即可；高渗透率独立微电网由于主电网弱，控制复杂，需要稳态、动

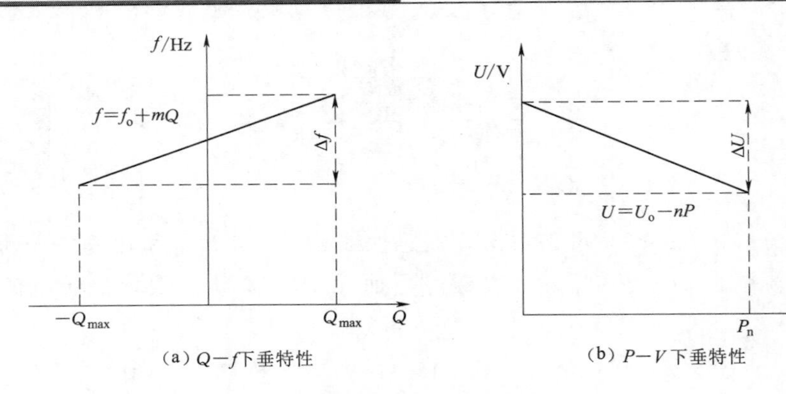

(a) $Q-f$下垂特性　　(b) $P-V$下垂特性

图 8.24　反调差控制

态、暂态的三态控制。

1. 并网型微电网控制技术

采用合理的控制策略，并网型微电网可以并网运行或离网运行（又称孤岛运行或孤网运行），并根据实际需要在并网、离网两种运行状态之间转换。并网运行时，微电网与大电网联网运行，向大电网提供多余的电能以吸收 DG 发出多余的电能或由大电网补充自身发电量的不足以提供负荷功率缺额。离网运行时，当检测到大电网故障或电能质量不满足要求时，以及当需要检修等需要进行计划孤岛时，微电网与大电网断开形成孤岛模式，由 DG、储能给负荷提供电能，达到新的能量平衡，提高供电可靠性，保证重要负荷不间断供电。

(1) 微电网的并网控制。并网分为检无压并网和检同期并网，具体如下：

1) 检无压并网。检无压并网是在微电网停运，储能及 DG 没有开始工作，由配电网给负荷供电，公共连接点 PCC 的断路器应能满足无压并网。检无压并网逻辑如图 8.25 所示，检无压并网一般采用手动合闸或遥控合闸，图中，“$U<$”表示电网侧无压，“$U_p<$”表示微电网侧无压。

2) 检同期并网。检同期并网检测到外部电网恢复供电，或接收到微电网能量管理系统结束计划孤岛命令后，先进行内外部两个系统的同期检查，当满足同期条件时，闭合 PCC 的断路器，并发出并网模式切换指令，主控电源由 U/f 模式切换为 P/Q 模式，PCC 断路器闭合后，系统恢复并网运行。检同期并网逻辑如图 8.26 所示。图中“$U>$”表示电网侧有压，“$U_p>$”表示微电网侧有压，延时 4s 是为了确认有压。

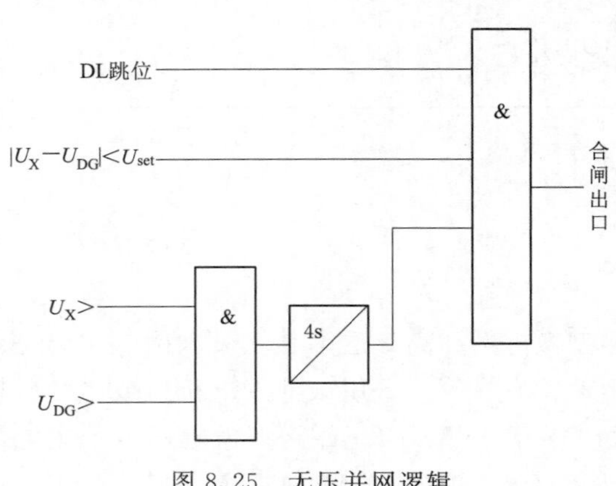

图 8.25　无压并网逻辑

(2) 微电网的离网控制。离网控制有以下方式；

1) “有缝”并网转离网切换。由于 PCC 断路器动作时间较长，并网转离网过程中会出现电源短时间的消失，也就是所谓的“有缝切换”。

在外部电网故障、外部停电，检测到

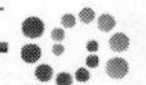

并网母线电压、频率超出正常范围，或接受上层能量管理系统发出的计划孤岛命令时，快速断开 PCC 断路器，并切除多余负荷（也可以根据实际情况切除多余分布式发电），启动主控电源控制模式切换，由 P/Q 模式切换为 V/f 模式，以恒频恒压输出，保持微电网电压和频率的稳定。

在此过程中，DG 的孤岛保护动作，退出运行。主控电源启动离网运行恢复重要负荷供电后，DG 将自动并入系统运行。为了防止所有 DG 同时启动对离网系统造成巨大冲击，各 DG 启动应错开，并且由微电网控制中心（micro－grid control center，MGCC）控制启动后的 DG 逐步增加出力直到其最大出力，在逐步增加 DG 出力的过程中，逐步投入被切除的负荷，直到负荷或 DG 出力不可调，发电和用电在离网期间达到新的平衡。图 8.27 所示为“有缝”并网转离网切换流程图。

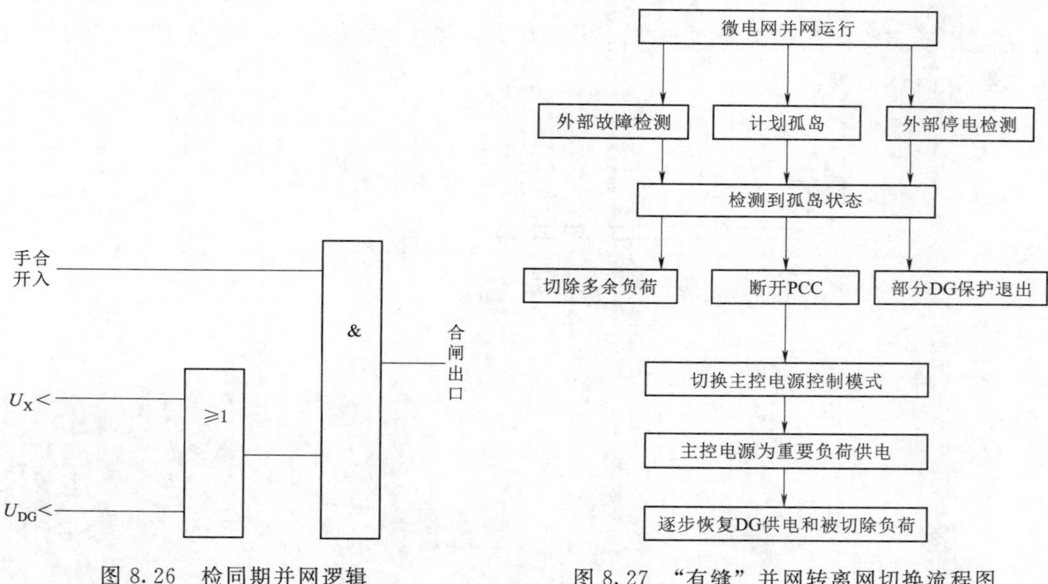

图 8.26 检同期并网逻辑

图 8.27 “有缝”并网转离网切换流程图

2）“无缝”并网转离网切换。对供电可靠性有更高要求的微电网，可采用无缝切换方式。无缝切换方式需要采用大功率固态开关（导通或关断时间不大于 10ms）来弥补机械断路器开断较慢的缺点，同时需要优化微电网的结构，如图 8.28 所示，将重要负荷、适量的 DG、主控电源连接于一段母线，该母线通过一个静态开关连接于微电网总母线中，形成一个离网瞬间可以实现能量平衡的子供电区域。其他的非重要负荷直接通过公共连接点断路器与主网连接。

2. 高渗透率独立微电网三态控制技术

独立微电网由于 DG 接入渗透率高，不容易控制，对高渗透率独立微电网采用稳态恒频恒压控制、动态切机减载控制、暂态故障保护控制的三态控制，保证高渗透率独立微电网的稳定运行。图 8.29 所示为独立微电网三态控制系统图，各个节点均有智能采集终端，把节点电流电压信息通过网络上送到微电网控制中心 MGCC，MGCC 由三态稳定控制系统构成（集中保护控制装置、动态稳定控制装置和稳态能量管理系统），三态稳定控制系

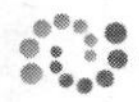

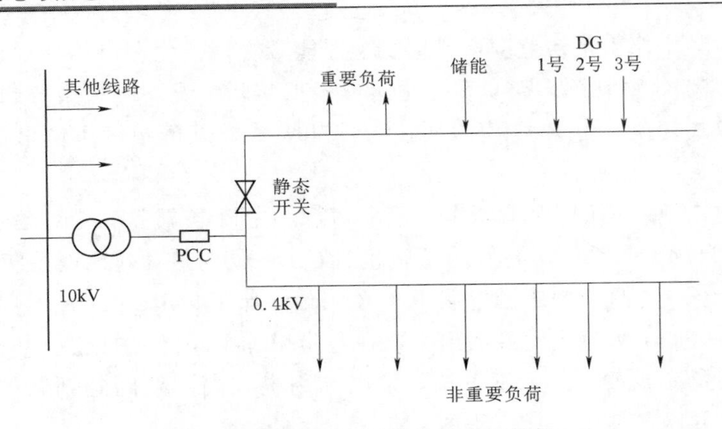

图 8.28　采用固态开关的微电网结构

统根据电压动态特性及频率动态特性，对电压及频率稳定区域按照一定级别划为一定区域进行控制，具体如下：

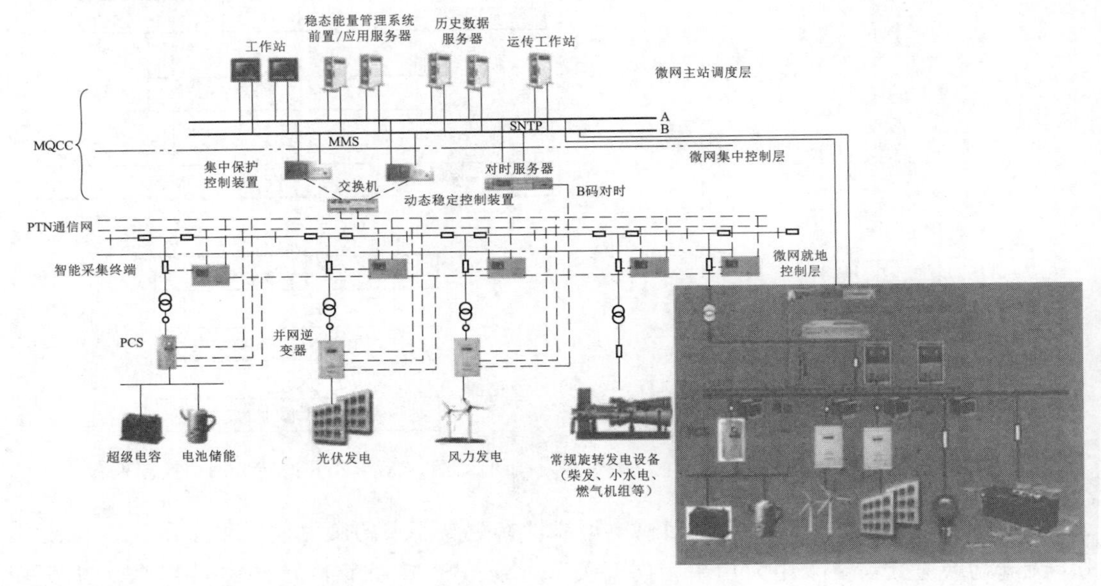

图 8.29　独立微电网三态控制系统图

A 区域：在额定电压、频率附近，偏差在电能质量要求范围内，属于波动的正常区域。

B 区域：稍微超出电压、频率允许波动范围，通过储能调节，很快回到 A 区域。

C 区域：严重超出电压、频率允许波动范围，需通过切机、切负荷，使系统稳定。

D 区域：超出电压、频率可控范围，电网受到大的扰动，如故障等，应快速切除故障，恢复系统稳定。

以上各区域均有 2 个子区域，高于额定电压、频率的区域为 *H* 子区域，低于额定电压、频率的区域为 *L* 子区域。

（1）微电网稳态恒频恒压控制。独立微电网稳态运行时，负荷变化不大，柴油发电机

组发电及各DG发电与负荷用电处于稳态平衡，电压、电流、功率等持续在某一平均值附近变化或变化很小。由稳态能量管理系统采用稳态恒频恒压控制使储能平滑DG出力。实时监视分析系统当前的U、f、P。若负荷变化不大，U、f、P在正常范围内，检查各DG发电状况，对储能进行充放电控制，其流程图如图8.30所示。

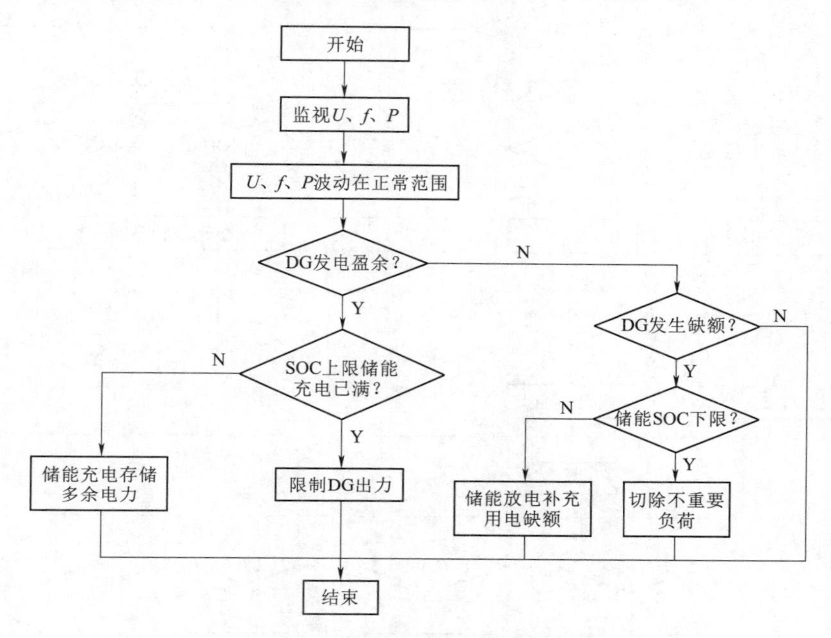

图8.30　稳态恒频恒压控制流程

（2）微电网动态切机减载控制。独立微电网系统没有可参与一次调整的调速器、二次调整的调频器，系统因负荷变化造成动态的扰动，不具备进入新的稳定状态并重新保持稳定运行的能力，因此采用动态切机减载控制，由动态稳定控制装置实现独立微电网系统动态稳定控制。各节点的智能终端采集上送各节点量测数据到动态稳定控制装置，动态稳定控制装置实时监视分析系统当前的U、f、P。若负荷变化大，U、f、P超出正常范围，通过对储能充放电控制、DG发电控制、负荷控制，达到平滑负荷扰动，实现微电网电压、频率动态平衡，其流程图如图8.31所示。

3. 微电网暂态故障保护控制

独立微电网系统暂态稳定是指系统在某个运行情况下突然受到短路故障、突然断线等大的扰动后，能否经过暂态过程达到新的稳态运行状态或恢复到原来的状态。独立微电网系统发生故障，若不快速切除，会失去频率稳定性，发生频率崩溃，引起整个系统全停电。对独立微电网系统暂态稳定的要求：主网配电系统故障，如主网配电系统的线路、母线、升压变压器、降压变压器等故障，由继电保护装置快速切除。

根据独立微电网故障发生时的特点，采用快速的分散采集和集中处理相结合的方式，由集中保护控制装置实现故障的快速切除。

8.3.4.2　微电网控制模式

一般来说，微电网有主从结构、对等结构和分层结构3种结构，不同结构的微电网采

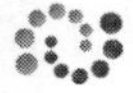

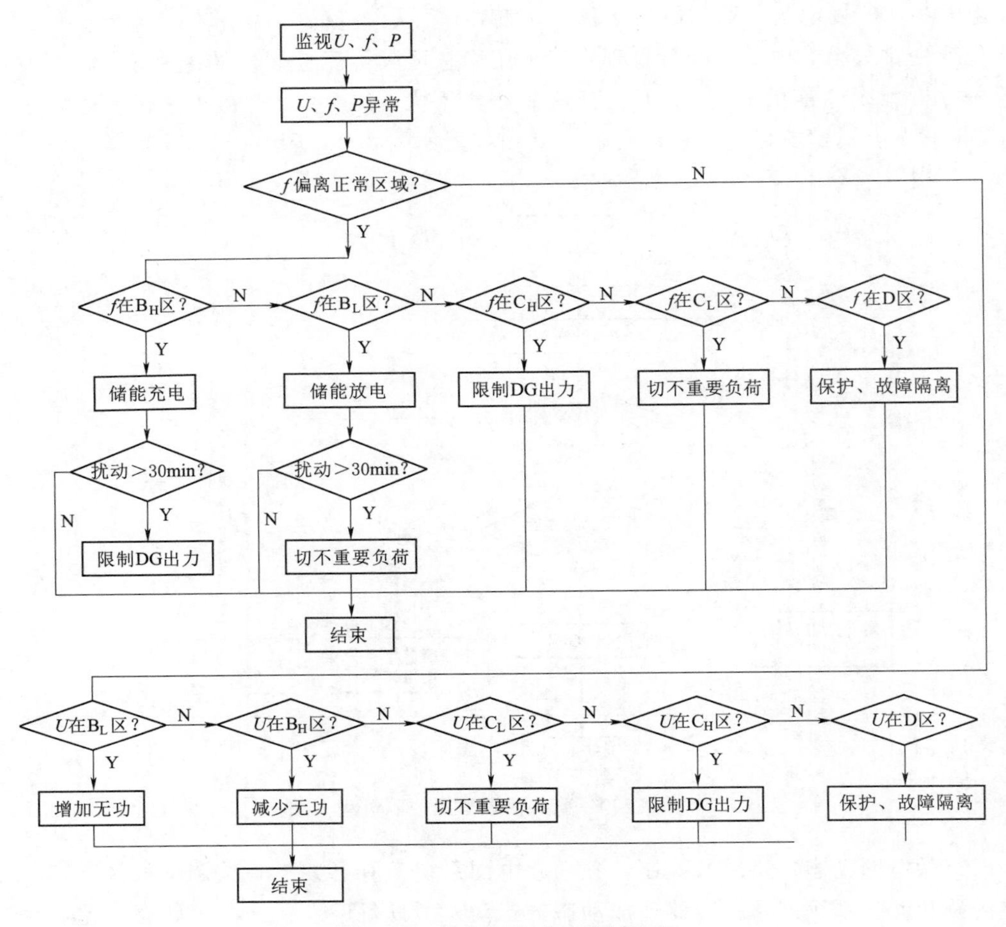

图 8.31 动态切机减载控制流程

取的运行控制模式也有很大区别，尤其体现在微电网的孤岛运行方式下。

1. 主从控制模式

主从控制模式，是对各个微电源采取不同的控制方法，并赋予不同的职能。在微网处于孤岛运行模式时，微电网与配电网连接断开，此时微电网内部要保持电压和频率的额定值，就需要某个或者几个电源担当配电网的角色来提供额定电压和频率，其中一个DG（或储能装置）采取定电压和定频率控制，用于向微网中的其他DG提供电压和频率参考，这个单元被称为主电源或参考电源，参考电源采用Vf控制方法（简称Vf控制），而其他DG则可采用定功率控制（简称PQ控制）或定电压控制（简称PV控制法），控制输出的功率和电压来维持微电网内部的功率平衡。

如图8.32所示。采用Vf控制的DG（或储能装置）控制器称为主控制器，而其他DG的控制器则称为从控制器，各从控制器将根据主控制器来决定自己的运行方式。当并网运行时，微电网内的各个微电源只需控制功率流的输出以保证微电网内部功率的平衡。由于微电网的总体容量相对于配电网来说较小，因此电压水平和额定频率都由配电网来支持和调节。

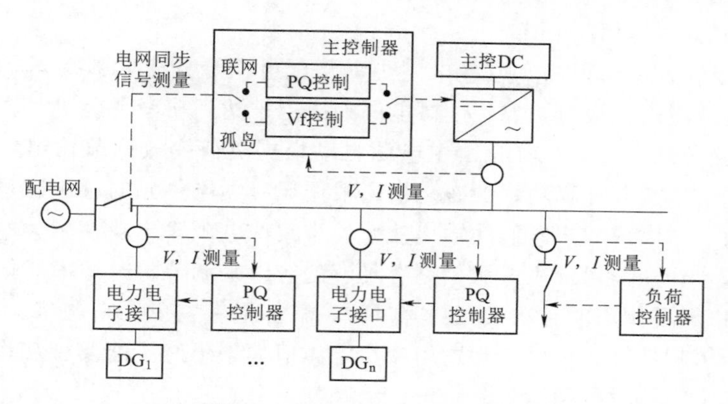

图 8.32 微电网主从控制结构

适于采用主控制器控制的 DG 需要满足一定的条件。在微网处于孤岛运行模式时，作为从控制单元的 DG 一般为 PQ 控制，负荷变化主要由作为主控制单元的 DG 来跟随，因此要求其功率输出应能够在一定范围内可控，且能够足够快地跟随负荷的波动。在采用主从控制的微网中，当微网处于并网运行状态时，所有 DG 一般都采用 PQ 控制，而一旦转入孤岛模式，则需要作为主控制单元的 DG 快速由 PQ 控制模式转换为 Vf 控制模式，这就要求主控制器能够满足在两种控制模式间快速切换的要求。常见的主控制单元选择包括以下方式：

（1）储能装置作为主控制单元。以储能装置作为主控制器，在孤岛运行模式时，因失去了外部电网的支撑作用，DG 输出功率以及负荷波动将会影响系统的电压和频率。由于该类型微网中多采用不可调度单元，为维持微网的频率和电压，储能装置需通过充放电控制来跟踪 DG 输出功率和负荷的波动。由于储能装置的能量存储量有限，如果系统中负荷较大，使得储能系统一直处于放电状态，则其支撑系统频率和电压的时间不可能很长，放电到一定时间就可能造成微网系统电压和频率的崩溃。反之，如果系统的负荷较轻，储能系统也不可能长期处于充电状态。因此，将储能系统作为主控制单元，微网处于孤岛运行模式的时间一般不会太长。

（2）DG 为主控制单元。当微网中存在像微燃机这样输出稳定且易于控制的 DG 时，由于这类 DG 的输出功率可以在一定范围内灵活调节，输出稳定且易于控制，将其作为主控单元可以维持微网在较长时间内稳定运行。如果微网中存在多个这类 DG，可选择容量较大的 DG 作为主控制单元，这样的选择有助于微网在孤岛运行模式下长期稳定运行。

（3）DG 加储能装置为主控制单元。当采用微燃机等 DG 作为主控制单元时，在微网从并网模式向孤网模式过渡过程中，由于系统响应速度以及控制模式切换等方面的制约，很难实现无缝切换，有可能造成系统的频率波动较大，部分 DG 有可能在低频或低压保护动作下退出运行，不利于一些重要负荷的可靠供电。在对电能质量要求非常高的负荷情况下，可以将储能系统与 DG 组合起来作为主控制单元，充分利用储能系统的快速充放电功能和微燃机这类 DG 所具有的可较长时间维持微网孤岛运行的优势。采用这种模式，储能系统在微网转为孤岛运行时可以快速为系统提供功率支撑，有效抑制由于微燃机等 DG 动态响应速度慢所引起的电压和频率的大幅波动。

主从控制法的一般过程如下：

1）当检测单元检测到孤岛，或微电网主动从配电网断开进入孤岛运行模式时，微电网控制切换到主从模式，通过调整各个微电源的出力来达到功率平衡。

2）当微电网负载变化时，首先由主电源自动根据负荷变化调节输出电流，增大或减小输出功率；同时检测并计算功率的变化量，根据现有发电单元的可用容量来调节某些从属电源的设定值，增大或减小它们的输出功率，当其他电源输出功率增大时，主电源的输出相应地自动减小，从而保证主电源始终有足够的容量来调节瞬时功率变化。

3）当电网中无可调用的有功或无功容量时，只能依靠主单元来调节。当负荷增加时，根据负荷的电压依赖特性，可以考虑适当减小电压值如果仍然不能实现功率平衡，可以采取切负荷的措施来维持微电网运行。

主从控制策略也存在一些缺点。首先，主电源采用 Vf 控制法，其输出的电压是恒定的，要增加输出功率，只能增大输出电流：而且负荷的瞬时波动通常首先是由主电源来进行平衡的，因而要求主电源有一定的容量；其次，由于整个系统是通过主电源来协调控制其他电源的，一旦主电源出现故障，整个微电网也就不能继续运行；另外，主从法依赖于通信，因此通信的可靠性对系统的可靠性有很大的影响，而且通信设备会使系统的成本和复杂性增大。

2. 对等控制模式

所谓对等控制模式，是指微网中所有 DG 在控制上都具有同等的地位，各控制器间不存在主、从的关系，每个 DG 都根据接入系统点电压和频率的就地信息进行控制，如图 8.33 所示。对于这种控制模式，DG 控制器的策略一般选取下垂特性（Droop）控制法。对于常规电力系统，发电机输出的有功功率与系统频率，无功功率和端电压之间存在一定的关联性：系统频率降低，发电机的有功功率输出将加大；端电压降低，发电机输出的无功功率将加大。DG 的下垂控制方法主要也是参照这样的关系对 DG 进行控制，典型的下垂特性如图 8.34 所示。所有的微电源以预先设定的控制模式参与有功和无功的调节，维持系统电压频率的稳定。对等控制策略基于外特性下降法，分别将频率和有功功率、电压和无功功率关联起来，通过一定的控制算法，模拟传统电网中的有功—频率特性曲线和无功—电压曲线，实现电压、频率的自动调节而无需借助于通信。

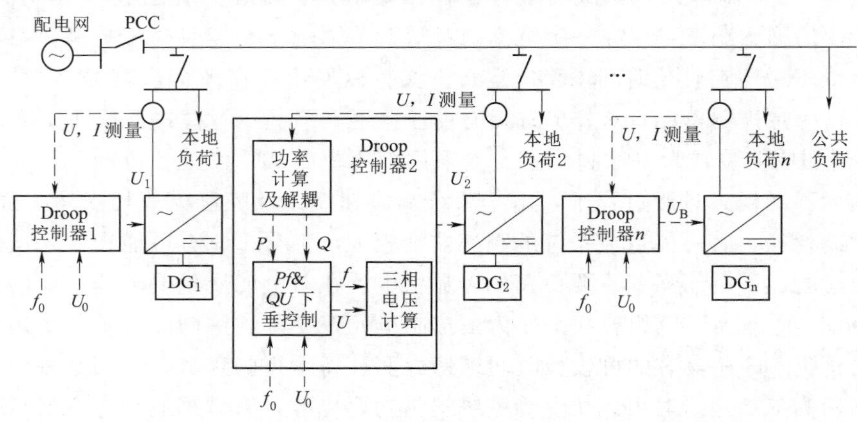

图 8.33 对等控制微网结构

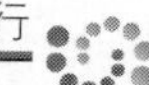

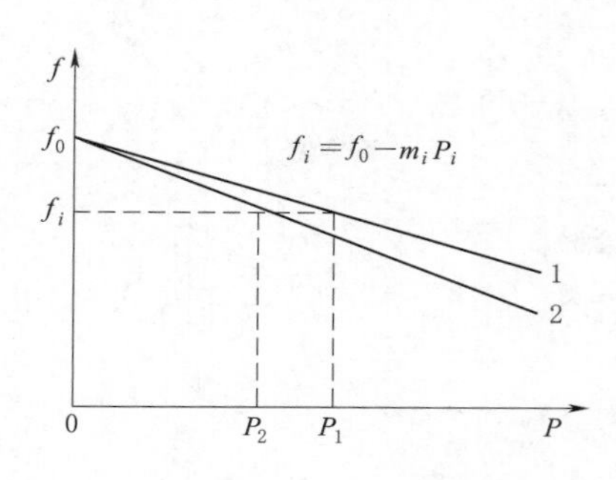

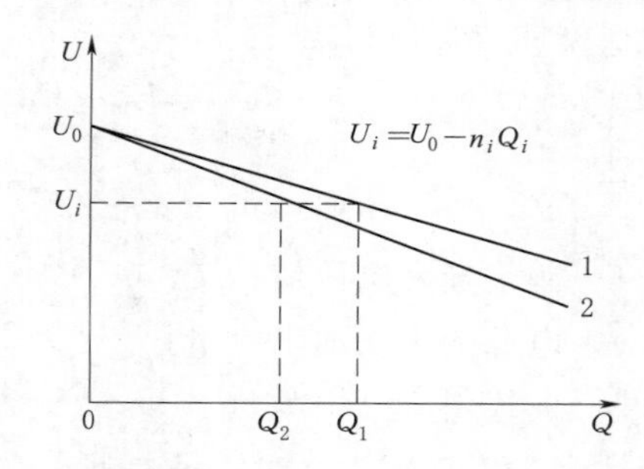

图 8.34 Pf 和 QV 下垂特性

在对等控制模式下，当微网运行在孤岛模式时，微网中每个采用 Droop 控制策略的 DG 都参与微网电压和频率的调节。在负荷变化的情况下，自动依据下垂系数分担负荷的变化量，即各 DG 通过调整各自输出电压的频率和幅值，使微网达到一个新的稳态工作点，最终实现输出功率的合理分配。显然，采用 Droop 控制可以实现负载功率变化在 DG 之间的自动分配，但负载变化前后系统的稳态电压和频率也会有所变化，对系统电压和频率指标而言，这种控制实际上是一种有差控制。

有功和频率的关系曲线如图 8.35 所示，其中 a 和 b 分别指代两个微电源。正常运行时，a 和 b 均运行于额定角频率 a，输出功率分别为 P 和 P_o。当负载功率增加时，a 和 b 的输出功率分别增加到 P_a 和 P_{b1}，同时系统角频率从 a 降到 m，系统在新的频率值下继续运行。同样，当负载功率减小时，a 和 b 的输出功率会以同样的比例减小，同时系统频率也会升高到额定频率，甚至高于额定频率，整个过程是可逆的。这样，当负载变化时，微电源输出功率随着变化，使得频率在额定角频率 ω_0 上下波动。

根据图中曲线可以写出有功—频率变化的动态方程为

$$\omega=\omega_0-m(P-P_0)=\omega_0-m\Delta P \tag{8.37}$$

$$m=-\frac{\omega_0-\omega_{\min}}{P_{\max}} \tag{8.38}$$

式中 m——曲线斜率；

$\omega_{\min}$——频率允许下降的最低值。

类似地，电压和无功功率的关系曲线图如图 8.36 所示。

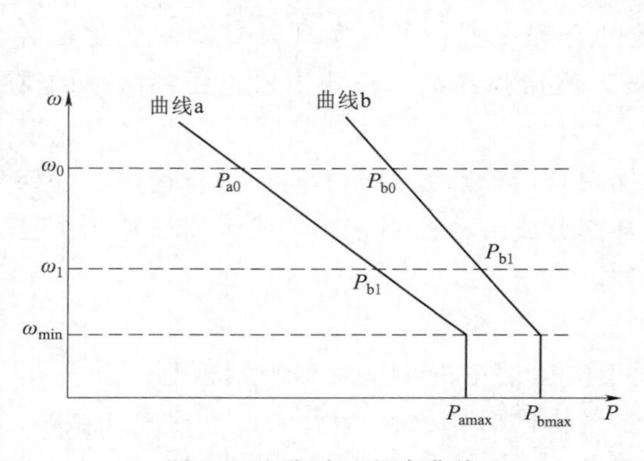

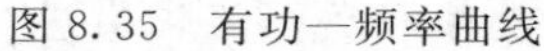

图 8.35 有功—频率曲线

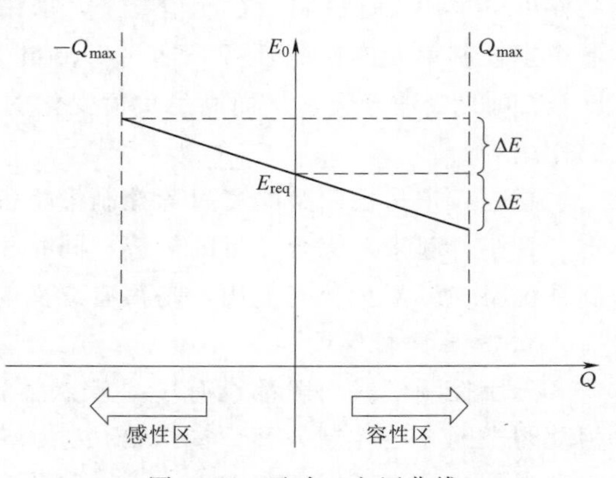

图 8.36 无功—电压曲线

同样，根据曲线可以得出

$$E_0 = E_{req} - m_Q Q \tag{8.39}$$

$$m_Q = \frac{\Delta E}{Q_{max}} \tag{8.40}$$

式中　E_{req}——额定参考电压值；

Q_{max}——电源的无功输出容量；

m_Q——曲线斜率，恒为负。

只有当注入无功功率为 0 时，$E_0 = E_{req}$。

从式（8.37）~式（8.40）可以看出，采用对等控制策略时，微电源只需测量输出端的电气量，独立地参与到电压和频率的调节过程中，不用知道其他电源的运行情况，整个过程无需通信。而且，当某一个微电源因故障退出运行时，其余的电源仍然能够不受影响地继续运行，系统的可靠性高。当需要增加新的发电单元时只需要对新的电源设置同样的控制策略，直接接入系统而不用对系统中的其他地方进行改动，实现“即插即用”，方便系统扩容。

对等控制策略也有以下缺点：

1）由于负载瞬时变化，输出电压和频率同额定值之间总是存在一个小的误差，稳态误差不能达到 0。

2）不能正确地调节非线性负载及线路造成的诸波分布。

3）低压配电网不同于输电网。输电网中，$X \gg R$，频率主要受有功功率影响，电压主要受无功功率影响；而配电网中，$R \gg X$，线路电阻的影响不可忽视，其对无功功率的影响也很显著，外特性下降法不能很好地解决。

4）对于三相系统中由于拓扑结构变化（如主动孤岛运行）引起的控制模式变化，对等法不是个很好的选择，尤其是当同时有线性和非线性负载时。

与主从控制模式相比，在对等控制中的各 DG 可以自动参与输出功率的分配，易于实现 DG 的即插即用，便于各种 DG 的接入，省去了昂贵的通信系统，降低了系统成本。同时，由于无论在并网运行模式还是在孤岛运行模式，微网中 DG 的 Droop 控制策略可以不加变化，系统运行模式易于实现无缝切换。在一个采用对等控制的实际微网中，一些 DG 同样可以采用 PQ 控制，在此情况下，采用 Droop 控制的多个 DG 共同担负起了主从控制器中主控制单元的控制任务：通过 Droop 系数的合理设置，可以实现外界功率变化在各 DG 之间的合理分配，从而满足负荷变化的需要，维持孤岛运行模式下对电压和频率的支撑作用等。

总之，主从控制策略和对等控制策略各有优缺点，分别适用于不同的运行情况。如何把二者结合起来，综合二者的优势，同时相互补充形成新的控制方法，或者通过适当的控制系统将二者实行分时复用，是很有意义的问题。

3. *分层控制模式*

分层控制模式一般都设有中央控制器，用于向微网中的 DG 发出控制信息。图 8.37 为欧盟微网 3 层控制方案。图 8.38 为 2 层控制结构的日本微网展示项目包括爱知微网、京都微网、八户微网等，图中中心控制器首先对 DG 发电功率和负荷需求量进行预测，然后制定相应运行计划，并根据采集的电压、电流、功率等状态信息，对运行计划进行实时调整，控制各DG、负荷和储能装置的启停，保证微网电压和频率的稳定，并为系统提供相关保护功能。

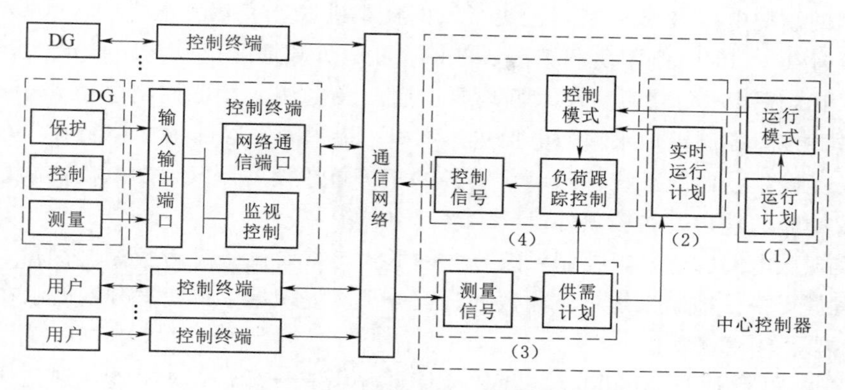

图 8.37 欧盟微网3层控制方案

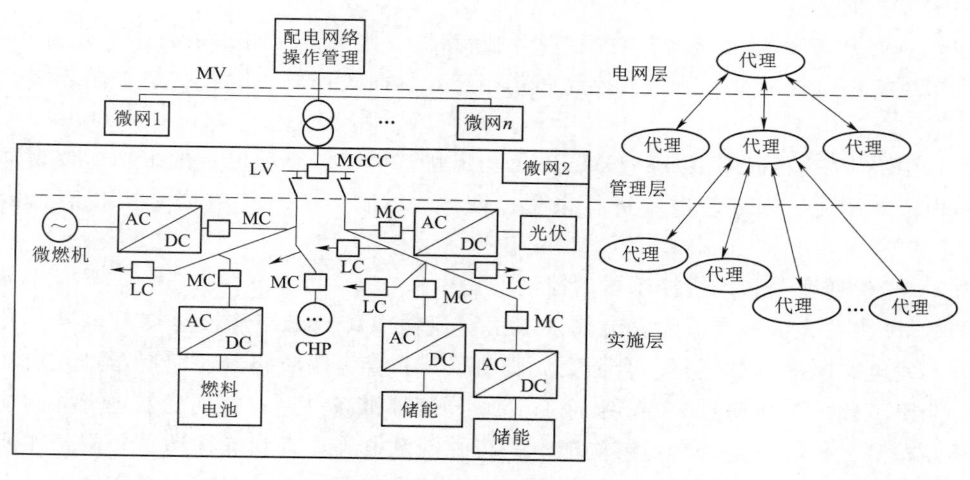

图 8.38 日本2层控制微网结构

MV—中压；LV—低压；MC—微网DG的控制器；LC—负荷控制器；CHP热电联产所示

最上层的配电网络操作管理系统主要负责根据市场和调度需求来管理和调度系统中的多个微网；中间层的微网中心控制器（MGCC）负责最大化微网价值的实现和优化微网操作；下层控制器主要包括DG控制器和负荷控制器，负责微网的暂态功率平衡和切负荷管理，整个分层控制采用多代理技术实现。

8.3.5 微电网的控制系统设计案例

某集团多能源系统示范项目利用北京某地会议中心的屋面布置了风力发电机和光伏板，将锅炉房二层的换热间改造成储能装置和多能源监控设施的中央控制室，并在酒店礼堂内布置了数据显示屏。考虑到产品整合、示范效果、实地选址以及气象资源等综合因素，微电网示范项目最终规模确定为4台5kW水平轴风力发电机、20kW光伏发电系统、40kW（3h）储能单元、10kW基本用电负载和30kW可变负载。

8.3.5.1　控制系统架构

微电网的总配电柜（图8.39）汇集了风电机组进线、光伏发电进线、40kW（3h）锂电储能系统进线、10kW基本负载馈线、30kW可调负载馈线以及与市政电网相连的总开关。其中，10kW基本负载包括澡水循环泵、照明及空调、设备控制电源。30kW可调负载由可控硅调控器控制锅炉水箱的电加热器承担。锅炉间二层的中央控制室内布置了光伏逆变器、总配电柜、储能系统、PLC中央控制柜等重要设备。风力发电机控制箱和风机汇电箱在会议中心的楼顶，在楼顶处设置了远端IO箱。

为了实现微电网的监控，控制系统分3种形式与重要设备进行控制、测量、保护或报警信息等数据交换。控制系统对监测数据进行分类和处理后，将信息分别展示在中央PLC的HMI和展厅的大屏幕上。

（1）中央PLC通过Modbus-TCP与储能系统的PCS模块相连，通过Modbus与BMS模块和光伏逆变器相连，远端IO通过Modbus与风力发电机的控制器相连，通过通讯方式实现数据交换。

（2）中央PLC通过硬接线与总配电柜的断路器、接触器控制回路相连，远端IO通过硬接线与风机汇电柜的微型断路器控制回路相连，从而实现对主电路和热水循环泵的启停控制。

（3）中央PLC和远端IO通过Modbus与风机汇电柜、总配电柜的多功能仪表进行通信，对电流、电压、功率、电量进行采集。图8.40所示为PLC数据交换和信息传递示意图。

8.3.5.2　光伏逆变器和风机控制器的控制

图8.39中的光伏逆变器的直流输入端由直流输入，输出端连接至交流电网。光伏逆变器并网发电并网过程如下：①合上交流侧断路器和直流侧断路器，逆变器进入启动中状态；②当直流输入电压超过220V维持1min，逆变器准备并网；③逆变器进行并网前的自检，不断检测光伏阵列是否有足够的能量进行并网发电等，直到确认满足并网工作所需的所有条件后，开始连接电网，进入并网发电状态；④并网发电过程中，逆变器以最大功率跟踪（MPPT）方式使光伏阵列输出的能量最大。

并网逆变器的脱离电网过程与并网发电过程一样，光伏逆变器发现并网运行条件不满足时，则进入孤网状态。

8.3.5.3　储能系统PCS的控制

双向变流器（PCS）是实现交直流电能双向变换连接的装置，在微电网中有着重要作用。当处于微电网能量管控时，能实现对电网负荷的“削峰填谷”和快速的二次调频；当电网需要补充无功时，能作为配网静止无功发生器使用，提供无功功率支撑；当与就地负荷和间歇式分布式能源（风电、光伏）组成微电网时，能够为微电网内的负荷提供稳定的电压和频率。双向变流器（PCS）具备保护变流器及电池安全的功能、具备自检功能、具备通信接口便于接入监控系统或者外部的控制系统；提供调试软件能完成故障录波、定值整定、开入开出测试。图8.41所示为PCS双向变流原理图。

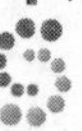

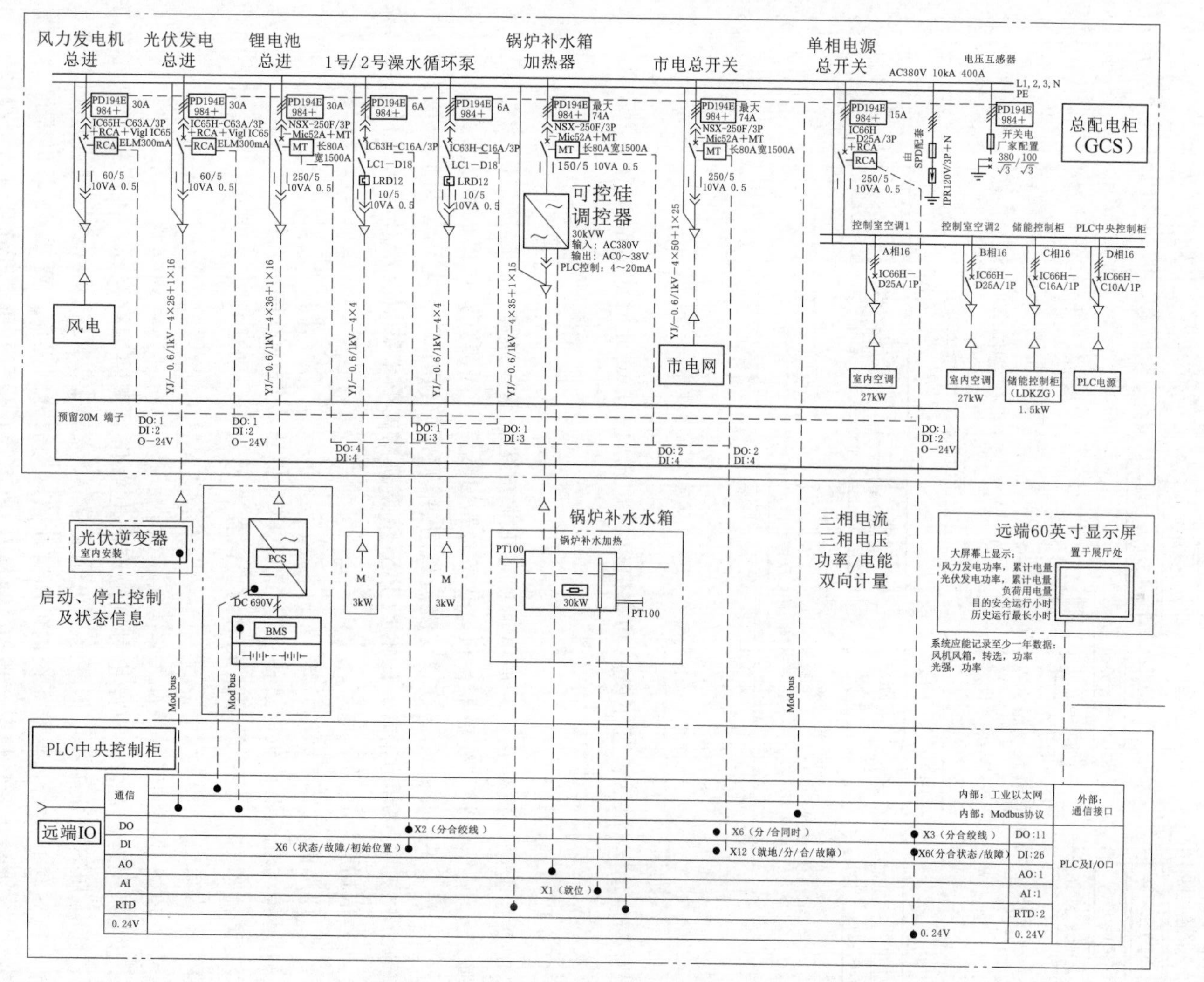

图 8.39 中央 PLC 架构图

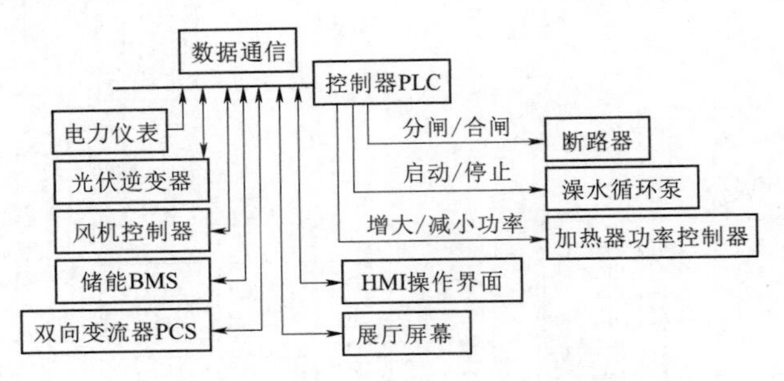

图 8.40　PLC 数据交换和信息传递示意图

（1）PCS 并网运行。

①遥控合闸交流断路器。如电池状态正常，继续下步操作；②遥控“信号复归”，无“故障指示”；③遥控“变流器”的功率设定，下发需要的功率值。正为放电、负为充电；④遥控“变流器待机（热备）”，15s 后，遥测查看，接触器是否在合位。如在合位，继续下一步；⑤遥控“变流器并网启动”，PCS 按③下发的功率值进行并充放电；⑥此时如需改变功率大小及充放电方式，只需执行③即可。

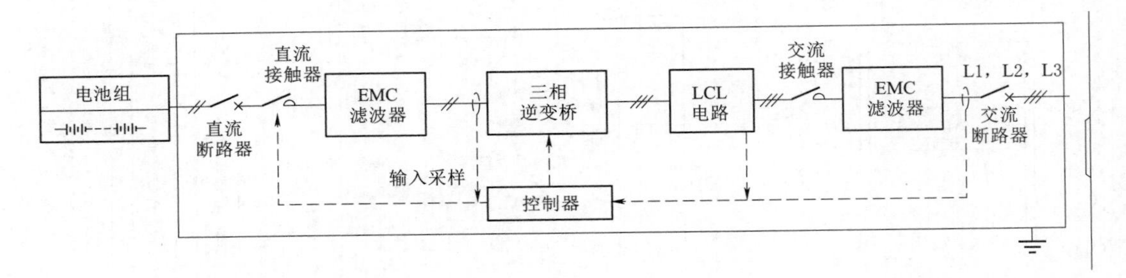

图 8.41　PCS 双向变流原理图

（2）PCS 孤网运行。

①遥控合闸交流断路器。如电池状态正常，继续下步操作；②遥控“信号复归”，无“故障指示”；③遥控“变流器待机（热备）”，15s 后，遥测查看，接触器是否在合位。如在合位，继续下一步；④遥控“变流器孤网启动”；⑤检查 PCS 电压三相电压是否正常，如正常，PCS 孤网启动正常；⑥随后 PCS 依据孤网能够带载情况，对电池进行充电或放电，功率依据孤网的负载而定。

（3）PCS 并网与孤网的转换。

①遥控“变流器待机（热备）”，此时 PCS 停止工作；②遥控“变流器并网启动”或者“变流器孤网启动”；③如果此时为变流器并网运行，则遥控功率设定，下发需要的功率值。正为放电、负为充电。

（4）PCS 停机的三种情况。

①当系统运行正常，只停止对电池充放电操作或孤网运行操作，可遥控“变流器待机”，此时 PCS 停止工作，但断路器仍处于合位。②遥控“变流器停机”则进行 PCS 停机操作，PCS 停止运行，储能系统内的所有断路器完成分闸操作；要 5min 后再进行 PCS 相关操作。③如发生紧急情况，遥控“急停”，PCS 停止运行，所有断路器进行分操作。

停机后，要 5min 后再进行 PCS 相关操作。

8.3.5.4　断路器和接触器的控制

总配电柜和风机汇电柜的塑壳断路器和微型断路器，分别采用 RCA 模块和 MT 模块实现 PLC 的常保持信号实现断路器的分合闸操作，控制原理如图 8.42、图 8.43 所示。

RCA 和 MT 的控制回路，均采用的是 220V 交流控制。为了保证主电路失去电力的情况，仍然能够对主电路进行监视和控制，控制回路采用 UPS 供电进行供电。相对于断路器的远方操控，电动机控制原理相对比较传统，也同样采用 PLC 的常保持触点实现电动机的启停控制，如图 8.44 所示。

1. 微电网的运行模式

考虑到该微电网以孤网运行为主的特点，控制系统按自动和手动两种模式进行编程，运行时以自动模式为主。

（1）自动模式。

1）孤网运行的条件。当处于并网模式的系统运行状况变化至“锂电池电量大于等于 80%（SOC≥80%）且锂电池单体最低电压大于等于 3.2V（BMS_LV≥3.2V）。”满足此条件，微电网系统切换到孤网模式下运行。

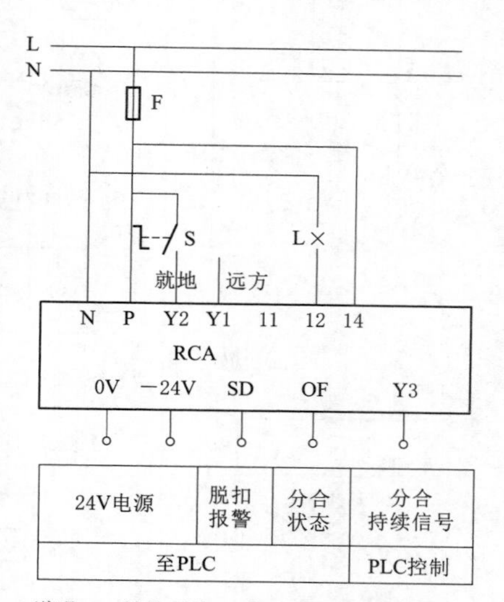

说明：1. 转换开关S、信号灯L、熔断器F由厂家配套，S、L安装于柜门上。
2. 开关柜内配端子排，用于外接PLC系统的控制电缆。

图 8.42 RCA 控制原理图

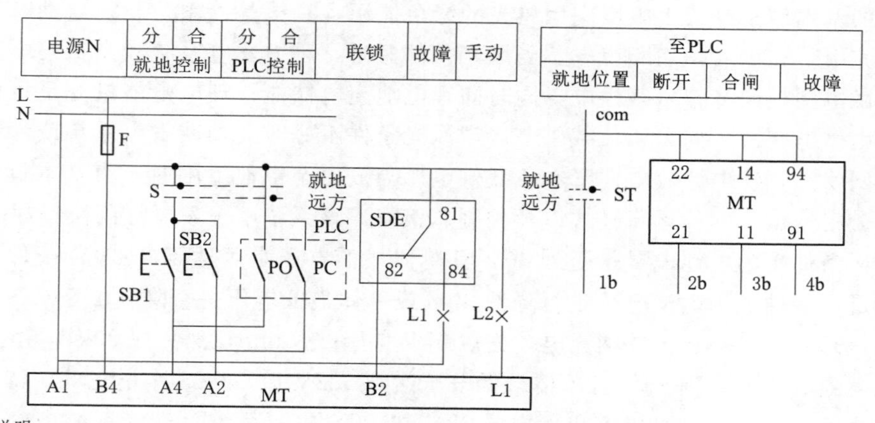

说明：
1. 转换开关S，按钮SB1、2，信号灯L1、2，熔断器F，由厂家配套，S、SB1、SB2、L1，L2安装于柜门上。
2. 开关柜内配端子排，用于外接PLC系统的控制电缆。

图 8.43 MT 控制原理图

2）并网运行条件。当处于孤网模式的系统运行状况变化至以下 3 种任意状态时，系统切换至并网模式下运行：第 1 种状态，锂电池电量小于等于 35%（SOC≤35%）且发电设备输出功率小于等于 3kW；第 2 种状态，锂电池单体最低电压小于等于 2.9v（BMS_LV≤2.9V）且锂电池电量小于等于 50%（SOC≤50%），状态存在 15S；第 3 种状态，锂电池 SOC 小于等于 30%。

（2）手动模式。运行模式通过中央 PLC 控制柜的开关手动转换至手动模式位置时，

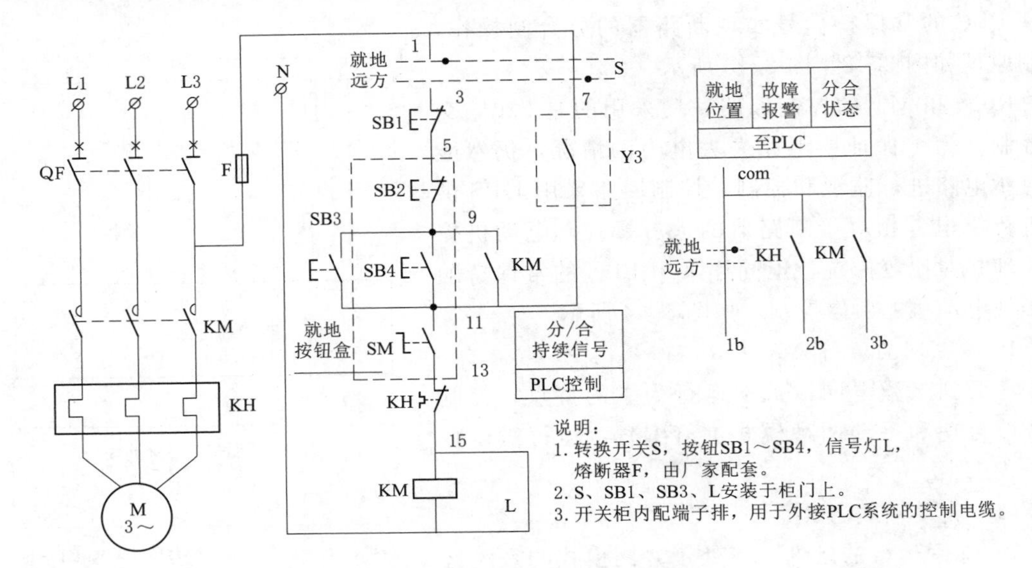

图 8.44　电动机控制原理图

系统中风机、光伏、电机的断路器、热电阻功率控制器、仪器仪表等均在控制、调节、监视和测量之中。

2. 控制策略和逻辑控制

总策略的基本原则是最大限度利用风光的绿色能源，具体是：系统开始启动时，先给锂电池系统充电。充满后，切断市电。当风光条件好时，风力发电系统和光伏发电系统先后同期并入微电网，向基本负载供电，同时向锂电池充电储能；理电池能量充足可以对负载供电时，由微电网系统向可调负载供电。当风光条件不好时，切断发电系统或保持发电系统处于孤网状态，锂电池放电向基本负载供电。当放电至电池下限时，将基本负载转由大电网供电。根据微电网的运行模式以及控制总策略，该系统整个发电控制流程如图 8.45 所示。其中：条件 1 为电池电量是否到 80％且单体最低电压是否达到 3.2V；条件 2 为发电量是否充足；条件 3 为电池电量是否降低 30％或单体最低电压是否降到 2.9V。

第 1 步，开机后自动运行并网充电，先以 5kW 功率充 5min，然后以 20kW 功率充电；第 2 步，充电到电池电量到 80％且单体最低电压达到 3.2V 后，PCS 停止充电，待机，切断市电，母线无电，光伏和风机停止发电，PLC 和 PCS 控制系统靠储能系统中的小容量 UPS 维持；第 3 步，PCS 孤网运行启动，母线带电，光伏逆变器和风机启动，系统在孤网运行（若发电量充足则开启水箱加热器：电池电量 90％时，全开加热器；电量 50％时，关加热器；50％～90％之间，减去 3kW 用于充电，其余开加热器）；第 4 步，系统孤网运行，电量降低 30％或单体最低电压降到 2.9V 时，PCS 待机，母线无电，光伏和风机停止发电，其他设备靠 UPS 维持；第 5 步，接通市电，母线带电，光伏和风机启动，PCS 并网启动，自动运行第 1 步，开始循环。

整个控制方案的具体实现由 PLC 控制系统完成，PLC 系统通过通讯对风力发电机系统、光伏系统、储能系统中的 PCS 一级负荷侧配电系统进行控制、监视和测量，通过硬接线与风机汇流柜和负荷侧配电柜进行控制和监视。控制系统可以对微电网系统的监测数

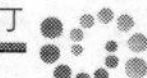

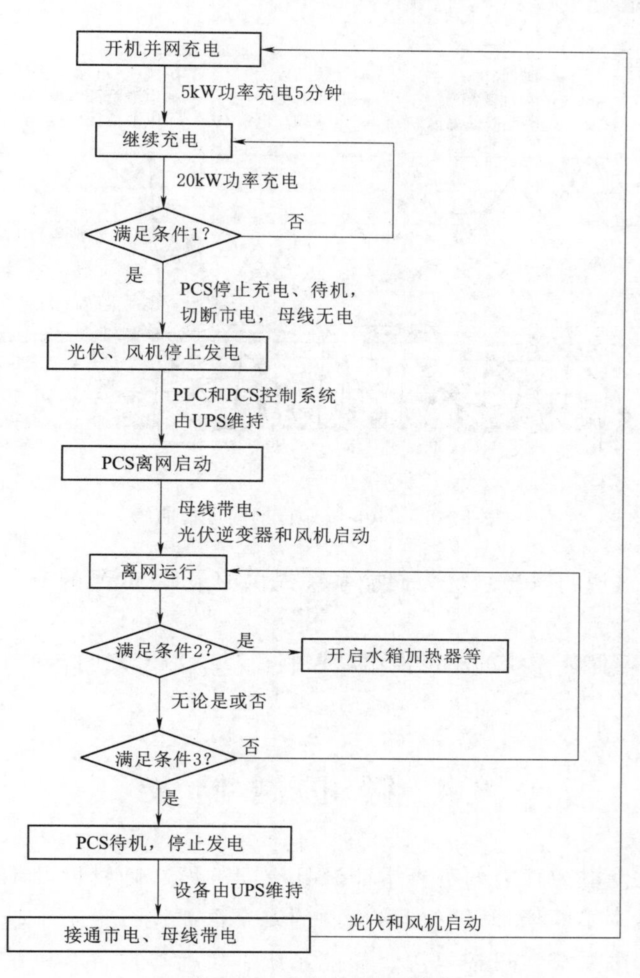

图 8.45 发电控制流程图

据进行处理，并将系统的运行信息数据通过大屏幕展示给参观者。3240h 试运行曲线及控制分析现以阶段 2 为例，即 5 月 25 日 12：00—6 月 4 日 12：00，共计 240h，监控系统按每隔 3min 进行采样，现将数据按 1.45h 为间隔，提取 165 个采样点绘制出 240h 试运行期间运行曲线。如图 8.46 所示中横轴为采样点，主纵轴为采样数据（注：锯齿型时间曲线，锯齿底为 0 点，锯齿顶为 23：00，24：00 中取了 15 个点）。

通过 240h 试运行曲线，结合微电网的控制策略分析，可以得到以下结论：

(1) 试运行中，锂电池储能系统总共 2 次并入市政电网，分别是在第 113 个采样点（B 点）和第 164 个采样点（C 点）。这两次均是由于锂电池的电池电量不大于 35%且发电设备输出功率不大于 3kW，系统自动切换至并网模式，由市电为储能系统充电并为微电网内的负载供电。当锂电池的电池电量不小于 80%且锂电池单体最低电压不小于 3.1V 时，微电网系统再次切换至孤网运行。

(2) 试运行中，锂电池储能在第 1 次充电之前，尽管风光发电单元能正常运行，但锂电池储能系统的电量仍呈下降趋势。即使不遇到第 90 个采样点的阴天，锂电池最终也需

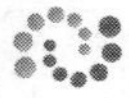

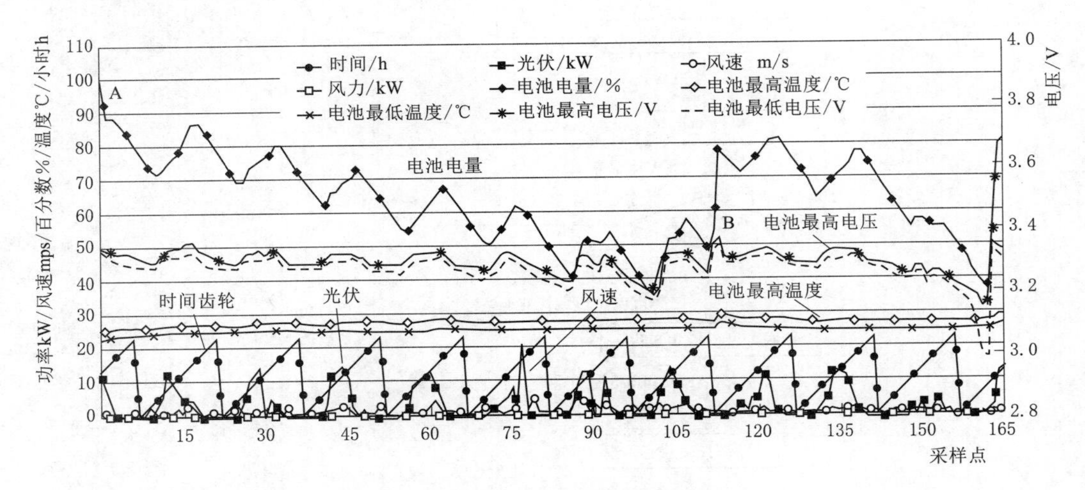

图 8.46 240h 试运行期间运行曲线

要市电进行充电。这说明风光系统为储能系统提供的最低 3kW 的充电保证偏小或者充电的策略需要改变。

(3) 试运行中，储能系统的单电池温度控制在 24～27℃之间，单电池的最高和最低电压也在 3.4～3.8V。

8.4 微电网储能

以光伏、风力发电为代表的可再生能源具有间歇性、随机性及不确定性等特点。随着可再生能源渗透率不断增加，它们给电网的安全可靠运行带来了越来越多的挑战。微网将可再生能源供电系统、可控电源、储能系统、负荷等设备有机结合在一起，为高渗透率分布式可再生能源并网提供了有效的技术途径。作为微电网中的重要组成部分，储能系统是微电网实现可再生能源优化利用的基本保障。储能系统凭借其快速存储、利用电能的特性，能够有效地调节微电网中的功率分布，实现微电网需求侧管理；它还可以在电网出现故障时作为后备电源为用户供能，增强系统供电可靠性，改善电能质量；得益于储能系统对可再生能源的不确定性具有较强的处理能力，通过储能系统与可再生能源发电系统的互补利用、协同增效，可以消除可再生能源随机性、间歇性和不确定性对微电网系统的不利影响，提高微电网中可再生能源利用效率，降低用户电力成本。储能系统在特高压、城市轨道交通能量回收、新能源汽车充电桩等“新基建”领域有着重要的应用。

8.4.1 微电网储能的作用

随着新能源技术与智能电网的发展，储能设备在一些以清洁能源为基础的分布式发电系统中（如风力发电、太阳能发电等）有着巨大意义。由于风力发电、太阳能发电的间歇性，其输出电能也具有随机性和波动性，也就增加了电网运行的控制难度且会对电网产生

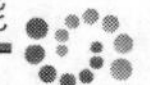

冲击。为提高清洁能源接入电网的利用率，保证其供电可靠性，必须大力发展和研究分布式发电系统中的储能技术。储能作为一种重要的电能存储装置，可以打破传统发电在时间上即发即用、瞬时平衡的模式，因其具有响应速度快、具有双向调节能力等的特点，可以进行电网调频、削峰填谷、改善电能质量问题。分布储能在配电网中的主要应用场景有参与系统负荷调峰、参与系统频率调节、参与系统或馈线级调压、平滑分布式电源功率波动、优化网络潮流、提升系统功角稳定水平等。

分布式储能系统的典型应用模式有安装在用户侧、配电网侧、新能源发电侧和微电网侧，投资主体主要有用户、电网公司和分布式电源投资商。针对不同的应用模式，分布式储能的应用主要有以下场景：

（1）用户侧可以安装在家庭或楼宇内、工业园区或是配变电的低压侧。

1）储能系统用作 UPS。对供电可靠性要求较高的用户，如工业园区、银行、医院等，可安装储能系统作为不间断电源，在供电突然中断时，储能可在毫秒级内响应，保证供电不间断。

2）削峰填谷。用户可利用峰谷电价差，在用电低谷时购入低价电，而在负荷高峰时刻减少高价电的购入而节省用电成本。

（2）配电网侧的储能主要承担调频调峰的作用。随着社会经济的发展，一天之内用电量峰谷差以及季节性峰谷差越来越大，特别是经济较发达的大中城市，用电高峰期的电力供应缺口日益增长。在配电网侧安装储能装置，不仅能够缓解扩大电网建设的投资压力，还能够有效解决电力供需的矛盾。储能装置在用电负荷低谷时期存储吸收电能，在负荷高峰时释放电能弥补需求缺口。除此之外，越来越多的新能源发电机直接接入配电网中，因其无法参与调频，储能也配合新能源发电参与调频任务。飞轮储能作为一种功率型储能，寿命较电池储能长，常用于配合主动配电网中新能源功率波动及辅助调频。配电网侧的储能装置一般安装在变电站附近。

（3）新能源发电侧因风力发电和光伏发电的波动性和间歇性等特点，风机、光伏并网对电网的稳定运行及负荷调度等带来许多的挑战。风力发电和光伏发电的规模越大，对电网的冲击也越大。以风电为例，当风电装机容量大于总装机容量的 20%时，依靠传统的电网调控技术难以保证电网的安全运行。因此，将储能系统应用于新能源发电当中，可以有效解决新能源发电带来的各种不稳定性问题。以飞轮为例，飞轮储能作为一种功率型储能，寿命较电池储能长，常在配电网中配合新能源功率波动及辅助调频。

1）削峰填谷。该应用场景下，储能装置在负荷低谷时将富余的风/光发电能量存储起来，在负荷高峰时释放电能。

2）输电削减。新能源发电容易受到输电线路功率限制而弃风弃电，以风力发电为例，储能装置可以在线路输送容量受到限制的时候存储风电场发出的电能，而在输送容量富余时释放存储的电能。偏远地区的风电场发生此类情况较多。在此应用场景下，储能不仅能减少弃风弃光的现象的发生，提高新能源发电电量和交付能力，还能减少因输电线路容量升级的投资。

3）抑制功率波动。风/光出力受环境影响较大，具有很大的波动性与不确定性，储能系统可跟踪风/光出力的波动进行连续响应，从而消除新能源发电的出力波动带给电网的影响。

4）补偿预测出力误差。在该应用场景下，储能装置在风/光出力大于预测出力时吸收电能，并在风/光出力小于预测值时释放电能来使新能源发电出力符合预测值和投标数量。

5）辅助调频。随着配电网中新能源发电的渗透率越来越高，新能源发电机组具有波动性与随机性，且新能源机组无法参与电网调频，配电网的不稳定性增加。储能因其响应速度快的特点，可以辅助新能源机组调频弥补新能源发电的不足。

6）微电网侧在微电网中，储能装置主要用于平滑光伏或风力发电，并在分布式电源投切时进行有功平衡。

综上所述，储能设备在分布式发电系统中的应用可提高系统供电的稳定性，保证系统的安全可靠，改善电能质量同时提高清洁能源接入电网的利用率，其对于分布式发电系统的发展具有重要的促进意义。

8.4.2　微电网储能的分类

根据储能系统工作原理的不同，可将其分为以下几类。①电磁储能，如：超导储能、超级电容储能等；②物理储能，主要包括：抽水蓄能、压缩空气储能、飞轮储能等；③电化学储能，主要有：铅酸电池、锂离子电池、钒液流电池等；④相变储能，主要代表为熔盐储能。各类常见储能方式的对比见表8.3。下面主要介绍几种在分布式发电系统中应用前景较好的储能技术。

表8.3　常见储能方式对比

储能类型		优　点	缺　点	应　用
电磁储能	超导储能	充放电和响应速度快；功率密度高	成本高、维护复杂；能量密度低	适用于抑制低频功率振荡
	超级电容储能	寿命长、效率高；响应速度快；功率密度高；运行温度范围广	储能量受耐压性质较低、成本高；能量密度低；具有一定自放电率	适用于功率要求较高的场合
物理储能	抽水蓄能	技术成熟；负荷响应速度快	地理条件要求较高；输电距离较长	适用于规模较大的发电厂
	压缩空气储能	寿命长；效率高	选址依赖地理条件；效率低	适用于大规模风场
	飞轮储能	（>90%）；功率密度高；响应速度快；	能量密度低；具有一定自放电率	适用于工业和UPS
电化学储能	铅酸电池储能	技术成熟、价格低廉；循环寿命较长；效率高（80%～90%）	能量密度低；深度、大功率放电时可用容量下降	电力系统事故电源戒备用电源
	锂离子电池储能	效率高（>90%）；循环寿命较长；响应速度快；能量密度，功率密度高	过充会导致发热、燃烧等安全问题	广泛应用于微电网储能系统、电动汽车、计算机、手机等场景
	钒液流电池储能	技术成熟；循环寿命较长	能量密度和功率密度相对较低；响应时间较慢	电能质量调节备用电源
相变储能	熔盐储能	可与一部分可再生发电能源互补使用	应用场合受限	适用于太阳能热发电站

8.4.2.1 电磁储能

1. 超级电容储能

超级电容器（super capacitor，SC）是根据电化学双电层理论研制而成，专门用于储能的一种特殊电容器，具有超大电容量，比传统电容器的能量密度高上百倍，放电功率比蓄电池高近十倍，适用于大功率脉冲输出。

超级电容在结构上与可充电电池结构类似，是一种两端元件，主要由电极板、隔板、电解液、外壳等组成。其中，电极与电解液由特殊材料制成，基于电化学双层理论研制，原理与其他类型的双电层电容器一样，都是利用活性炭多孔电极和电解液组成的双电层结构获取超大的容量，如图 8.47 所示。

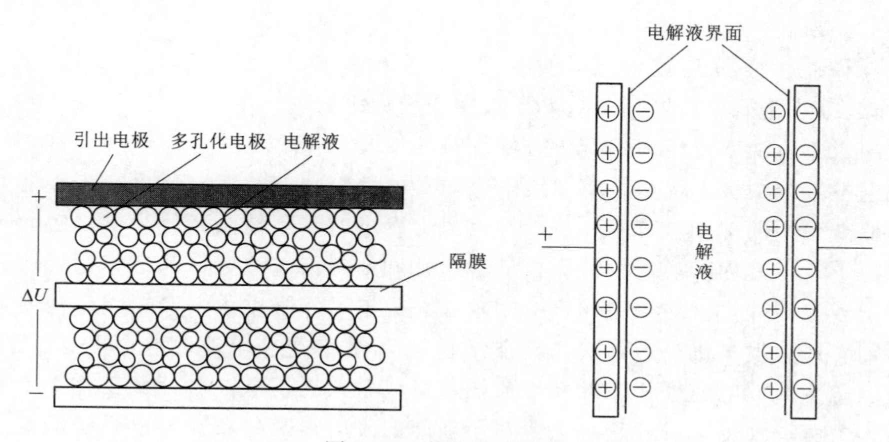

图 8.47 超级电容结构

在超级电容的 2 个极板上外加电压，跟普通电容一样，正极板储存正电荷，负极板储存负电荷。两极板上电荷产生电场，电解液与电极间的界面在电场作用下形成相反电荷，以平衡内电场。这种正电荷与负电荷在 2 个不同的接触面上，两者间隙极短且排列在相反的位置上，这种电荷分布层称为双电层，它的电容量非常大。当两极板间的电势低于电解液的氧化还原电位时，电解液界面上的电荷不会脱离电解液，超级电容就工作在正常工作状态（通常为 3V 以下），如果电容两端的外加电压高于电解液的氧化还原电极电位，电解液分解，随着超级电容放电，正、负极板上的电荷通过外电路泄放，电解液界面上的电荷相应减少。由此可知，超级电容的充放电过程没有发生化学反应，是物理过程，因此其性能稳定，与通过化学反应储能的蓄电池原理完全不同。

由于超级电容采用了特殊电极结构，其电极表面积成万倍增加，同时其电荷层间距非常小（一般在 0.5mm 以下），因此可提供强大的脉冲功率，存储容量极大。但由于电介质耐压低，存在漏电流，储存能量和保持时间受到限制，必须串联使用，以增加充放电控制回路和系统体积。

超级电容的工作特性如下：

1）充电速度快。充电 10s～10min 即可达到其额定容量的 95％以上。

2）存储容量大。超级电容器的存储容量是普通电容的 20～1000 倍，目前单体超级电容的最大容量可达到 5000F。

3）充放电次数多，循环使用寿命长，可达50万次，而蓄电池只在1000次左右。如果对超级电容器每天充放电20次，可连续使用68年。

4）环保无污染，超级电容产品原材料、生产、使用、存储以及拆解过程均无污染，安全无毒、绿色环保，而铅酸蓄电池等则会对环境造成污染。

5）大电流放电能力超强，能量转换效率高，过程损失小。大电流能量循环效率可达90%以上。比如2700F的超级电容额定放电电流不低于950A，放电峰值电流可达1680A。一般蓄电池无法具备这么高的放电电流，放电电流过高会损坏电池。

6）功率密度高，可达300～5000W/kg，相当于蓄电池的5～10倍。

7）超低温特性好，可在－40～70℃的温度范围内正常工作。一般蓄电池的温度是－20～60℃。

8）检测方便，剩余电量可直接读出。

9）充放电线路简单，安全系数高，长期使用免维护。

由于超级电容功率密度大、维护方便等特性以及工作过程中不需运动部件，使其应用于分布式发电系统中极具优势。将超级电容与蓄电池组结合在一起，可实现性能互补，更好地提高储能系统的工作效率及经济性。以风力发电变桨距控制系统为例，每次风力发电机的风叶停下时，其内部的涡轮机会自动将风叶调整到指定位置，此运作过程所需电能要由液压系统或电池提供。对电池而言，间歇性充放电工作强度大，会影响电池寿命。因此每隔几年需对风力发电机进行一次“高空作业”，维修和更换电池，这也提高了维护成本。大功率超级电容充放电速度快，循环寿命长，可代替普通蓄电池胜任此工作，节省成本的同时降低人力劳动强度。因此超级电容对于新能源发电以及分布式发电系统的发展具有极大作用。

2. 超导磁储能

超导磁储能系统（SMES）利用超导线圈把电网供电励磁产生的磁场能量储存起来，需要时再将储存的能量送回电网或作他用。SMES通常包括置于真空绝热冷却容器中的超导线圈、控制用的电力电子装置以及真空汞系统。

超导磁储能与其他储能技术相比具有能量效率高，可长期无损储存能量，能量释放快，可方便调节电网电压、频率、有功和无功功率等显著优点。电力电子技术和高温超导技术的发展促进了超导磁储能装置在电力系统中的应用。各种研究表明，SMES装置在改善风电场稳定性方面具有优良的性能。目前SMES在电力系统中的应用包括：电压稳定、频率调整、负荷均衡、动态稳定、暂态稳定、输电能力提高以及电能质量改善等方面。

8.4.2.2　物理储能

1. 抽水储能

抽水储能是应用最广泛的一种大规模储能技术。在系统负荷低谷时段，利用盈余的电能从下库向上库抽水，将电能转换成水的势能存储起来，等到系统负荷高峰时段，上库放水经水轮发电机发电。它是一种重要的蓄能与调峰手段，同时也可参与调频、调相、调压、黑启动、提供系统备用容量等。

2. 飞轮储能

飞轮储能技术是一种机械储能方式，近年来，由于电力电子学、高强度的碳纤维材

料、低损耗磁悬浮轴承三方面技术的发展，飞轮储能得以快速发展。

图 8.48 为飞轮储能的原理图，外部输入的电能通过电力电子装置驱动电动机旋转从而带动飞轮旋转将电能储存为机械能；当需要释放能量时，飞轮带动发电机旋转，将动能变换为电能，电力电子装置将对输出电能的频率和电压进行变换以满足负载的要求。飞轮储能基本结构一般由飞轮转子、轴承、电动机/发电机、电力转换器、真空室 5 个部分组成。另外，飞轮储能装置中还必须加入监测系统以监测飞轮的位置、电机参数、振动和转速、真空度等运行参数。由于飞轮储能具有寿命长、效率高、高储能量、充电快捷、充放电次数无限、建设周期短、对环境无污染等优点，故其在微网中有着广阔的应用前景。在风电中，将飞轮电池并联于风力发电系统直流侧，利用飞轮电池吸收或发出有功和无功功率，能够改善输出电能的质量。借助飞轮电池充当孤岛型风力发电系统中的电能储存器和调节器，可以有效地改善系统电能质量，解决风力发电机与负载的功率匹配问题。此外，作为一种蓄能供电系统，飞轮储能在潮汐、地热、光伏发电等方面都具有良好的应用前景。随着飞轮储能关键技术的发展，飞轮储能将作为“新基建”发展的重要支撑带动经济的发展。飞轮储能在回收城市轨道交通能量、不间断电源供应等方面有着重要应用。

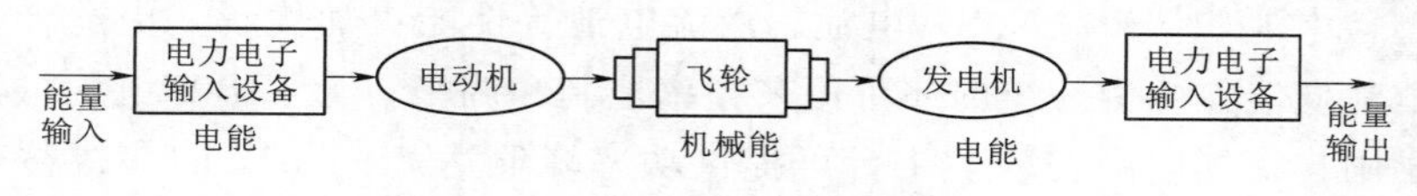

图 8.48　飞轮储能原理图

3. 压缩空气储能

压缩空气储能技术（compressed - air energy storage，CAES）是指在电网负荷低谷期利用电能来压缩空气，将空气储存在高压密封设施中，当电网负荷高峰时再释放压缩空气来推动汽轮机发电的一种储能方式。其储气设施一般采用废弃的矿井、过期油气井、海底储气罐、新建储气井或山洞等地方。相比于抽水蓄能，压缩空气储能的设备投资和发电成本较低，但相对能量密度也较低；从环境污染角度，压缩空气储能可高效利用清洁能源，且构造原料无污染，安全系数高，非常符合资源可持续利用与环境友好的政策要求。近年来，压缩空气储能技术逐渐成为研究热点，但目前仍处于产业化初期，技术和经济性有待观察。

8.4.2.3　电化学储能

目前电化学储能中，已经实现大规模产业化的电池有铅酸电池和锂离子电池，蓄电池的发展具有悠久的历史，是目前在分布式发电系统中应用最广泛的一种储能技术。蓄电池储能利用电池正负极的氧化还原反应进行充放电，先把电能转换为化学能存储起来，需要时再将化学能转化为电能。蓄电池储能系统（battery energy storage system，BESS）主要由蓄电池组、换流器、控制器及其他辅助设备等组成。其中，换流器可以快速响应，具有机电瞬态特性。而电池内部荷电状态变化较为缓慢，具有中长期特性。因此电池储能系统具有多时间尺度的特点。根据采用化学物质的不同，蓄电池可分为铅酸电池、镍镉电池、镍氢电池、锂离子电池、钠硫电池、全钒液流电池等。表 8.4 列出各类蓄电池性能对比。其中，铅酸蓄电池价格便宜、技术成熟，性价比高，广泛应用于发电厂、变电站中，当供电中断时可充当后备电源，为继电保护装置、断路器、通信等重要设备提供电能。目前分布式发电系统中应用的储能设备，多数都是传统的铅酸蓄电池，但铅酸蓄电池也存在寿命较短、体格笨重、污染环境等缺点。

表8.4 各类蓄电池的性能比较

电池种类	功率上限	比容量 /(W·h/kg)	比功率 /(W·h/kg)	循环寿命 /次	充放电效率 /%	自放电 /(%/月)
铅酸电池	数十兆瓦	35～50	75～300	500～1500	0～80	2～5
镍镉电池	数十兆瓦	70	150～300	2500	0～70	5～20
镍氢电池	数兆瓦	60～80	140～300	500～1000	0～90	30～35
锂离子电池	数十千瓦	150～200	200～315	1000～10000	0～95	0～1
钠硫电池	十几兆瓦	150～240	90～230	2500	0～90	0～2
全钒液流电池	数百千瓦	80～130	50～140	13000	0～80	0～1

锂离子电池以其体积小、工作电压高、储能密度高（300～400kW·h/m^3）、循环寿命长、充放电转化率高（90%以上）、无污染等特点而受到重视和欢迎。另外，近些年研究开发的新型蓄电池如钠硫（NaS）电池、液流电池等性能更加优越，更适合于大规模储能应用。蓄电池储能在电力云公网还可用来频率控制和调峰。为了提高电网抵御停电事故的能力，美国阿拉斯加电网安装了1台可提供功率峰值达26.7MW的在线蓄电池储能系统，能使系统大停电的可能性减小60%以上。

钠硫电池与传统化学电池不同，采用熔融态电极和固体电解质，负极的活性物质是熔融态的金属钠，正极的活性物质是硫及多硫化钠，电解质是专门传导钠离子的β—氧化铝陶瓷，其电池外壳一般采用不锈钢。

液流电池的氧化还原反应物质是分装于两个储液罐中的电解溶液，通过利用泵把溶液从储液罐压入电池堆体内在离子交换膜两侧的电极分别发生氧化反应和还原反应，全钒电池是其典型代表。

蓄电池储能存在诸多不足，但就目前的技术发展而言，蓄电池仍将在较长的一段时间内广泛应用。

8.4.2.4 相变储能

作为新型的储热蓄能，熔融盐储能技术是目前国际上最为主流的高温蓄热技术之一，具有成本低、热容高、安全性好等优点，已在西班牙等国的太阳能光热发电中得到了实际应用。常用的高温蓄热材料可分为显热式、潜热式和混合式。

（1）显热储能主要是通过某种材料温度的上升或下降而储存热能，是目前技术最成熟、材料来源最丰富、成本最低廉的一种蓄热方式。显热储能包括双罐储能（导热油、熔融盐）、水蒸气储能、固体储能（混凝土、陶瓷）、单罐斜温层储能（导热油、熔融盐）等。

（2）潜热储能主要是通过蓄热材料发生相变时吸收或放出热量来实现能量的储存，包括熔盐相变储能、熔盐＋无机材料复合相变储能等。潜热式高温蓄热材料虽然存在着高温腐蚀、价格较高等问题，但其蓄热密度高，蓄热装置结构紧凑，而且吸热——放热过程近似等温，易于运行控制和管理。高温熔盐作为潜热蓄热相变材料的一种，同时又能形成离

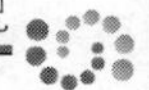

子液体，具有许多低温蓄热材料所没有的特点，因而引起人们极大的关注。

（3）混合储能就是将显热储能、潜热储能等方式结合起来，以取得最好的经济性。混合储能包括相变储能＋斜温层储能、相变储能＋混凝土储能等。

8.5　农村分布式发电与微电网的发展概况

我国是一个能源生产与消费大国，经济的快速发展同时导致能源需求的快速增长，能源已成为对国民经济发展有重大影响的支柱产业。进入新世纪后，发展与深化“新农村、新电力、新服务”，建设新型农网，提高农网自动化，是当前国家电网公司农电工作的战略重点，随着农村工业化、城镇化进程速度加快，对能源的需求量日益增长，势必会对国家能源供应带来巨大压力。据统计，近年来农村能源消耗量已占全国总能源消耗的30%以上；用电量已达到全国总用电量的51%，并且保持10%以上的增长速度，在开展农村家电下乡的政策之后，这一增长势头将会更加显著。由于我国燃料供应主要以煤炭为主，如此巨大的能源需求还会导致煤炭供应不足，煤炭与电力价格也将随之上调，这给许多农村电网带来难以承受的负担。

目前，分布式发电已成为世界电力发展的新方向，特别是其在智能电网中的应用成为当今电力行业中最炙手可热的话题之一。同时，农村地区分布着大量可再生能源，其中主要包括风能、水能、太阳能和生物质能。据农业部估算和统计，全国广大农村地区的可再生能源每年可获得相当于73亿t标准煤的能量，相当于目前全国农村能耗总量的12倍。我国农村微型水力、低速风力以及太阳能分布广阔，资源极为丰富。合理利用农村可再生能源，开发新型供能系统。

传统的供电方式是由集中式大型发电厂发出的电能，经过电力系统的远距离传输，通过由高电压变到低电压的多级变送，为用户供电。对于西部的一些偏远地区，例如青海、新疆等地区乡村，因地域辽阔，人口稀少，建设大电网具有相当高的成本。然而，为了响应国家政策，加快无电地区建设，提高当地居民的生产生活，供电公司不得不面临常规供电过程中输电距离远、功率小、线损大、建设变电站费用昂贵等问题。当前我国的电力系统发展逐渐进入了智能化、大电网、高电压、长距离、大容量阶段。电力网络中各个子网络的不稳定因素都会影响整个供电电力网络系统的稳定和安全运行。差异化供电优势更适宜偏远地区用电要求。

基于独立控制单元的灵活可靠的微电网智能能量供给系统，利用控制器快速和灵活的控制性能来完成微电网的能源构成、分配和使用的优化，在满足用户的多种电能质量的前提下，缩减成本。微电网技术的供电部分同分布式发电相似，每一个单独的微电网当中必须包含独立电源。这就保证了微电网技术在处于孤岛运行时能够不间断向用户供电，根据终端用户的需求提供差异化的电能。因此，发展微电网除了可避免或延缓增加输配电成本，减少输配电实现电力资源的优化配置，从而提高电力利用效率。

随着城镇化、工业化进程加快，农村能源紧缺、基础设施落后的矛盾将进一步显现。农村能源建设不能延续过去资源耗竭型的发展模式，而是要充分发挥农村尤其是西部农村地区资源优势，因地制宜地利用本地小水电、太阳能、稻气能、垃圾发电等分布式供能系统，建立本地特色的微电网，进而增加电力供应，提高供电可靠性，提高电力及可再生能源消费中的比重，这是解决能源供需矛盾、缓解环境压力的关键出路。

农村能源涵盖了农村地区的能源消费、生产及当地资源的利用，即为农村地区的能源供给与消费，包括农村地区工农业生产和农村生活多个方面。在我国，农村能源主要有生物质能、水能、太阳能、风能、地热能等可再生能源，以及国家供给的煤炭、电力等商品能源。我国是一个农业大国，农村能源问题涉及到全国近 1/2 以上人口的生活用能供应和生活质量问题。近年来，农村能源产业总体表现出良好的发展态势。

8.5.1 我国农村能源开发利用现状

我国农村能源开发利用主要为供给与消费两方面，而供给与消费体系主要包括能源供给和能源消费两部分，体系结构如图 8.49 所示。其中，能源供给主要指农村可再生能源的开发以及农村电力的供应，例如：风能、水能、太阳能、地热能、生物质能等；而能源消费主要指农民生活用能和生产用能两方面，例如：照明、取暖、种植、养殖、农产品加工等。

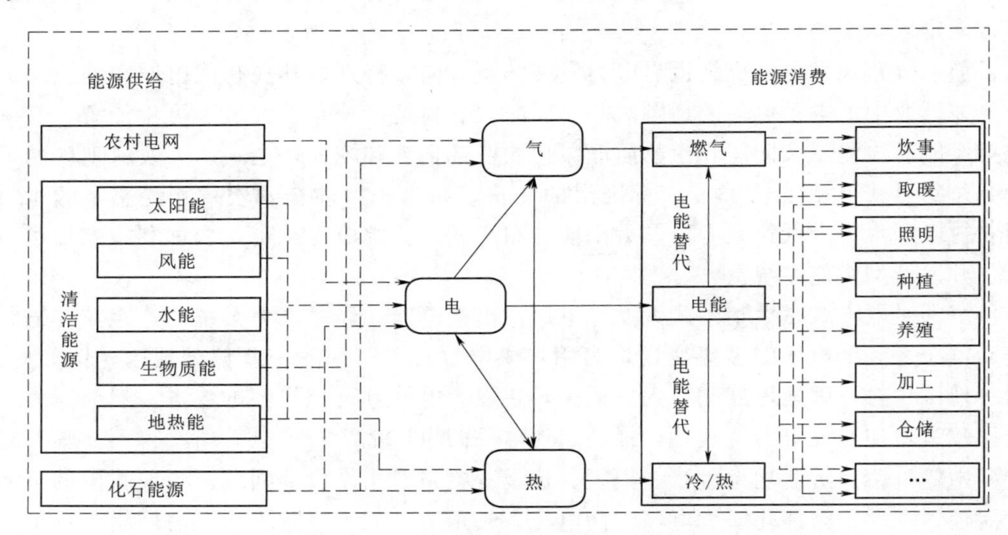

图 8.49 我国农村能源供给与消费体系

（1）农村电网。农村电网是我国国家电网的重要组成部分，由于我国农村大多分布在偏远地区，农村电网设施严重落后，农村居民用电户数量庞大，用户分布广泛，负荷分散，发展不平衡。与城市负荷和供电范围相对集中的特点相比，农村电网具有地域分布广、范围大、负荷分散的特点。县、乡镇及以下是我国农村电力供应范围，主要由国家电网有限公司和中国南方电网有限责任公司所属的县供电企业提供。目前，农网建设正在朝着“坚强、智能”的方向发展。农村电力消费快速增加，带动了农村消费升级和农村经济社会发展，农村电力普遍服务能力持续增强。

（2）农村可再生能源。我国农村地区资源十分丰富，每年可作为能源利用的生物质资源约 7×10^{8}t 标准煤，共有水能资源理论蕴藏量 10MW，河流 11477 条，陆地表面每年接收到的太阳能辐射能理论储量约为 50×10^{18}kJ，相当于 1.7×10^{12}t 标准煤。可再生能源不

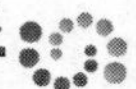

同于常规化石能源，开发和利用可再生能源是我国建设资源节约型、环境友好型美丽乡村的重要举措。

（3）农村用能。伴随着我国工业化、信息化、城市化和农业现代化的发展，农村地区的能源生产与消费是我国能源战略的重要组成部分。2016 年，我国农村能源消耗量为 6.68×10^8 t 标准煤，占全国能源消耗总量的 20.6%，而可再生能源利用量为 1.45×10^8 t 标准煤，仅占农村能源消耗量的 21.7%，可见，我国农村能源消耗大部分仍使用传统能源，可再生能源利用率不高。图 8.50 为 2016 年各地区按主要生活能源划分的农户数量。

由于我国地大物博，农村用能在能源结构和需求结构上存在一定的地区差异。2016 年末，第三次全国农业普查对全国农村进行了调查，将我国农村划分为东部、中部、西部、东北 4 个地区，东部指沿海发达地区（北京市、天津市、河北省、上海市、江苏省、浙江省、福建省、山东省、广东省、海南省）；西部指西南、西北地区（内蒙古自治区、广西壮族自治区、重庆市、四川省、贵州省、云南省、西藏自治区、陕西省、甘肃省、青海省、宁夏回族自治区、新疆维吾尔自治区）；东北为黑龙江、吉林、辽宁三省地区；其他作为中部地区（山西省、安徽省、江西省、河南省、湖北省、湖南省）；各地区按主要生活能源划分的农户数量如图 8.50 所示。数据来源于第三次全国农业普查。

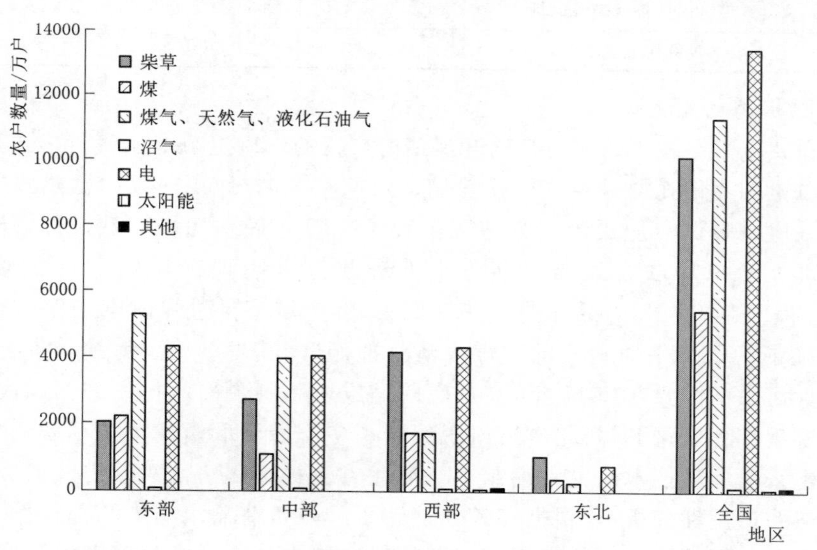

图 8.50　2016 年各地区按主要生活能源划分的农户数量

8.5.2　电能替代现状

电能替代是指“以电代煤、以电代油”的一种能源消费模式，电能替代工作需要从两个方面展开进行，一方面要大力支持清洁能源发展，加快建设智能电网，把风能、太阳能等清洁能源输送到负荷中心；另一方面需要在终端用能环节大力实施以电能代替其他能源，不断提高电能在终端能源消费中的比例。我国是农业大国，致力于将电能替代渗透到农业生产生活各个用能方向上，实现我国农村完全清洁化。

从宏观角度来看，电能替代可分为以电代煤、以电代油和以电代气，主要领域及设备见表8.5。从微观角度看，我国近年来响应乡村振兴政策号召，在农村的生活、农业生产及工业等各个方面都有持续的技术进展。

表8.5　　电能替代主要替代方式及领域

替代方式	替代设备	主要行业	用途
以电代煤	电采暖替代燃煤锅炉	建筑	采暖
	热泵替代燃煤锅炉	商业、居民	采暖，热水
	蓄热电锅炉替代燃煤锅炉	工业、商业、公共建筑	采暖，热水
	电炊具替代燃煤炉灶	居民	做饭
以电代油	电动汽车替代燃油汽车	交通	公路运输
	电窑炉替代燃油窑炉	陶瓷、玻璃生产	加热
	电水泵替代油泵	农业生产	灌溉
以电代气	电炊具替代燃气灶	商业、居民	炒菜
	电热水器替代燃气热水器	居民	热水
	蓄热式电暖器替代燃气电暖炉	居民	采暖
	蓄热电锅炉替代燃气锅炉	工业、商业	采暖、热水
	电采暖替代燃气采暖炉	建筑	采暖

1. 生活领域的电能替代

(1) 分布式电采暖技术研究。目前开展最为广泛的农村生活电能替代形式是分布式电采暖，探索以电网为依托通过空气能换热站、户用空气源/地源热泵、蓄热式电采暖等方式作为分布式电采暖试点应用给北方地区供暖。2017年底住房城乡建设部、国家发展改革委、财政部、能源局联合发布了《关于推进北方采暖地区城镇清洁供暖的指导意见》(建城〔2017〕196号)，希望进一步在北方28个城市推进煤改电工作。2017年，北京市尝试实施了700个平原村庄的“煤改清洁能源”，其中朝阳、海淀、丰台、石景山、大兴、通州、房山7区要在2017年10月底前完成所有剩余平原村庄的“煤改清洁能源”工作，基本实现“无煤化”；河北省还组织编制了冬季清洁取暖相关规划实施方案，并开展“光伏+电采暖”新技术研究，编制了《河北省农村地区清洁采暖方式研究》《空气源热泵及地源热泵适用性分析》，根据建筑功能特点、热负荷需求与太阳能供给契合度、综合电热转换率和能源消耗、农民意愿等实际情况，制定合理适宜的新型电采暖技术方案，希望在技术经济性方面探索出一条可行之路。

陕西目前正在尝试土壤源热泵系统，通过地下120m深的管道交换土壤里的热量，冬天送暖风，夏天输冷风，既环保又节能。通常地源热泵消耗1kW·h的能量，用户可以得到4.4kWh以上的热量或冷量。现有供热面积共计121.7万m^2。同时2017年该省共改装电炕4万户，新增容量27MW；改直热式电锅炉3户，新增容量150kW；改蓄热式电锅炉1户，新增容量30kW；改装其他电采暖方式2337户，新增容量4881.75kW。

(2) 家庭电气化改造技术。家庭电气化是以电能替代其他能源，让电能更广泛地运用于家庭生活中的各个角落，实现厨房电气化、家居电气化和洁卫电气化。广泛地使用各种家用电器，无需大花费，采用电能替代其他低效率、高污染能源，提高电能在终端能源消

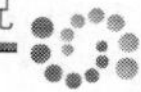

费中的比重，即可享受便捷电器给现代生活带来的新改变，让我们轻松拥有清新洁净的家居环境和真正绿色健康的生活。

使用电能作为家庭热源的全部电气化住宅在日本得到快速普及。所谓全部电气化住宅，是指家庭用热水、烹饪及空调（取暖和制冷）等所有热源全部使用电能的住宅。截至2007年12月末，日本的电气化住宅数比上一年同期增长了26%，骤增到256万户。全部电气化住宅已突破日本总户籍的5%，每20户就有1户家庭用热源全部电气化。

美国促进家庭电气化，电力公司与家电企业合作实现空调、冰箱、洗衣机、干衣机、洗碗机、消毒柜、热水器等家电的远程控制和能效管理，提高电器设备的用户满意度，从而促进家庭电气化。

我国以河南省为例，由于燃气管网及热力管网敷设限制和传统习惯影响，目前全省仍有将近一半的家庭厨炊为燃煤或炉灶方式。该省电力公司以全省1350个供电营业厅为载体，向客户推广应用农村居民厨房电能替代技术，经过家庭电气化改造后，厨房陆续用上了电饭锅、电磁炉，打造了清洁高效的电气化厨房，让农家的房子也能和城里一样干净整洁了。

2. 农业生产领域的电能替代

(1) 电水暖保温设备。电水暖保温设备是通过加热管道里的水，再由热水把热量传到屋里，热水会在管道里循环流动，不停地通过锅炉加热将热水源源不断地输出。电水暖保温设备解除了大棚温室取暖受暖气片的限制，明显提高了冬季大棚温室的供暖效果，解决了由静止散热向流动散热方式的转换，大大降低了温室大棚中的湿度，因暖风机的动力带动了空气不断循环流动，经暖风机的加热处理，温室大棚内的空气起到了杀菌、灭菌的作用。可装配在自动控温锅炉上使用。根据不同蔬菜品种的需求，随意设置供暖温度，并且全部自动控制，从而取代了老式供暖设施升温慢的问题。温室内10min快速提温成为现实，实现了温室大棚冬季取暖的全新变革。

(2) 电制茶技术。电制茶能够大幅提高茶叶质量，热能利用率将近是煤制茶的5倍，同时降低茶农劳动强度，帮助茶农节约生产用能成本，并减少环境污染，适用于茶叶粗、精制。同时，结合电制茶的实际应用效果，实现农业电能替代方案技术方面的科学评估。

(3) 物理农业技术。物理农业是物理技术和农业生产的有机结合，是利用具有生物效应的电、磁、声、光、热、核等物理因子操控动植物的生长发育及其生活环境，促使传统农业逐步摆脱对化学肥料、化学农药、抗生素等化学品的依赖以及自然环境的束缚，最终获取高产、优质、无毒农产品的环境调控型农业。

(4) 空间电场调控动植物生长与病害预防技术。空间电场系列装备的市场化将物理农业范畴扩展到了菌业、动物养殖业、水产养殖业。温室电除雾防病促生技术、畜禽舍空气电净化自动防疫技术、菇房空间电场促蕾防病技术、烟气电净化二氧化碳增施技术、温室病害臭氧防治技术、畜禽舍粪道等离子除臭灭菌技术、土壤电消毒法与土壤连作障碍电处理技术、介导鱼礁与水体微电解灭菌消毒技术、多功能静电灭虫灯、LED补光技术等逐步得到普及应用。

物理农业的发展是以电能为核心，通过电能的多种转化形式应用，得以提升农作物产值，因此具有广阔的发展前景。

(5) 高温空气源热泵烤烟技术。空气源热泵烤烟系统改造项目，正是为了积极响应国家“节能减排”政策号召，实施“科技兴烟、质量兴烟”的战略方针，顺应低害烟叶（有机烟叶）生产技术、无公害生产技术的需要，以品质稳定、节能增效、零排放无污染的电气化烤烟技术替代原有品质不稳定、损耗大、有毒害气体排放的煤柴烤烟工艺，达到节能环保、减工降本、提质增效的目的。新型烟叶烘干技术相比于传统燃煤密集型烤烟房，具有较大优势：温湿度精准控制、废气废渣零排放、带辅助加热、热回收系统、自动加湿功能、远程控制系统。

(6) 油改电排灌技术。电排灌指利用电水泵替代柴油机泵提水灌溉，由泵站工程、电气工程和灌溉排水工程组成，用于没有自流排灌条件或采用自流排灌不经济的农田排灌相比于柴油机排灌，电排灌技术具有高效率，低排放，低能耗等优点。

黑龙江省虎林市针对 438.5 万亩耕地开展了油改电排灌溉方式，电灌农田比例已发展到 80%以上，最高的乡镇比例达 90%以上。全市电灌农田 110 万余亩，按最保守的每亩每年省 30 元计算，110 万余亩地还可为农户节约资金 3300 余万元。

广西针对吃水困难的丘陵地区实施了农村机井通电工程，作为农村电网改造升级工程的重要组成部分。截至 2017 年年底，仅广西柳州辖区内已有 301 个机井通电项目通过水利部门农村机井通电工程专项验收。工程累计新建及改造 10kV 线路 49km，低压线路 767km，新建及改造配变 357 台，301 个村庄、37000 多户农户受益，农田有效灌溉面积达 33000 多亩，乡村电力建设初见成效。

(7) 空气源热泵粮食电烘干技术。江苏省还进行了空气源热泵粮食电烘干技术推广，推广空气源热泵粮食电烘干技术替代农村地区燃煤（油）粮食烘干，在农村地区拓展电能替代新领域，助力江苏省大气雾霾治理。空气源热泵粮食烘干是农业领域发掘的新型电能替代技术，该技术采用空气源热泵机组代替燃煤热风炉，为粮食烘干塔提供热源，不仅实现了污染物零排放，而且具备节约能源、安全便利、控制精准和提升产品质量等多项技术优势。2016 年底江苏省建立了首个空气源热泵粮食烘干示范项目，新建 3 台 16t 空气源热泵粮食烘干机（单台用电功率 36kW），其运行成本仅为燃煤烘干的 1/2。截至 2016 年年底，江苏省粮食烘干机保有量 1.6 万台套，其中 65%为燃煤烘干设备、16%为燃油烘干设备，7%为燃气烘干设备，其余为少量的生物质及直接电加热烘干设备。按照 2016 年江苏省粮食总产量 3466 万 t 计算，如其中 20%采用集中烘干，全面实施电能替代后，每年可替代电量约 498GW・h。至 2020 年，粮食集中烘干比例达到 50%后，年可替代电量约 1246GW・h，减少二氧化碳排放 87.24 万 t。

3. 工业领域的电能替代

我国对于农村工业领域的电能替代技术研究主要集中于农业机械电动化技术的研究上，通过将农业生产的机械电动化，减轻农民工作量，提高生产速度，同时优化了环境。

我国相关研究起步较晚，我国最初的农业电动机械技术引进自英国，随着大棚技术的推广，我国农业电动机械主要围绕着大棚机械需求，推出了降低劳动强度的大棚用室内电动撒肥机等设备。近年来，我国主要把电动农业机械的研究重点放在了大型田间农业机械方面，主要围绕土地的合理化利用，实现优质均匀种植等方面进行电动农业机械的研究。

进入 21 世纪后，我国又把智能化、提高工作效率与农业生产质量作为电动农业机械研究的重点，从而实现农业资源的优化配置目标。微型遥控、自动化控制、提高作业效率成为现代电气农业机械研究的重点。例如，微耕机、小型播种机、采摘机等是电动农业机械的新生力量。

有许多科研团队研究农业机械电动化，为农业生产造福。安徽农业大学设计了一款微型电机驱动采茶机；新疆农机部门于2008年成功研制了电动玉米精量播种机；甘肃畜牧工程职业技术学院的张承国等人在2009年研制成功了一款新型的喷灌机。

农机的种类繁多，因动力电池等原因，能够采用电力为动力的农机主要集中在小型农机：运输型、搬运型农机，播种、移栽和覆膜等农机，植保、中耕田间管理农机，园艺养护、果园管理型农机。大棚、设施农业种植，表层、浅层作业农机，有线电动农机。

农业机械化是农业现代化的重要标志。近几年，为推进农机化科技创新，国家不断加大科技投入力度。一是在“十三五”国家重点研发计划“智能农机装备”专项中，设立了“机器作业状态参数测试方法研究”项目和“智能电动拖拉机开发”项目。二是在《全国农业科技创新能力条件建设规划（2016—2020年）》中，布局建立22个农业机械化科学实验基地，支持基地购置用于研制农机装备的关键设备，完善作业机械所需的全程化、标准化装置和机器系统，配置测试、监测、野外观测仪器设备等。

我国农村的全面振兴应以电气化水平的提升为基本标志，而农村电能替代技术则是促进农村电气化水平提高的主要手段，也是改善大气环境，美化农村村容村貌的重要途径。

2018年，国家电网公司明确提出“加快再电气化进程，推进绿色发展”战略，加大电能消费比重，进一步推动能源转型、保护生态环境、提高经济社会效益。据测算，电能占终端能源消费比重每提高1个百分点，单位GDP能耗可下降2%～4%。电能占终端能源消费比重将持续提高，预计到2035年比重将接近40%，2050年超过50%，成为能源消费的绝对主体。

我国农村电能替代技术的总体发展路径可分为户用示范、村落示范与区域示范阶段。

典型用户示范阶段：2018—2020年在京津冀地区选取具有一定互补特性的供能与用能用户，提高电能替代综合效率，开展户用级示范，形成单体可复制可扩展的农村电能替代典型模式，如图8.51所示。

典型村示范阶段：在2021—2023年开展村级电能替代示范推广，开展网络化灌溉、设施物理农业除湿-补光-补温等技术攻关，并进行验证性示范，开展农村新型农机电能驱动技术攻关，优化综合总体能效水平，适度推动规模化清洁用能普及率。

典型区域示范阶段：在2024—2025年，促进农村生产用能的电能替代，开展农业生产与农村生活协调清洁用能，建立区域内农业加工、大田生产、设施农业与生活用能多层次与临近村落的多范围电能替代体系，实现科学合理的农村电能替代模式。

农业各个领域的电能替代技术相比于国外都有一定的进步空间，总体的发展趋势是电能高比例消费及生产生活完全清洁化、零污染。这里重点阐明相对影响农业发展程度较大的农业机械电动化发展趋势及对其未来技术研究的美好展望。

(1) 适应田间生产规律。实现电动农业机械与田间生产规律相适应，在充分保护自然生态环境的基础上使用电动农业机械，已成为环保和谐理念下电动农业机械发展的重要原则。只有适应农时和水利、土壤等自然条件，使电动机械生产使用过程中不对田间土壤造

图8.51　智能电网示范工程整体布局示意图

1—太阳能光伏发电；2—逆变器；3—储能电池；4—地源热泵；5—燃气三联供；6—智能微网控制；7—电动汽车；8—充电桩；9—充电机；10—智能交互终端；11—智能家电；12—风光电互补路灯；13—多网融合

成破坏，才能发挥出农业机械的重要作用。

(2) 提高电机的适应性。农业环境对电机提出了更高的要求，尤其在潮湿、寒冷、泥泞的环境下，如何保证电机始终正常工作，已成为电动农业机械领域研究的重点。目前，电动农业机械的适应性不足，电动农业机械对工作场地环境有较高要求，已成为制约电动农业机械发展和快速普及的重要原因。

(3) 提高电池容量。电池的容量决定了农业电动机械的工作时间，特别是在推广大型电动农业机械的趋势下，只有提高电池的容量，有效优化电动农业机械的整体耗电情况，才能不断提高农业电动机械的效能，满足长时间使用电动农业机械的需求，从而发挥出电动农业机械长期工作运转的实际价值。

(4) 控制系统方面的研究。当前智能化控制与网络化操作已成为电动农业机械从事农业生产的基本要求，现有的控制系统还较为复杂，还不能实现对农业生产过程的全面智能分析，未能实现有效的自动化生产，对人力的要求也相对较高，这便制约了电动农业机械的推广。只有提高电动农业机械的自动化控制水平，才能不断满足田间作业需求，达到全面有效控制的目标。

电动农业机械有着广阔的发展空间，是未来农业机械发展的主流方向。当前电动农业机械研究还处于发展阶段，需要在动力能源方面进行有效突破，顺应时代发展要求来改进完善，实现全面自动化控制目标。

虽然微电网技术经过了多年的发展，但是在整个系统中涉及到大量的智能设备，而且这个工程建设还需要相应的智能技术提供辅助。但就当前在微电网方面的建设而言，还存在各种问题需要研究人员和工作人员去解决。开发新的技术和新的方案来应对微电网发展问题，同时在新的时代背景下还面临新的挑战，需要开发研究新思路。

另外，对于微电网的保护方面还存在一些问题，需要结合微电网的实际运行状态来探索新的思路。微电网规划虽然逐步完善，但是还存在一定的问题，针对多主体问题需要进一步探索。目前我国乃至全球仍然没有统一的标准，有待于进一步规范。

由于技术壁垒以及技术专利限制等方面的难题使得我国微电网的建设成本较高。因此，在未来的发展中需要进一步完善技术，创新技术并提高技术水平，发展新技术，通过技术的发展与创新来降低设备的相关成本，在此基础上提升微电网的经济性。对于当前的微电网工程建设还主要是大规模的工程建设，利用新技术发展契机，可以逐步转化，向着小规模、小投资的方向发展，符合我国国情和发展模式，对于微电网建设和国家发展具有重要意义。

习　题

1. 什么是分布式发电，分布式发电有什么特点？
2. 分布式发电对系统性能有哪些影响？
3. 分布式电源对配电网继电保护有哪些影响？
4. 依据图 8.11、图 8.12，试分析短路故障发生时相对于 DG 的下游位置对继电保护的影响。
5. 微电网的工作状态包括几种？什么是并网模式？什么是孤岛运行模式？
6. 微电网根据接入主电网的不同，分为哪几种类型？试说明微电网的并网控制方式。
7. 试说明微电网的离网控制包括哪些方式。
8. 微电网对各个微电源控制有哪些控制方法？什么是主从控制模式？
9. 微电网储能的作用、类型及特点是什么？
10. 蓄电池配备容量的计算方法？
11. 我国农村电能替代的主要方式与领域有哪些？

参考文献

[1] 随新鲜，王倩，杨亚强. 分布式发电对配电网可靠性的影响研究 [J]. 电力学报，2010，25 (1) 56-60.
[2] 随新鲜. 计及分布式电源的配电网的可靠性及其经济性研究 [D]. 成都：西南交通大学，2007.
[3] 胡诗尧，史玉洁，韩璟琳，侯斌，孙鹏飞，翟广心，杨普，杨建华. 分布式电源对配电网影响的评估方法 [J]. 农村电气化，2019 (1)：10-14.
[4] 刘成. 某市分布式光伏和充电桩并网对公共电网电能质量的影响分析 [J]. 红水河，2019，38 (3)：48-53.
[5] 凌松，张莹. 分布式电源并网对配电网电能质量的影响研究 [J]. 信息技术，2020 (5)：97-101.
[6] 李玉倩. 考虑分布式电源接入的配电网电能质量问题分析研究 [D]. 郑州：郑州大学，2019.
[7] 洪叶. 分布式电源并网对继电保护的影响研究 [J]. 电气开关，2020 (2)：41-45.

[8] 邹昌渊．分布式电源对配电网继电保护的影响及对策研究［D］．沈阳：沈阳农业大学，2018.

[9] 高旭．分布式储能对配电网电能质量的影响［D］．济南：山东大学，2020.

[10] 武冀．微电网环境下可再生能源存储与利用方法研究［D］．北京：中国科学技术大学，2018.

[11] 徐青山．分布式发电与微电网技术［M］．北京：人民邮电出版社，2011.

[12] 余建华，孟碧波，李瑞生．分布式发电与微电网及应用［M］．北京：中国电力出版社，2018.

[13] 赵亮亮，赵瑞霞，滕飞，等．微电网示范案例的控制策略［J］．智能建筑电气技术，2021，15（5）：15－19.

[14] 兰征．模块化电力电子变压器及其在微电网控制中的应用研究［D］．长沙：湖南大学，2017.

[15] 孙若男，杨曼，苏娟，杜松怀，李鹏，郑永乐．我国农村能源发展现状及开发利用模式［J］．中国农业大学学报，2020，25（8）：163－173.

[16] 中国电机工程学会农村电气化专业委员会．农村电气化专业发展报告节选（四）——农村电能替代、农村综合能源利用［J］．农村电气化，2020（4）：5－11.

[17] 张昊．微电网技术的应用现状和前景分析［J］．中国高新科技，2019（49）：101－104.

[18] 杨秀，李宏仲，赵晶晶．分布式发电及储能技术基础［M］．北京：中国水利水电出版社，2012.